Bernhard Alferink · Elektrische Steuerungs- und Automatisierungstechnik

**de-FACHWISSEN**

Die Fachbuchreihe
für Elektro- und Gebäudetechniker
in Handwerk und Industrie

Bernhard Alferink

# Elektrische Steuerungs- und Automatisierungstechnik

## Grundlagen, programmierbare Kleinsteuerungen, praxisorientierte SPS-Programmierung

Hüthig · München/Heidelberg

Bibliografische Information der Deutschen Nationalbibliothek
Die Deutsche Nationalbibliothek verzeichnet diese Publikation in der Deutschen Nationalbibliografie; detaillierte bibliografische Daten sind im Internet über https://portal.dnb.de/ abrufbar.

Möchten Sie Ihre Meinung zu diesem Buch abgeben?
Dann schicken Sie eine E-Mail an das Lektorat
im Hüthig Verlag:
**buchservice@huethig.de**
Autoren und Verlag freuen sich über Ihre Rückmeldung.

ISBN 978-3-8101-0657-5


Printed in Germany
Layout, Satz, Zeichnungen: schwesinger, galeo:design
Titelfoto: mrdeeds – stock.adobe.com
Druck: Westermann Druck Zwickau GmbH

# Vorwort

Grundlage und Motivation zur Entstehung dieses Fachbuchs ist meine langjährige und intensive Beschäftigung mit der „Elektrischen Steuerungs- und Automatisierungstechnik“ und deren praktischer Umsetzung in den unterschiedlichsten Anwendungen. Insbesondere die Projektierung und Programmierung speicherprogrammierbarer Steuerungssysteme (SPS) hat sich in einem Zeitraum von über 30 Jahren zu meinem beruflichen „Steckenpferd“ entwickelt. Die rasante Entwicklung in diesem Bereich fordert mich zur ständigen und intensiven Beschäftigung mit den Neuerungen in Hard- und Softwareprodukten, um mit den vielen Veränderungen und Innovationen Schritt halten zu können. Genau hier liegt aber der besondere fachliche Reiz dieser Thematik.

Grundlegender Praxisbezug, Kreativität bei der Entwicklung von Steuerungslösungen und die Möglichkeit, erworbene Fachkompetenz direkt und praxisorientiert anwenden zu können, stehen als Herausforderungen für dieses spannende aber auch fordernde Fachgebiet der Elektrotechnik.

Während der „Pandemiezeit“ wurden alle zuvor gesammelten und erstellten Unterlagen, Ausarbeitungen und Lernsituationen aus diesem Bereich aktualisiert und digitalisiert, sodass sie anschließend in eine schlüssige Reihenfolge gebracht wurden und letztendlich zu diesem Buch führten.

Es ist ein Fachbuch entstanden, das nicht nur Schul- und Studienlektüre, sondern auch Leitfaden und Ideenspeicher für unterschiedliche berufspraktische Anwendungen der elektrischen Steuerungs- und Automatisierungstechnik sein will. Es soll in verständlicher und grundlegender Form den aktuellen Zeitgeist dieser Thematik widerspiegeln und erklären.

Mögen sich die Lesenden und Studierenden durch meine auch im höheren Arbeitnehmeralter nicht nachlassende Motivation für die elektrische Steuerungs- und Automatisierungstechnik begeistern und im positiven Sinne anstecken lassen.

*Bernhard Alferink*

## Zielgruppen

Dieses Fachbuch richtet sich thematisch besonders an angehende Elektrofachkräfte, die sich in der Aus- und Weiterbildung oder in einem Fachschulstudium befinden und sich fundierte Kenntnisse durch das Studium entsprechender Fachliteratur aneignen wollen oder zur Vorbereitung auf Abschlussprüfungen und Examen auch müssen.

Neben Studierenden an Fachschulen für Technik und Teilnehmer/-innen aus beruflichen Fortbildungslehrgängen wie beispielsweise Meisterkursen finden auch Auszubildende aus den industriellen und handwerklichen Elektroberufen ab der Mittelstufe wertvolle Lösungsansätze für Aufgabenstellungen aus dem Berufsschulunterricht. Anhand der Vielzahl an praxisnahen Aufgaben und den zugehörigen Lösungen und Erläuterungen kann dieses Fachbuch sowohl unterrichtsbegleitend als auch für das autodidaktische Selbststudium eingesetzt werden.

Ebenso ist dieses Fachbuch für Elektrofachkräfte geeignet, die in ihrer beruflichen Praxis mit Aufgabenstellungen und Kundenwünschen aus den Bereichen der elektrischen Steuerungstechnik und Automatisierungstechnik betraut sind. Das Buch zeigt die Verknüpfungen zwischen der elektrotechnischen Theorie und deren steuerungstechnischer Umsetzung in kundenspezifische Applikationen. Die sicherheitstechnische Auslegung der praktischen Steuerungen und der Bezug zu den fachbezogenen Vorschriften nimmt dabei einen besonderen Raum ein.

Thematisch liegen in allen Kapiteln ausgewählte Praxissituationen zugrunde, sodass die Lesenden einen möglichst niederschwelligen Zugang zu den komplexen Lösungsansätzen für elektrische Steuerungs- und Automatisierungsaufgaben finden.

Methodisch werden für die Projektierungen von Steuerungsaufgaben jeweils mehrere Lösungsansätze vergleichend in ihrer Funktionalität ausführlich erklärt und mit unterschiedlichen Softwarepaketen oder auch mit konventionellen Schützsteuerungen dargestellt.

Auch Fachkräfte und Studierende aus dem Bereich Maschinenbau und Versorgungstechnik gehören zu den Adressaten dieses Buchs, dies gilt insbesondere für Studierende der Fachschule für Technik im Schwerpunkt Maschinenbau oder für Studierende eines dualen Studiengangs in diesen Fachbereichen.

## Voraussetzungen

Auf die Vermittlung und Darstellung der grundlegenden elektrotechnischen Zusammenhänge wurde in diesem Buch bewusst verzichtet. Zur Arbeit mit diesem Buch ist es vorteilhaft, wenn grundlegende Kenntnisse der elektrischen Steuerungstechnik wie beispielsweise aus dem Lernfeld 3 „Steuerungen analysieren" der beruflichen Grundbildung des Berufsfelds Elektrotechnik bereits vorliegen, sie sind jedoch keine zwingende Voraussetzung.

Die elementaren Grundlagen der elektrischen Steuerungstechnik – wie die logischen Grundverknüpfungen – werden im ersten und zweiten Kapitel des Buchs anhand von praktischen Beispielen in ihrer fachlichen Anwendung ausführlich gezeigt und erklärt, sodass die Grundbegriffe der elektrischen Steuerungstechnik aufgearbeitet werden und somit auch autodidaktisch weiter gelernt werden kann.

## Anleitungen und Besonderheiten zur Arbeit mit diesem Fachbuch

Die fachliche Unterteilung in elf Kapitel zuzüglich Anhang ist thematisch aufeinander aufbauend, beginnend bei den Grundlagen der elektrischen Steuerungstechnik bis zur Wort- und Analogwertverarbeitung mit speicherprogrammierbaren Steuerungssystemen (SPS) in zunächst einfacheren bis hin zu komplexen Anwendungsbeispielen. Je nach Kenntnisstand und Interesse kann beliebig in jedes Kapitel eingestiegen werden.

Bei erstmaliger Beschäftigung mit dieser Thematik ist es vorteilhaft, die entsprechende Steuerungssoftware zur Verfügung zu haben oder zumindest zeitweise nutzen zu können, sodass die praktischen Übungen auch umgesetzt und simuliert werden können. Nur so entsteht ein wirklicher Bezug zur praktischen Projektierung von elektrischen Steuerungen.

Wichtiger Hinweis: In der Bezeichnung von Betriebsmitteln sind die gültigen Normen nicht an allen Stellen eingehalten. So werden Schütze und Relais grundsätzlich mit dem Buchstaben K gekennzeichnet, statt normgerecht mit dem Buchstaben Q. Der Buchstabe K stammt noch aus „alten Zeiten" und erleichtert hier die Unterscheidung der Schütze von den binären Ausgängen der programmierbaren Steuerungen, die ebenfalls mit dem Buchstaben Q bezeichnet werden.

Die vielen dargestellten und teilweise aufwendig kommentierten Lösungen der Programmieraufgaben sind als Lösungsvorschläge des Autors zu sehen, nicht aber als Anordnung des „einzig gangbaren Wegs" zur Realisierung einer funktionierenden Steuerung. Bekanntlich führen „viele Wege nach Rom", das ist auch bei der Lösungsfindung in der elektrischen Steuerungs- und Automatisierungstechnik so. Jedoch sind alle Programme in ihrer Funktion – zumeist mit Simulationssoftware – getestet worden. Dennoch besteht kein Anspruch auf eine komplette Funktion in realen praktischen Anwendungen.

Alle Schaltzeichnungen sind mit der Software „ProfiCAD" erstellt worden und sind an allen Stellen mit „Quelle: B. Alferink" gekennzeichnet. Die Steuerungsprogramme sind mit den Softwarepaketen „LOGO-Soft" und „TIA-Portal" der Firma Siemens erstellt und werden in den Kapiteln dargestellt und erläutert.

Die Beispielprogramme sind teilweise aufgrund des erhöhten Umfangs nur auszugsweise dargestellt. Dies ist an den entsprechenden Stellen vermerkt.

Die virtuellen Modelle elektrischer Steuerungen stammen vom Ingenieurbüro Dr. Jörg Kahlert und bieten in dieser Thematik und auch im Umfang der einzelnen Kapitel einen sinnvollen und jederzeit nachvollziehbaren Praxisbezug.

# Danksagung

Die Erstellung dieses Fachbuchs hat mich drei Jahre meines Lebens begleitet. Im Rückblick war es eine sehr arbeitsreiche, aber auch spannende Zeit. An dieser Stelle gilt mein herzlicher Dank *Ulf Sundermann* vom Hüthig-Verlag für die umfassende Beratung und *Kerstin Salvador* für Ihre gründliche Arbeit im Lektorat und für die gelungene organisatorische Abwicklung des gesamten Buchprojekts.

Die vielen Fachgespräche und Diskussionen rund um das Thema dieses Buchs mit meinen Fachkollegen – hier insbesondere *Alfred Börgermann* und *Michael Schwunk* – am Berufskolleg Rheine, mit Schülerinnen und Schülern, mit Studierenden der Fachschule für Technik und auch mit Fachleuten aus Firmen und Institutionen haben einen großen Beitrag zur inhaltlichen Gestaltung dieses Buchs geleistet.

Ich bedanke mich bei den Firmen, die mir die Verwendung von Bildern und Softwaredarstellungen genehmigt und mir somit auch die Erstellung dieses Fachbuchs nach meinen Vorstellungen ermöglicht haben. Dies gilt insbesondere für die Firma Siemens AG, für die Firma ProfiCAD aus Prag/Tschechien und für das Ingenieurbüro *Dr. Kahlert* aus Hamm (NRW).

Ein herzlicher Dank geht an meine Ehefrau *Jutta*, meine Tochter *Lisa* und an *Luca Hobers*, die mich während der langen Schreibphasen mit viel Unterstützung, Anerkennung und auch durch aufmunternde Worte immer wieder aufs Neue motiviert haben.

# Inhaltsverzeichnis

# 1 Grundsätzliche Betrachtungen zu den unterschiedlichen Signalen

Zum Einstieg in die Thematik sind zunächst die unterschiedlichen Arten von Signalen, die in der elektrischen Steuerungs- und Automatisierungstechnik vorkommen, zu betrachten. Es wird grundlegend zwischen digitalen und analogen Signalen unterschieden, während das binäre Signal eine besondere Funktion des digitalen Signals einnimmt.

Um die Kernkriterien der unterschiedlichen Signale herauszuarbeiten, bietet sich eine vergleichende Betrachtung im zeitlichen Verlauf an. Das analoge Signal lässt sich grundlegend am einfachsten mit dem Verlauf einer sinusförmigen elektrischen Größe erklären, **Bild 1.1**. Im Vergleich dazu ist im **Bild 1.2** das digitale Signal dargestellt.

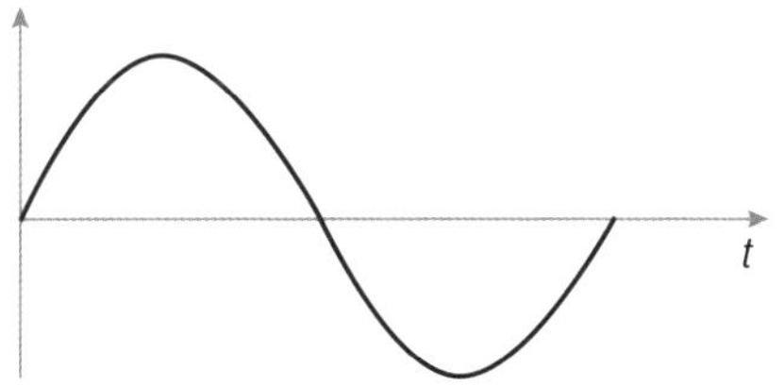


An der dargestellten Sinusschwingung sieht man den kontinuierlichen Verlauf des analogen Signals mit seinen unendlich vielen Werten und damit auch einer unendlichen Genauigkeit. Es ist im direkten Vergleich zum digitalen Signal stufenlos.

Quelle: wikipedia.org/wiki/Digitalsignal

**Bild 1.1** Analoges Signal

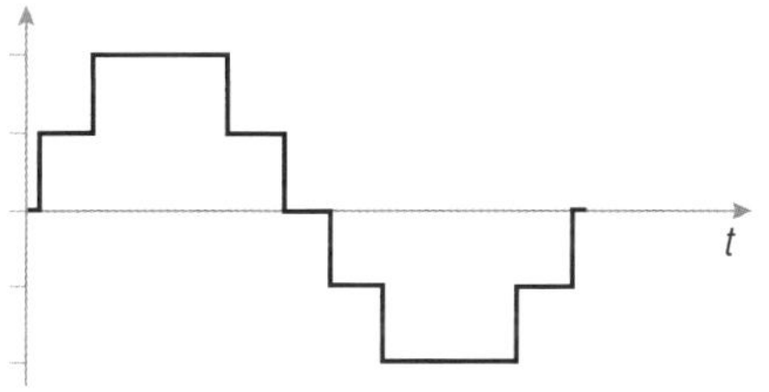


In der Darstellung des digitalen Signals sieht man die Stufen zwischen den einzelnen Werten, was die Endlichkeit der dargestellten Werte im Vergleich zum analogen Signal deutlich macht. Dieser Kontext wird auch als wertdiskret bezeichnet, da die Auflösung auf einen definierten Zahlenbereich beschränkt bleibt.

Quelle: wikipedia.org/wiki/Digitalsignal

**Bild 1.2** Digitales Signal

## 1.1 Das binäre Signal

Das binäre Signal ist eine „Sonderform" des digitalen Signals, da es nur zwei unterschiedliche Zustände kennt. Man unterscheidet den Signalzustand 0 und den Signalzustand 1, wobei der Signalzustand 0 gleichbedeutend ist mit der Angabe „kein Strom", „Schalter offen" oder „Schütz unbetätigt". Er steht aber auch für die Spannungsangabe 0 V.

Der Signalzustand 1 bedeutet dagegen „Strom fließt", „Schalter geschlossen" oder „Schütz angezogen". Er steht aber auch für die Spannungsangabe 24 V oder 230 V in der speicherprogrammierbaren Steuerungstechnik oder für die Spannungsangabe 5 V in der elektronischen Steuerungstechnik (hier: TTL-Logik).

In **Bild 1.3** ist die Nutzung des binären Signals in der elektrischen Steuerungstechnik am Beispiel einer programmierbaren Kleinsteuerung vom Typ LOGO der Firma Siemens zu sehen.

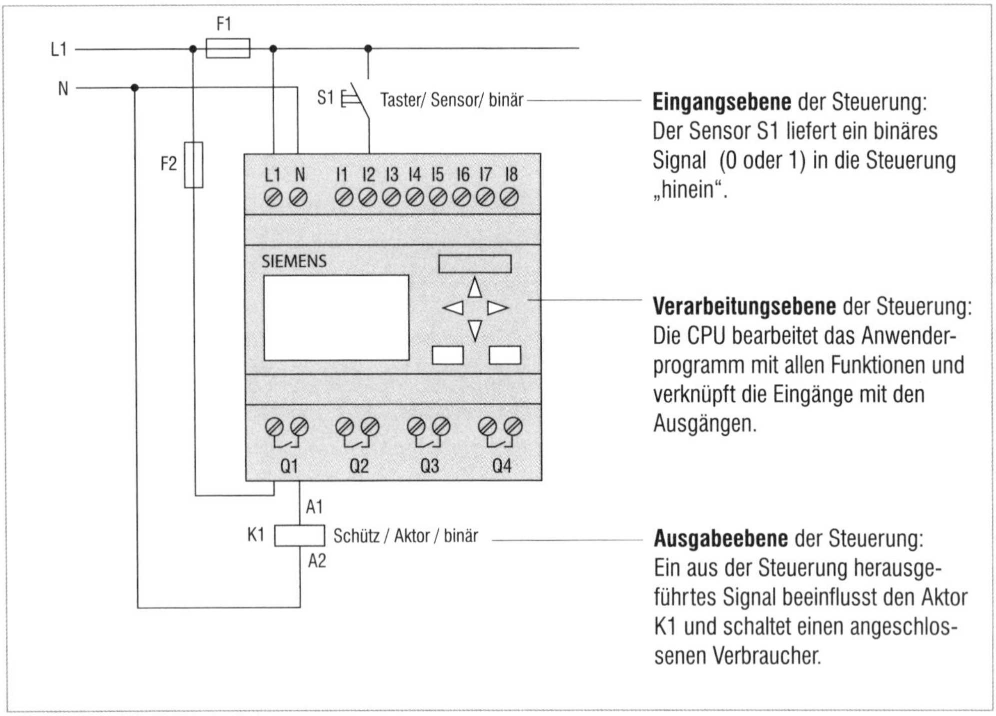


**Bild 1.3** Programmierbare Kleinsteuerung vom Typ Siemens LOGO

Der Taster S1 (Schließer) liefert bei Betätigung den Signalzustand 1 und schaltet das Spannungspotenzial von 230 V auf den binären Eingang I2 der programmierbaren Kleinsteuerung Siemens LOGO. Ist der Taster S1 nicht betätigt, so liefert er den Signalzustand 0 und am binären Eingang I2 liegt das Spannungspotenzial 0 V. In der Praxis spricht man statt von binären Eingangssignalen meist von „**D**igital **I**nputs DI“, „Digitaleingang“ oder von „Digitaleingangsbaugruppen“; auch in den Herstellerkatalogen.

Der binäre Ausgang Q1 der programmierbaren Kleinsteuerung schaltet bei Ansteuerung durch eine Programmfunktion die Spannung von L1 (230 V) auf die Spule A1/A2 des Schützes K1. Das Schütz K1 als Aktor der Steuerung zieht an und hat jetzt den Signalzustand 1. Fällt das Schütz K1 (siehe Abschnitt 2.1) wieder ab, so erhält es den Signalzustand 0. Die binären Ausgänge werden in der Praxis als „**D**igital **O**utputs DO“, „Digitalausgang“ oder „Digitalausgangsbaugruppe“ bezeichnet.

In Bild 1.3 ist deutlich das Zusammenwirken von Sensoren, programmierbarer Kleinsteuerung und Aktoren auf der Basis des EVA-Prinzips (**E**ingabe-**V**erarbeitung-**A**usgabe) als grundsätzliche Arbeitsweise von elektrischen Steuerungen zu erkennen. In der Verarbeitungsebene bearbeitet die CPU (**C**entral **P**rocessing **U**nit; Zentraleinheit mit Prozessor) als zentrale Steuereinheit nicht nur das vorhandene Steuerungsprogramm, sondern steuert auch alle internen Funktionen und Signale über interne Datenbussysteme des Steuergeräts.

In diesem Zusammenhang wird nun die komplette Hardwarekonfiguration einer speicherprogrammierbaren Steuerung – kurz SPS – der Firma Siemens betrachtet. Der Begriff „Hardwarekonfiguration“ steht für das Zusammenstellen der einzelnen Komponenten zu einem speicherprogrammierbaren Steuerungssystem zur Realisierung eines kundenspezifischen Steuerungsprojekts. Dieses Zusammenstellen der Komponenten eines SPS-Systems erfolgt aus den technischen Anforderungen der spezifischen Aufgabenstellung, die gewöhnlich in einem Lastenheft zusammengefasst werden.

Aus der Projektanalyse des Kundenauftrags ergibt sich nun die in **Bild 1.4** beispielhaft dargestellte Hardwarekonfiguration:

Auf einer Profilschiene ist von links beginnend zunächst die Stromversorgungsbaugruppe „PS 307 2A_1“ auf Steckplatz 1 zu sehen, die eine Steuerspannung von 24 V DC zur Verfügung stellt. Rechts daneben befindet sich auf Steckplatz 2 die CPU (Zentraleinheit) mit dem Prozessor, der alle datentechnischen Vorgänge innerhalb des Systems steuert. Hier ist der CPU-Typ S7-313C – ein System für den mittleren Leistungsbereich – gesteckt.

Auf den Steckplätzen 4 und 5 werden die binären Signale der zu steuernden Anlage verarbeitet. Das „DI 16 x 24 V DC_1“ (**D**irect **C**urrent; Gleichstrom) steht für „Digital Input“, also digitale Eingänge in der Anzahl von 16 Stück mit der Gleichspannung von 24 V und der Praxisbezeichnung „Digitaleingangsbaugruppe“. Das scheinbar digitale Signal ist auch hier in der Realität ein binäres Signal mit den Signalzuständen 0 (0 V) oder 1 (24 V). Das binäre Signal an der Eingangsbaugruppe, das von einem Schalter, Taster oder auch von einer Lichtschranke kommt, liefert Informationen in die Steuerung hinein und wird demzufolge als Sensor bezeichnet.

Das „DO 16 x 24 V DC_1“ auf Steckplatz 5 steht für „Digital Output“, also 16 digitale Ausgänge mit der Gleichspannung von 24 V und der Praxisbezeichnung „Digitalausgangsbaugruppe“. Das scheinbare digitale Signal ist auch hier in der Realität ein binäres Signal mit den Signalzuständen 0 (0 V) oder 1 (24 V). Die einzelnen digitalen Ausgänge führen die Bezeichnung Q für „Output“, während die gesamte Baugruppe als DO (**D**igital **O**utput) bezeichnet wird. Den Buchstaben Q für die einzelnen Ausgänge wurde festgelegt, um es in den Projekten von der Zahl 0 zur Vermeidung von Verwechselungen zu unterscheiden. Das binäre Signal an der Ausgangsbaugruppe führt auf Schütze, Magnetventile oder auch auf Leuchtmelder, die man in der Steuerung als Aktoren bezeichnet. Digitale Ausgänge werden nach der Programmbearbeitung in der CPU (hier mit der Gleichspannung 24 V) angesteuert und beeinflussen aktiv die angeschlossenen Aktoren.

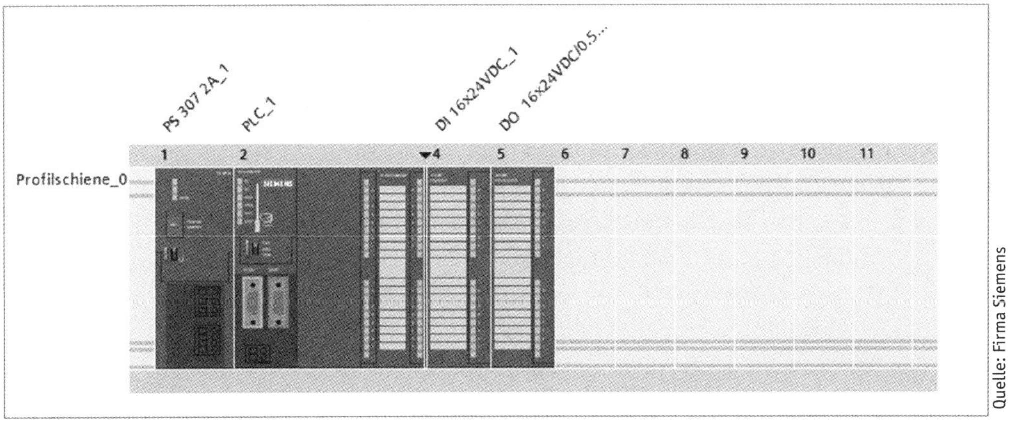


**Bild 1.4** SPS-Gerätekonfiguration mit einer CPU S7-313 C der Firma Siemens

Diese Ein- und Ausgangsbaugruppen werden in der Praxis auch als Signalmodule oder als Peripheriebaugruppen bezeichnet. Die Datenkommunikation zwischen der CPU und den Peripheriebaugruppen erfolgt über die Datenleitungen des sogenannten Rückwandbusses, der in **Bild 1.5** zu sehen ist.

Quelle: Firma Siemens

**Bild 1.5** Aktiver Rückwandbus einer SPS mit der CPU S7-1500 C der Firma Siemens

## 1.2 Adressierung der binären Signale

Bei einer konventionellen Schützsteuerung gestalten sich die Funktionalität und die zugehörige Dokumentation aufgrund des geringeren Umfangs in den meisten Fällen recht übersichtlich. Als Sensoren arbeiten Taster, Schalter, Näherungsschalter oder auch Lichtschranken, die entweder als Öffner oder als Schließer ausgelegt sind (siehe Abschnitt 2.1). Mit „Draht und Schraubendreher“ sind durch die vorhandenen Drahtverbindungen zwischen Sensoren und Aktoren das Programm und damit die Funktion einer Schützsteuerung festgelegt. Die Sensoren liefern durch Betätigung oder auch Nicht-Betätigung Signale in die Steuerung; über die Verdrahtung werden die Aktoren – zumeist Schütze, Magnetventile oder Leuchtmelder – angesteuert. Die Sensoren einer Schützsteuerung haben genormte Bezeichnungen und verwenden funktionsbezogene Fachbegriffe, die insbesondere in Abschnitt 2.2 dargestellt und erläutert werden.

Bei der Vielzahl der angeschlossenen Sensoren und Aktoren einer speicherprogrammierbaren Steuerung SPS bietet es sich zur Wahrung der Übersicht an, für all diese Schaltelemente Namen und Adressen zu definieren. In **Tabelle 1.1** ist eine Übersicht der Adressierung in unterschiedlichen Steuerungssystemen zu sehen.

Man bezeichnet die Operanden I1, I2, %I0.0, %I1.0 oder auch %Q0.0 als Aktualoperanden, da sie eine reale physikalische Adresse haben. Das bedeutet, dass sie sich real als Anschlussstelle an einer Peripheriebaugruppe befinden und dort Sensoren und Aktoren angeschlossen werden, die dann letztendlich die CPU mit Signalen versorgen (Sensoren) oder von der CPU angesteuert werden (Aktoren). Zur besseren Übersicht im Programm und für das bessere Verständnis erhalten die Aktualoperanden Namen. Damit werden sie zu „symbolischen Operanden“. So wird aus dem Aktualoperanden %I0.0 der symbolische Operand „S1_Ein_Motor_1“, sodass die klare funktionelle Zuordnung sofort deutlich wird. Im gesamten SPS-Programm wird dann nur noch mit den symbolischen Operanden gearbeitet.

| Signal | programmierbare Kleinsteuerung, z. B. Siemens-LOGO | speicherprogrammierbare Steuerung, z. B. Siemens CPU S7-313C |
|---|---|---|
| binäres Eingangssignal (Sensoren) | I1 (Digital Input 1)<br>I2 (Digital Input 2)<br>usw. | %Q0.0<br>(% bedeutet Operand, I bedeutet Input und 0.0 ist die eigentliche Adresse mit Bytenummer und Bitnummer)<br>% I0.1<br>% I0.1<br>usw. |
| binäres Ausgangssignal (Aktoren) | Q1 (Digital Output 1)<br>Q2 (Digital Output 2)<br>usw. | % IQ0.0<br>(% bedeutet Operand, Q bedeutet Output und 0.0 ist die eigentliche Adresse mit Bytenummer und Bitnummer)<br>% Q0.1<br>% Q0.1<br>usw. |

Quelle: B. Alferink

**Tabelle 1.1** Übersicht zur Adressierung von SPS-Peripheriebaugruppen

Angelegt werden diese symbolischen Operanden beim „Siemens TIA-Portal" einmalig unter der Rubrik „PLC-Variablen" und werden dort den Aktualoperanden mit passendem Datentyp zugeordnet.

Das Zeichen % in der Bezeichnung %I0.0 bedeutet ganz einfach „Operand" und entstammt der europäischen Norm für die festgelegte Projektierung von speicherprogrammierbaren Steuerungssystemen, der IEC 61131-3 (**I**nternational **E**uropean **C**ommission), die für alle in Europa vertriebenen SPS-Projektierungsprogramme Gültigkeit findet. Die Projektierungssoftwarepakete „Siemens-TIA-Portal" und „CodeSys" basieren auf dieser Norm, die Projektierungssoftware LOGO-Soft von der Firma Siemens dagegen nicht, da es sich hier um eine programmierbare Kleinsteuerung handelt, deren Einsatzgebiete im Vergleich zu einer „großen" SPS-Steuerung eher kleineren Umfangs sind.

Die SPS-Projektierungssoftware TIA-Portal (**Bild 1.6**) umfasst die Projektierung und Programmierung aller Komponenten eines Automatisierungssystems. Die Bezeichnung TIA bedeutet „**T**otally **I**ntegrated **A**utomation" und hat sich als Konzept der durchgängigen Automatisierungslösung in der Praxis etabliert.

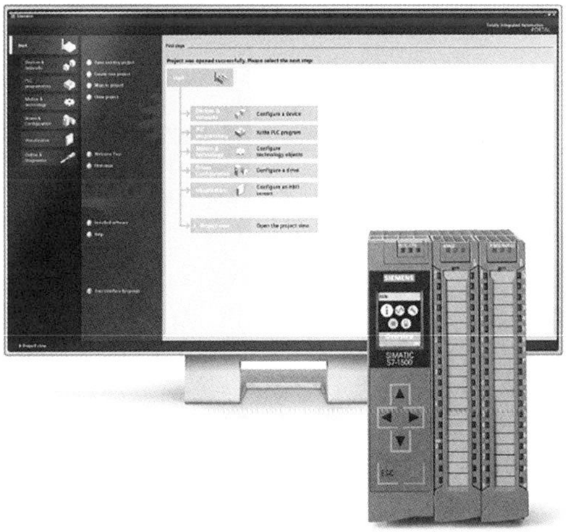


Quelle: Firma Siemens

**Bild 1.6** SPS-System mit TIA-Portal-Screen und einer CPU 1511C der Firma Siemens

Das TIA-Portal integriert per individueller Softwarelösung verschiedene Komponenten einer Automatisierungsanlage, wie die zentrale CPU mit den Komponenten HMI (Human Maschine Interface), Frequenzumrichter, Baugruppen der dezentralen Peripherie (ET 200), oder auch mit Sonderbaugruppen, wie beispielsweise Positionierungsteuerungen.

Im direkten Vergleich zum TIA-Portal mit allen Möglichkeiten und Applikationen bietet sich für einfachere Anwendungen in der Projektierung von elektrischen Steuerungen eine programmierbare Kleinsteuerung (Bild 1.3) an, die zwar mit einer deutlich „abgespeckten" Programmiersoftware ausgestattet ist, jedoch in vielen Fällen schneller und deutlich kostengünstiger projektiert werden kann.

In den folgenden Abschnitten werden beide Systeme anhand vieler Projektierungsbeispiele mit unterschiedlichen Kriterien und Anforderungen – sowohl funktionell als auch sicherheitstechnisch – betrachtet und erklärt, sodass die Unterschiede in der Anwendung verdeutlicht werden.

# 2 Grundfunktionen der elektrischen Steuerungstechnik

In diesem Kapitel geht es zunächst um grundlegende Begriffe und Komponenten der elektrischen Steuerungstechnik und um die Anwendung der logischen Grundverknüpfungen UND, ODER, NICHT in Schützsteuerungen sowie in programmierbaren Kleinsteuerungen. Auch die Funktionen NOR und EXOR werden in diesem Kapitel behandelt. Anhand praxisnaher Beispiele aus der elektrischen Steuerungs- und Antriebstechnik wird die binäre Signalverarbeitung mit den logischen Grundverknüpfungen erklärt. In den folgenden Beispielen werden grundsätzlich die Schützsteuerungen und vergleichend dazu die Projektierung mit der der programmierbaren Kleinsteuerung „Siemens LOGO" betrachtet. Anhand der folgenden praxisbezogenen Betrachtungen lassen sich auch die Begrifflichkeiten aus dem vorherigen Kapitel besser einordnen.

## 2.1 Die konventionelle Schützsteuerung

Eine Schützsteuerung in der elektrischen Steuerungstechnik besteht grundsätzlich aus einem Hauptstromkreis (auch Lastkreis oder Motorstromkreis genannt) und einem Steuerstromkreis. Im Mittelpunkt einer Schützsteuerung steht ein elektromagnetisch betätigter Fernschalter (Schütz), der über eine Spule mit Eisenkern und über Schaltkontakte verfügt. Wird die Schützspule an eine Steuerspannung gelegt, fließt ein Strom durch die Spule und die Schützspule wird elektromagnetisch wirksam, sodass aufgrund der resultierenden Kraftwirkung unterschiedliche Schaltkontakte – in Form von Schließern und Öffnern – betätigt werden. So besteht grundsätzlich eine galvanische Trennung zwischen dem Steuerstromkreis und dem Laststromkreis des Schützes.

In der elektrischen Steuerungstechnik ist grundlegend definiert, dass der Signalgeber „Schließer" im unbetätigten Zustand offen ist; der Signalgeber „Öffner" dagegen ist im unbetätigten Zustand geschlossen. Mit den Schützkontakten verhält es sich ebenso. Ist das Schütz angezogen (eingeschaltet), sind die Schließer geschlossen und die Öffner geöffnet; ist das Schütz abgefallen (ausgeschaltet), verhält es sich umgekehrt: Die Schließer sind offen und die Öffner geschlossen. Schützsteuerungen werden zeichnerisch grundsätzlich im stromlosen – also unbetätigten – Zustand dargestellt.

Die gestrichelte Linie durch alle Schaltkontakte des Schützes K1 (**Bild 2.1**) deutet die zeitgleiche Betätigung aller Kontakte beim „Anziehen" und „Abfallen" des Schützes an.

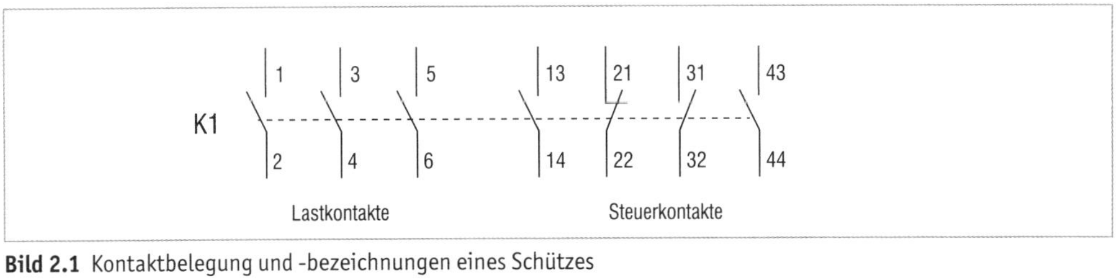


Quelle: B. Alferink

**Bild 2.1** Kontaktbelegung und -bezeichnungen eines Schützes

Die Lastkontakte 1-2, 3-4 und 5-6 sind grundsätzlich als Schließer ausgeführt und schalten die „Last", also beispielweise einen Drehstrommotor oder auch eine größere Beleuchtungsanlage zumeist mit der Dreiphasenwechselspannung 400 V AC, 50 Hz (**A**lternating **C**urrent; Wechselstrom). Folglich müssen die Lastkontakte bezüglich ihres Schaltvermögens und ihrer Strombelastbarkeit höher ausgelegt sein als die Steuerkontakte. Ein Typenschild (**Bild 2.2**), das sich seitlich am Schützgehäuse befindet, gibt wichtige Informationen für die praktische Projektierung über den Anschluss, die Kontaktbelastung und über das Schaltverhalten des Bauteils.

Die Steuerkontakte eines Schützes arbeiten häufig mit der Spannung 24 V, liegen somit im Bereich der Funktionskleinspannung PELV (**P**rotected **E**xtra **L**ow **V**oltage) (siehe Abschnitt 11.4) und schalten Signalströme im mA-Bereich.

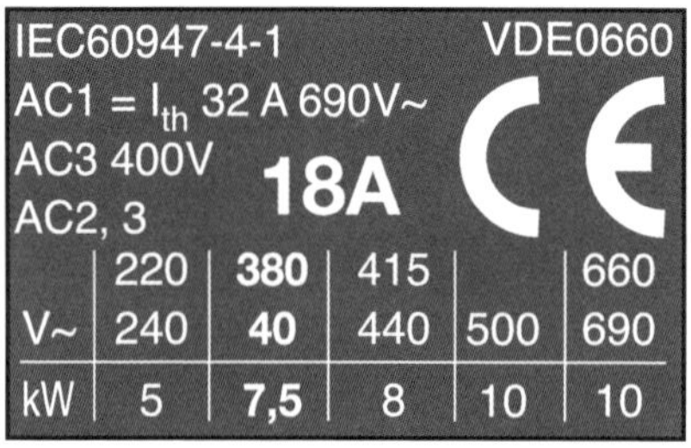


Im Typenschild ist in fetter Schrift die höchste Kategorie AC3 des Schützes ausgewiesen. Es kann also Drehstrommotoren mit der Nennleistung $P = 7{,}5$ kW ein- und ausschalten und an der Dreiphasenwechselspannung 400 V AC dauerhaft einen Strom von 18 A fließen lassen.

Quelle: SCHÜTZE24.com

**Bild 2.2** Typenschild eines Leistungsschützes

## 2.1.1 Ausführung von Schützen

In der elektrischen Steuerungstechnik werden Schütze zum Schalten von größeren oder auch sehr großen Lasten von bis zu 1.000 kW an einer Dreiphasenwechselspannung von 690 V AC verwendet, wobei die Ströme in diesem Bereich bei bis zu 1.200 A liegen.

Es gibt Schütze aber auch in der Ausführung als reines Steuerschütz. Dies ist häufig zum Einsatz eines Hilfsschützes erforderlich, das sich lediglich Schaltzustände der Steuerung merkt, aber keine Schaltfunktion im Hauptstromkreis übernimmt. In der speicherprogrammierbaren Steuerungstechnik werden diese physischen Hilfsschütze nicht benötigt, da diese „Merkfunktionen" intern im Programm gebildet werden. Hilfsschütze sind von ihrer Kontaktbeschaffenheit nicht für den Einsatz zum Schalten von Lasten in Hauptstromkreisen geeignet.

Die Ziffern der Last- und Schaltkontakte eines Schützes sind in **Bild 2.3** erläuert.

Schütze unterscheiden sich auch von der Art der Belastung, die über die Lastkontakte geführt wird. So bedeutet die Angabe AC1 auf dem Typenschild des Schützes, dass nur ohmsche Lasten wie Heizwiderstände oder gering-induktive Belastung mit diesem Schütz geschaltet werden dürfen. Auch Ladesäulen in der E-Mobilität fallen in diese Kategorie.

Am häufigsten verwendet werden Schütze der Kategorie AC3, da diese von ihrer Kontaktbeschaffenheit induktive Lasten wie Drehstrommotoren ein- und ausschalten dürfen.

Soll der Drehstrommotor auch im Tippbetrieb betrieben werden, wie es bei Kransteuerungen üblich ist, muss ein Schütz der Kategorie AC4 gewählt werden. Diese AC4-Schütze

Formal sind an einem Schütz die Lastkontakte immer mit einstelligen Ziffern versehen und liegen am Bauteil zumeist unten oder linksseitig. Die Steuerkontakte dagegen haben zweistellige Ziffern, wobei die erste Ziffer als Ordnungsziffer dient; die zweite Ziffer gibt Aufschluss über die Funktion des Schaltkontakts. Die Ziffern an der „Einerstelle“ 1-2 stehen für Öffner, die Ziffern 3-4 stehen für die Funktion als Schließer. Die Anschlüsse A1 und A2 sind die Spulenanschlüsse.

Quelle: Firma Siemens

**Bild 2.3** Leistungsschütz AC3/400 V; 7,5 kW der Firma Siemens

sind sehr belastungsresistent, insbesondere beim Steuern von Drehstromasynchronmotoren mit Käfigläufer mit hohen Anzugsströmen, die im Lauf mit Gegenstrom gebremst werden. Auch in Wendeschützschaltungen mit direkter Umschaltung der Motordrehrichtung ist die Verwendung eines AC4-Schützes zu empfehlen.

Aufbau, Kontaktbelastbarkeit und Verwendungskategorien von Schützen entsprechen der Norm DIN EN IEC 60947-4-1 (Norm für Schütze und Motorstarter; VDE 0660).

### 2.1.2 Sicherheitstechnische Überwachung der Schaltfunktion eines Schützes

In elektrischen Steuerungsanlagen ist es aus sicherheitstechnischen Gründen häufig erforderlich, die Ausschaltfunktion eines Schützes zu überwachen. Dafür setzt man Leistungsschütze mit einem zusätzlichen Spiegelkontakt (mirror contact) ein, der meist als Hilfsöffnerkontakt des Schützes ausgeführt ist. In **Bild 2.4** ist rechts neben den drei Lastkontakten der Spiegelkontakt 21-22 als Öffner mit einem speziellen Symbol zu sehen.

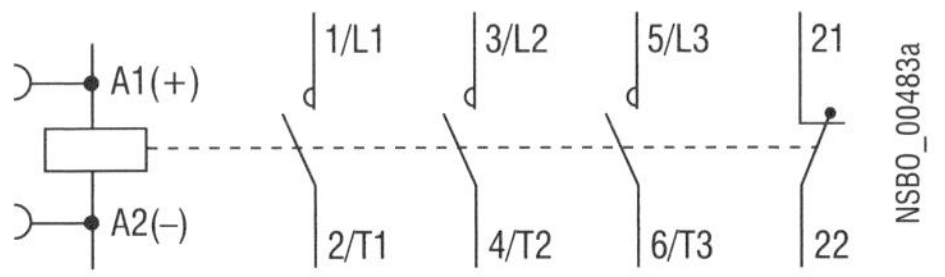


Quelle: Firma Siemens

**Bild 2.4** Kontakte des Leistungsschützes SIRIUS 3RT (Siemens) mit einem Spiegelkontakt

Die Besonderheit dieses Spiegelkontakts liegt jetzt darin, dass der Hilfsöffnerkontakt 21-22 beim Abschalten des Schützes nicht wieder in Ruhelage schließt, sofern einer oder mehrere der Lastkontakte durch eine überlastungsbedingte Fehlfunktion des Schützes „kleben“ oder verschweißen und trotz Abschaltung der Stromfluss zum Verbraucher erhalten bleibt (Bild 11.11). Der Spiegelkontakt 21-22 bleibt dann trotz stromloser Spule geöffnet und signalisiert somit den falschen und möglicherweise gefährlichen Schaltzustand des Schützes. Der Öffner 21-22 spiegelt quasi die Stellung der Lastkontakte. Der Schaltzustand des Spiegelkontakts kann in diesen Fällen ausgewertet und sicherheitstechnisch genutzt werden, beispielsweise durch Abschaltung der Spannungsversorgung (siehe Abschnitt 11.10)

Auf Basis der Norm IEC 60947-4-1 (VDE 0660) Anhang F müssen Leistungsschütze mit einem Spiegelkontakt ausdrücklich auf die Spiegelkontakteigenschaften geprüft und deklariert sein. Nur dann sind sie in der Praxis für Überwachungsfunktionen zulässig.

Darüber hinaus gibt es zur Überwachung von Schaltzuständen von Schützen auf Basis der Norm IEC 60947-5-1 (VDE 0660) Anhang L sogenannte „zwangsgeführte Kontakte“, die grundsätzlich als Hilfsschalter in der Kombination Öffner-Schließer ausgeführt sind. Konstruktiv ist sichergestellt, dass niemals beide Kontakte gleichzeitig den Signalzustand 1 führen können.

Ein Anwendungsbeispiel für ein Hilfsschütz mit „zwangsgeführten Kontakten“ ist die Überwachung der Energieversorgung eines Gebäudes während eines Ausfalls der Netzspannungsversorgung. Bei der Umschaltung von Netzbetrieb auf Notstromversorgung muss sichergestellt sein, dass die Notstromversorgung keinesfalls in das öffentliche Netz einspeist. Die zwangsgeführten Kontakte eines Hilfsschützes signalisieren, dass die Netzspannungsversorgung per Lastschütz 1 ausgeschaltet ist (zwangsgeführter Öffner) und die Notstromversorgung per Lastschütz 2 eingeschaltet ist (zwangsgeführter Schließer). Durch den konstruktiven Ausschluss des gleichen Signalzustands 1 der zwangsgeführten Kontakte ist sichergestellt, dass beide Lastschütze unterschiedliche Schaltzustände haben und keine Einspeisung von elektrischer Energie in eine unerwünschte Richtung erfolgt.

## 2.2 Befehls- und Meldegeräte in der Praxis

Im Folgenden ist eine Übersicht der Symbole der wichtigsten Sensoren der elektrischen Steuerungs- und Automatisierungstechnik dargestellt. All diese Sensoren liefern Signale in die Steuerung hinein, folglich werden sie in der Praxis auch als Befehlsgeräte bezeichnet. In den folgenden praxisnahen Schaltungsbeispielen (**Bild 2.5**) werden diese Sensoren mit ihren speziellen Symbolen besonders häufig verwendet.

Technisch-hochwertig ausgeführte Sensoren für die Anwendung in der Industrie haben meist einen oder mehrere digitale Schaltausgänge, die binäre Signale an die Steuerung zur weiteren Verarbeitung leiten. Darüber hinaus haben diese Sensoren auch häufig einen zusätzlichen analogen Ausgang, der sowohl mit der Spannung 0-10 V als auch mit dem Strom 4-20 mA gesteuert werden kann.

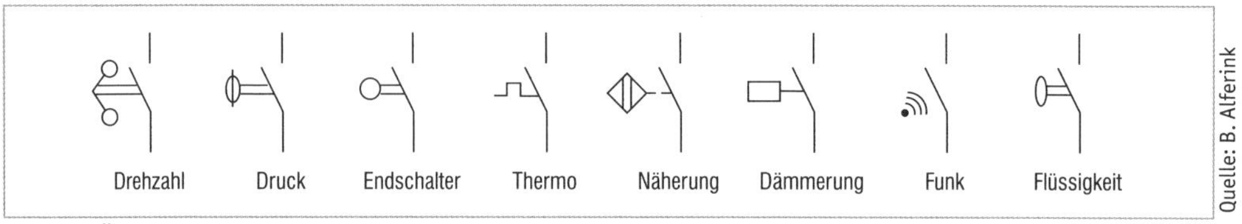


**Bild 2.5** Übersicht unterschiedlicher Sensoren

Die digitalen Schaltausgänge der Sensoren für den europäischen Markt sind üblicherweise in der PNP-Schalttechnologie ausgeführt. PNP bedeutet so viel wie „plusschaltend“, das bedeutet konkret, dass der PNP-ausgeführte Sensor positives Potential auf seinen Ausgang schaltet, da die digitale Eingangsbaugruppe der SPS auch ein positives Spannungssignal von +24 V erwartet. Die Schaltskizze in **Bild 2.6** verdeutlicht den Zusammenhang.

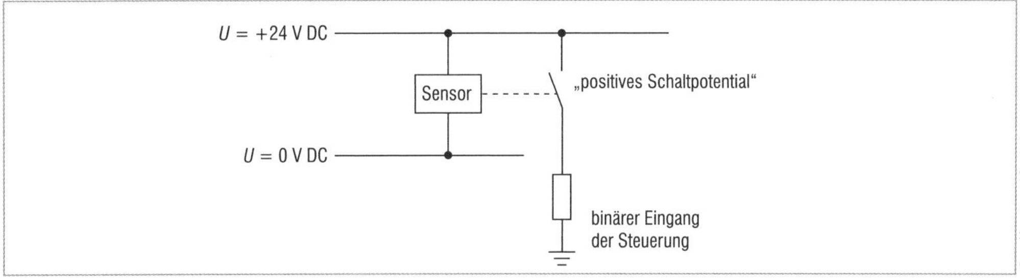


Quelle: B. Alferink

**Bild 2.6** Spannungspotential PNP-Sensor

## 2.2.1 Handbetätigte Befehlsgeräte

Schalter und Taster in den Ausführungen als Öffner, Schließer oder Wechslerkontakt gehören natürlich auch zur Gruppe der Sensoren, da auch sie Informationen in die Steuerung hinein liefern. Sie gelten als Mensch-Maschine-Schnittstelle HMI (**H**uman **M**achine **I**nterface) einer elektrischen Steuerungsanlage. In **Bild 2.7** sind unterschiedliche Ausführungen dieser Sensoren zu sehen.

In den üblichen Ausführungen für die praktische Anwendung verfügen die Taster und Schalter über mindestens ein oder auch bis zu drei Kontaktelemente (auch Schaltelement genannt), die wahlweise als Öffner oder Schließer ausgeführt sein können und mit dem Tastendruck zeitgleich betätigt werden (Bild 2.7 rechts).

Quelle: Firma Siemens

**Bild 2.7** Befehls- und Meldegeräte der Reihe SIRIUS ACT der Firma Siemens

In **Bild 2.8** ist ein Befehlsgerät mit drei Kontaktelementen zu sehen. Die beiden Öffnerkontakte sind mit den Ziffern 1-2, der Schließerkontakt ist mit den Ziffern 3-4 (in Bild 2.8 auch in der praktischen Ausführung dargestellt) bezeichnet. Das NC bei den Öffnern steht für „Normally closed“ und das NO beim Schließerkontakt steht für „Normally open“, was für den Signalzustand der Kontakte im unbetätigten Zustand steht.

Zu berücksichtigen ist, dass bei der Betätigung des Tasters auf mechanischem Wege immer zuerst der Öffner geöffnet wird, bevor der Schließer geschlossen ist (**Bild 2.9**).

Auch die Ausführung als Leuchtdrucktaster (**Bild 2.10**), einer Kombination aus Taster und Leuchtmelder, ist in der Praxis üblich.

In diesem Zusammenhang ist es für die praktische Projektierung wichtig, die entsprechenden Vorschriften für Schaltgeräte und Schaltgerätekombinationen zu kennen, die zur elektrischen Ausrüstung einer Maschine gehören. Dies ist insbesondere die DIN EN 60204-1 (Norm für die elektrische Ausrüstung von Maschinen und Maschinenanlagen; VDE 0113-1), auf deren praktische Anwendung und Auslegung in den folgenden Abschnitten noch eingegangen wird.

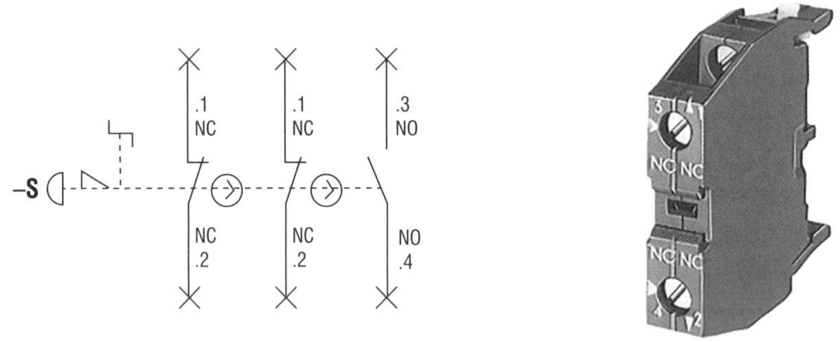


Quelle: Firma Siemens

**Bild 2.8** Befehlsgerät mit Drehbetätigung der Reihe SIRIUS ACT der Firma Siemens

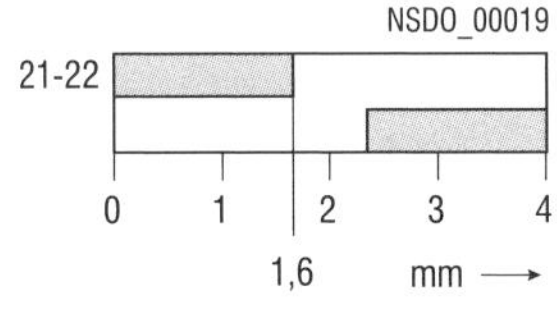


Im Schaltwege-Diagramm ist zu erkennen, dass nach 1,6 mm Betätigungsweg der Öffner 21-22 vollständig geöffnet ist, bevor nach einer kurzen „Lücke“ nach etwa 2,2 mm der Schließer geschlossen ist.

Quelle: Firma Siemens

**Bild 2.9** Schaltwege eines Kontaktelements in der Ausführung Öffner-Schließer

Leuchtdrucktaster „rot“ mit Metallring für den Fronteinbau. Dahinter ist das Kontaktelement für die Befehlsgabe zu erkennen. Leuchtdrucktaster werden häufig mit unterschiedlichen Lichtszenarien projektiert. Dies könnte Dauerlicht für „Gefahr“ und blinkend für „akute Gefahr“ sein, sodass bei blinkendem Signalgeber sofort eingegriffen werden muss.

Quelle: Firma Siemens

**Bild 2.10** Leuchtdrucktaster der Produktserie SIRIUS der Firma Siemens

Eine weitere wichtige Vorschrift für den Bereich der Niederspannungsschaltgeräte ist die DIN EN IEC 61439-1 (Norm für Niederspannungsschaltgerätekombinationen; VDE 0660-600-1). In dieser Vorschrift geht es mit Schwerpunkt um einheitliche Anforderungen von Schaltgerätekombinationen bezüglich ihrer Belastbarkeit, Isolationseigenschaften und ihrer Betriebsbedingungen. Diese Vorgaben und Erkenntnisse sind bei der praktischen Projektierung von elektrischen Steuerungsanlagen von elementarer Bedeutung.

Sollte die Vorschrift DIN EN IEC 61439-1 (VDE 0660-600-1) bei der Planung einer elektrischen Steuerungsanlage in Detailfragen – beispielsweise bei der Auslegung von Sicherheitseinrichtungen – mit der Vorschrift DIN EN 60204-1 (VDE 0113-1) konkurrieren, so ist die DIN EN 60204-1 (VDE 0113-1) als die „führende" Norm anzusehen.

### 2.2.2 Prozessgeführte Befehlsgeräte

Neben den handbetätigten Befehlsgeräten, die üblicherweise vom Menschen gewollt Signale in die Steuerung hinein liefern, gibt es auch verschiedene Befehlsgeräte, die auf mechanischem Wege aus dem Anlagenprozess heraus binäre Signale an die Steuerung übertragen. Klassisches Beispiel sind die sogenannten Positionsschalter (**Bild 2.11**), die bei einer bestimmten Position der Maschine oder auch bei Erreichen von Grenzlagen der Maschine schalten.

In der Praxis kommt es häufig vor, dass mehrere Befehlsgeräte in einer Baugruppe der dezentralen Peripherie zusammengefasst werden und über ein Bussystem mit einer SPS verbunden sind. In **Bild 2.12** ist mittig eine Anschaltbaugruppe vom Typ ET200eco der Firma Siemens dargestellt, die die Signale der einzelnen Befehlsgeräte aufnimmt und über die Datenbusverbindung an die SPS sendet.

Auf diese Weise senden der Not-Halt-Pilzdrucktaster (siehe Abschnitt 11.5) und die beiden Positionierschalter ihre binären Signale aus der „Peripherie" gebündelt zur weiteren Verarbeitung zur SPS.

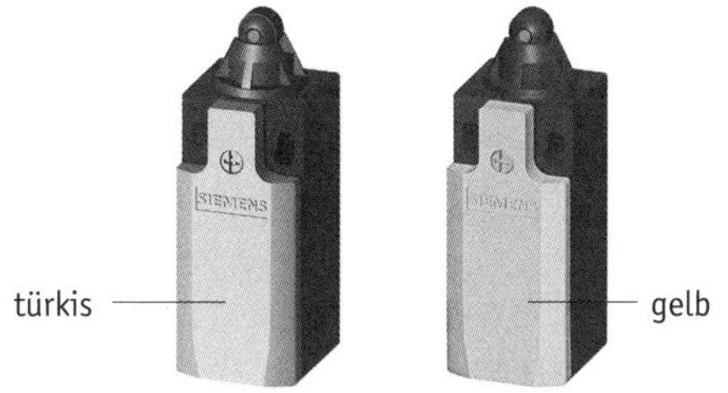


Da die Positionsschalter den Weg der Maschine fühlen, müssen sie bei Erreichen von Grenzpositionen der Maschine „zwangsöffnend" ausgeführt sein. Die Kontakttrennung am Ende einer festgelegten Bewegung der Maschine muss laut der Vorschrift DIN EN 60947-5-1 (VDE 0660-200) sichergestellt sein. Mit der Verwendung von Öffnerkontakten wird dieses Kriterium erfüllt.

Quelle: Firma Siemens

**Bild 2.11** Mechanische Positionsschalter der Reihe SIRIUS 3SE5 der Firma Siemens

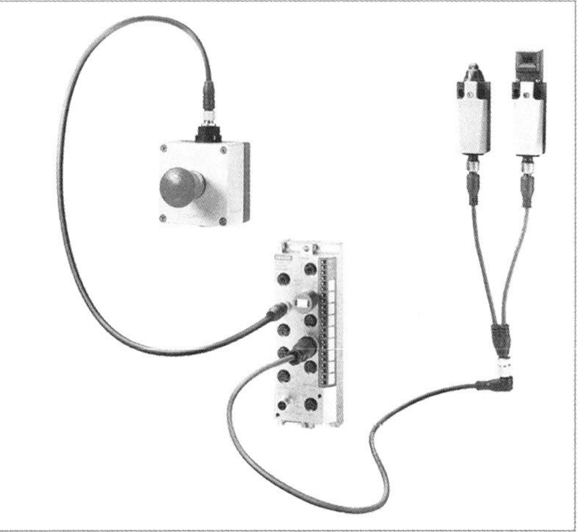

Quelle: Firma Siemens

**Bild 2.12** Anschluss der Anschaltbaugruppe ET 200eco der Firma Siemens

## 2.3 Leuchtmelder zur Signalisierung von Betriebszuständen

In einer elektrischen Steuerungsanlage ist es für den Anwender und Bediener wichtig, die Betriebszustände der Anlage oder Maschine zu kennen, um beispielsweise im Störungsfall entsprechende Handlungen vornehmen zu können. Anhand von Leuchtmeldern (**Bild 2.13**) mit unterschiedlichen funktionellen Farbzuordnungen werden diese Betriebszustände signalisiert.

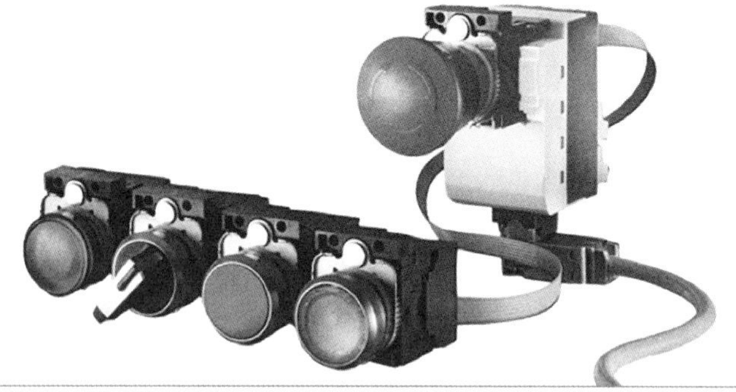

Quelle: Firma Siemens

**Bild 2.13** Unterschiedliche Leuchtmelder und Befehlsgeräte der Firma Siemens

## 2.4 Farbliche Zuordnung der Funktionen von Befehls- und Meldegeräten

Anhand unterschiedlicher Farbzuordnungen kann der Anwender und Bediener der elektrischen Steuerungsanlage die Funktionen bestimmungsgerecht ausführen und Betriebszustände richtig einordnen. In der DIN EN 60073/VDE 0199 ist die Zuordnung der Farben zu den einzelnen Funktionen und Situationen auf internationalem Standard geregelt. Die Farben der Leuchtmelder signalisieren demnach die Zustände (**Tabelle 2.1**).

Wichtig ist, dass die Farbzuordnung der Befehls- und Meldegeräte identische Funktionen aufweisen und eine Signalisierung eines Leuchtmelders eine bestimmte Handlung durch den Anlagenbediener auslösen muss. Ein rot aufleuchtender Melder signalisiert dem Anlagenbediener eine akute Gefahrensituation, sodass die Handlung seitens des Anlagenbedieners die Betätigung der roten Pilzdrucktaste für den Not-Halt-Fall zur sofortigen Stoppsetzung der Maschine erfolgen muss. Ein grün aufleuchtender Melder signalisiert dem Anlagenbediener den sicheren und störungsfreien Zustand der Maschine, sodass er grüne Taster zur Einschaltung weiterer Funktionen betätigen darf. Diese Zustände können dann mit weiß aufleuchtenden Meldern signalisiert werden.

| Farbe | Bedeutung | Funktion/Situation | Handlung |
|---|---|---|---|
| Rot | gefährlicher Zustand/Gefahrensituation | Warnung vor Gefahrensituation oder Notlage der Maschine | Not-Aus, Not-Halt der Maschine |
| Gelb | anormaler Zustand | kritischer Zustand der Maschine | Kontrolle der Maschine, Neustart der Maschine |
| Blau | Handeln zwingend erforderlich | zwingende Eingriffshandlung | Reset der Maschine |
| Grün | Normalzustand | sicherer Betriebszustand der Maschine | keine Maßnahmen erforderlich |
| Weiß | neutraler Zustand | beliebige Funktionen | keine Maßnahmen erforderlich |

Quelle: B. Alferink

**Tabelle 2.1** Farbzuordnungen nach EN 60073/VDE 0199

## 2.5 Steuerung einer Werkstattpresse – Die Anwendung der UND-Verknüpfung

Im folgenden Praxisbeispiel „Steuerung einer Werkstattpresse“ wird die Projektierung einer logischen UND-Verknüpfung mit einer Schützsteuerung dargestellt. Der Pressenmotor M1 soll bei gleichzeitiger Betätigung der Taster S1 und S2 im Tippbetrieb eingeschaltet werden können. Ein Hauptschalter Q1 (Steuerkontakt) muss eingeschaltet sein. Eine Meldeleuchte H1 zeigt den Motorbetrieb an. Eine entsprechende Motorschutzeinrichtung ist vorzusehen. Betrachtet wird hier zunächst nur die Schützsteuerung mit dem Hauptstromkreis.

Im Hauptstromkreis – oder auch Motorstromkreis genannt – ist in **Bild 2.14** der Netzanschluss mit den drei Außenleitern (umgangssprachlich Phasen) L1, L2 und L3 dargestellt. Diese drei Leiter führen über die Lastsicherungen F1, F2 und F3 (Leitungsschutz) auf die Leistungskontakte (Lastkontakte 1-2 3-4 5-6) des Schützes K1. Vom Schütz führen die Leitungen über die Motorschutzeinrichtung F4 (hier Überlastrelais mit den Kontakten 1-2 3-4 5-6) zum Drehstrommotor M1 (Klemmen U1, V1 und W1), der den Pressvorgang elektromotorisch bewirkt.

In **Bild 2.15** ist ein Überlastrelais zum Schutz des Motors zu sehen.

Im Stromlaufplan (**Bild 2.16**) der Steuerung (kurz: Steuerstromkreis) ist die UND-Verknüpfung in Kontakttechnik zu sehen, die sich hier als Reihenschaltung von Signalgebern (Sensoren) zu erkennen gibt.

K1 als Schütz (Spule A1/A2) und H1 als Meldeleuchte sind die Aktoren in dieser Steuerung. Durch die Drahtverbindungen sind das Programm und die Funktion der Steuerung eindeutig festgelegt.

Zum Vergleich wird jetzt die gleiche Pressensteuerung mit einer programmierbaren Kleinsteuerung vom Typ Siemens LOGO projektiert. Wichtig ist zunächst einmal die sogenannte Betriebsmittelzuordnungsliste als Planungsgrundlage und als Bestandteil der Dokumentation (**Tabelle 2.2**).

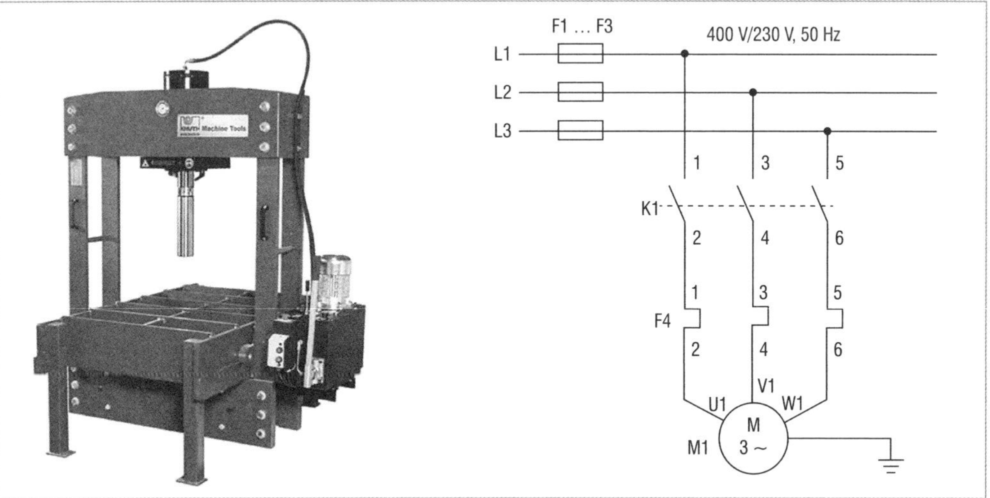


Quellen: links – Firma KNUTH Werkzeugmaschinen GmbH
rechts – B. Alferink

**Bild 2.14** Werkstattpresse der Firma KNUTH Werkzeugmaschinen GmbH mit dem Hauptstromkreis

Dieses Überlastrelais wird mit den drei Stiftkontakten (oben) direkt unter die Lastkontakte des Schützes geschraubt und ist über die Motorzuleitung und den Kontakten 2/T1, 4/T2 und 6/T3 direkt mit dem Motor verbunden. Die Steuerkontakte 95-96 NC (Öffner) und 97-98 NO (Schließer) dienen zur Abschaltung des Steuerstromkreises und zur Signalisierung der Motorstörung. Das Überlastrelais schützt den Motor nur vor Überlastung, nicht jedoch vor Kurzschluss.

Quelle: Firma Siemens

**Bild 2.15** Überlastrelais zum Aufsetzen auf Lastschütze

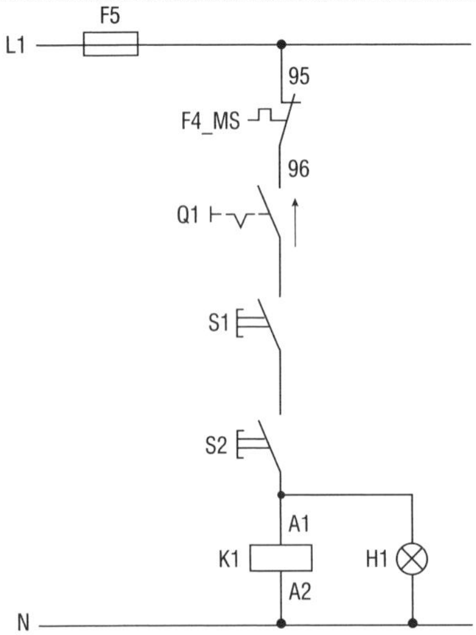


Die Signalgeber F4_MS, Q1, S1 und S2 liefern Signale in die Steuerung und arbeiten somit als Sensoren. Der Sensor F4_MS (Motorschutzeinrichtung) ist als Öffner NC (95/96) ausgeführt und liefert im unbetätigten Zustand den Signalzustand 1. Q1 (Hauptschalter), S1 (Eintaster) und S2 (Eintaster) dagegen sind Schließer NO und liefern im betätigten Zustand den Signalzustand 1.

Werden jetzt bei eingeschaltetem Hauptschalter Q1 gleichzeitig die Eintaster S1 und S2 betätigt, zieht die Spule A1/A2 des Schützes K1 an und die Lastkontakte von K1 im Hauptstromkreis werden geschlossen, sodass der Pressenmotor M1 anläuft und der Pressvorgang beginnen kann. Meldeleuchte H1 signalisiert den Einschaltzustand des Schützes K1.

Quelle: B. Alferink

**Bild 2.16** Steuerungsschaltung Pressenmotor

| Bezeichnung Stromlaufplan (VPS) | Operand LOGO | Symbol LOGO | Erklärung |
|---|---|---|---|
| S1 | I3 | S1_Ein | Taster, Schließer |
| S2 | I4 | S2_Ein | Taster, Schließer |
| Q1 | I2 | Q1_Haupt | Schalter, Schließer |
| F4_MS | I1 | F4_MS | Motorschutz, Öffner |
| K1 | Q1 | K1_Motor | binärer Ausgang |
| H1 | Q2 | H1_Leuchte | binärer Ausgang |

Quelle: B. Alferink

**Tabelle 2.2** Betriebsmittelzuordnungsliste

Zur besseren Übersicht erhalten die Operanden des LOGO-Projekts Namen in Form von symbolischen Operanden. So heißt beispielsweise der Taster S1 aus dem Stromlaufplan, der an I3 (Input 3) angeschlossen ist, im LOGO-Programm „S1_Ein“. Die funktionelle Zuordnung zwischen dem praktisch angeschlossenen und bedienbarem Signalgeber S1 und dem symbolischen Operanden „S1_Ein“ im Programm wird somit deutlich erkennbar und zeigt die schaltungsmäßigen Zusammenhänge (siehe Abschnitt 1.1).

In **Bild 2.17** der LOGO-Steuerung sind diese Zusammenhänge zu erkennen.

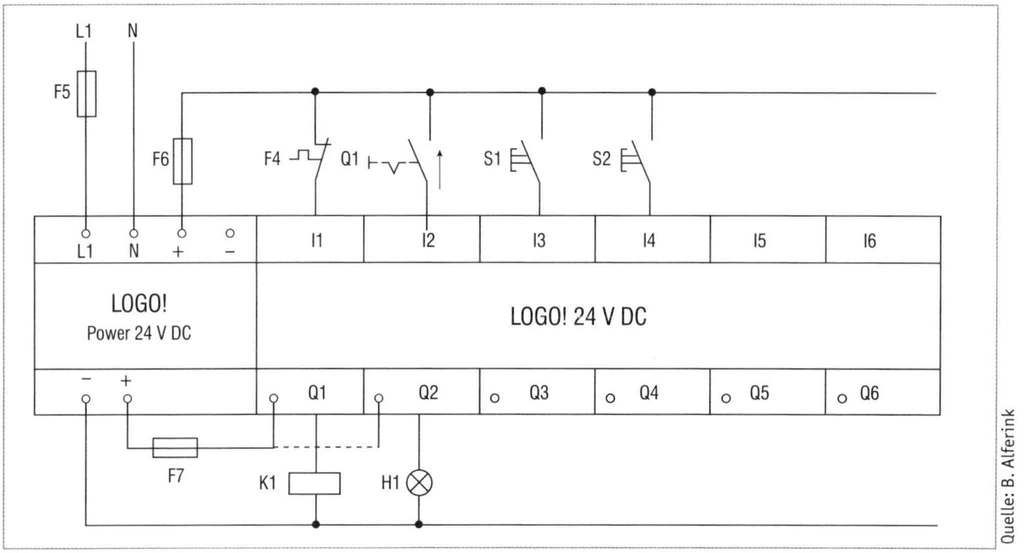


**Bild 2.17** LOGO-Anschluss Pressensteuerung

Die Sensoren werden an die Digitaleingangsbaugruppe (I1 bis I8) der LOGO-Steuerung angeschlossen, wobei die Bezeichnungen aus dem Stromlaufplan erhalten bleiben. Ebenso verhält es sich mit den Aktoren, die an die Digitalausgangsbaugruppe der LOGO-Steuerung (Q1 bis Q6) angeschlossen werden. Weiterhin sind im Schaltbild die Spannungsversorgungen und die entsprechenden Absicherungen (F5 bis F7) zu sehen. Wichtig in diesem Kontext ist auch die Tatsache, dass sich der Hauptstromkreis (Bild 2.14) nicht verändert. Es spielt also keine Rolle, ob die Steuerung des Pressenmotors M1 durch eine konventionelle Schützsteuerung oder durch eine programmierbare Kleinsteuerung realisiert wird.

Der entscheidende Unterschied zwischen Schützsteuerung und LOGO-Steuerung besteht jetzt darin, dass die Steuerungsfunktion in der LOGO nicht mehr durch „Draht und Schraubendreher" festgelegt wird, sondern durch ein Programm, das in der Steuerung zyklisch abgearbeitet wird. Dieses Programm in der Projektierungssoftware LOGO-Soft sieht dann wie in **Bild 2.18** dargestellt aus.

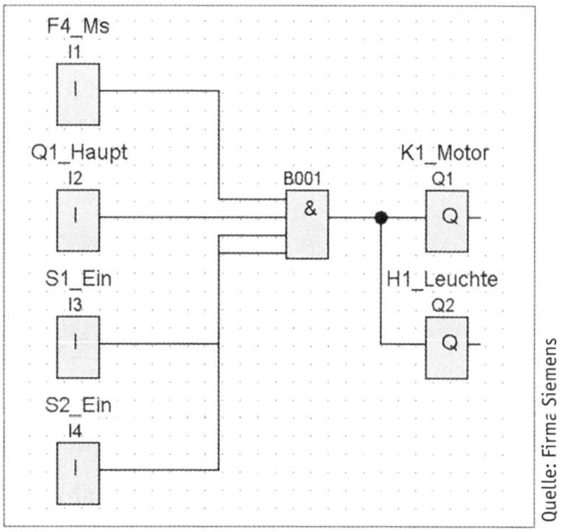


**Bild 2.18** Steuerung eines Pressenmotors mit LOGO-Soft

Wenn alle Signalgeber, die an die UND-Verknüpfung B001 angeschlossen sind, den Signalzustand 1 führen, wird dieser Signalzustand 1 den binären Ausgängen Q1 „K1_Motor" und Q2 „H1_Leuchte" zugewiesen. Das bedeutet, dass das Motorschütz K1 anzieht und den Motor M1 einschaltet, während der Leuchtmelder H1 diesen Einschaltzustand signalisiert.

Die UND-Verknüpfung von Sensorsignalen kommt in der Praxis der elektrischen Steuerungs- und Automatisierungstechnik – insbesondere in der Abfrage von Einschaltbedingungen für Antriebe – häufig vor, demnach gehört die UND-Verknüpfung, ebenso wie die ODER-Verknüpfung, zu den elementaren Grundverknüpfungen der digitalen Steuerungstechnik. In der SPS-Programmierung wird die UND-Verknüpfung mit dem Symbol & dargestellt, während sie in den Stromlaufplänen als Reihenschaltung von Signalgebern zu erkennen ist.

## 2.6 Steuerung eines Hallenlüfters – Die Anwendung der ODER-Verknüpfung

Im folgenden Beispiel „Steuerung eines Hallenlüfters" ist im Stromlaufplan eine Kombination aus UND- und ODER-Verknüpfung zu sehen, die in der Praxis sehr häufig vorkommt. Der Hallenlüfter besteht aus einem Drehstromasynchronmotor, der an der Decke der Werkhalle eines Metallbauunternehmens angebracht ist und von zwei Zugängen ein- und ausschaltbar sein soll.

Folgende Kriterien sind bei der Projektierung der Lüftersteuerung zu berücksichtigen:

1. Der Drehstrommotor des Axialdeckenventilators (**Bild 2.19**) soll einen Volumenstrom von mindestens 10.000 m$^3$ Luft pro Stunde leisten können und er muss der Schutzart IP 65 (International Protection; Schutz gegen Eindringen von Fremdkörpern und Wasser, festgelegt in der DIN EN 60529 (VDE 0470-1), siehe auch unter Anhang) entsprechen. Er muss für den Dauerbetrieb (Betriebsart S1) bis zu einer Umgebungstemperatur von mindestens 50 °C ausgelegt sein.
2. Die Werkhalle hat zwei Zugänge, wobei an jedem Zugang der Halle ein Bedientableau (**Bild 2.20**) für den Lüftermotor angebracht wird. Die Bedientableaus enthalten je einen Taster S0 (rot) und S1 (grün).
3. Mit den Tastern S1 wird der Lüftermotor eingeschaltet, mit den Tastern S0 wird der Motor ausgeschaltet. Nach den Tastimpulsen verbleibt der Motor in dem herbeigeführten Betriebszustand. Er speichert also entweder den Einschaltzustand (Selbsthaltung) oder den Ausschaltzustand (siehe Abschnitt 3.1).

Der erste Schritt zur Projektierung ist die Auswahl eines geeigneten Motors. Der Drehstrom-

Der Drehstrommotor mit der Nennleistung von $P$ = 1,5 kW wird am Dreiphasenwechselspannungsnetz 400 V AC, 50 Hz in Sternschaltung betrieben. Er ist für den Dauerbetrieb S1 geeignet, ebenso für den geforderten Temperaturbereich von bis zu 60 °C. Er leistet einen Volumenstrom von 15.000 m$^3$ pro Stunde und erfüllt die Schutzart IP 65, ist also strahlwassergeschützt und staubdicht.

Quelle: Firma Siemens

**Bild 2.19** Lüftermotor SINAMICS S210 der Firma Siemens

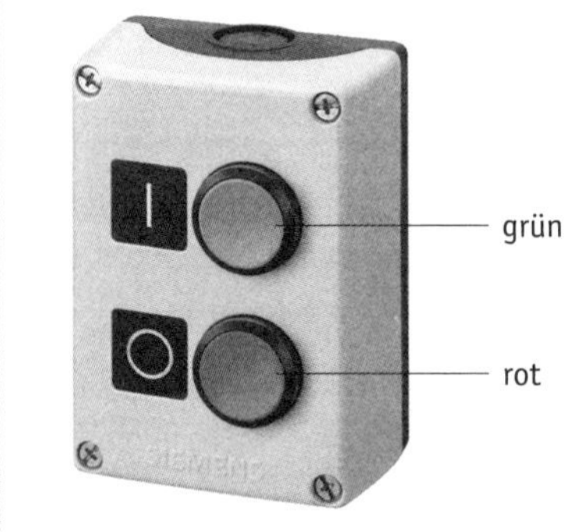


Quelle: Firma Siemens

**Bild 2.20** Bedientableau 2-fach SIRIUS der Firma Siemens

motor des Axialdeckenventilators aus Bild 2.19 erfüllt die Kriterien für den Betrieb des Deckenlüfters:

- Die erste Ziffer der IP-Schutzart steht für den Schutz gegen das Eindringen von Festkörpern. Die zweite Ziffer steht für den Schutz vor das Eindringen von Flüssigkeiten. Die vollständige Tabelle der IP-Schutzraten befindet sich im Anhang 2 dieses Buchs.
- Der zweite Schritt der Projektierung ist die Entwicklung der Steuerung für den Lüftermotor. Zunächst wird hier die konventionelle Steuerung des Hallenlüfters mit einer verdrahteten Schützschaltung betrachtet.

In der Steuerung sind die Sensoren F4_MS (Motorschutzeinrichtung 95/96) und die Austaster S0.1 sowie S0.2 in Reihe geschaltet, was vergleichsweise im LOGO-Programm in einer UND-Verknüpfung projektiert wird. Die in Reihe geschalteten Sensoren bewirken das Ausschalten des Lüftermotor M1 durch Unterbrechen der Spannungsversorgung zur Schützspule von K1.

Die Sensoren, die das Einschalten des Schützes K1 (A1/A2) bewirken, sind dagegen parallelgeschaltet. Es sind in diesem Beispiel S1 (Eintaster), S2 (Eintaster) und K1 (Schließerkontakt NO 13/14 von K1) zur Selbsthaltung des Schützes K1.

Wird mindestens einer der beiden Eintaster S1 oder S2 betätigt, zieht die Spule des Schützes K1 an und die Lastkontakte 1-2, 3-4 und 5-6 von K1 im Hauptstromkreis werden geschlossen, sodass der Lüftermotor M1 läuft. Der Selbsthaltekontakt 13/14 von K1, der parallel zu den Eintastern S1 und S2 geschaltet ist, hält die Spannung an der Spule A1/A2 von K1, sobald die Taster S1 oder S2 wieder in Ruhelage sind (siehe Abschnitt 3.1).

Diese Parallelschaltung wird im LOGO-Programm mit einer ODER-Verknüpfung realisiert (**Bild 2.21**).

Der Hauptstromkreis (**Bild 2.22**) ist wie in Bild 2.14, besteht also nur aus der einfachen Ansteuerung des Drehstromasynchronmotors M1 über das Lastschütz K1, geschützt gegen Überlastung durch das thermische Motorschutzrelais F4.

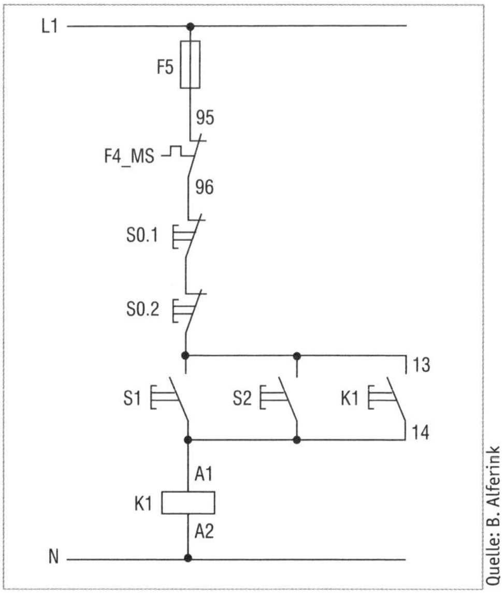


**Bild 2.21** Schützsteuerung Hallenlüfter

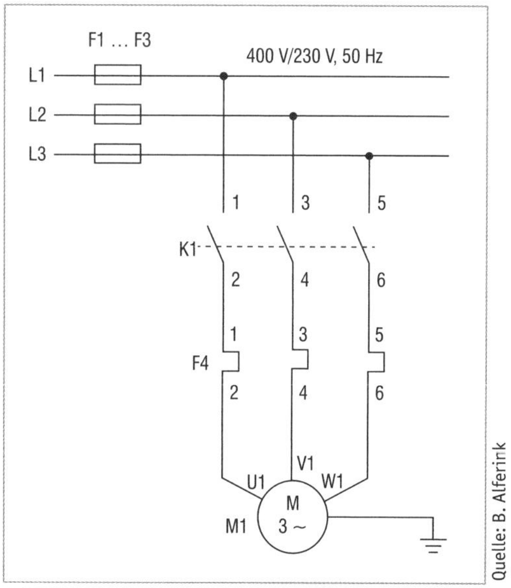


**Bild 2.22** Hauptstromkreis Hallenlüfter

Im direkten Vergleich wird nun das LOGO-Projekt mit identischer Funktion und zugeordneten Betriebsmitteln betrachtet, beginnend mit der Betriebszuordnungsliste (**Tabelle 2.3**).

| Bezeichnung Stromlaufplan (VPS) | Operand LOGO | Symbol LOGO | Erklärung |
|---|---|---|---|
| S1 | I1 | S1_Ein | Taster, Schließer |
| S2 | I2 | S2_Ein | Taster, Schließer |
| S0.1 | I3 | S0.1_Aus | Taster, Öffner |
| S0.2 | I4 | S0.2_Aus | Taster, Öffner |
| F4_MS | I5 | F4_MS | Motorschutz, Öffner |
| K1 | Q1 | K1_Motor | binärer Ausgang |

Quelle: B. Alferink

**Tabelle 2.3** Betriebsmittelzuordnungsliste

Der praktische Anschluss der LOGO-Steuerung erfolgt hier wie in Bild 2.17 dargestellt, jedoch ist die Eingangsbaugruppe um die binären Signalgeber S0.1 und S0.2 erweitert. An der Ausgangsseite ist der Leuchtmelder H1 nicht vorgesehen.

Das LOGO-Programm für die Lüftersteuerung ist in **Bild 2.23** dargestellt.

In unserem konkreten Schaltungsbeispiel bedeutet das aber auch, dass an den Signalgebern „S0.1_Aus“, „S0.2_Aus“ und „F4_MS“, die an der UND-Verknüpfung B001 angeschlossen sind, jeweils der Signalzustand 1 liegen muss, um mit einem 1-Signal der ODER-Verknüpfung B002 den binären Ausgang Q1 „K1“ auf 1 zu steuern.

Irrtümlich herrscht in der Praxis häufig die Ansicht, dass man einen angeschlossenen Öffner grundsätzlich negieren (Signalumkehr, siehe Abschnitt 2.7) muss. Das ist jedoch nicht richtig, da die SPS bzw. die LOGO-Steuerung den angeschlossenen Signalgeber nicht erkennen oder identifizieren kann. Sie kann also nicht zwischen Öffner und Schließer unterscheiden. Sie wertet ausschließlich die ankommenden Signalzustände aus, also 0 oder 1. Bezogen auf unsere Schaltung führen die Signalgeber „F4_MS“ und „S0_Aus“, die drahtbruchsicher als Öffner NC ausgeführt sind, im unbetätigten Zustand den Signalzustand 1 und werden auch so abgefragt.

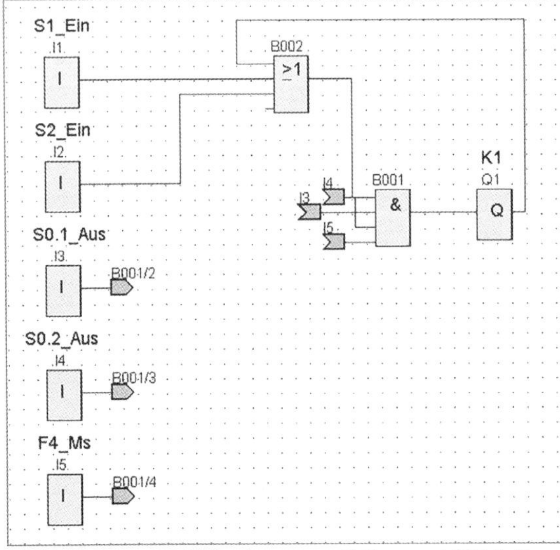


Die Taster (Schließer NO) „S1_Ein“ und „S2_Ein“ wirken gemeinsam mit der „Selbsthalteleitung“ von Q1 „K1“ über die ODER-Verknüpfung B002 mit einem 1-Signal auf die UND-Verknüpfung B001. Bei der ODER-Verknüpfung muss nur einer der angeschlossenen Signalgeber den Signalzustand 1 führen, um am Ausgang der ODER-Verknüpfung einen Signalzustand 1 zu erzeugen.

Quelle: Firma Siemens

**Bild 2.23** Programm Lüftersteuerung mit Siemens-LOGO-Soft

## 2.7 Binäre Signalzustände umkehren – Die NOT-Funktion

Eine weitere elementare Grundverknüpfung der digitalen Steuerungstechnik ist die sogenannte Negation oder Negierung, oder auch Invertierung genannt. Die Negation bewirkt prinzipiell eine Signalumkehr: Aus einem Signalzustand 0 wird ein Signalzustand 1 und umgekehrt.

Symbolisch wird sie häufig als NOT-Funktion oder NICHT-Funktion oder auch mit einem kleinen Kringel an der entsprechenden Verknüpfung dargestellt und wird in der Praxis häufig Inverter genannt. In der Praxis muss zur Ansteuerung eines binären Ausgangs häufig als Bedingung der „Nichtbetrieb“ eines anderen binären Ausgangs (z. B. eines Motorschützes) oder auch der Signalzustand 0 eines Sensors abgefragt werden, wie im Programmbeispiel in **Bild 2.24** dargestellt. In diesen Fällen bedient man sich der NOT-Funktion.

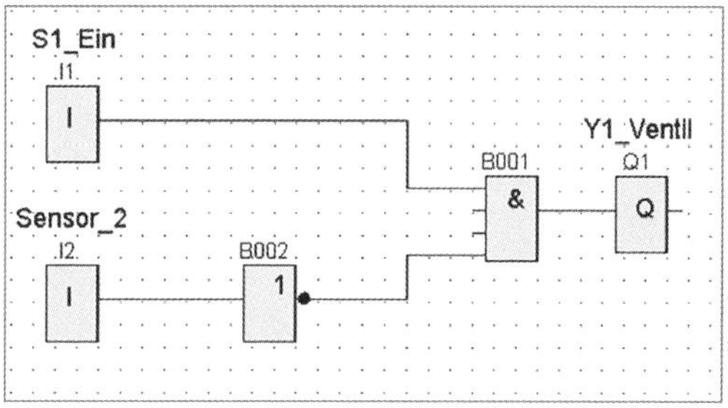


Quelle: Firma Siemens

**Bild 2.24** Darstellung der NOT-Funktion mit Siemens-LOGO-Soft

Dem binären Ausgang Q1 „Y1_Ventil“ wird dann der Signalzustand 1 zugewiesen, wenn der Taster I1 „S1_Ein“ den Signalzustand 1 führt und der binäre Eingang I2 „Sensor_2“ den Signalzustand 0 führt. Über die NOT-Funktion B002 wird das Sensorsignal „Sensor_2“ von Signalzustand 0 auf Signalzustand 1 invertiert (umgekehrt). Jetzt führt die UND-Verknüpfung B001 an beiden Eingängen 1-Signal und leitet diesen Signalzustand 1 an den Ausgang Q1 „Y1_Ventil“ weiter.

Umgekehrt ist es so, dass der mögliche Signalzustand 1 auf den binären Eingang I2 „Sensor_2“ über die NOT-Funktion B002 auf den Signalzustand 0 invertiert wird und somit die UND-Verknüpfung B001 den Signalzustand 0 an Q1 „Y1_Ventil“ weiterreicht.

In **Bild 2.25** ist die NICHT-Funktion mit einem Schütz K1 und einem Leuchtmelder H1 dargestellt. Dabei bewirkt der Taster S1 als Eingang der Funktion über das Schütz K1 die unterschiedlichen Signalzustände von H1.

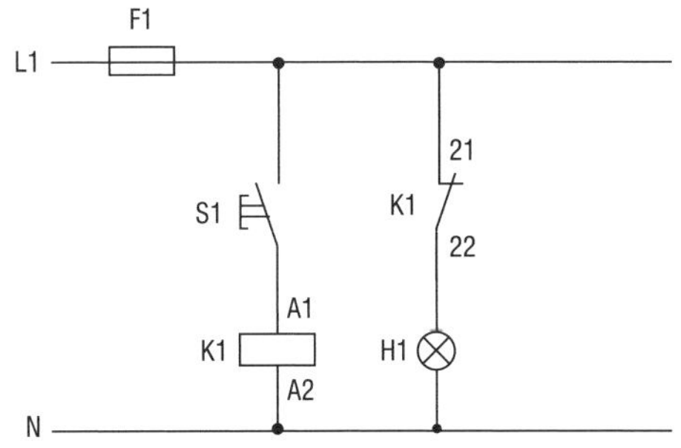


Hierbei ist der Taster S1 als Eingang der Funktion und der Leuchtmelder H1 als Ausgang der Funktion zu sehen. Führt der Taster S1 den Signalzustand 0, dann führt der Leuchtmelder H1 den Signalzustand 1 und umgekehrt. Bei 1-Signal an Taster S1 zieht das Schütz K1 (A1/A2) an und öffnet den Schaltkontat K1 (Öffner 21/22) und H1 hat Signalzustand 0.

Quelle: B. Alferink

**Bild 2.25** NICHT-Funktion mit Schütz

## 2.8 Logische Grundverknüpfungen – Zusammenfassung

In **Tabelle 2.4** sind die drei elementaren logischen Grundverknüpfungen zusammenfassend dargestellt.

Die Darstellung der Schaltgleichung erfolgt hier, weil sie wichtiger Bestandteil für Berechnungen in der Booleschen Algebra ist. Die Negation wird hier mit einem Querbalken oberhalb des Operanden dargestellt. Mit diesen Berechnungen gelingt es, umfangreiche binäre Verknüpfungen durch Reduktion zu vereinfachen oder auch umzuformen (siehe Abschnitt 2.10).

<table>
<tr><th></th><th colspan="3">Verknüpfung</th></tr>
<tr><th></th><th>UND – AND</th><th>ODER – OR</th><th>NICHT – NOT</th></tr>
<tr><td>Symbol/ Funktionsplan</td><td>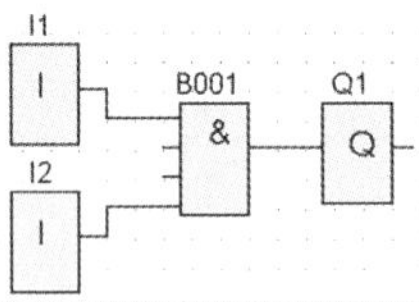
</td><td>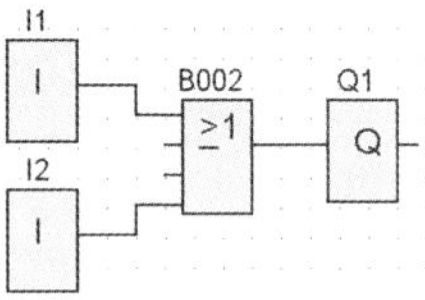
</td><td>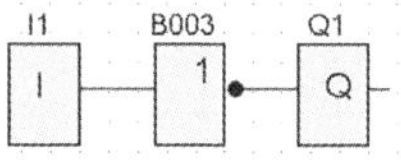
</td></tr>
<tr><td>Schaltgleichung</td><td>I1 ∧ I2 = Q1</td><td>I1 ∧ I2 = Q1</td><td>$\overline{\text{I1}}$ = Q1 oder I1 = $\overline{\text{Q1}}$</td></tr>
<tr><td>Funktionstabelle</td><td><table><tr><th>I1</th><th>I2</th><th>Q1</th></tr><tr><td>0</td><td>0</td><td>0</td></tr><tr><td>0</td><td>1</td><td>0</td></tr><tr><td>1</td><td>0</td><td>0</td></tr><tr><td>1</td><td>1</td><td>1</td></tr></table></td><td><table><tr><th>I1</th><th>I2</th><th>Q1</th></tr><tr><td>0</td><td>0</td><td>0</td></tr><tr><td>0</td><td>1</td><td>1</td></tr><tr><td>1</td><td>0</td><td>1</td></tr><tr><td>1</td><td>1</td><td>1</td></tr></table></td><td><table><tr><th>I1</th><th>Q1</th></tr><tr><td>0</td><td>1</td></tr><tr><td>1</td><td>0</td></tr></table></td></tr>
</table>

Quelle: B. Alferink

**Tabelle 2.4** Zusammenfassung der logischen Grundverknüpfungen

## 2.9 Gefahrmeldeanlage – Die Anwendung der NOR-Funktion

Ein Druckbehälter B1 in einem Gaskraftwerk wird mit drei Drucksensoren überwacht. Wenn alle drei Sensoren „S1_Druck_B1“, „S2_Druck_B1“ und „S3_Druck_B1“ den Signalzustand 0 führen, liegt keine Störung vor und der Leuchtmelder „H1_Betrieb“ signalisiert diesen Zustand. Sprechen nur einer oder zwei oder auch alle drei Drucksensoren infolge einer Störung des Behälters B1 durch Überdruck an und führen den Signalzustand 1, so erlischt der Leuchtmelder H1 und der akustische Warnmelder „E1_Akustik“ ertönt infolge der Störung.

**Bild 2.26** zeigt einen geeigneten Drucksensor, der in einem Messbereich von 0 bar bis 250 bar arbeitet.

In einer konventionellen Schützsteuerung stellt sich die Funktion wie in **Bild 2.27** dar.

Wenn das Schütz K1 nicht betätigt ist, dann ist die Meldeleuchte H1 auf Signalzustand 1 und der Warnmelder E1 auf Signalzustand 0. Erst wenn mindestens einer der drei Drucksensoren S1, S2 oder S3 durch Betätigung eine Störung meldet, zieht das Schütz K1 an und öffnet den Kontakt über Meldeleuchte H1, sodass diese erlischt. Gleichzeitig schließt das Schütz K1 den Kontakt NO über den Warnmelder E1, sodass dieser ertönt.

Soll diese Steuerung mit einer LOGO-Steuerung realisiert werden, so ist zunächst die Betriebsmittelzuordnungsliste zu erstellen (**Tabelle 2.5**).

Der Sensor hat einen binären Ausgang in der Schalttechnologie PNP (siehe Abschnitt 2.2). Er ist für Betriebstemperaturen von – 25 °C bis zu 80 °C geeignet und entspricht der Schutzart IP 65. Die Betriebsspannung DC liegt zwischen 18 V und 30 V maximal. Zusätzlich verfügt er zur weiteren Auswertung auch über einen analogen Ausgang.

Quelle: ifm electronic GmbH

**Bild 2.26** Drucksensor der Firma IFM electronic

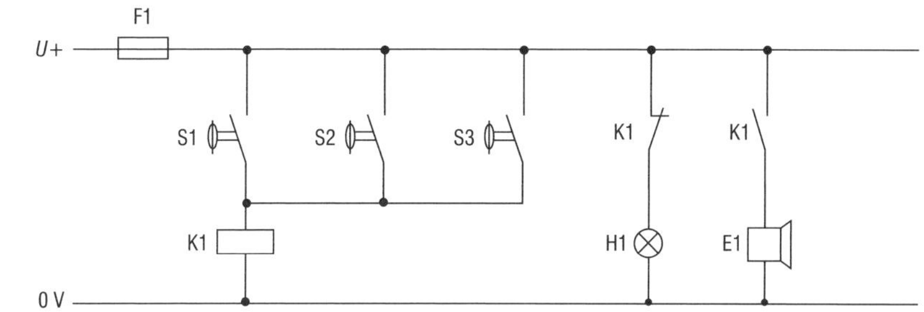


Quelle: B. Alferink

**Bild 2.27** Druckbehältersteuerung mit Schütz

| Bezeichnung Stromlaufplan (VPS) | Operand LOGO | Symbol LOGO | Erklärung |
|---|---|---|---|
| S1 | I1 | S1_Druck_B1 | Sensor, Schließer |
| S2 | I2 | S2_Druck_B1 | Sensor, Schließer |
| S3 | I3 | S3_Druck_B1 | Sensor, Schließer |
| H1 | Q1 | H1_Betrieb | binärer Ausgang |
| E1 | Q2 | E1_Akustik | binärer Ausgang |

Quelle: B. Alferink

**Tabelle 2.5** Betriebsmittelzuordnungsliste

Als nächster Schritt in der Projektierung erfolgen der Anschluss und die Verdrahtung der Komponenten an die LOGO-Steuerung. Der Anschlussplan der LOGO-Hardware ist in **Bild 2.28** dargestellt.

Im LOGO-Programm sieht die Steuerungsschaltung nach der Betriebsmittelzuordnung mit der NOR-Funktion dann aus, wie in **Bild 2.29** dargestellt. Erst wenn mindestens einer der drei Sensoren den Signalzustand 1 führt, kehrt sich die Situation an den Ausgängen um: Q1 „H1_Betrieb“ ist auf 0 und Q2 „E1_Akustik“ ist auf 1.

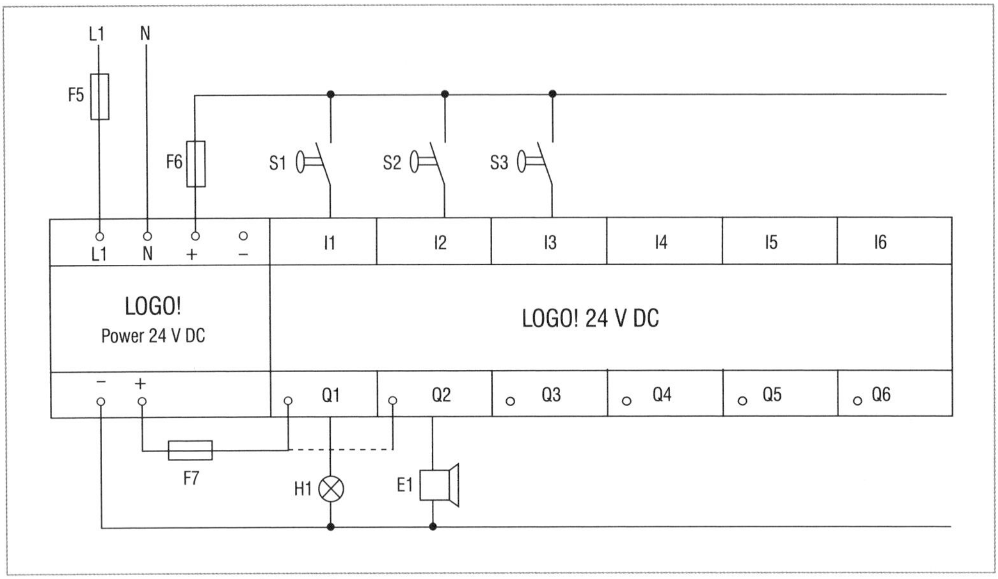


Quelle: B. Alferink

**Bild 2.28** LOGO-Anschluss Gefahrmeldeanlage

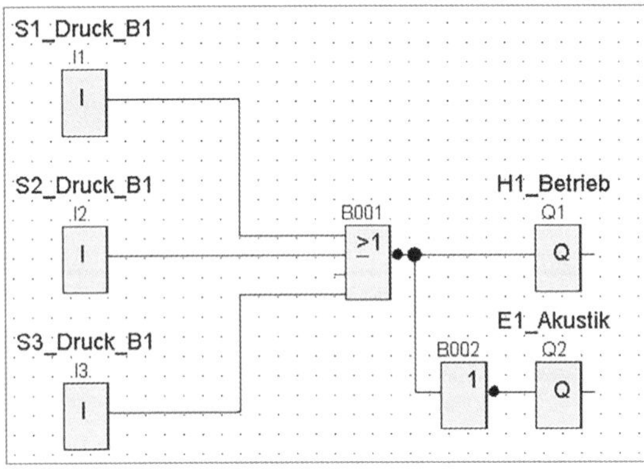


Die NOR-Funktion B001 (NOR = NOT-OR) arbeitet im Prinzip als ODER-Funktion mit einem negierten Ausgang. Sind alle drei Sensoren auf Signalzustand 0, dann liegt an Q1 „H1_Betrieb“ bedingt durch die Negierung der Signalzustand 1. Durch die weitere NOT-Funktion B002 wird der binäre Ausgang Q2 „E1_Akustik“ auf den Signalzustand 0 gebracht.

Quelle: Firma Siemens

**Bild 2.29** LOGO-Soft-Programm der Gefahrmeldeanlage

## 2.10 Äquivalenzumformung einer NOR-Funktion mithilfe der Booleschen Algebra

Anhand dieses Programmbeispiels der NOR-Funktion soll hier kurz eine Anwendung der Booleschen Algebra gezeigt werden. Die NOR-Funktion zur Steuerung der Meldeleuchte H1 mit den drei binären Eingängen hat folgende Schaltgleichung:

$$\text{I1 „S1\_Druck“ } \mathbf{v} \text{ I2 „S2\_Druck“ V I3 „S3\_Druck“} = \overline{\text{Q1 „H1\_Betrieb“}}$$

Das **v** steht symbolisch für ODER, der Querbalken oberhalb des Ausdrucks steht für die Negation.

Nach den Regeln der Booleschen Algebra (hier das DeMorgan-Theorem) ist es möglich, die Negation auf die andere Gleichungsseite zu übertragen, der Querbalken wandert also von der linken Seite der Gleichung auf die rechte Seite:

$\overline{\text{I1„S1\_Druck“} \lor \text{I2„S2\_Druck“} \lor \text{I3„S3\_Druck“}} = \text{Q1„H1\_Betrieb“}$

Das **v** steht symbolisch für ODER.

Da es aber nicht möglich ist, eine Verknüpfung zu negieren, wird der Querbalken oberhalb der ODER-Verknüpfungszeichen „aufgeknackt“ und die Verknüpfungen als solches werden nicht negiert, sondern umgewandelt.

Folglich wird aus der ODER- eine UND-Verknüpfung:

$\overline{\text{I1„S1\_Druck“}} \land \overline{\text{I2„S2\_Druck“}} \land \overline{\text{I3„S3\_Druck“}} = \text{Q1„H1\_Betrieb“}$

Das **∧** steht symbolisch für die UND-Verknüpfung.

Auf diese Weise ist jetzt durch die Anwendung der Booleschen Algebra eine gleichwertige (äquivalente) Funktion zur Lösung der Aufgabe entstanden. Aus einer NOR-Verknüpfung mit drei binären Eingängen ist eine UND-Verknüpfung B001 mit drei negierten Eingängen entstanden, die im Programmauszug in **Bild 2.30** zu sehen ist.

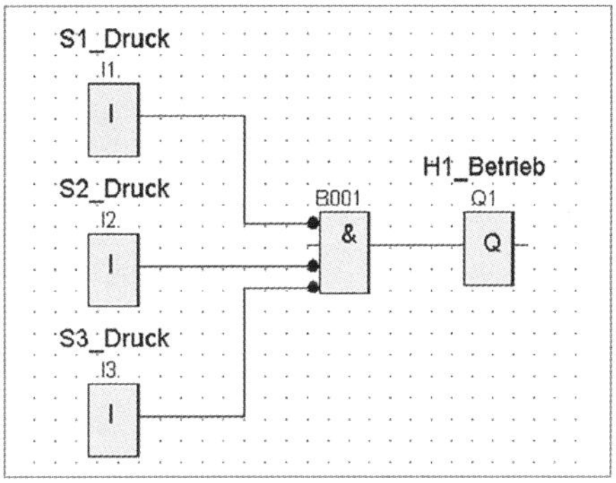


**Bild 2.30** LOGO-Soft-Programm NOR-Funktion

Quelle: Firma Siemens

Diesen Vorgang des Umstellens einer Schaltgleichung nach den Regeln der Booleschen Algebra nennt man wie in der mathematischen Arithmetik Äquivalenzumformung.

Speziell in älteren SPS-Steuerungen wurde diese Funktion und das Verfahren der Äquivalenzumformung häufig angewandt, da man in der damals ausschließlich verwendeten Programmierdarstellung AWL (Anweisungsliste) einen binären Ausgang oder eine Verknüpfung wie in Bild 2.29 nicht „direkt“ (symbolisch) negieren konnte.

Um dieses Problem zu verdeutlichen, ist das LOGO-Programm aus Bild 2.30 in der Programmierdarstellung AWL (Anweisungsliste) in zwei Versionen (**Tabelle 2.6**) dargestellt.

Zur Erklärung grundlegender AWL-Befehle: Das U steht für UND, das O steht für ODER und das N steht für die Negierung eines Signals. Das = steht für Zuweisung. Die Abarbeitung des AWL-Programms erfolgt seriell, also der Reihe nach von oben nach unten.

Die in der Tabelle 2.6 dargestellten Versionen des Programms sind äquivalent. In der Version 2 wird zunächst das Ergebnis der ODER-Verknüpfung dem binären Ausgang „H1_Betrieb“ zugewiesen und anschließend wird der Signalzustand desselben Ausgangs mit UN (UND-NICHT) negiert abgefragt und dem binären Ausgang erneut zugewiesen. So erfolgt eine Signalumkehr des binären Ausgangs „H1_Betrieb“ auf das Ergebnis der ODER-Verknüpfung der drei Drucksensoren.

| **Anweisung (Version 1)** | **Operand** | **Anweisung (Version 2)** | **Operand** |
|---|---|---|---|
| UN | S1_Druck | O | S1_Druck |
| UN | S2_Druck | O | S2_Druck |
| UN | S3_Druck | O | S3_Druck |
| = | H1_Betrieb | = | H1_Betrieb |
| | | UN | H1_Betrieb |
| | | = | H1_Betrieb |

Quelle: B. Alferink

**Tabelle 2.6** AWL-Darstellung der Gefahrmeldeanlage

## 2.11 Unterschiedliche Signalzustände auswerten – Die EXOR-Funktion

Für den Fall, dass von zwei Sensorsignalen der binäre Zustand 0-1 oder 1-0 ausgewertet werden muss, bietet sich die XOR-Funktion an (EXOR = Exklusiv-ODER; in der Praxis werden beide Bezeichnungen, XOR und EXOR, verwendet). Das Ergebnis der XOR-Funktion ist also antivalent. Verwendung findet sie häufig in der Arithmetik als Volladdierer aber auch in der Steuerungs- und Automatisierungstechnik ist es häufig erforderlich, bei zwei unterschiedlichen Signalzuständen den Signalzustand 1 als Ergebnis weiterzugeben.

Zunächst wird das Zusammenwirken der beiden Taster S1 und S2 und deren Wirkung auf die Schützspule K1 in einem Stromlaufplan (**Bild 2.31**) betrachtet.

In der LOGO-Programmierung gibt es zwei verschiedene Möglichkeiten zur Realisierung einer XOR-Funktion (**Bild 2.32**): Links ist die Nachbildung der Schützsteuerung mit den logischen Grundverknüpfungen zu sehen, rechts ist das Element B004, die „vorgefertigte" XOR-Funktion, die LOGO-Soft zur Verfügung stellt. Das Ergebnis ist bei beiden Darstellungen gleich, wie in **Tabelle 2.7** dargestellt.

Wie in der Funktionstabelle 2.7 zu sehen, ergibt sich bei unterschiedlichen Eingangssignalen auf S1 und S2 der Signalzustand 1 am Ausgang K1. Bei gleichen Eingangssignalen ergibt sich am Ausgang K1 der Signalzustand 0.

Eine praktische Anwendung der EXOR-Funktion ist im Abschnitt 4.4 „Steuerung einer Werkstattpresse" und hier speziell im Abschnitt 4.4.2 im LOGO-Programm der Steuerung zu sehen. In dieser Steuerung zum sicheren Betrieb der Werkstattpresse müssen die Signalgeber mit einer EXOR-Funktion auf Signalgleichheit als Voraussetzung für das Einschalten des Pressenmotors ausgewertet werden.

| S1 | S2 | K1 |
|---|---|---|
| 0 | 0 | 0 |
| 0 | 1 | 1 |
| 1 | 0 | 1 |
| 1 | 1 | 0 |

Quelle: B. Alferink

**Tabelle 2.7** EXOR-Funktion

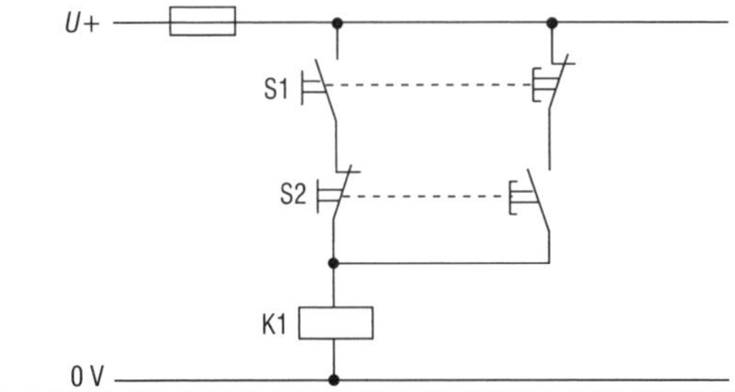


Wenn beide Taster S1 und S2 nicht betätigt sind, ist das Schütz K1 nicht angezogen. Wird einer der beiden Taster betätigt, schließt sich einer der parallelen Strompfade und das Schütz K1 zieht an. Werden beide Taster gleichzeitig betätigt, sind über die jeweiligen Öffner beide parallelen Strompfade unterbrochen und das Schütz K1 zieht nicht an.

Quelle: B. Alferink

**Bild 2.31** EXOR-Funktion in Kontakttechnik

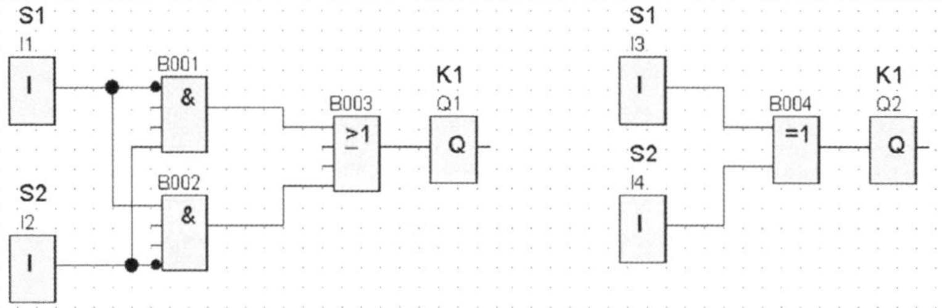


Quelle: Firma Siemens

**Bild 2.32** LOGO-Soft-Darstellungen der XOR-Funktion

# 3 Ausgänge mit Speicherverhalten

In der Steuerungstechnik mit Schützen wird ein Schütz, das über Taster ein- und ausgeschaltet wird, üblicherweise in Selbsthaltung betrieben. In **Bild 3.1** gibt der Eintaster S1 (Schließer) einen Impuls auf die Schützspule (A1/A2) des Schützes K1; diese wird elektromagnetisch wirksam und schaltet einen Schließerkontakt (13/14) des Schützes, der parallel zum Eintaster S1 geführt ist. So bleibt das Schütz „angezogen“ (eingeschaltet), der Einschaltzustand (Signalzustand 1) wird also gespeichert, während der Eintaster S1 wieder offen ist. Ebenso verhält es sich mit der Speicherung des Ausschaltzustands. Der Austaster S0 (Öffner) wird kurz betätigt, die Stromzufuhr zur Schützspule (A1/A2) von Schütz K1 wird unterbrochen, das Schütz K1 „fällt ab“ und bleibt ausgeschaltet. Jetzt speichert das Schütz K1 den Signalzustand 0.

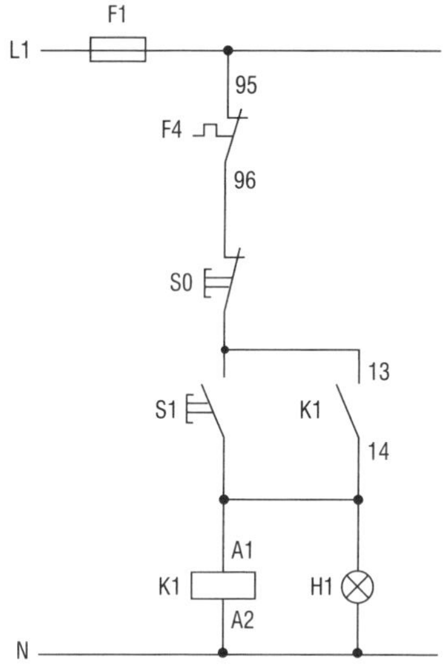


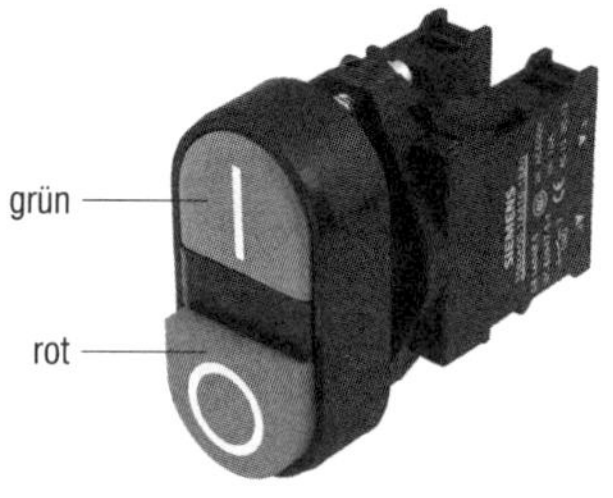


Die Taster S1 und S0 können in der Praxis mit folgender Tasterkombination realisiert werden:

Die grüne Schaltfläche arbeitet als Eintaster S1 (Schließer NO), die rote Schaltfläche als Austaster S0 (Öffner NC).

Quellen: links – B. Alferink, rechts – Firma Siemens

**Bild 3.1** Schützschaltung mit Selbsthaltung (Steuerstromkreis) und Doppeldrucktaster der Firma Siemens

Die konsequente Verwendung von Öffnern für Aus- und Stoppschaltungen sowie für Begrenzungen in Endlagen von Maschinen bietet den Vorteil der „Drahtbruchsicherheit“. Das bedeutet, dass bei der Unterbrechung der Stromzufuhr des ausschaltenden Signalgebers (Drahtbruch) das Schütz grundsätzlich nicht eingeschaltet werden kann und auch nicht selbsttätig anziehen kann. Ein „abgerissener“ Draht hat also bezüglich der Ausschaltung eines Schützes den gleichen Effekt wie ein betätigter Öffner. Damit ist auch eine wichtige Forderung zur Maschinensicherheit erfüllt. Diese besagt, dass Maschinen und Maschinenanlagen mit Gefahr bringenden Antrieben in einem Fehlerfall – wie der Drahtbruch eines Signalgebers – selbstständig in einen sicheren Zustand gehen müssen; in diesem Fall die Abschaltung oder auch Stillsetzung der Maschine.

Die gültige Vorschrift für die „Elektrische Ausrüstung von Maschinen und Anlagen" ist die DIN EN 60204-1 (VDE 0113-1), auf deren wichtigste Inhalte in den folgenden Abschnitten noch eingegangen wird. Diese Vorschrift hat in der Projektierung von elektrischen Steuerungsanlagen jeglicher Art zentrale Bedeutung, indem sie die Anforderungen der europäisch gültigen Maschinenrichtlinie 2006/42/EG in nationales Recht umsetzt und somit Gesetzescharakter erlangt. Weitere Ausführungen und Erläuterungen zu diesem Thema gibt es im Kapitel 11 „Sicherheit in elektrischen Steuerungsanlagen für die Praxis" und konkret im Abschnitt 11.3 „Sicherheitstechnische Betrachtungen nach der EN 60204-1 (VDE 0113-1)" dieses Buchs.

## 3.1 Einfache Steuerung eines Lüftermotors mit einer Schützschaltung

Anhand des praktischen Beispiels „Einfache Steuerung eines Lüftermotors" für die Werkhalle eines Metallbauunternehmens soll die Selbsthaltung eines Schützes und die Ansteuerung eines Drehstrommotors genauer betrachtet werden. Funktionell wird der Lüftermotor M1 über das Schütz K1 mit dem Taster S1 (Schließer) eingeschaltet und mit dem Taster S0 (Öffner) ausgeschaltet. Ebenso ausgeschaltet wird der Lüftermotor durch das Auslösen der Motorschutzeinrichtung F4 (Öffner 95/96). Die Leuchte H1 zeigt den Einschaltzustand des Lüftermotors M1 an.

Das **Bild 3.2** zeigt den Steuerstromkreis, im **Bild 3.3** ist der Hauptstromkreis für den Lüftermotor dargestellt, der einem einfachen Anschluss eines Drehstromasynchronmotors (M1) an das Dreiphasenwechselstromnetz mit L1, L2 und L3 entspricht.

Nachteilig an dieser Schützsteuerung ist, dass bei funktionellen Veränderungen oder Erweiterungen die Steuerung grundsätzlich komplett abgeschaltet werden muss, um dann mit Draht und Schraubendreher die erforderlichen Arbeiten vorzunehmen zu können.

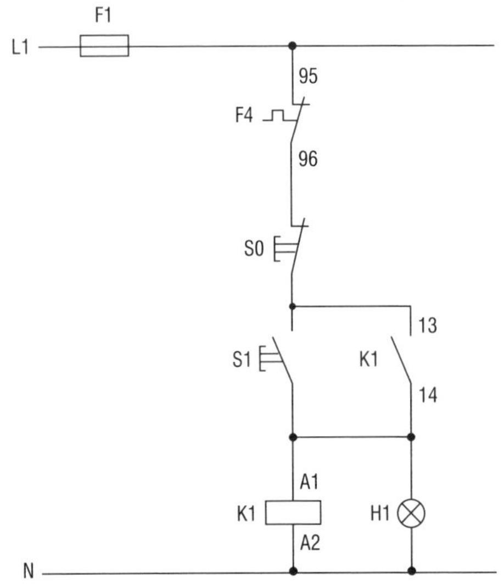


Im Steuerstromkreis ist auch zu sehen, dass bei gleichzeitiger Betätigung von Eintaster S1 und Austaster S0 das Schütz K1 ausgeschaltet ist. Diese Schaltungsfunktion ist elementar wichtig für die Sicherheit der Steuerung und somit auch für die Bediener. Man nennt diese Schaltungsfunktion vorrangiges Ausschalten.

Bei einem vorrangigen Einschalten wäre bei gleichzeitiger Betätigung von Austaster S0 und Eintaster S1 das Schütz K1 eingeschaltet. Bei einer Motorsteuerung könnte das zu einer lebensgefährlichen Situation für den Bediener führen.

Quelle: B. Alferink

**Bild 3.2** Schützschaltung mit Selbsthaltung (Steuerstromkreis)

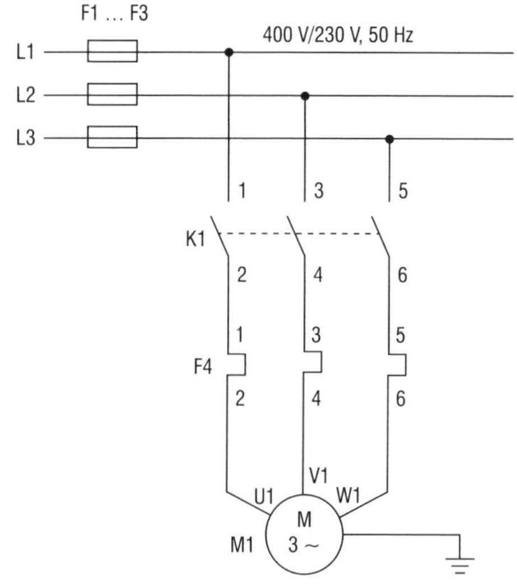


Alle drei Leiter L1, L2 und L3 werden über die Schaltkontakte (Lastkontakte) des Schützes K1 über die Motorschutzeinrichtung F4 zu den Motorwicklungen des angeschlossenen Lüftermotors M1 geführt. Das Einschalten des Schützes K1 bewirkt im Hauptstromkreis, dass die drei Lastkontakte von K1 (1/2 und 3/4 sowie 5/6) schließen und der Lüftermotor eingeschaltet wird.

Als Lüftermotor wird der dreiphasige Lüftermotor SINAMICS S210 der Firma Siemens (Bild 2.20) mit der Nennleistung $P = 1{,}5$ kW am 400-V-Drehstromnetz verbaut. Mit der Schutzart IP 65 und einer Temperarturbeständigkeit von bis zu 60 °C genügt er den geforderten Betriebsbedingungen am Montageort in der Decke der Montagehalle.

Quelle: B. Alferink

**Bild 3.3** Schützschaltung mit Selbsthaltung (Hauptstromkreis)

## 3.2 Steuerung eines Lüftermotors mit einer SPS-Steuerung

In der speicherprogrammierbaren Steuerungstechnik (Siemens LOGO oder Siemens TIA-Portal) wird die „Schützschaltung mit Selbsthaltung“ als „Ausgang mit Speicherverhalten“ bezeichnet. In der SPS-Projektierung realisiert man binäre Ausgänge mit Speicherverhalten mit sogenannten SR-Flip-Flops, die auch RS-Kippglieder genannt werden. In der Projektierung von LOGO-Steuerungen heißen diese SR-Flip-Flops „Selbsthalterelais“, sind aber funktionell gleich.

Betrachtet wird in **Bild 3.4** nun das Selbsthalterelais bzw. SR-Flip-Flop aus der speicherprogrammierbaren Steuerungstechnik zur Steuerung und Selbsthaltung des Lüftermotors M1 aus der vergleichbaren Schützschaltung mit Selbsthaltung.

Funktionell löst ein 1-Impuls des Tasters „S1_Ein“ ein Setzen (SET) des binären Ausgangs „K1_Motor_M1“ aus, was mit einem speichernden Einschalten vergleichbar ist. Auch wenn der Taster „S1_Ein“ wieder 0-Signal führt, bleibt der binäre Ausgang „K1_Motor_M1“ eingeschaltet, der 1-Zustand des binären Ausgangs „K1_Motor_M1“ bleibt also

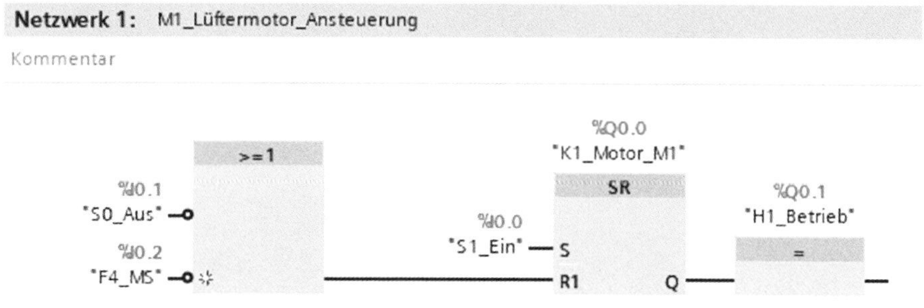


Quelle: Firma Siemens

**Bild 3.4** Steuerung eines SR-Flip-Flops für den Lüftermotor M1 mit Siemens TIA-Portal

gespeichert. Erst wenn ein 0-Signal auf Taster „S0_Aus“ oder auf die Motorschutzeinrichtung „F4_MS“ erfolgt, wird der binäre Ausgang „K1_Motor_M1“ ausgeschaltet und verbleibt dann auch dauerhaft im ausgeschalteten Zustand. Der Vorgang des Ausschaltens eines RS-Flip-Flops wird als RESET (Rücksetzen) bezeichnet. Wichtig ist in dieser Betrachtung die Reihenfolge der SET- und RESET-Eingänge des RS-Flip-Flops: Das zuletzt Programmierte ist stets dominant, das heißt, in unserem Beispiel ist der RESET-Eingang nach dem SET-Eingang programmiert und somit liegt hier ein vorrangiges Ausschalten vor.

Die beiden Öffnerschaltkontakte „S0_Aus“ und „F4_MS“ sind negiert auf die ODER-Verknüpfung zum Rücksetzen des SR-Flip-Flops geführt und somit „drahtbruchsicher“ ausgeführt. Das ist dadurch gegeben, dass das SR-Flip-Flop mit einem 1-Signal ausgeschaltet wird. Die konventionelle Schützsteuerung dagegen wird mit einem 0-Signal ausgeschaltet, indem der Stromweg zur Schützspule unterbrochen wird (siehe Abschnitt 3.3).

*Anmerkung:* In den Erklärungen wird zum einfacheren Verständnis grundsätzlich mit symbolischen Operanden wie „S1_Ein“ oder „K1_Motor_M1“ gearbeitet. Hinter diesen symbolischen Operanden verbergen sich stets die absoluten Operanden wie %I0.1 oder %Q0.0. Das sind die realen physikalischen Adressen an den Peripheriebaugruppen der SPS, an denen letztendlich die Sensoren und Aktoren angeschlossen werden (siehe Abschnitt 1.2). Wichtig ist in dieser Betrachtung auch, dass der Hauptstromkreis zum Anschluss des Drehstrommotors an das 400 V/230 V-AC-Netz bei allen Steuerungsverfahren identisch ist (siehe Bild 3.3).

## 3.3 Projektierung der Steuerung eines Lüftermotors mit einer LOGO-Steuerung

Die Vorgehensweise bei der Projektierung einer LOGO-Steuerung ist identisch mit der Projektierung einer „großen“ SPS-Steuerung. Beginnend wird grundsätzlich die Zuordnung der Betriebsmittel vorgenommen. In **Tabelle 3.1** ist die Betriebsmittelzuordnungsliste als Grundlage zur Planung und Dokumentation der Steuerungsanlage dargestellt.

Als zweiter Schritt in der Projektierung erfolgt der Anschluss und die Verdrahtung der LOGO-Steuerung gemäß **Bild 3.5**. Der Hauptstromkreis der Lüftersteuerung (Bild 3.3) bleibt unverändert bestehen.

Jetzt erfolgt die Erstellung des Programms mit LOGO-Soft. Ein entscheidender Vorteil in der Projektierung von speicherprogrammierbaren Steuerungen besteht darin, dass die praktische Verdrahtung der Steuerung beim Kunden und die Erstellung des Anwenderprogramms, die üblicherweise am PC-Arbeitsplatz im Büro stattfindet, parallel erfolgen kön-

| Bezeichnung Stromlaufplan (VPS) | Operand LOGO | Symbol LOGO | Erklärung |
|---|---|---|---|
| S1 | I1 | S1_Ein | Taster, Schließer |
| S0 | I2 | S0_Aus | Taster, Öffner |
| F4 | I3 | F4_MS | Öffner |
| K1 | Q1 | K1_Motor | binärer Ausgang |
| H1 | Q2 | H1_Leuchte | binärer Ausgang |

Quelle: B. Alferink

**Tabelle 3.1** Betriebsmittelzuordnungsliste Lüftersteuerung

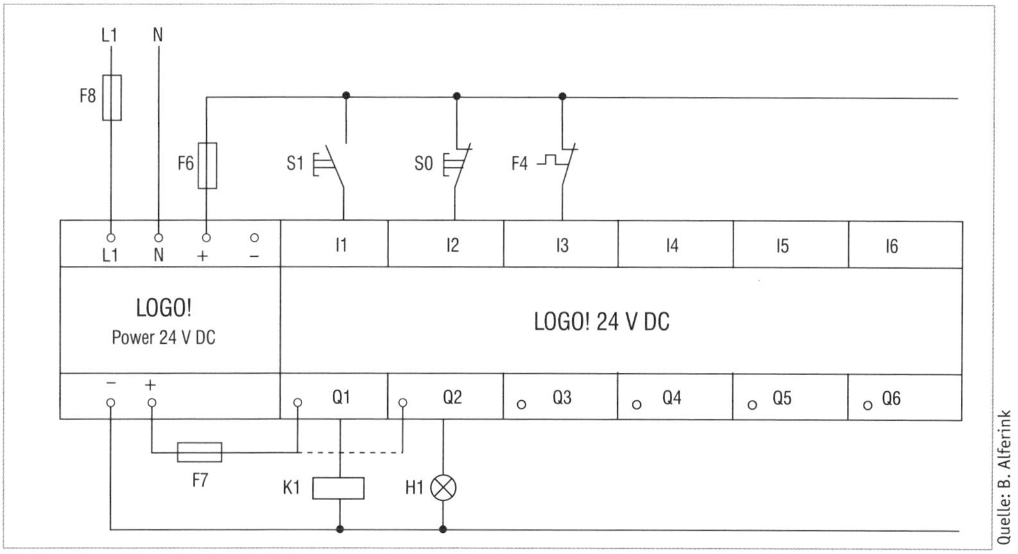


**Bild 3.5** Anschlussplan der LOGO-Steuerung

nen. Die Inbetriebnahme beim Kunden besteht im Wesentlichen darin, dass nach den ausgeführten Installations- und Verdrahtungsarbeiten das erstellte Programm von einem Speichermedium in die LOGO-Steuerung geladen wird. Anschließend werden alle Funktionen der Steuerung – insbesondere auch die sicherheitstechnischen Funktionen – getestet und eventuelle Fehler beseitigt. Final erfolgt dann noch das Kundengespräch zur Übergabe der Anlage und die Einweisung in die Funktionalität sowie das Überreichen der erstellten Dokumentation.

Sollen auf Kundenwunsch noch Änderungen vorgenommen werden, so können diese meist einfach und schnell im LOGO-Programm umgesetzt werden.

Im folgenden Programm der Lüftersteuerung (**Bild 3.6**) ist zu sehen, dass der Taster „S1_Ein“ über einen Impuls auf den Setzeingang des Selbsthalterelais B001 die binären Ausgänge „K1_Motor“ und „H1_Leuchte“ einschaltet, während die Signalgeber „S0_Aus“ und „F4_MS“ über die ODER-Verknüpfung B003 die Ausgänge „K1_Motor“ und „H1_Leuchte“ durch einen 1-Impuls auf Rücksetzen wieder ausschalten. Da die Ausschaltsignalgeber drahtbruchsicher als Öffner ausgeführt sind, müssen sie an den Eingängen der ODER-Verknüpfung negiert werden.

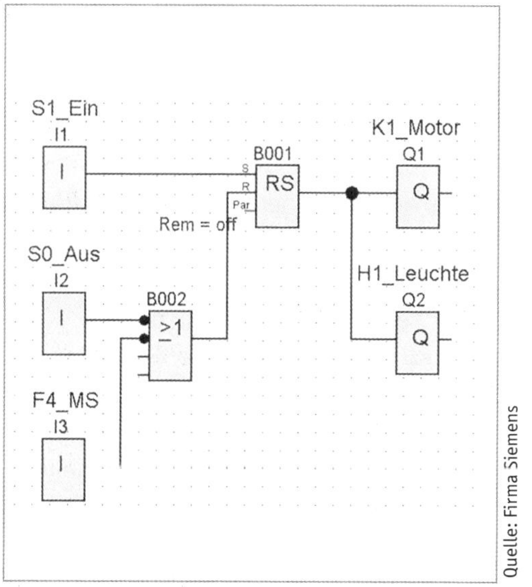


**Bild 3.6** Steuerung eines Selbsthalterelais für den Lüftermotor M1 mit LOGO-Soft

## 3.4 Funktioneller Unterschied zwischen einer Schützschaltung mit Selbsthaltung und einem Selbsthalterelais

Wichtig für die Praxis ist auch die Betrachtung des funktionellen Unterschieds zwischen einer Schützschaltung mit Selbsthaltung und einem SR-Flip-Flop bzw. Selbsthalterelais. Während die Schützschaltung mit einem 1-Signal durch den Eintaster eingeschaltet und über ein 0-Signal des Austasters ausgeschaltet wird, wird auch bei einem SR-Flip-Flop (oder auch Selbsthalterelais) der anzusteuernde binäre Ausgang mit einem 1-Signal auf SET eingeschaltet, jedoch erfolgt der Ausschaltvorgang des anzusteuernden Ausgangs ebenso über ein 1-Signal auf den RESET-Eingang des SR-Flip-Flops. Das bedeutet für die Praxis, dass am RESET-Eingang eines SR-Flip-Flops angeschlossene, drahtbruchsichere Öffner grundsätzlich negiert werden müssen.

Wird für die Selbsthaltefunktion in der speicherprogrammierbaren Steuerung kein SR-Flip-Flop verwendet, darf der Öffnerkontakt der Ausschaltfunktionen dagegen nicht negiert werden. Hier ist nur die Abfrage des Signalzustands des unbetätigten Öffners entscheidend und der ist Signalzustand 1.

Speziell bei der Programmierung von SPS-Systemen und programmierbaren Kleinsteuerungen bietet es sich jedoch an, für jeden zu bearbeitenden binären Ausgang, der über Tastimpulse gesteuert wird, ein Selbsthalterelais bzw. SR-Flip-Flop vorzusehen. An den binären Ausgängen sind üblicherweise Schütze, Magnetventile oder Meldeleuchten angeschlossen, die in einer vergleichsweise konventionellen Schützsteuerung mit Selbsthaltung betrieben werden. Durch diese eindeutige Zuordnung müssen dann nur noch für jeden Ausgang die Bedingungen für das Einschalten (Setzen) und für das Ausschalten (Rücksetzen) definiert werden.

## 3.5 Umbau einer Schützsteuerung in ein LOGO-Projekt – Projektierung der elektrischen Steuerung eines Lüftermotors für eine Werkhalle

Eine grundlegende Betrachtung der Vorgehensweise beim Umbau einer Schützsteuerung in eine Projektierung mit einer programmierbaren Kleinsteuerung wie Siemens LOGO fand bereits in den vorhergehenden Abschnitten statt. An dieser Stelle jedoch soll die strukturierte Vorgehensweise bei der Projektierung noch deutlicher herausgestellt werden. Insbesondere die Vorteile sollen bei einer Erweiterung oder Änderung der programmierbaren Steuerung verdeutlicht werden.

Dabei wird die Steuerung des Lüftermotors mit dem Hauptstromkreis aus Abschnitt 3.1 betrachtet (**Bild 3.7**).

Doch nun zurück zu unserem Beispiel aus Abschnitt 3.1 mit konkreteren Vorgaben. In einem Metallbauunternehmen soll zur Belüftung einer Werkhalle die vorhandene elektromotorisch betriebene Deckenlüftersteuerung mit einer programmierbaren Kleinsteuerung vom Typ Siemens LOGO projektiert und erweitert werden. Da die Werkhalle durch bauliche Veränderungen jetzt einen dritten Zugang hat, soll der Deckenlüfter von allen drei Zugängen ein- und ausgeschaltet werden können. An allen drei Zugängen wird zudem durch

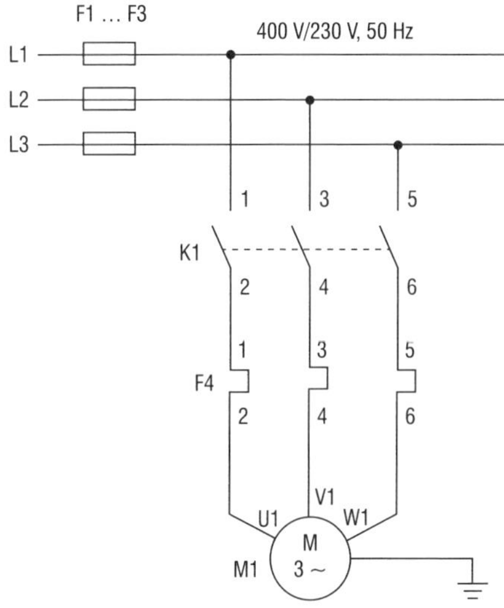


Der Steuerstromkreis – wie in Bild 3.3 dargestellt – wird bei der Umrüstung auf die LOGO-Steuerung komplett entfernt, da die Funktionalität jetzt nicht mehr durch die verdrahtete Schützsteuerung gegeben ist, sondern zukünftig von einer speicherprogrammierbaren Kleinsteuerung und einem nach Kundenwünschen erstelltem Programm realisiert wird.

Der Hauptstromkreis indes bleibt bei der Umrüstung komplett bestehen, da sich hier nichts ändert. Auch der vorhandene Motor M1 ist ausreichend dimensioniert, genügend betriebssicher für die Umgebungsbedingungen und bleibt folglich erhalten.

Quelle: B. Alferink

**Bild 3.7** Hauptstromkreis der Lüftersteuerung

eine Meldeleuchte der Betrieb des Lüftermotors signalisiert. Diese Erweiterungen erhöhen den Bedienkomfort der Steuerung für die Mitarbeitenden.

## 3.5.1 Technologieschema und Auswahl der Betriebsmittel

Für die Steuerung des Lüftermotors in der neuen Funktionalität müssen die alten Bedientableaus durch neue ersetzt werden (**Bild 3.8**).

Da die vorhandene einfache Schützsteuerung mit Selbsthaltung über die bislang vorhandenen Bedientableaus (jeweils Eintaster S1 und Austaster S0) durch eine speicherprogrammierbare LOGO-Steuerung ersetzt werden soll, ist ein geeignetes Steuergerät aus der LOGO-Baureihe auszuwählen (**Bild 3.9**).

Ein weiteres Kriterium bei der Auswahl der LOGO-Steuerung ist die Betriebsspannung der Steuerung. Soll die Steuerung mit der Netzspannung von 230 V AC betrieben werden, muss kein zusätzliches Netzteil angeschafft werden. Jedoch sind bei Netzspannungsbetrieb

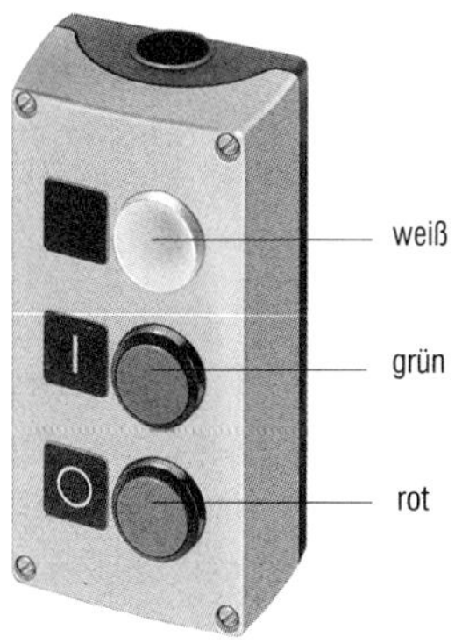


Da die Werkhalle jetzt drei Zugänge hat, soll an jedem Zugang der Halle ein Bedientableau für den Lüftermotor angebracht werden. Die Bedientableaus enthalten je einen Taster S0 (rot), einen Taster S1 (grün) und zusätzlich eine Betriebsleuchte H1 bis H3 (weiß).

Mit den Tastern S1.1 bis S1.3 wird der Lüftermotor eingeschaltet, mit Taster S0.1 bis S0.3 wird der Motor ausgeschaltet. Nach den Tastimpulsen von S1 oder S0 verbleibt der Motor in dem jeweils herbeigeführten Betriebszustand. Er speichert also entweder den Einschaltzustand (Selbsthaltung) oder den Ausschaltzustand.

Quelle: Firma Siemens

**Bild 3.8** Bedientableau 3-fach SIRIUS der Firma Siemens

Hauptkriterium bei der Projektierung einer kompakten LOGO-Steuerung ist die Anzahl der serienmäßig vorhandenen binären Eingänge und Ausgänge. Die nötige Anzahl ist aus den Vorgaben der gewünschten Funktionalität der Steuerung zu ermitteln.

Ein zusätzlich vorhandener Analogeingang an der LOGO-Steuerung ist hier grundsätzlich sinnvoll, auch wenn dieser nicht genutzt wird. Sollte zu einem späteren Zeitpunkt eine temperaturabhängige Steuerung gewünscht werden, kann das vorhandene LOGO-Steuergerät erhalten bleiben.

Quelle: Firma Siemens

**Bild 3.9** Logo-Hardware der Firma Siemens

die binären Ausgänge des Steuergeräts als Relaisausgänge ausgelegt, was den Preis der LOGO-Steuerung erhöht. Ein geeignetes Netzteil wird erforderlich, wenn die Steuerung mit 24 V DC ausgelegt werden soll. Der Vorteil hier ist, dass dann preiswerte Optokoppler in den Ausgangsbaugruppen zum Einsatz kommen (siehe Abschnitt 7.1). Diese Optokoppler sorgen für die galvanische Trennung zwischen den internen Spannungen des Steuergeräts und den Spannungen der angeschlossenen Sensoren und Aktoren. Zudem befindet man sich sicherheitstechnisch im Bereich der Funktionskleinspannung (PELV).

Im folgenden Abschnitt wird die gesamte praktische Projektierung schrittweise dargestellt und erklärt.

## 3.5.2 Zuordnung der Betriebsmittel

In der Projektierung wird zunächst die Betriebsmittelzuordnungsliste erstellt (**Tabelle 3.2**).

Die Betriebsmittelzuordnung ist ein erster wichtiger Schritt in der strukturierten Planung eines steuerungstechnischen Projekts. In der linken Spalte sind die Bezeichnungen der Betriebsmittel des Stromlaufplans zu sehen, die sich auch im Anschlussplan der LOGO-Steuerung wiederfinden. Die „Operanden LOGO" stehen für die realen physikalischen Adressen der LOGO-Steuerung. So bedeuten die Bezeichnungen I1 (Input 1) oder I2 (Input 2) Anschlussmöglichkeiten für binäre Signalgeber wie Taster, Schalter oder Sensoren. Die

| Bezeichnung Stromlaufplan (VPS) | Operand LOGO | Symbol LOGO | Erklärung |
|---|---|---|---|
| S1.1 | I1 | S1_1_Ein | Eingang (binär); Schließer |
| S1.2 | I2 | S1_2_Ein | Eingang (binär); Schließer |
| S1.3 | I3 | S1_3_Ein | Eingang (binär); Schließer |
| S0.1 | I4 | S0_1_Aus | Eingang (binär); Öffner |
| S0.2 | I5 | S0_2_Aus | Eingang (binär); Öffner |
| S0.3 | I6 | S0_3_Aus | Eingang (binär); Öffner |
| F3 | I7 | F3_MS | Eingang (binär); Öffner |
| K1 | Q1 | K1_Motor | Ausgang (binär) |
| H1 | Q2 | H1_Leuchte | Ausgang (binär) |
| H2 | Q3 | H2_Leuchte | Ausgang (binär) |
| H3 | Q4 | H3_Leuchte | Ausgang (binär) |

Quelle: B. Alferink

**Tabelle 3.2** Betriebsmittelzuordnungsliste Lüftersteuerung

Bezeichnung Q steht für ein binäres Ausgangssignal, mit dem ein Aktor (Schütz oder Magnetventil) angesteuert werden kann (siehe Abschnitt 1.2).

Die symbolischen Operanden unter Symbol LOGO sind die funktionellen „Namen" aus dem Prozess, um insbesondere die Programmierung übersichtlicher zu gestalten. Anmerkungen oder Erklärungen zu den Signalgebern können in der rechten Spalte der Tabelle dokumentiert werden.

### 3.5.3 Anschluss der LOGO-Steuerung

Der nächste Schritt ist der praktische Anschluss der LOGO-Steuerung (**Bild 3.10**) und die Verdrahtung im Schaltschrank. Die Signalgeber (Sensoren) werden an die Eingangsbaugruppe (I1 bis I8) angeschlossen. Das sind in der Lüftersteuerung die Taster S1.1 bis S0.3 sowie der Hilfskontakt der Motorschutzeinrichtung F3. An die binären Ausgänge Q1 bis Q4 werden die Schützspule von K1 zur Ansteuerung des Lüftermotors M1 und die Leuchtmelder H1, H2 und H3 angeschlossen. Am Hauptstromkreis mit dem Drehstrommotoranschluss ändert sich bekanntlich nichts.

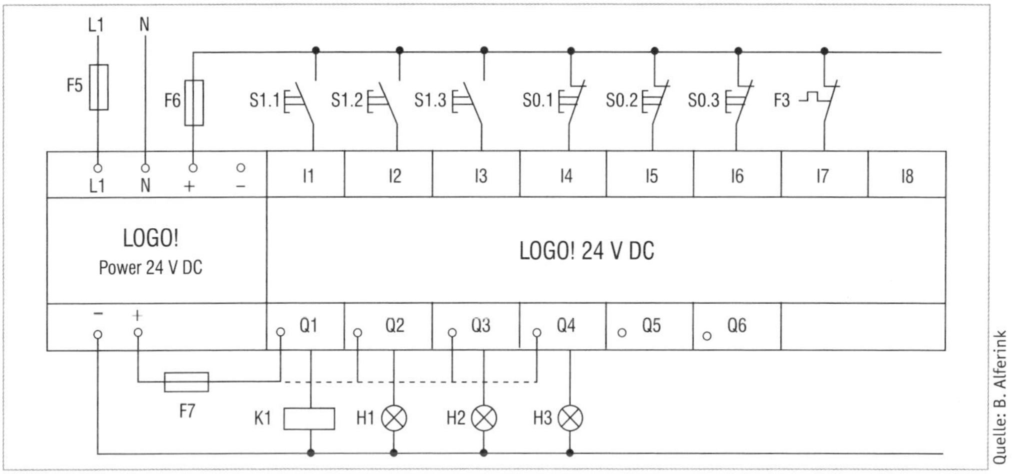


**Bild 3.10** Anschluss der LOGO-Steuerung

### 3.5.4 Erstellen des Anwenderprogramms mit LOGO-Soft

Anschließend erfolgt die Erstellung des LOGO-Programms. Nach einem Test des Programms in der Simulation erfolgt die Übertragung des neuen Programms vom Programmiergerät auf die LOGO-Steuerung im Schaltschrank (**Bild 3.11**).

Im Programm ist zu sehen, dass im Vergleich zur Projektierung in Abschnitt 3.3 lediglich die Signalgeber der neuen Bedientableaus und die Meldeleuchten hinzugefügt wurden. Das grundsätzliche Programm mit der Funktion des Selbsthalterelais ist bestehen geblieben. Dies ist der entscheidende Vorteil einer speicherprogrammierbaren Steuerung, dass bei Änderungen und Erweiterungen lediglich Änderungen an der Software vorgenommen werden müssen. Eine Schützsteuerung dagegen hätte man bei längerer Abschaltung der Netzspannung aufwendig umverdrahten müssen.

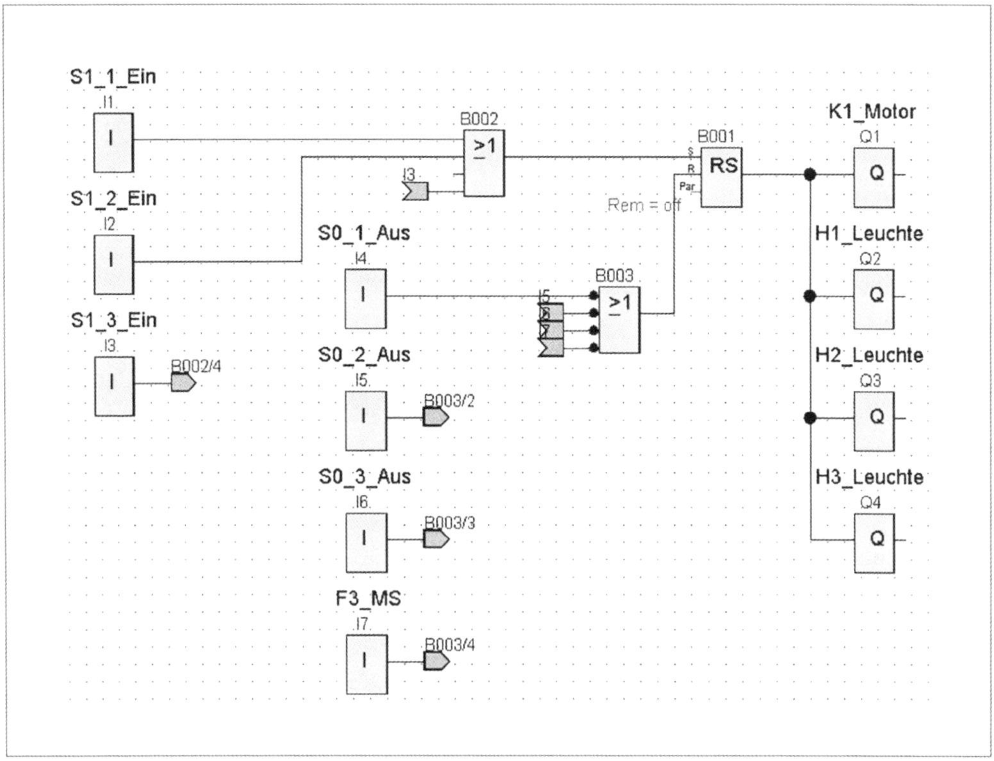


**Bild 3.11** Anwenderprogramm zur Steuerung des Lüftermotors mit LOGO-Soft

Quelle: Firma Siemens

### 3.5.5 Inbetriebnahme der kompletten Steuerung

Der finale Schritt in der Projektierung der Lüftermotorsteuerung ist die Inbetriebnahme vor Ort. Die Inbetriebnahme der geänderten Steuerung beinhaltet neben der sicherheitstechnischen Überprüfung nach DIN VDE 0100-600 und der Funktionsprüfung auch das Kundengespräch mit dem Abgleich des Lastenhefts mit der tatsächlich erbrachten Leistung durch den Auftragnehmer.

Die Reihe DIN VDE 0100 „Errichten von Niederspannungsanlagen“ umfasst grundsätzlich die Installationsarbeiten der Steuerung und die Auswahl geeigneter Betriebsmittel. Sie bildet jedoch in der sicherheitstechnischen Überprüfung der elektrischen Steuerungsanlage eine wichtige Schnittstelle zur DIN EN 60204-1 (VDE 0113-1).

Die sicherheitstechnische Überprüfung nach DIN VDE 0100-600 umfasst grundsätzlich das Besichtigen, Erproben und Messen der errichteten Elektroanlage. Das Besichtigen dient der Feststellung offensichtlicher Mängel und Beschädigungen aber auch der Kontrolle der richtigen Auswahl von Betriebsmitteln wie richtig und ausreichend dimensionierte Sicherungen, Leitungen und Gehäuse mit der entsprechenden IP-Schutzart.

Das Erproben umfasst die Kontrolle und Überprüfung aller Funktionen der Steuerung. Auch die korrekte Funktion der Not-Halt- und Not-Aus-Vorrichtungen sowie das Auslösen von Unterspannungsauslösern und Isolationsüberwachungen werden erprobt.

Mit speziellen Messgeräten werden Isolationswiderstände, Schleifenwiderstände, Erdungswiderstände und Berührungsspannungen gemessen und mit Normwerten verglichen und beurteilt. Die Messungen erfolgen nach der DIN VDE 0100-600 und basieren auf der Norm DIN VDE 0100-410 „Schutz gegen elektrischen Schlag" und umfassen auch das Überprüfen der Wirksamkeit der Erdverbindungen in den unterschiedlichen Netzsystemen TN-, TT- oder auch IT.

Anschließend müssen alle Ergebnisse und Messwerte in einem Prüfbericht dokumentiert werden und vom verantwortlichen Prüfer (Elektrofachkraft) unterschrieben werden.

## 3.6 Elektrische Steuerung einer Förderbandanlage – Unterschiede in der Projektierung zwischen LOGO-Soft und Siemens TIA-Portal

Für ein Straßenbauunternehmen soll die komplette Projektierung einer Förderbandanlage mit einer programmierbaren Kleinsteuerung vom Typ Siemens LOGO geplant und projektiert werden (**Bild 3.12**). Die Anlage besteht aus drei Förderbändern, die jeweils über Drehstromasynchronmotoren mit dem Anschluss Δ 400 V, 50 Hz angetrieben werden. Bei der Projektierung sind die rauen Betriebsbedingungen und der Betrieb im Freien zu berücksichtigen.

Die drei Drehstrommotoren M1, M2 und M3 sind über die Schütze K1, K2 und K3 mit dem Drehstromnetz verbunden. Die Sicherungen F1 bis F9 gewähren den Leitungsschutz, während bei Motorstörungen die Motorschutzrelais F11, F12 oder F13 auslösen und die Motoren vom Netz trennen.

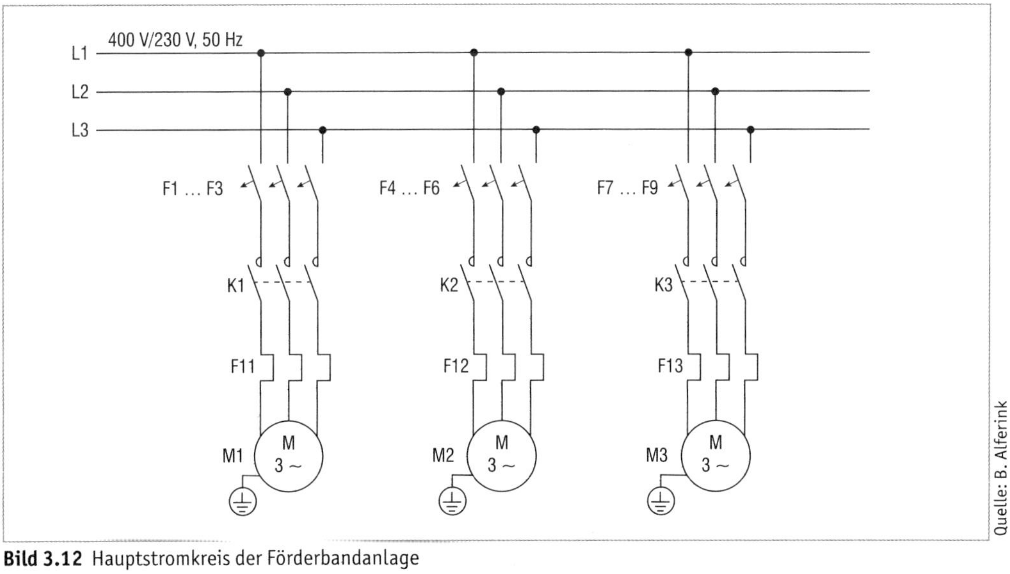


**Bild 3.12** Hauptstromkreis der Förderbandanlage

### 3.6.1 Funktionsbeschreibung und Technologieschema nach Lastenheft

In **Bild 3.13** sind die Signalgeber (Sensoren) der Förderbandsteuerung zu sehen. Mit dem Hauptschalter Q1 wird die gesamte Steuerung eingeschaltet. Jetzt kann mit Taster S1 über das Schütz K1 der Motor M1 eingeschaltet werden, der das erste Förderband antreibt. Sobald das erste Förderband läuft, kann mit Taster S2 über Schütz K2 der Motor M2 für den Betrieb des zweiten Förderbands eingeschaltet werden. Jetzt kann auch Förderband 3 über Schütz K3 und Motor M3 mit dem Taster S3 eingeschaltet werden. Mit dem Taster S0 (Öffner NC) können durch einfache Abschaltung der Schütze die Bänder jederzeit ausgeschaltet werden.

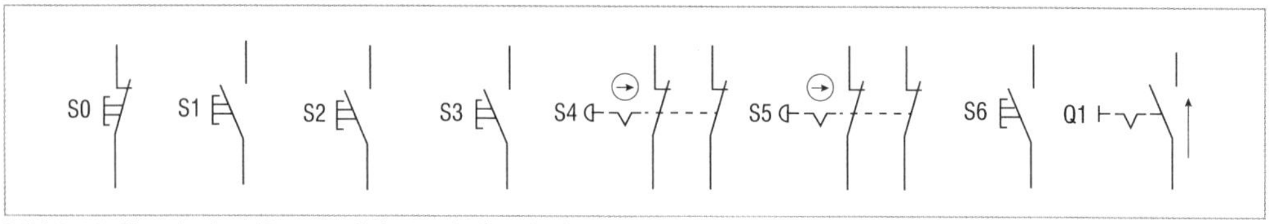


Quelle: B. Alferink

**Bild 3.13** Signalgeber (Sensoren) der Förderbandanlage

Mit den Not-Halt-Tastern S4 und S5 (rastend) kann der Betrieb der Förderbandanlage in Gefahrensituationen sofort gestoppt werden. Zur Erhöhung der funktionellen Sicherheit sollen die Taster S4 und S5 redundant abgefragt werden. Redundant bedeutet in diesem Fall, dass bei Versagen einer Sicherheitseinrichtung eine weitere Sicherheitseinrichtung in Aktion tritt. Im konkreten Beispiel der Projektierung der Förderbandanlage werden die Not-Halt-Taster S4 und S5 mit zwei Kontaktelementen (Öffner NC) ausgestattet, wobei ein Kontaktelement über die programmierbare LOGO-Steuerung am den digitalen Eingängen I5 und I6 und das zweite Kontaktelement über ein extern geführtes Steuerschütz K4A abgefragt wird. In **Bild 3.14** ist der extern geführte Sicherheitsstromkreis der Förderbandanlage zu sehen.

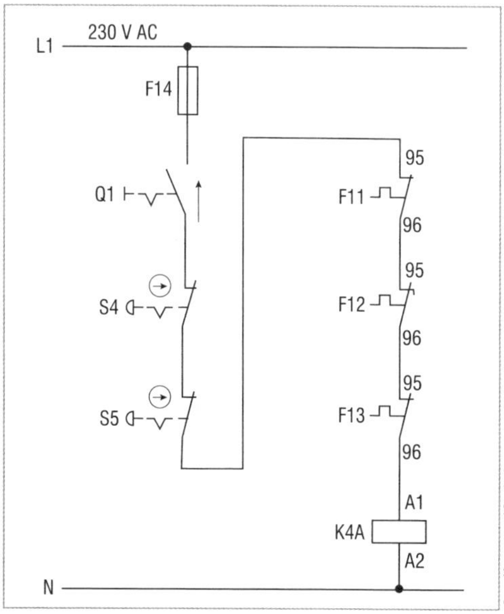


Quelle: B. Alferink

**Bild 3.14** Externer Not-Halt-Kreis und Abfrage der Motorschutzeinrichtungen (Sicherheitsstromkreis)

In der Praxis könnten für die Verwendung als Not-Halt-Taster S4 und S5 die in **Bild 3.15** gezeigten Gehäuse installiert werden.

Funktionell wird für den Sicherheitsstromkreis ein Hilfskontakt (Schließer NO) des Steuerschützes K4A an I8 der Digitaleingangsbaugruppe der LOGO-Steuerung abgefragt (**Bild 3.16**). Führen alle Signalgeber des Sicherheitsstromkreises aus Bild 3.12 den Signalzustand 1, ist das Steuerschütz K4A angezogen und signalisiert durch Schließen des Hilfskontakts die Freigabe an I8 der LOGO-Steuerung. Jetzt kann die Förderbandsteuerung im regulären Betrieb gefahren werden.

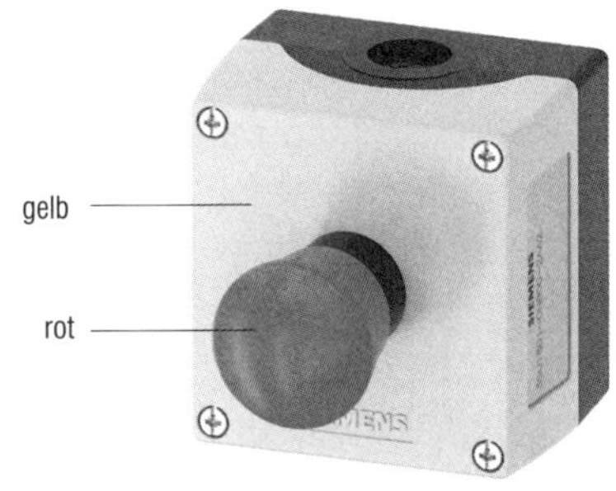


Wegen des auffälligen Kontrasts muss dieses Befehlsgerät nach der DIN EN 60204-1 (VDE 0113-1) mit roter Pilzdrucktaste auf gelbem Hintergrund ausgeführt sein.

Quelle: Firma Siemens

**Bild 3.15** Not-Halt-Schaltgerät der Firma Siemens

Im Fall der Not-Halt-Auslösung muss die Störung mit dem Quittiertaster S6 bestätigt werden, bevor die Bänder über die Taster S1 bis S3 wieder angefahren werden können. Eine Störmeldeleuchte H1 zeigt die Not-Halt-Auslösung an.

Zusätzlich werden die Motorschutzeinrichtungen F11, F12 und F13 mit einem jeweiligen Hilfskontakt 95-96 (Öffner NC) am Steuerschütz K4A abgefragt. Löst eine der Motorschutzeinrichtungen infolge einer Motorstörung aus, fällt das Steuerschütz K4A ab und die Freigabe an I8 erlischt durch das Öffnen des Hilfskontakts von K4A.

## 3.6.2 Zuordnung der Betriebsmittel für die LOGO-Steuerung

Zunächst wird die Betriebsmittelzuordnungsliste der Förderbandanlage erstellt (**Tabelle 3.3**).

| **Bezeichnung Stromlaufplan (VPS)** | **Operand LOGO** | **Symbol LOGO** | **Erklärung** |
|---|---|---|---|
| S1 | I1 | S1_Ein | Eingang (binär); Schließer |
| S2 | I2 | S2_Ein | Eingang (binär); Schließer |
| S3 | I3 | S3_Ein | Eingang (binär); Schließer |
| S0 | I4 | S0_Aus | Eingang (binär); Öffner |
| S4 | I5 | S4_Not_Halt | Eingang (binär); Öffner |
| S5 | I6 | S5_Not_Halt | Eingang (binär); Öffner |
| S6 | I7 | S6_Quttier | Eingang (binär); Schließer |
| K1 | Q1 | K1_Motor_Band_1 | Ausgang (binär) |
| K2 | Q2 | K2_Motor_Band_2 | Ausgang (binär) |
| K3 | Q3 | K3_Motor_Band_3 | Ausgang (binär) |
| H1 | Q4 | H1_Störung | Ausgang (binär) |

Quelle: B. Alferink

**Tabelle 3.3** Betriebsmittelzuordnung Förderbandanlage

## 3.6.3 Praktischer Anschluss der LOGO-Steuerung

Der nächste Schritt ist der praktische Anschluss der LOGO-Steuerung und die Verdrahtung im Schaltschrank. Die Signalgeber (Sensoren) werden an die Eingangsbaugruppe (I1 bis I8) angeschlossen. Das sind in der Förderbandsteuerung die Taster S0 bis S6, der Hilfskontakt (Schließer NO) des Steuerschützes K4A und die binären Ausgänge Q1 bis Q4 mit den Schützspulen von K1 bis K3 sowie der Leuchtmelder H1 **(Bild 3.16)**.

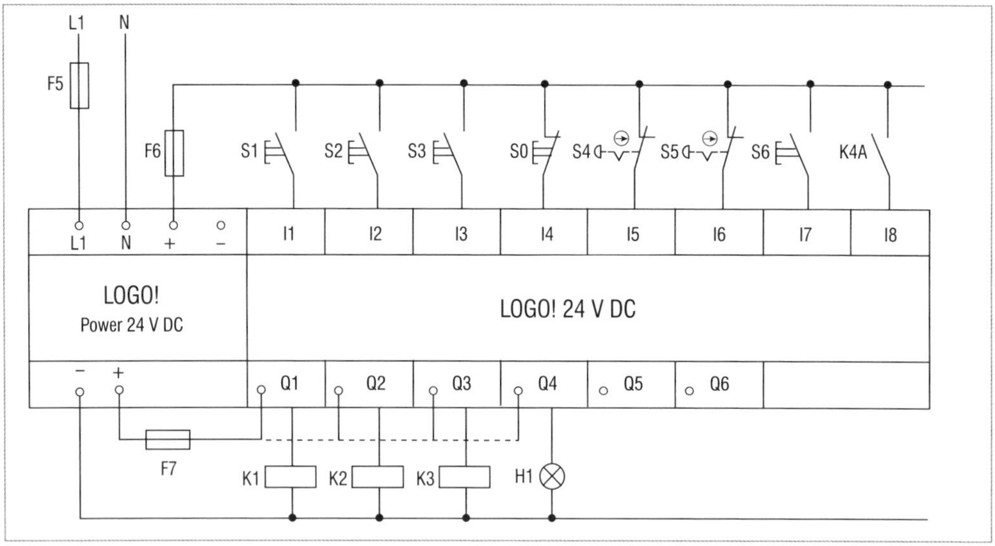


Quelle: B. Alferink

**Bild 3.16** Anschluss der LOGO-Steuerung Förderbandanlage

### 3.6.4 Erstellen des Anwenderprogramms „Förderbandanlage" mit LOGO-Soft

Nach dem Anschluss des LOGO-Steuergeräts erfolgt die Programmierung mit LOGO-Soft (**Bild 3.17**).

Auch bei diesem Programm wird jedem binären Ausgang (Q1 bis Q4) ein Selbsthalterelais zugeordnet. Ein 1-Impuls auf den Taster „S1_Ein" setzt über das Selbsthalterelais B001 den Ausgang „K1_Motor_Band_1" auf Signalzustand 1 und speichert diesen Zustand. Das erste Förderband geht über den Drehstrommotor M1 in Betrieb. An der UND-Verknüpfung B005 wird der gespeicherte 1-Zustand von „K1_Motor_Band_1" abgefragt und in Kombination mit einem 1-Impuls auf Taster „S2_Ein" wird über das Selbsthalterelais B002 der Ausgang „K2_Motor_Band_2" auf Signalzustand 1 gesetzt und gespeichert. Jetzt geht das zweite Förderband über Drehstrommotor M2 in Betrieb. Der gleiche Vorgang vollzieht sich für das Einschalten von „K3_Motor_Band_3" und Drehstrommotor M3.

Als Bedingung für das Einschalten der Förderbandmotoren ist das Freigabesignal „K4A_Freigabe" des Steuerschützes K4A des Sicherheitsstromkreises aus Bild 3.13. Dieses Freigabesignal kommt über den I8 in die LOGO-Steuerung und wird an den UND-Verknüpfungen B005, B006 und B007 in Kombination mit den Eintastern abgefragt.

Mit einem 0-Impuls auf Taster „S0_Aus" (Öffner) werden alle drei Selbsthalterelais zur Ansteuerung der Motoren M1 bis M3 zurückgesetzt und auch dieser Signalzustand 0 wird dann gespeichert.

Der 0-Impuls auf Taster „S0_Aus" wirkt auf die ODER-Verknüpfungen B008, B009 und B010 über die Negierungen mit einem gewandelten I-Impuls auf die Rücksetzeingänge der Selbsthalterelais B001, B002 und B003, da der Taster „S0_Aus" als Öffner drahtbruchsicher ausgelegt ist.

Die Not-Halt-Taster „S4_Not_Halt" und „S5_Not_Halt" sind ebenfalls drahtbruchsicher als Öffner ausgelegt und bewirken bei Betätigung über die Negierungen an der ODER-

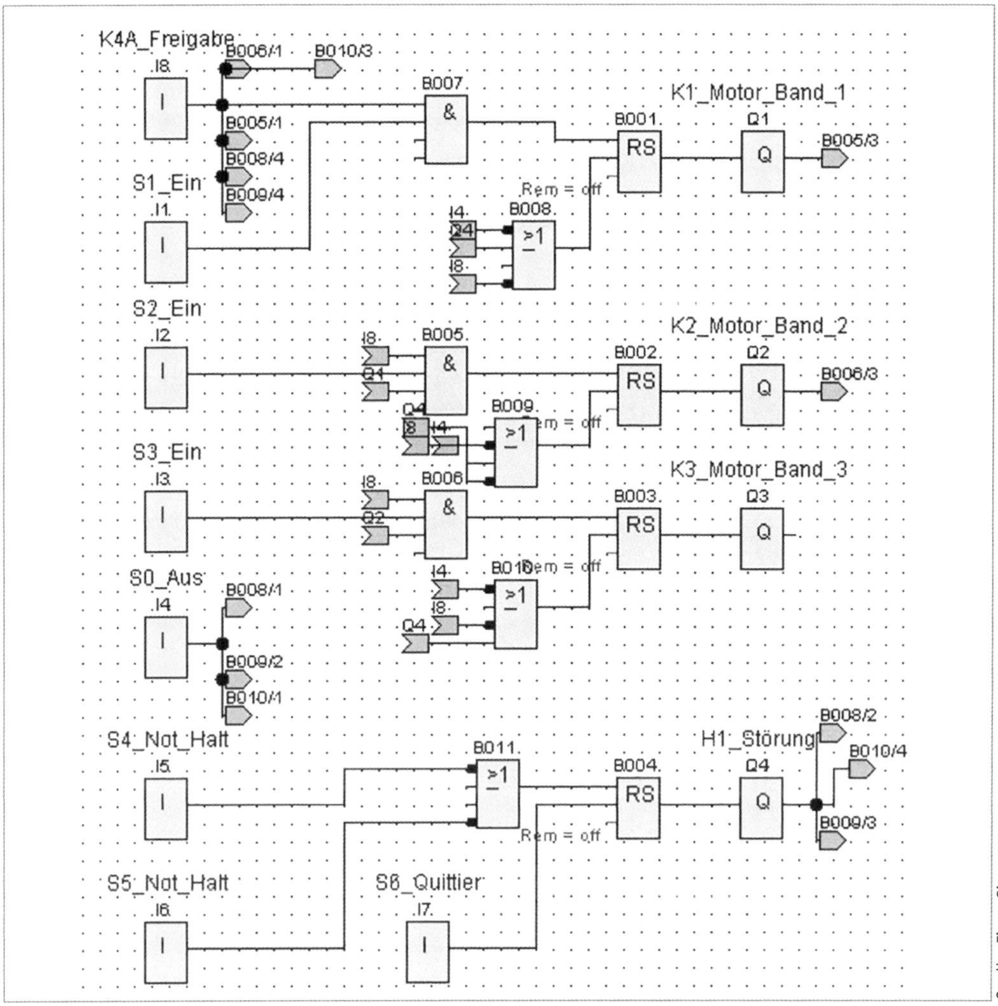


**Bild 3.17** Anwenderprogramm zur Steuerung der Förderbandanlage mit LOGO-Soft

Quelle: Firma Siemens

Verknüpfung B011 ein Setzen des Ausgangs für die Störmeldeleuchte „H1_Störung“. Dieses Ausgangssignal wirkt mit einem Signalzustand 1 auf die ODER-Verknüpfungen B008, B009 und B010 und setzt die Selbsthalterelais B001, B002 und B003 zurück, sodass die Motoren M1 bis M3 – wie gefordert – sofort abgeschaltet werden. Die Störung muss über „S6_Quittieren“ quittiert werden; erst dann können die Motoren über die Taster „S1_Ein“, „S2_Ein“ und „S3_Ein“ in der geforderten Reihenfolge wieder eingeschaltet werden.

Abschließend erfolgt dann noch die Inbetriebnahme der Projektierung vor Ort nach den bekannten Kriterien aus den vorhergehenden Abschnitten (siehe Abschnitt 3.5.5).

## 3.7 Vergleichende Betrachtung der Förderbandanlage mit TIA-Portal

Alternativ wird im Folgenden die identische Projektierung mit einer CPU aus dem Siemens TIA-Portal dargestellt. Als CPU-Typen kommen sowohl die S7-300/400 oder auch die S7 1200/1500 aus dem Siemens TIA-Portal infrage.

Das Anwenderprogramm aus einem FC ist ab **Bild 3.18** auszugsweise dargestellt. Hier ist im Gegensatz zum LOGO-Projekt zu sehen, dass hier mit Netzwerken gearbeitet wird, was mit Absätzen in literarischen Texten zu vergleichen ist. Das erleichtert die Übersicht und die Orientierung in umfangreicheren oder auch komplexen Programmen.

In Bild 3.18 ist konkret die Ansteuerung von Förderbandmotor M3 über den binären Ausgang „M3_Band_3" (Operand %Q0.2) zu sehen. Funktionell gesehen unterscheidet sich das SR-Flip-Flop im TIA-Portal in keinster Weise vom Selbsthalterelais in LOGO-Soft. Der „MS_Merker" (Operand %M0.0) bildet die Motorschutzeinrichtungen ab, die in diesem Beispiel alle separat abgefragt werden (siehe Bild 3.20 Motorschutz).

Die programmtechnische Bearbeitung der Förderbandmotoren M1 und M2 mit den entsprechenden Signalgebern ist identisch mit der Darstellung in Bild 3.18 und wird hier nicht weiter ausgeführt.

In Netzwerk 2 (**Bild 3.19**) ist die Bearbeitung der Störmeldeleuchte „H1_Störung" über den binären Ausgang Q0.3 dargestellt. Dieser binäre Ausgang Q0.3 wirkt dann bei einer Abfrage auf den Signalzustand 1 auf das Rücksetzen der SR-Flip-Flops, welche die binären Ausgänge für die Motoren der Förderbänder steuern.

Inhalt des Netzwerks 3 (**Bild 3.20**) ist die Ansteuerung des Merkers „MS_Merker" (Operand %M0.0), der bei Auslösen einer der Hilfskontakte (Öffner NC) der einzelnen Motorschutzrelais auf den Signalzustand 1 zugewiesen wird und ein Rücksetzen der binären Ausgänge der Motoren bewirkt. Ein Merker ist eine interne Speicherstelle, die Zwischenergebnisse speichert und im Programm wie ein Ausgang behandelt wird. Die Zuweisung mit dem Symbol = ist wie eine Schützsteuerung im Tippbetrieb zu sehen. Nur solange die Einschaltbedingungen auf Signalzustand 1 stehen, hat auch der binäre Ausgang oder Merker den Signalzustand 1. Im Gegensatz zum SR-Flip-Flop oder auch Selbsthalterelais wird der Signalzustand hier nicht gespeichert.

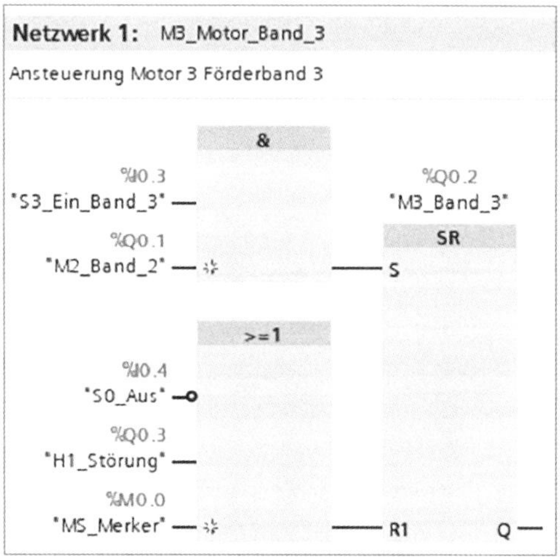


Quelle: Firma Siemens

**Bild 3.18** Auszug TIA-Portal Ansteuerung „M3_Motor_Band_3"

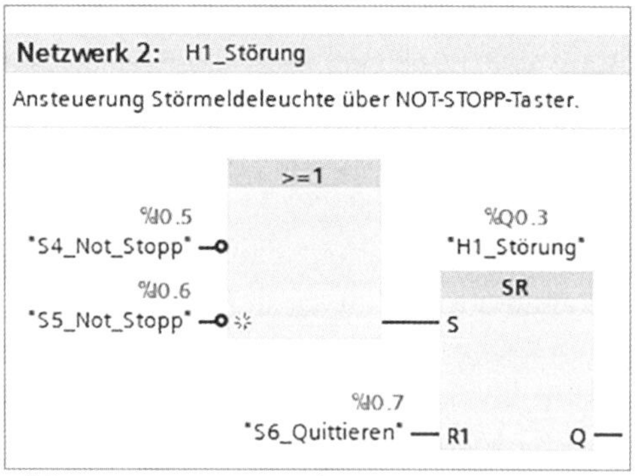


Quelle: Firma Siemens

**Bild 3.19** Auszug TIA-Portal Ansteuerung „H1_Störung"

*Hinweis:* Das Anwenderprogramm ist nur auszugsweise dargestellt.

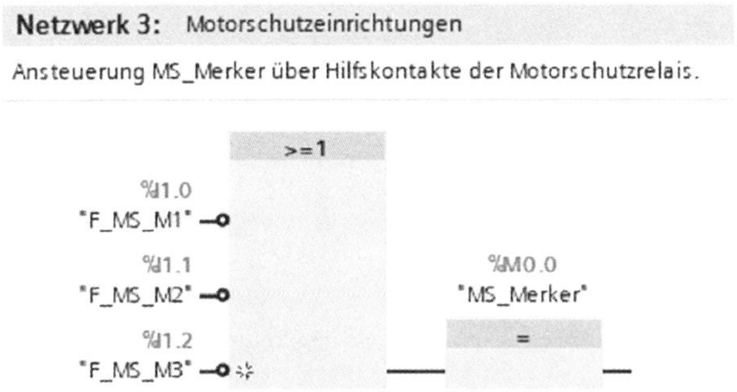


Quelle: Firma Siemens

**Bild 3.20** Auszug TIA-Portal Ansteuerung „MS_Merker"

## 3.8 Sicheres Einschalten von elektrischen Antrieben – Die Flankenauswertung

Bei der Einschaltung eines Elektromotors mittels Taster (Schließer) kann es im rauen Praxisbetrieb wie in der zuvor behandelten Förderbandanlage zu klemmenden Kontakten oder auch zu Manipulationen an den Tastelementen kommen. Um aber ein sicheres Einschalten von elektrischen Antrieben zu gewährleisten, bietet sich die Auswertung einer ansteigenden Signalflanke des Eintasters an. Prinzipiell gestaltet sich diese Auswertung so, dass der Moment des Signalwechsels des Eintasters S1 – also der konkrete Wechsel von Signalzustand 0 auf Signalzustand 1 – durch einen Flankenmerker (z. B. M0.0) erfasst wird. Dieser Flankenmerker ist dann nur für eine Zykluszeit der SPS auf Signalzustand 1, er bildet also einen sogenannten Wischimpuls (**Bild 3.21**).

Die Schaltungslogik zur Auswertung einer ansteigenden Signalflanke ist in den Netzwerken 1 und 2 des Programmauszugs zu erkennen (**Bild 3.22**).

In **Tabelle 3.4** sind einige Programmzyklen zur Verdeutlichung der Flankenauswertung aus Bild 3.21 dargestellt.

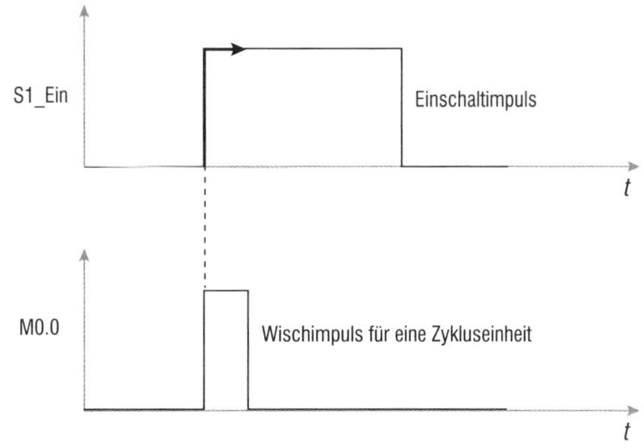


Quelle: B. Alferink

**Bild 3.21** Flankenauswertung zur ansteigenden Signalflanke

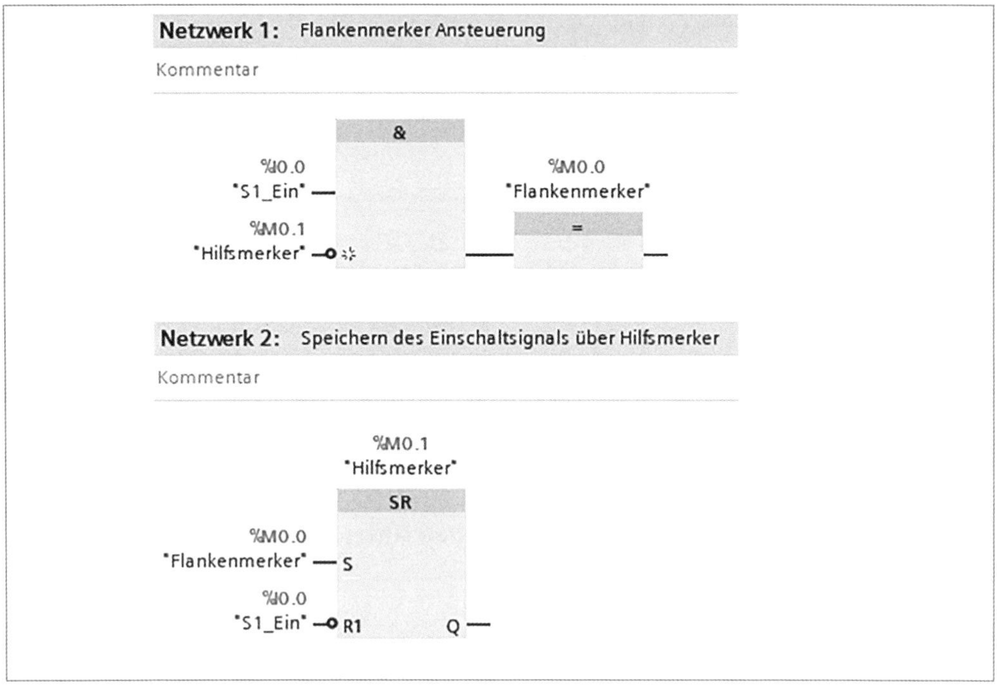


Quelle: Firma Siemens

**Bild 3.22** Flankenauswertung im Siemens TIA-Portal

| | 1. Zyklus | 2. Zyklus | 3. Zyklus | 4. Zyklus | 5. Zyklus | 6. Zyklus |
|---|---|---|---|---|---|---|
| S1_EIN<br>Eintaster (Schließer) | 0 | **1** | 1 | 1 | 1 | 0 |
| M 0.0<br>Flankenmerker | 0 | **1** | 0 | 0 | 0 | 0 |
| M 0.1<br>Hilfsmerker | 0 | **1** | 1 | 1 | 1 | 0 |
| M1_Motor<br>Ausgang (binär) | 0 | **1** | 1 | 1 | 1 | 1 |
| S0_Aus<br>Austaster (Öffner) | 1 | **1** | 1 | 1 | 1 | 1 |

Quelle: B. Alferink

**Tabelle 3.4** Programmzyklen zur Auswertung einer ansteigenden Signalflanke

In Netzwerk 3 in **Bild 3.23** ist dann das sichere Einschalten des Motors „M1_Motor" (Operand %Q0.0) über den Flankenmerker zu sehen. Der Austaster „S0_Aus" wirkt als drahtbruchsicherer Öffner auf den Rücksetzeingang des SR-Flip-Flops für den binären Ausgang „M1_Motor". Zum Vergleich ist in Netzwerk 4 das „normale" Einschalten des „M1_Motors" über die direkte Abfrage von „S1_EIN" auf den Setzeingang ohne sicheres Einschalten über den Flankenmerker dargestellt.

Inhaltlich gesehen ist die Funktion der Netzwerke 3 und 4 zur Auswertung einer ansteigenden Signalflanke im TIA-Portal in der Programmanweisung „P_Flanke" vereinigt. Im folgenden Programmauszug ist die vereinfachte Darstellung zu sehen (**Bild 3.24**).

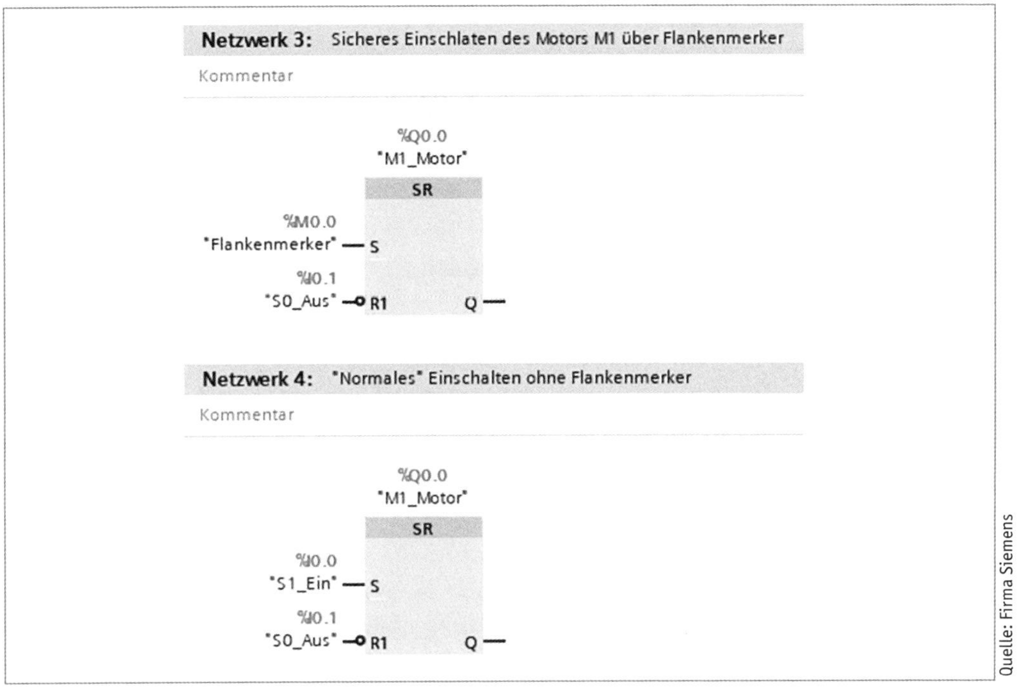


**Bild 3.23** Flankenauswertung im Siemens TIA-Portal

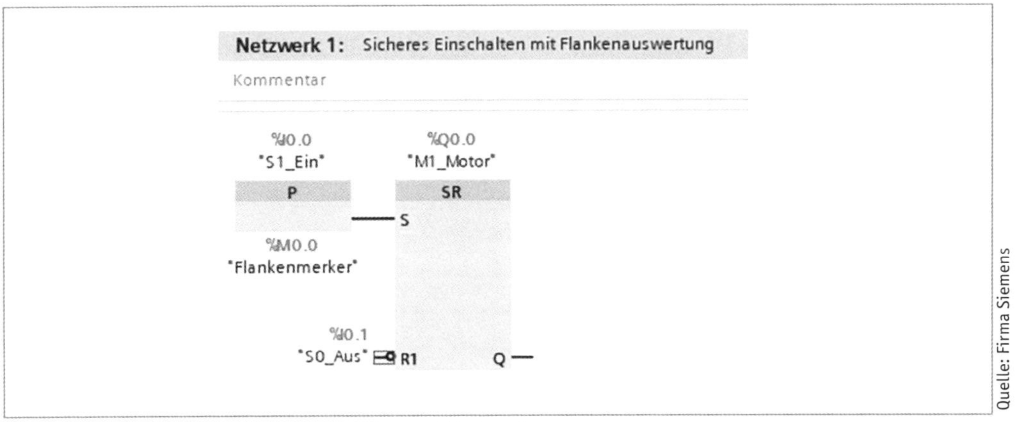


**Bild 3.24** Flankenauswertung (positiv) im Siemens TIA-Portal

## 3.8.1 Auswertung einer abfallenden Signalflanke

Ebenso wie eine ansteigende Signalflanke, wird in der Steuerungspraxis auch häufig der Signalwechsel von 1 auf 0 ausgewertet. Diese Abfrage erfolgt dann, wenn es funktional oder sicherheitstechnisch wichtig ist, dass beispielsweise ein binärer Ausgang nach einem Ausschaltimpuls nicht mehr eingeschaltet ist oder das Abschalten zeitverzögert eingeleitet wird. Diesen Vorgang nennt man Auswertung einer abfallenden Signalflanke.

Ein klassisches Beispiel ist die Nachlaufverzögerung von Maschinen und ist funktionell in der **Bild 3.25** zu sehen. Wenn das Einschaltsignal „S1_Ein“ von Signalzustand 1 auf 0 fällt, dann wird das Schütz „K1_Motor" noch für eine Zeitdauer von 5 s auf Signalzustand 1 gehalten, um dann automatisch abzuschalten.

In der Praxis wird diese Steuerung häufig bei Absauganlagen, Lüftersteuerungen, Schmiermittelpumpen von Werkzeugmaschinen oder zum Leerfördern von Transportbändern angewendet.

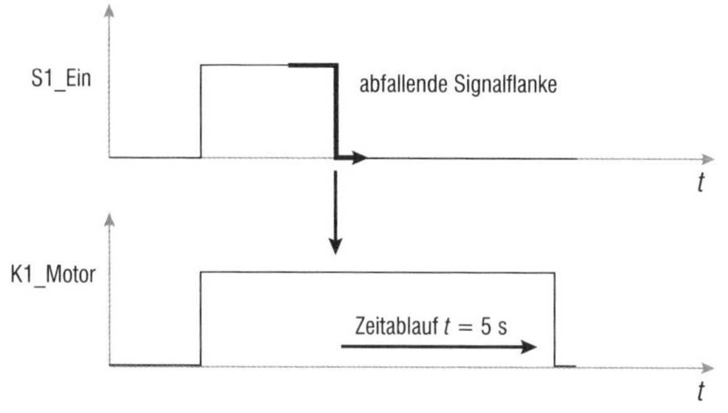


Quelle: B. Alferink

**Bild 3.25** Beispiel abfallende Flankenauswertung

## 3.8.2 Steuerung einer Sortieranlage mittels Flankensteuerung

In einer einfachen Sortieranlage sollen unterschiedlich lange Werkstücke mit den Pneumatikzylinder Z1 in zwei Behälter sortiert werden. Die Unterscheidung der beiden unterschiedlichen Werkstücke erfolgt durch drei Lichtschranken S1, S2 und S3, die bei Nichtbetätigung den Signalzustand 1 führen. Die kleineren grünen Werkstücke unterbrechen beim Transport über das Band nur eine der drei Lichtschranken, das größere blaue Werkstück unterbricht beim Durchlauf mindestens zwei Lichtschranken (**Bild 2.26**).

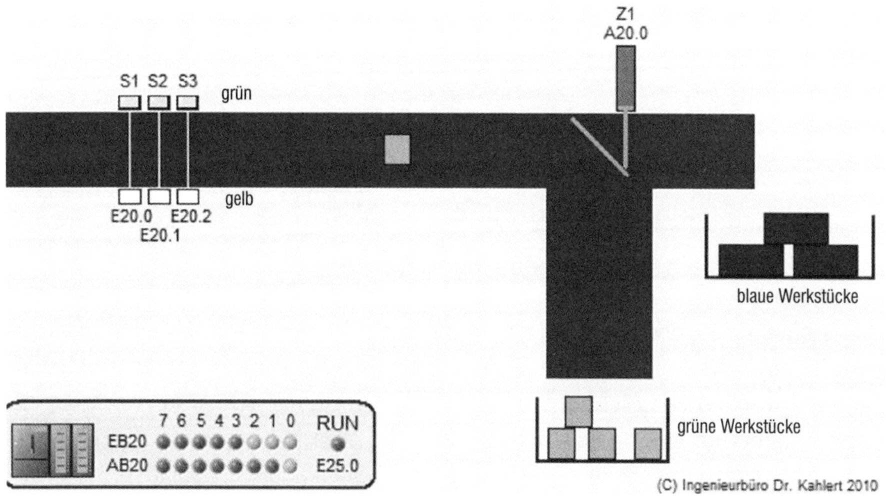


Quelle: Ingenieurbüro Dr. Kahlert

**Bild 3.26** Modell Sortieranlage des Ingenieurbüros Dr. Kahlert

Ein möglicher Lösungsansatz ist die Auswertung einer abfallenden Signalflanke der dritten und letzten Lichtschranke S3 (**Bild 3.27**). Programmtechnisch wird diese Funktion mit dem „N – Operand auf negative Flanke abfragen" realisiert. Hat das grüne Werkstück die Lichtschranke S3 passiert, erfolgt der Signalwechsel von 1 auf 0. Jetzt wird das SR-Flip-Flop durch den kurzen Impuls gesetzt und der Zylinder Z1 fährt aus.

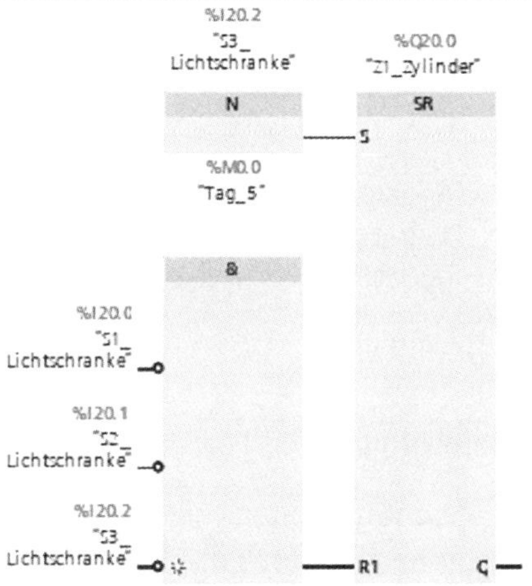


Fährt jetzt das längere blaue Werkstück über das Band, werden alle drei Lichtschranken unterbrochen und das SR-Flip-Flop für die Steuerung des Zylinders „Z1-Zylinder" (Q20.0) wird zurückgesetzt. Ein neuer Impuls auf den Setzeingang durch die Lichtschranke S1 hat jetzt keinen Einfluss, da das Rücksetzen mit Vorrang bearbeitet wird.

Quelle: Firma Siemens

**Bild 3.27** Flankenauswertung (negativ) im Siemens TIA-Portal

## 3.9 Betrieb eines Drehstrommotors in zwei Drehrichtungen

In zahlreichen praktischen Anwendungen der elektrischen Steuerungstechnik, wie beispielsweise in Aufzugssteuerungen, Hebebühnen, Förderbandsteuerungen oder in Krananlagen, ist es erforderlich, die elektrischen Antriebsmotoren in zwei Drehrichtungen zu betreiben. Im Folgenden werden mehrere Schaltungsmöglichkeiten zur Realisierung dieser Steuerung dargestellt. Zunächst wird die Wendeschützschaltung betrachtet.

### 3.9.1 Hauptstromkreis der Wendeschützschaltung

Eine Standardanwendung zum Betrieb eines Drehstrommotors in zwei Drehrichtungen ist die Wendeschützschaltung. Dabei werden durch die beiden Lastschütze K1 und K2 zwei Außenleiter (zumeist L1 und L3) vertauscht und somit das magnetische Drehfeld des Stators des Drehstrommotors umgekehrt. Der Hauptstromkreis ist in **Bild 3.28** dargestellt.

Das gleichzeitige Anziehen beider Schütze K1 und K2 muss unbedingt verhindert werden. Ein satter Kurzschluss auf den Außenleitern L1 und L3 wäre die Folge und die Sicherungen F1 und F3 würden auslösen.

Die Norm EN 60204-1 (VDE 0113-1) sagt dazu, dass „Schaltgeräte/Steuergeräte, die für eine Maschine Vorgänge einleiten, die nicht zusammen betrieben werden dürfen, gegeneinander verriegelt sein müssen".

Bei der Betrachtung des Steuerstromkreises der Wendeschützschaltung (Bild 3.28) werden die elektrische und die mechanische Verriegelung zur Vermeidung des zeitgleichen Einschaltens dargestellt.

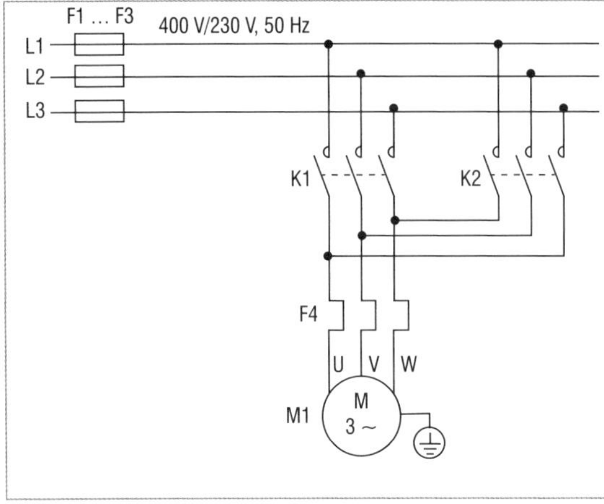


Der Außenleiter L1 führt beim Betrieb des Motors M1 über Schütz K1 (rechtes Drehfeld) auf den Anschluss U des Motors. Der Außenleiter L3 führt beim Rechtslauf über Schütz K1 auf Anschluss W, L2 liegt auf Anschluss V des Motors.

Beim Betrieb des Schützes K2 liegt Außenleiter L1 an Anschluss W und Außenleiter L3 führt auf Anschluss U, während Außenleiter L2 auf Anschluss verbleibt. Durch die Vertauschung der beiden Außenleiter L1 und L3 hat sich auch die Drehrichtung des Motors umgekehrt.

Quelle: B. Alferink

**Bild 3.28** Hauptstromkreis Wendeschützschaltung

### 3.9.2 Steuerstromkreis der Wendeschützschaltung

Diese Steuerungsschaltung wird auch als „Wendeschützschaltung mit direkter Umschaltung" bezeichnet (**Bild 3.29**), da man die Drehrichtung hier durch die Tasterbetätigung von S1 oder S2 direkt umschalten kann, ohne über den Austaster S0 zu gehen.

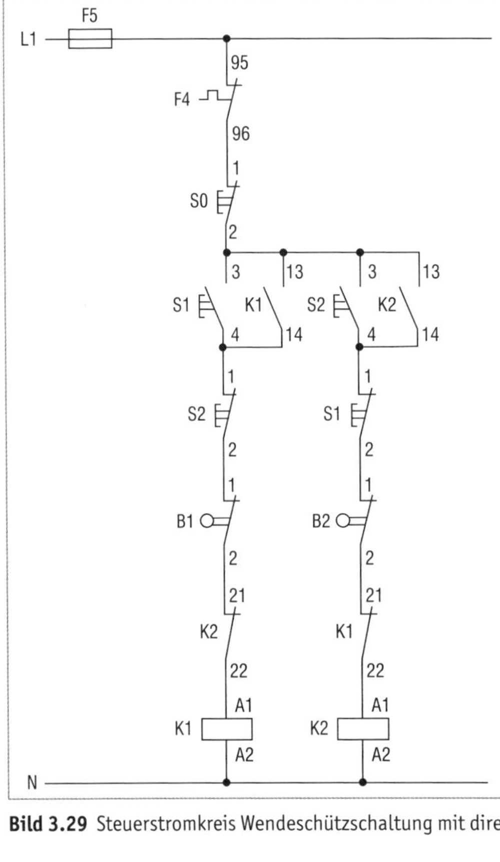


Mit Taster S1 3-4 wird das Schütz K1 eingeschaltet und über den Steuerkontakt 13-14 NO selbst gehalten. Der Steuerkontakt 21-22 NC von Schütz K1 unterbricht den Stromweg zu Schütz K2 und realisiert damit die elektrische Verriegelung, die in der Praxis auch Schützverriegelung genannt wird. Der Öffnerkontakt 1-2 von Taster S1 unterbricht während der Tasterbetätigung den Stromweg zu Schütz K2 und realisiert damit die Tasterverriegelung, die auch als mechanische Verriegelung bezeichnet wird. Über Taster S2 und Schütz K2 erfolgt der gleiche funktionale Ablauf in die andere Drehrichtung.

Der Taster S0 dient als Austaster, die Endlagentaster B1 und B2 begrenzen die Wege des Antriebs, das Motorschutzrelais F4 schaltet bei Überlastung des Motors ab.

Quelle: B. Alferink

**Bild 3.29** Steuerstromkreis Wendeschützschaltung mit direkter Umschaltung

Würde man stattdessen die Selbsthaltung von K1 und K2 von Klemme 14 auf die Klemmen 2 der Hilfskontakte NC von S1 und S2 führen, dann könnte man die Drehrichtung nur bei vorheriger Betätigung über Austaster S0 umkehren. Das wäre dann die „Wendeschützschaltung über Aus". Diese Art der Steuerung wird im Folgenden als programmiertes LOGO-Projekt betrachtet.

### 3.9.3 „Wendeschützschaltung über Aus" mit einer LOGO-Steuerung

Zunächst wird die Betriebsmittelzuordnungsliste erstellt (**Tabelle 3.5**).

Das Steuerungsprogramm ist in **Bild 3.30** dargestellt.

| Bezeichnung Stromlaufplan (VPS) | Operand LOGO | Symbol LOGO | Erklärung |
|---|---|---|---|
| S1 | I1 | S1_Ein_Rechts | Taster, Schließer |
| S2 | I3 | S2_Ein_Links | Taster, Schließer |
| S0 | I5 | S0_Aus | Taster, Öffner |
| F4 | I6 | F4_MS | Öffner |
| B1 | I2 | B1_Endlage | Öffner |
| B2 | I4 | B2_Endlage | Öffner |
| K1 | Q1 | K1_M1_Rechtslauf | binärer Ausgang |
| K2 | Q2 | K2_M1_Linkslauf | binärer Ausgang |

Quelle: B. Alferink

**Tabelle 3.5** Betriebsmittelzuordnung Wendeschützschaltung

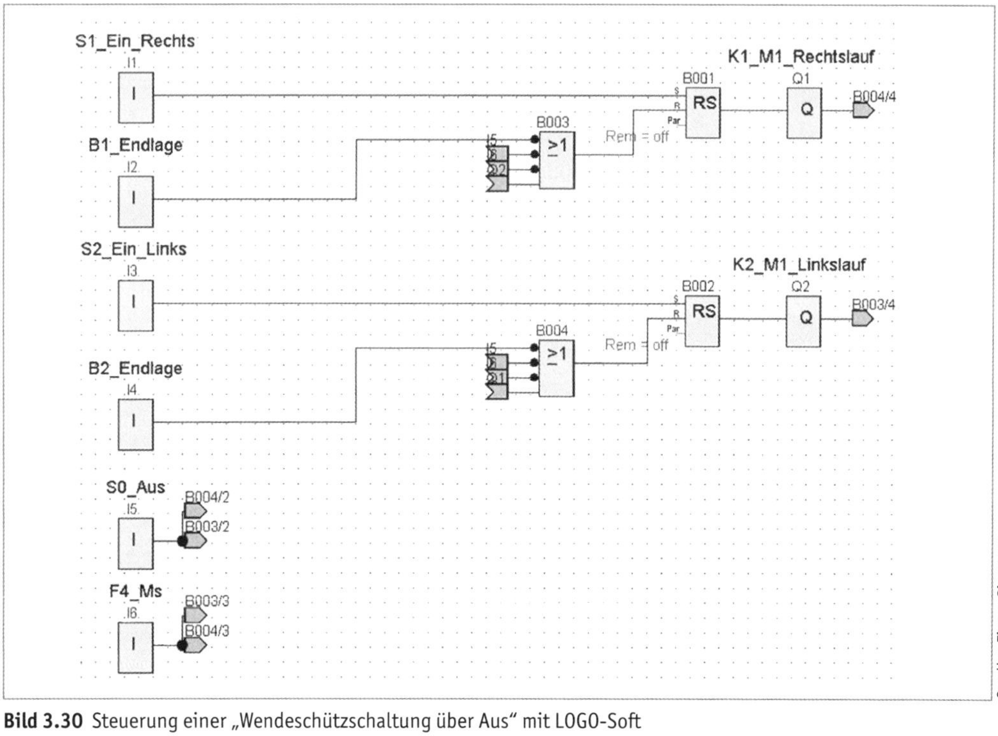


Quelle: Firma Siemens

**Bild 3.30** Steuerung einer „Wendeschützschaltung über Aus" mit LOGO-Soft

Die binären Ausgänge „K1_M1_Rechtslauf“(Q1) und „K2_M1_Linkslauf“(Q2) werden über die Selbsthalterlais B001 und B002 angesteuert. Das Setzen der jeweiligen Ausgänge erfolgt über die Taster NO „S1_Ein_Rechts“(I1) oder über „S2_Ein_Links“(I3). Das Rücksetzen der binären Ausgänge erfolgt über die ODER-Verknüpfungen B003 und B004, wobei dort die jeweiligen Endlagen „B1_Endlage“(I2) und „B2_Endlage“(I4) sowie der Austaster „S0_Aus“(I5) und die Motorschutzeinrichtung „F4_Ms“(I6) angeschlossen sind.

In dieser Steuerung muss zum Umkehren der Drehrichtung immer der Austaster NC „S0_Aus“(I5) betätigt werden, bevor in die andere Drehrichtung geschaltet werden kann.

Im Steuerungsprogramm ist zur zusätzlichen Betriebssicherheit auch eine Softwareverriegelung vorgesehen, die von den binären Ausgängen Q1 und Q2 auf die Reset-ODER-Verknüpfungen B003 und B004 geführt ist.

Zusätzlich ist eine Hardwareverriegelung an der Ausgangsbaugruppe der Kleinsteuerung vorgeschrieben, die in **Bild 3.31** dargestellt wird.

Der binäre Ausgang Q1 führt zunächst auf einen Steuerkontakt NC 1-2 des Schützes K2, bevor er auf die Schützspule A2 von K1 geklemmt wird. Gleiches gilt für die Ansteuerung des Lastschützes K2. So ist gewährleistet, dass die gegenläufige Drehrichtung immer verriegelt ist. Zudem wird durch die Funktion der Steuerkontakte NC 1-2 die hohe Schaltgeschwindigkeit der LOGO-Steuerung auf die Trägheit im Schaltverhalten der Schütze angepasst.

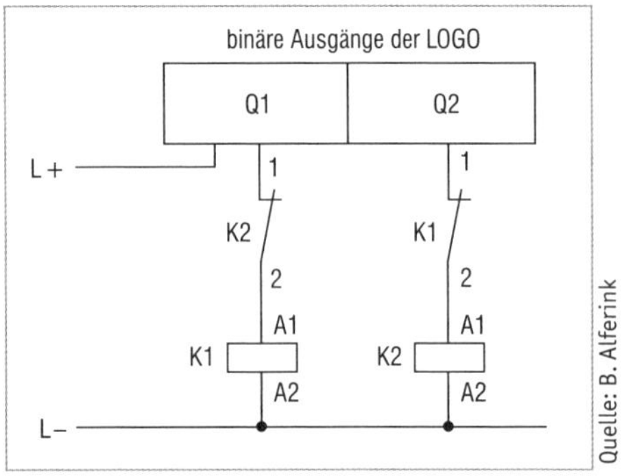


**Bild 3.31** Hardwareverriegelung einer Wendeschützschaltung

In **Bild 3.32** ist der komplette Anschlussplan der LOGO-Steuerung zu sehen.

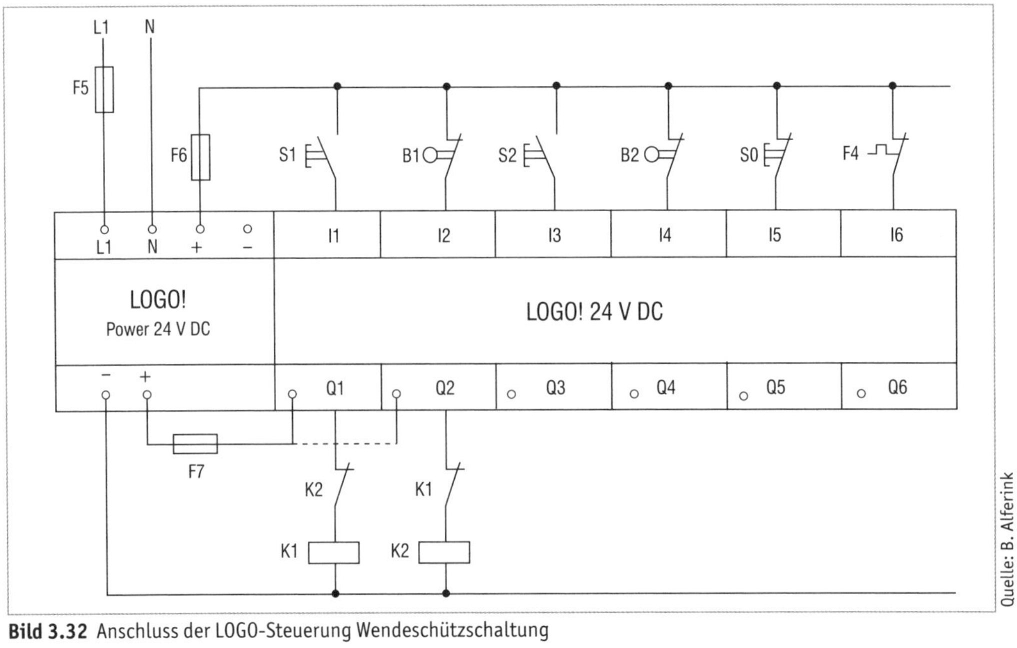


**Bild 3.32** Anschluss der LOGO-Steuerung Wendeschützschaltung

### 3.9.4 Praktische Ausführung einer Wendeschützkombination

In der Praxis werden häufig sogenannte Schützkombinationen verbaut, die bereits in vorverdrahteter Ausführung geliefert werden. Da durch das Umkehren der Drehrichtung des angeschlossenen Drehstromasynchronmotors die Schützkontakte stark belastet werden, werden diese Schütz meist in der Belastungskategorie AC3 oder auch AC4 ausgeführt (siehe Abschnitt 2.1.1) In **Bild 3.33** ist eine Wendeschützkombination zu sehen.

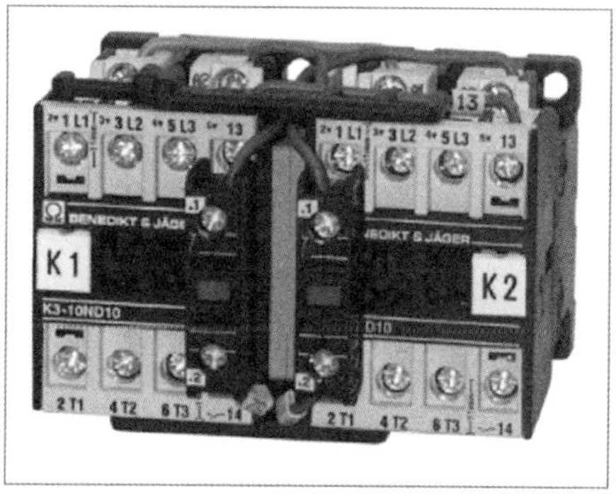


Quelle: Schütze24.com

**Bild 3.33** Vorverdrahtete Wendeschützschaltung bis 11 kW

Die beiden Lastschütze sind fest miteinander verbunden und werden im Schaltschrank auf die Hutschiene aufgeklickt. Jeweils rechtsseitig sind die Steuerkontakte 13-14 NO zu sehen, die zur Selbsthaltung vorgesehen werden. Im vorderen Bereich der Schütze sind die Steuerkontakte 1-2 NC zu sehen, die zur elektrischen Verriegelung (Bild 3.30) dienen.

### 3.9.5 Die Halbleiterwendeschützschaltung

Neben der konventionellen Wendeschützsteuerung wird in der Praxis auch die Drehrichtungsumkehr mit einer Halbleiterwendeschützschaltung realisiert, die in **Bild 3.34** schematisch dargestellt ist.

Gesteuerte Halbleiter (Thyristoren) sorgen in den Außenleitern L1 (Klemme 1) und L3 (Klemme 5) für den Leiterwechsel. Der Außenleiter L2 an Klemme 3 wird ungesteuert zum Anschluss 4 (T2) zur Motorschutzeinrichtung geführt. Die Klemmen 2 (T1) und 6 (T3) führen ebenfalls zum Motorschutz.

**Bild 3.35** zeigt eine Schaltgerätekombination.

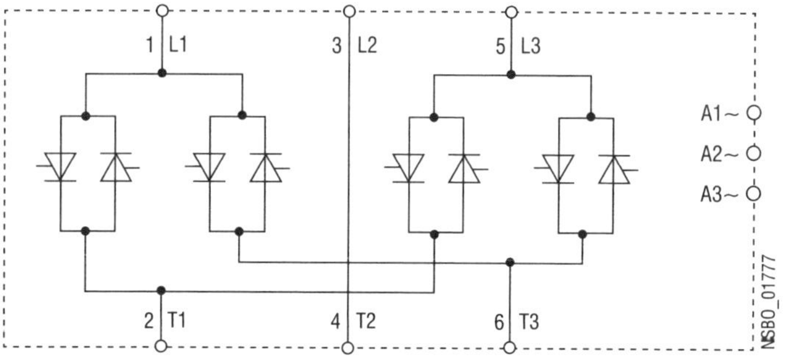


Quelle: Firma Siemens

**Bild 3.34** SIRIUS-Halbleiterwendeschütz mit AC-Betätigung der Firma Siemens

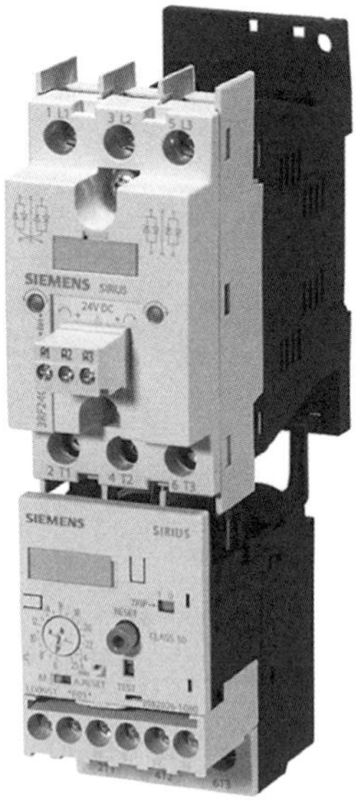


Im oberen Teil der Schaltgerätekombination ist das Halbleiterwendeschütz zu sehen. An die Klemmen 1,3 und 5 werden die Außenleiter L1, L2 und L3 angeschlossen.

Im unteren Teil ist die Motorschutzeinrichtung in Form eines Überlastrelais zu sehen. Dort wird der Motornennstrom eingestellt. Eventuelle Abschaltungen durch Störungen des Motorbetriebs können am blauen Knopf quittiert werden.

Die dreileitrige Ableitung zum Motor wird an den Klemmen T1, T2 und T3 angeschlossen.

Quelle: Firma Siemens

**Bild 3.35** Halbleiterwendeschützkombination SIRIUS 3RF2403 mit Überlastrelais

# 4 Zeitfunktionen und deren Anwendung in der elektrischen Steuerungstechnik

In der speicherprogrammierbaren Steuerungstechnik gibt es im Wesentlichen drei unterschiedliche Zeitfunktionen. Allen Zeitfunktionen ist gemeinsam, dass sie flankengesteuert gestartet werden. Es gibt auf der einen Seite die anzugsverzögerte Zeitfunktion und die Impulszeitfunktion, die beide ihren Zeitablauf auf eine ansteigende (positive) Signalflanke starten. Auf der anderen Seite gibt es die abfallverzögerte Zeitfunktion, die auf eine abfallende (negative) Signalflanke den Zeitablauf startet.

In den folgenden Abschnitten sind alle drei Zeitfunktionen in den unterschiedlichen Varianten Siemens-LOGO-Soft, TIA-Portal nach IEC-Standard und SIMATIC-Zeiten im TIA-Portal dargestellt.

## 4.1 Anzugsverzögerte Zeitfunktion

Bei Signalzustand 1 auf den binären Eingang „S1_Start" I1 wird durch die ansteigende Signalflanke auf den „Trg" der Zeitfunktion B001 der Zeitablauf von $t$ = 5 s gestartet (**Bild 4.1**). Nach Ablauf der Zeit steht am binären Ausgang „K1_Motor" Q1 ein 1-Impuls, solange der Starteingang „S1_Start" I1 Signalzustand 1 führt.

In **Bild 4.2** ist die Darstellung in LOGO-Soft zu sehen.

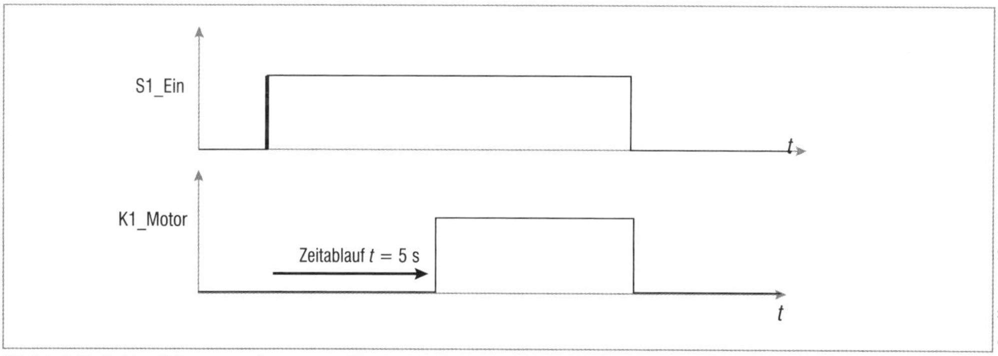


Quelle: B. Alferink

**Bild 4.1** Zeitablaufdiagramm Anzugsverzögerung

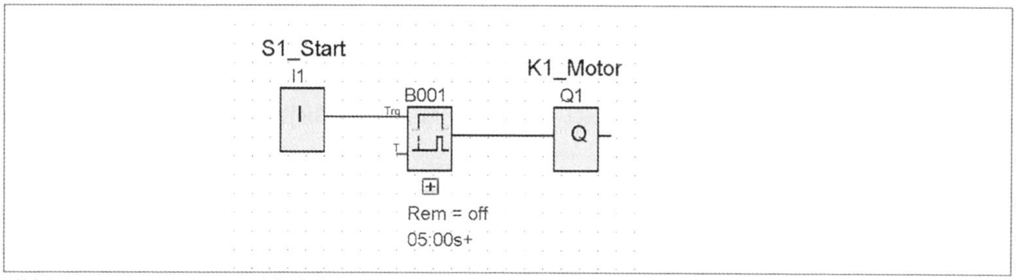


Quelle: Firma Siemens

**Bild 4.2** Anzugsverzögerte Zeitfunktion

Im Siemens-TIA-Portal gibt es folgende einschaltverzögernde Zeitfunktionen:

In **Bild 4.3** ist der Timer „S_ODT" aus den „SIMATIC-Zeiten" zu sehen, dessen Zeitablauf mit einer ansteigenden Signalflanke auf „S1_Ein" I0.0 auf den binären Eingang S startet und nach einer Verzögerungszeit von 5 s den binären Ausgang „K1_Motor" Q0.0 auf den Signalzustand 1 zuweist. Das Eingangssignal von „S1_Ein" muss während des gesamten Zeitablaufs auf Signalzustand 1 bleiben, da der Timer nicht speichernd ausgeführt ist. Mit einem 1-Signal auf den Rücksetzeingang über den binären Eingang „S0_Aus" I0.1 kann der Timer vorrangig zurückgesetzt und der Zeitablauf unterbrochen werden. Nach dem erneuten Starten des Timers über „S1_Ein" beginnt der Zeitablauf von vorne, da er ausschließlich flankengesteuert ausgelöst wird.

Alle relevanten Werte eines Timers aus den SIMATIC-Zeiten werden in einer realen Speicherstelle (16 Bit) gespeichert, in unserem Beispiel unter „Timer_1" T1.

Die Timer der „SIMATIC-Zeiten" werden bei der Projektierung der CPU-Typen S7-300 und S7-400 verwendet. Diese CPU-Typen enthalten aufgrund ihrer Architektur physikalische Speicher für die Aufnahme von (zumeist) 128 Timern, je nach CPU-Ausstattung.

In **Bild 4.4** ist der einschaltverzögernde Timer TON (Timer On Delay) nach IEC-Standard zu sehen. Funktionell ist er identisch mit dem SIMATIC-Timer „S_ODT", jedoch werden alle Werte eines IEC-Timers in einem sogenannten Instanz-Datenbaustein gespeichert. Die IEC-Timer werden bei der Projektierung der CPU-Typen S7-1200, S7-1500 und ET-200SP verwendet.

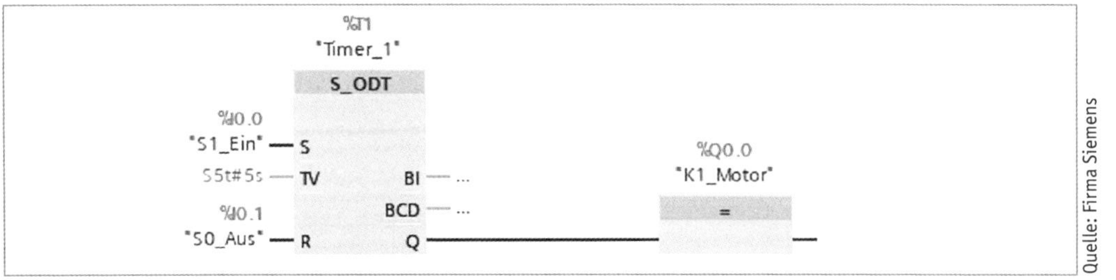


**Bild 4.3** Anzugsverzögerte Zeitfunktion S_ODT im Siemens TIA-P

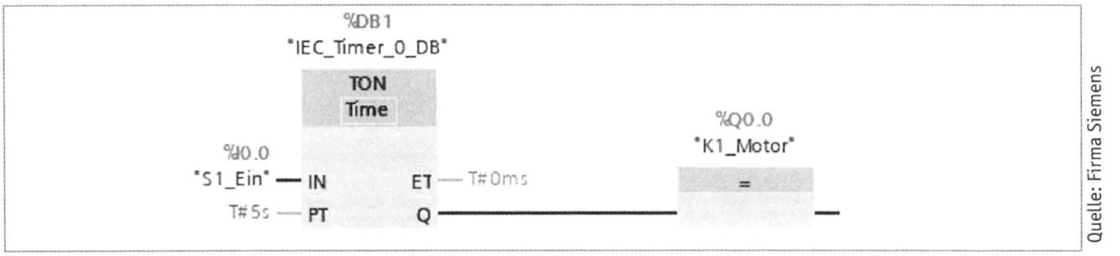


**Bild 4.4** Anzugsverzögerte Zeitfunktion TON im Siemens TIA-Portal

## 4.2 Impulsformende Zeitfunktion (Impulszeitfunktion)

Bei Signalzustand 1 auf den binären Eingang „S1_Start" I2 wird die ansteigende Signalflanke auf den „Trg" der Zeitfunktion B002 am binären Ausgang „K1_Motor" Q2 ein 1-Impuls über die Dauer der eingestellten Zeit geformt, in diesem Beispiel 3 s (**Bild 4.5**).

In **Bild 4.6** ist die Darstellung in LOGO-Soft zu sehen.

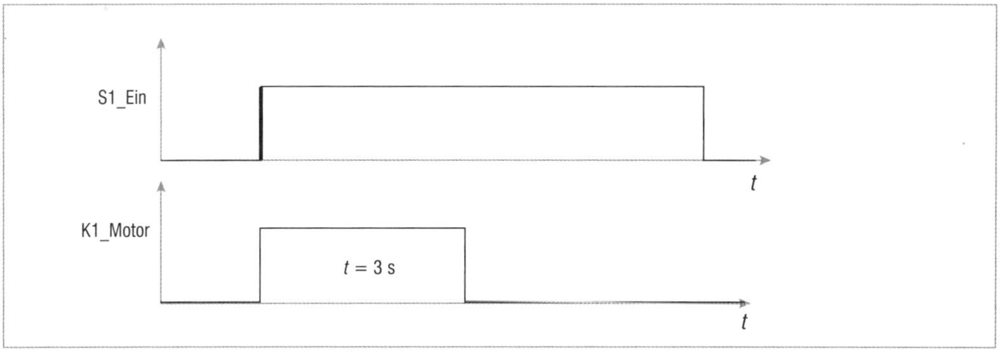

Quelle: B. Alferink

**Bild 4.5** Zeitablaufdiagramm Impulszeitfunktion

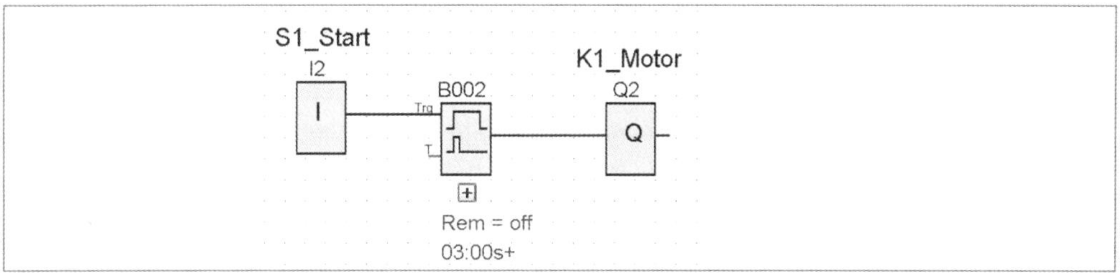

Quelle: Firma Siemens

**Bild 4.6** Impulsformende Zeitfunktion

Im Siemens-TIA-Portal gibt es folgende impulsformende Zeitfunktionen:

In **Bild 4.7** ist der Timer „S_Pulse“ aus den „SIMATIC-Zeiten“ zu sehen, dessen Zeitablauf mit einer ansteigenden Signalflanke auf „S1_Ein“ I0.0 auf den binären Eingang S startet und durch einen 1-Impuls von 5 s Dauer dem binären Ausgang „K1_Motor“ Q1 auf den Signalzustand 1 zuweist. Das Eingangssignal von „S1_Ein“ muss während des gesamten Zeitablaufs auf Signalzustand 1 bleiben, da der Timer nicht speichernd ausgeführt ist. Mit einem 1-Signal auf den Rücksetzeingang über den binären Eingang „S0_Aus“ I0.1 kann der Timer vorrangig zurückgesetzt und der Zeitablauf unterbrochen werden. Nach dem erneuten Starten des Timers über „S1_Ein“ beginnt der Zeitablauf von vorne, da auch dieser Timer ausschließlich flankengesteuert (ansteigende Signalflanke) ausgelöst wird.

In **Bild 4.8** ist der impulsformende Timer TP (Timer Pulse) nach IEC-Standard zu sehen. Funktionell ist er identisch mit dem SIMATIC-Timer „S_Pulse“, jedoch werden alle Werte eines IEC-Timers in einem sogenannten Instanz-Datenbaustein gespeichert.

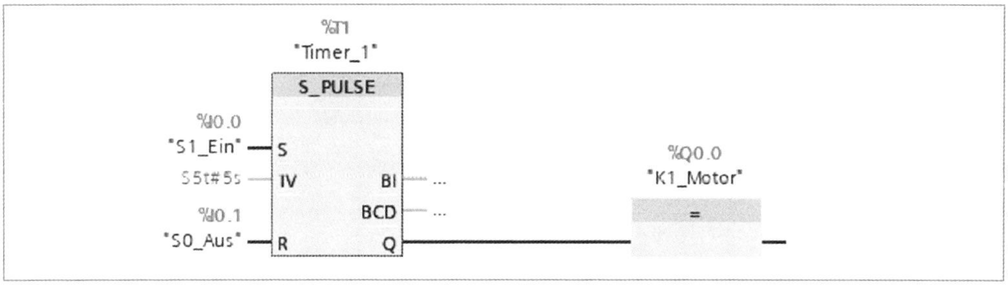

Quelle: Firma Siemens

**Bild 4.7** Impulsformende Zeitfunktion S_PULSE im Siemens TIA-Portal

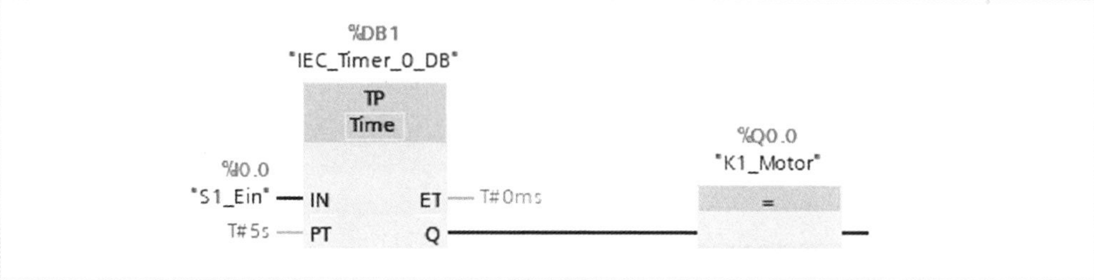


Quelle: Firma Siemens

**Bild 4.8** Impulsformende Zeitfunktion TP im Siemens TIA-Portal

## 4.3 Abfallverzögernde Zeitfunktion

Bei Signalzustand 1 auf den binären Eingang „S1_Start" I3 wird über den Eingang „Trg" der Zeitfunktion B003 am binären Ausgang „K1_Motor" Q3 ein 1-Impuls erzeugt. Erst wenn am Eingang „S1_Ein" durch eine abfallende Signalflanke der Signalwechsel von 1 auf 0 erfolgt, wird der Zeitablauf $t$ = 5 s gestartet und der Ausgang „K1_Motor" Q3 wird für diese Zeit auf Signalzustand 1 gehalten (Nachlauf) (**Bild 4.9**). Durch ein 1-Signal auf den binären Eingang „S2_Reset" I4 kann der Zeitablauf vorzeitig abgebrochen werden.

In **Bild 4.10** ist die Darstellung in LOGO-Soft zu sehen.

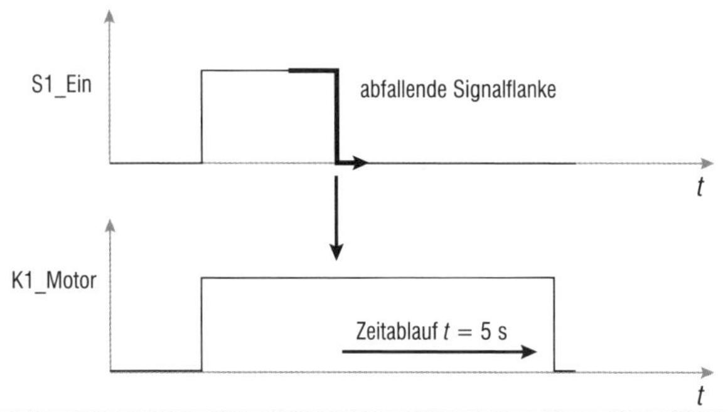


Quelle: B. Alferink

**Bild 4.9** Zeitablaufdiagramm Abfallverzögerung

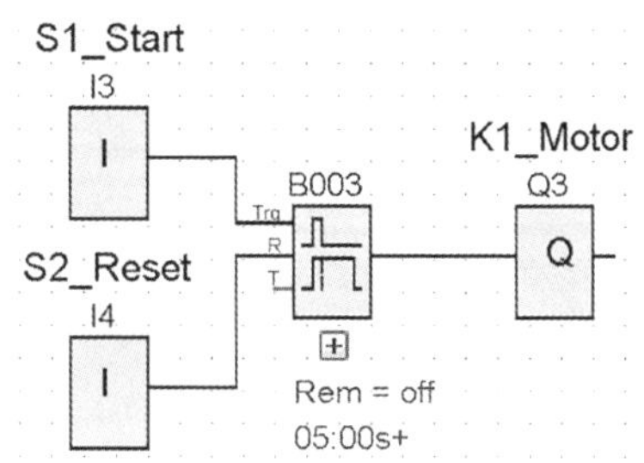


Quelle: Firma Siemens

**Bild 4.10** Abfallverzögernde Zeitfunktion

Im Siemens-TIA-Portal gibt es folgende ausschaltverzögernde Zeitfunktionen:

In **Bild 4.11** ist der Timer „S_OFFDT" aus den „SIMATIC-Zeiten" zu sehen, dessen Zeitablauf mit einer abfallenden Signalflanke auf „S1_Ein" I0.0 auf den binären Eingang S startet. Der Signalzustand 1 des binären Ausgangs „K1_Motor" Q0.0 ist zugewiesen, sobald der binäre Eingang "S1_Ein" den Signalzustand 1 führt. Erst bei einer abfallenden Signalflanke (Signalwechsel von 1 auf 0) wird der Zeitablauf ausgelöst und der binäre Ausgang „K1_Motor" führt noch für die Dauer der eingestellten Zeit den Signalzustand 1. Das Eingangssignal von „S1_Ein" muss während des gesamten Zeitablaufs auf Signalzustand 1 bleiben, da der Timer nicht speichernd ausgeführt ist. Mit einem 1-Signal auf den Rücksetzeingang über den binären Eingang „S0_Aus" I0.1 kann der Timer vorrangig zurückgesetzt und der Zeitablauf unterbrochen werden.

In **Bild 4.12** ist der abfallverzögernde Timer TOF (Timer Off Delay) nach IEC-Standard zu sehen. Funktionell ist er identisch mit dem SIMATIC-Timer „S_OFFDT", jedoch werden alle Werte eines IEC-Timers in einem sogenannten Instanz-Datenbaustein gespeichert.

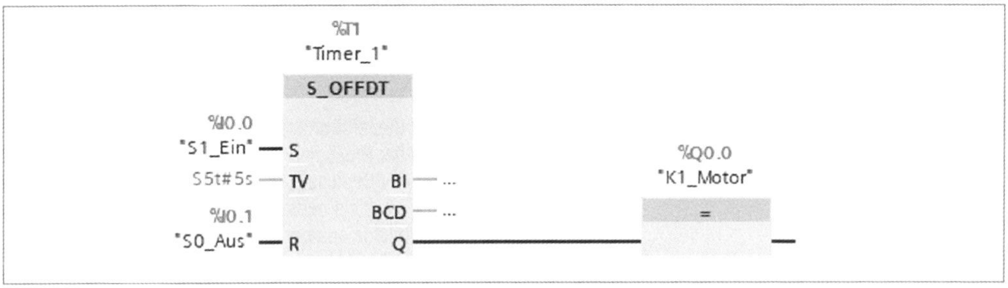


Quelle: Firma Siemens

**Bild 4.11** Abfallverzögernde Zeitfunktion S_OFFDT im Siemens TIA-Portal

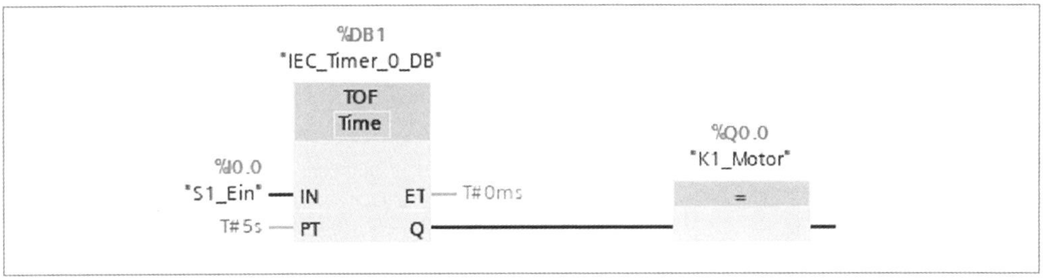


Quelle: Firma Siemens

**Bild 4.12** Abfallverzögernde Zeitfunktion TOF im Siemens TIA-Portal

## 4.4 Steuerung eines elektrischen Antriebs für eine Werkstattpresse – Projektierungsbeispiel mit Zeitfunktionen

Ein Kunde aus der metallverarbeitenden Industrie möchte die veraltete elektrische Steuerung einer Werkstattpresse (**Bild 4.13**) modernisieren. Die Presse wird täglich sowohl zum Richten großer Blechplatten als auch für Werkstoffprüfungen eingesetzt. Die neue Steuerung soll mit einer speicherprogrammierbaren Kleinsteuerung vom Typ Siemens LOGO realisiert werden. In den Stromlaufplänen (**Bild 4.14**) ist die momentane Schützsteuerung mit Handtastern und Fußpedaltaster zu sehen.

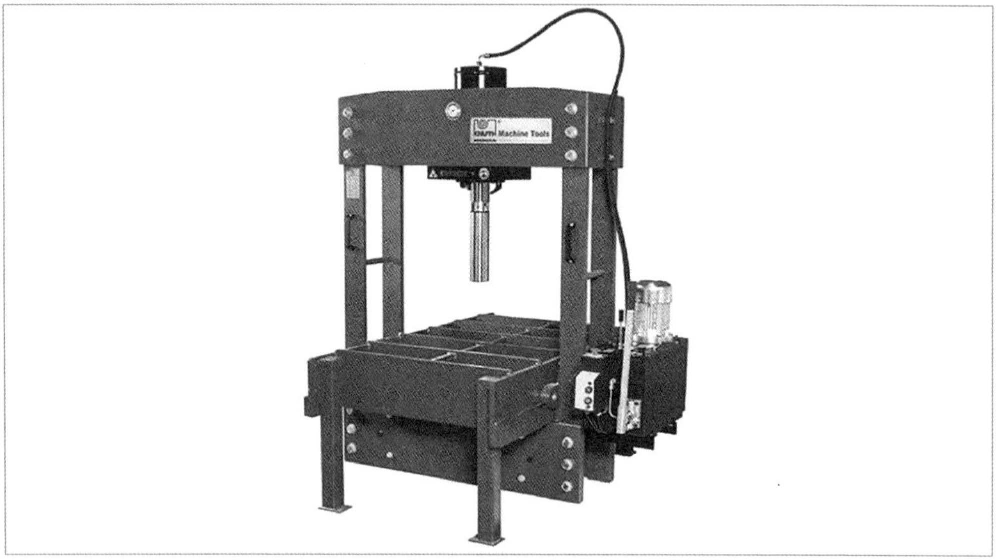


Quelle: Firma KNUTH Werkzeugmaschinen GmbH

**Bild 4.13** Werkstattpresse der Firma KNUTH

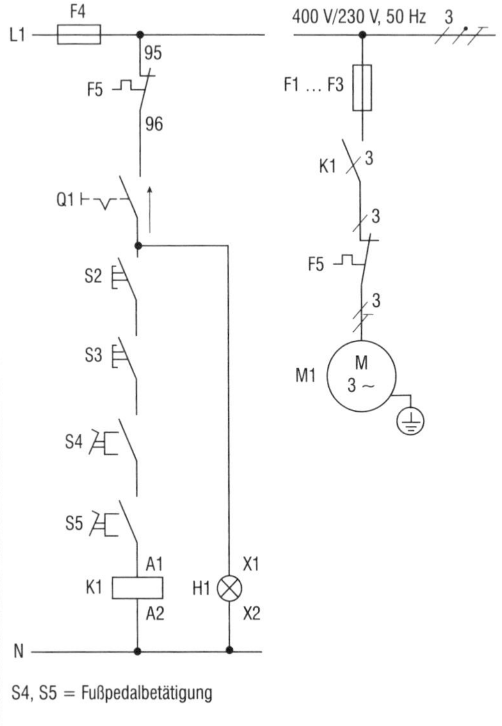


Wie im Steuerstromkreis zu sehen, ist der sichere Betrieb der Presse nur gewährleistet, wenn sich beide Hände des Bedieners während des Pressvorgangs an den Handtastelementen befinden. Damit die Fußpedalkontakte aus der Steuerung entfernt werden können, aber trotzdem eine sichere Bedienung der Presse gewährleistet ist, müssen die beiden verbliebenen Handtaster S2 und S3 zeitüberwacht werden. Das bedeutet, dass beide Taster innerhalb einer Zeitspanne von 3 s betätigt werden müssen. Nur dann wird der Pressenmotor über Schütz K1 gefahren. Erfolgt das Einschalten mit einer Zeitüberschreitung oder wird einer der beiden Taster losgelassen, schaltet der Motor sofort ab.

Die Motorschutzeinrichtung F5, der Hauptschalter Q1 und die Kontrollleuchte H1 bleiben in ihrer Funktion bestehen. Ebenso wird der in Bild 4.11 einphasig dargestellte Hauptstromkreis – unabhängig von der projektierten Steuerung – nicht verändert.

*Hinweis:* Häufig werden Zweihandsteuerungen mit Lichtgittern als berührungslos wirkende Schutzeinrichtung vor Eingriffen seitens des Bedieners in den Gefahrenbereich der Pressensteuerung geschützt (siehe Abschnitt 11.14). Bei „Eingriff" in den Gefahrenbereich wird der Pressenmotor sofort gestoppt.

Quelle: B. Alferink

**Bild 4.14** Haupt- und Steuerstromkreis (einphasig)

Die Projektierung der neuen Steuerung für die Werkstattpresse läuft nach dem bekannten Schema der vorhergehenden Abschnitte ab. Demnach erfolgt zunächst nach der Aufnahme der Sensoren und Aktoren die Erstellung der Betriebsmittelzuordnungsliste (**Tabelle 4.1**)

| Bezeichnung (VPS) | Operand LOGO | Symbol LOGO | Erklärung |
|---|---|---|---|
| S1 | I3 | Q1_Haupt | Schließer NO (binär) |
| S2 | I1 | S2_Ein | Schließer NO (binär) |
| S3 | I2 | S3_Ein | Schließer NO (binär) |
| F5 | I4 | F4_Ms | Öffner NC (binär) |
| K1 | Q1 | K1_Motor | Ausgang (binär) |
| H1 | Q2 | H1_Leuchte | Ausgang (binär) |

Quelle: B. Alferink

**Tabelle 4.1** Betriebsmittelzuordnung Werkstattpresse

## 4.4.1 Anschluss der LOGO-Steuerung für die Werkstattpresse

Nach der Zuordnung der Betriebsmittel wird die LOGO-Steuerung, wie in **Bild 4.15** dargestellt, angeschlossen und verdrahtet.

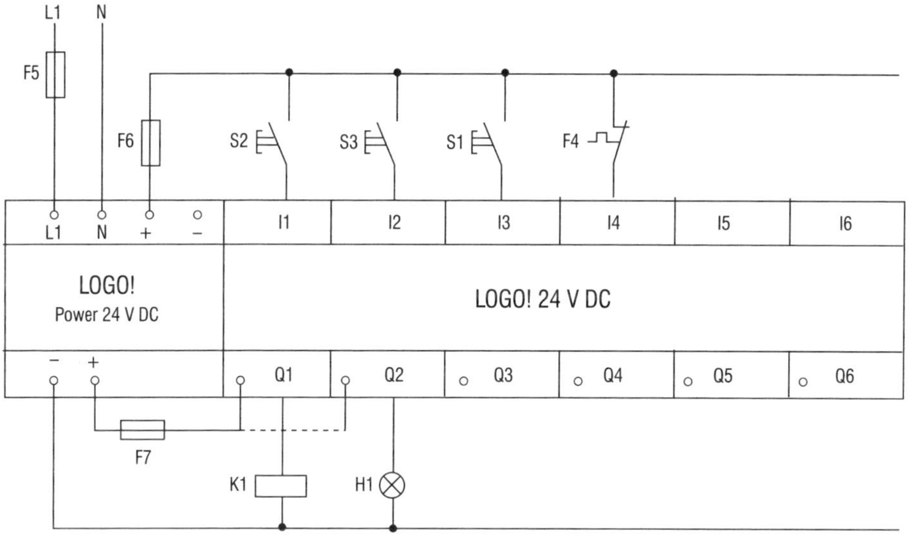


**Bild 4.15** Anschlussplan der LOGO-Steuerung

## 4.4.2 Steuerungsprogramm in LOGO-Soft für die Werkstattpresse

Das Steuerungsprogramm mit LOGO-Soft ist in **Bild 4.16** dargestellt.

Die Taster S2_Ein und S3_Ein führen auf je ein Selbsthalterelais (B003 und B004), wobei das 1-Signal der jeweiligen Taster den Setzeingang ansteuern, während das 0-Signal über eine Negierung den Rücksetzeingang ansteuert.

Während des Drückens der Taster werden die Wischrelais (B001 und B002) angesteuert, die einen Wischimpuls von 3 s Dauer erzeugen. Wie schon bekannt, arbeiten Zeitfunktionen grundsätzlich flankengesteuert, in diesem Anwendungsbeispiel „Wischimpuls" erfolgt der Start des Zeitablaufs auf eine ansteigende Signalflanke.

Die nachfolgende UND-Verknüpfung B005 überwacht, dass beide Taster innerhalb dieses Zeitrahmens betätigt werden. Die Manipulation eines Tasters oder auch das Klemmen

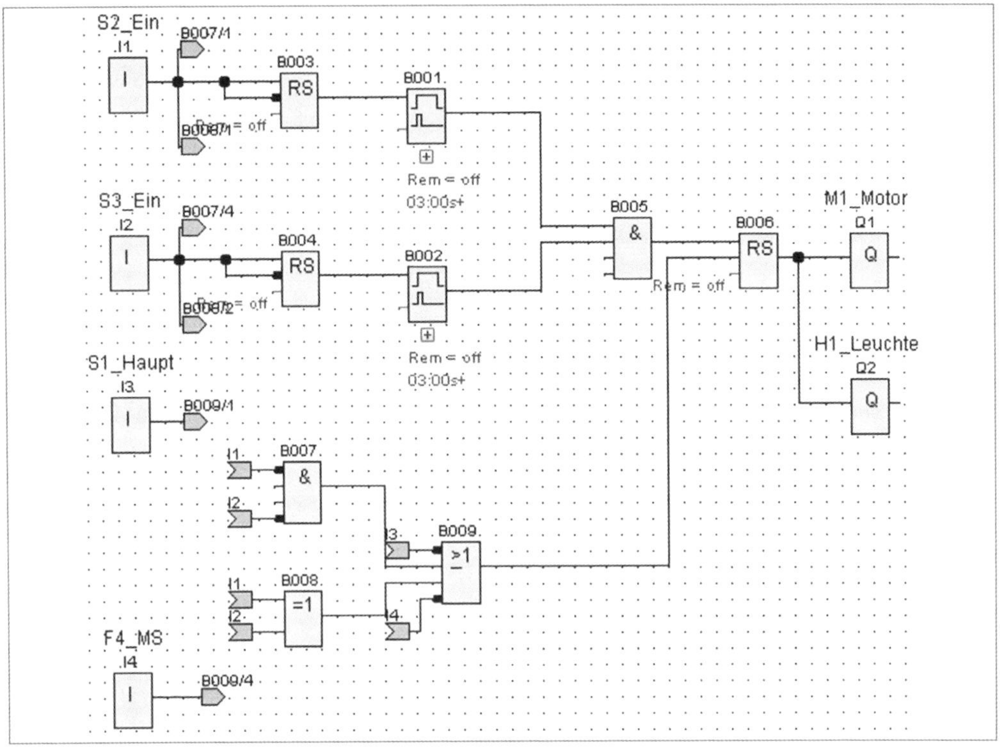


**Bild 4.16** Programm zur Steuerung einer Werkstattpresse

Quelle: Firma Siemens

eines Tasters bleibt somit ohne Wirkung. Der Ausgang der UND-Verknüpfung B005 führt auf den Setzeingang des nächsten Selbsthalterelais B006 und schaltet über die Ausgänge „M1_Motor“ Q1 und „H1_Leuchte“ Q2 letztendlich den Pressenmotor M1 und die Kontrollleuchte H1 ein. Auf den Rücksetzeingang des Selbsthalterelais B006 für den Motor führen die Abschaltbedingungen. Die UND-Verknüpfung B007 überwacht den gleichen Signalzustand der Eintaster; die XOR-Verknüpfung B008 überwacht den unterschiedlichen Signalzustand der Taster S2_Ein und S3_Ein. Diese Auswertung könnte ersatzweise auch über eine ODER-Verknüpfung mit negierten Eingängen erfolgen.

## 4.5 Eine weitere Anwendung der Flankenauswertung – Der Impulsschalter

Impulsschalter sind aus der Kontakttechnik als Stromstoßschalter bekannt (**Bild 4.17**). Mit nur einem Taster lässt sich infolge einer mechanischen Selbsthaltung ein binärer Ausgang sowohl ein- als auch ausschalten. **Bild 4.18** zeigt den Stromlaufplan der Stromstoßschaltung.

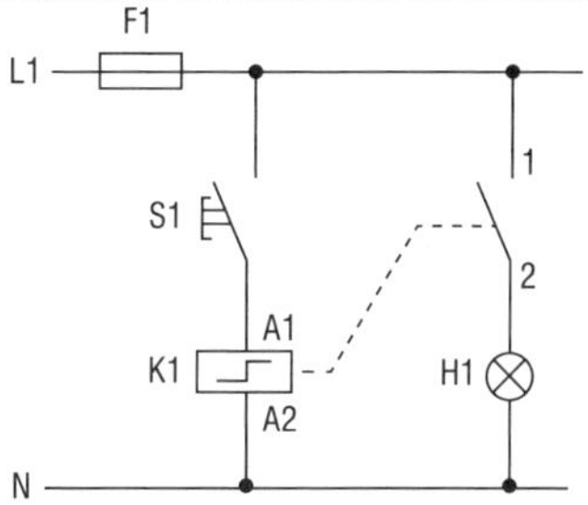


Bei Betätigung des Tasters S1 (Schließer) wird die Spule (A1-A2) des Stromstoßschalters K1 elektromagnetisch wirksam, schließt den „Lastkontakt" 1-2 und betätigt eine mechanische Selbsthaltung, sodass die Leuchte H1 dauerhaft leuchtet; der Einschaltimpuls des Tasters S1 wird gespeichert (Bild 4.17). Bei erneuter Betätigung des Tasters S1 wird die mechanische Selbsthaltung entriegelt, der „Lastkontakt" 1-2 geht in die Ruhelage zurück und die Leuchte H1 erlischt. Jetzt wird der Signalzustand 0 gespeichert.

Quelle: B. Alferink

**Bild 4.17** Stromlaufplan der Stromstoßschaltung

Quelle: Firma Eltako

**Bild 4.18** Stromstoßschalter (Unterputzmontage) der Firma Eltako

### 4.5.1 Projektierung einer Absauganlage für eine Lötstation – Projektierungsbeispiel mit Zeitfunktionen und Flankenauswertung

Ein Arbeitsplatz in einer Elektronik-Reparaturwerkstatt ist mit einer Lötstation und zugehöriger Absauganlage ausgestattet. Mit dem Schlüsseltaster S1 (Schließer – Schließsystem MS1) wird die Lötstation und Absauganlage ein- und ausgeschaltet. Nach dem Ausschalten soll die Absauganlage noch 3 Minuten nachlaufen, sodass auch die Restdämpfe sicher abgesaugt werden. Der Normalbetrieb der Absauganlage wird durch den Leuchtmelder H1 signalisiert, den Nachlaufbetrieb signalisiert derselbe Leuchtmelder H1 durch Blinken. Die Steuerung soll mit einer programmierbaren Kleinsteuerung Siemens-LOGO realisiert werden.

Sensoren und Aktoren können entsprechend **Tabelle 4.2** zugeordnet werden.

| Bezeichnung Stromlaufplan (VPS) | Operand LOGO | Symbol LOGO | Erklärung |
|---|---|---|---|
| S1 | I1 | S1_Schlüsseltaster | Taster, Schließer |
| K1 | Q1 | K1_Absaugung | binärer Ausgang |
| K2 | Q2 | K2_Lötstation | binärer Ausgang |
| H1 | Q3 | H1_Leuchtmelder | binärer Ausgang |

Quelle: B. Alferink

**Tabelle 4.2** Betriebsmittelzuordnung Absauganlage

### 4.5.2 Auswahl der Betriebsmittel und deren Anschluss an die LOGO-Steuerung

**Bild 4.19** zeigt einen Schlüsseltaster, **Bild 4.20** ein Schaltrelais.

Quelle: Firma Siemens

**Bild 4.19** Schlüsseltaster der Firma Siemens

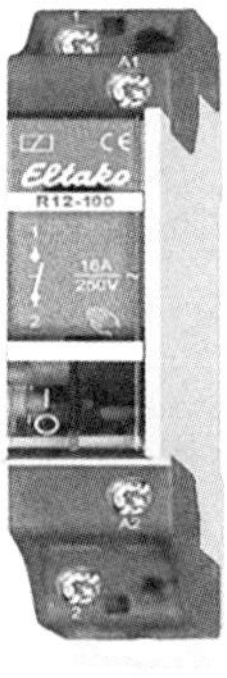

Die Lötstation und die Absaugung werden über je ein Schaltrelais (Verteilungsaufbau auf Hutschiene) von der LOGO-Ausgangskarte geschaltet. Der binäre Ausgang Q1 schaltet über das Schaltrelais K1 die Absaugung, die Lötstation wird über Ausgang Q2 und Schaltrelais K2 geschaltet. Der Leuchtmelder H1 ist an Ausgang Q3 angeschlossen.

Quelle: Firma Eltako

**Bild 4.20** Schaltrelais R12 für 230 V der Firma Eltako

### 4.5.3 Schrittweise praktische Projektierung der Absauganlage

Aufgrund der geringen Anzahl der Sensoren und Aktoren wird auf eine aufwendige Betriebsmittelzuordnungsliste verzichtet. Der Anschlussplan der LOGO-Steuerung sieht dann wie in **Bild 4.21** aus. Das Programm mit LOGO-Soft könnte wie in **Bild 4.22** realisiert werden.

Der S1_Schlüsseltaster I1 betätigt am Eingang „Trg" mit einer ansteigenden Signalflanke das Stromstoßrelais B001, sodass die Lötstation Q2 und die Absaugung Q1 eingeschaltet werden, sowie der ausschaltverzögernde Timer B001 aktiviert wird und allesamt im Signal-

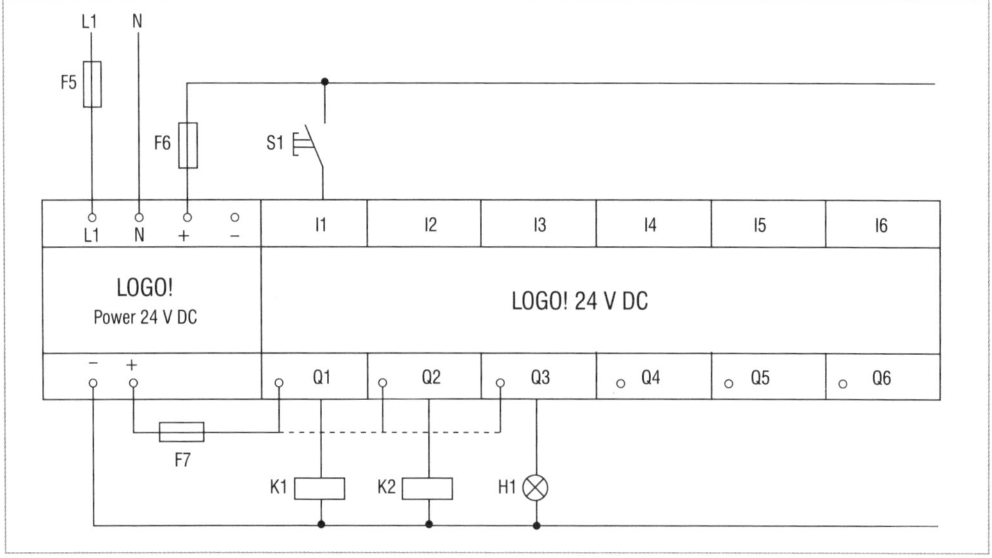


Quelle: B. Alferink

**Bild 4.21** Anschlussplan der LOGO-Steuerung

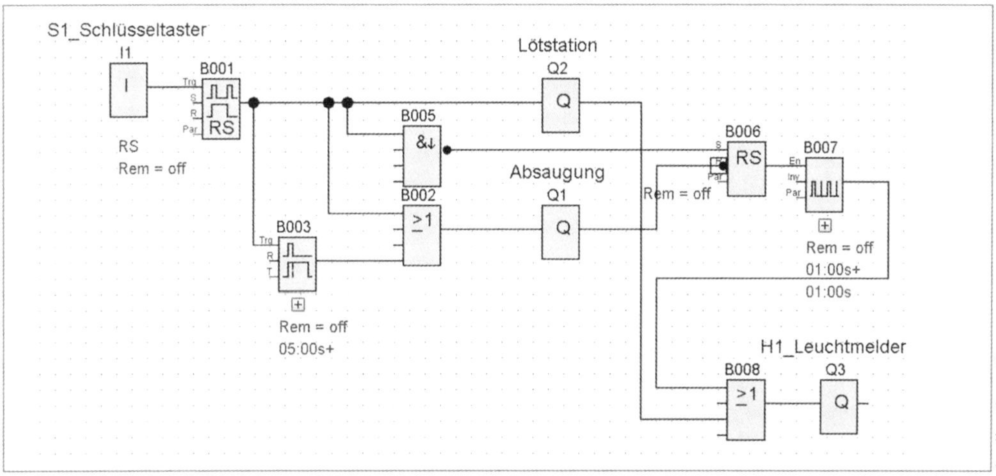


Quelle: Firma Siemens

**Bild 4.22** Programm zur Steuerung einer Absauganlage

zustand 1 gespeichert werden. Bei erneuter Betätigung von Schlüsseltaster S1 wird die Lötstation Q2 sofort ausgeschaltet, die Absaugung Q1 verbleibt über den ausschaltverzögernden Timer noch 3 min eingeschaltet, während das Selbsthalterelais B006 bei abfallender Signalflanke auf B005 (NAND-Flanke) eingeschaltet wird und über den Impulsgenerator B007 den Leuchtmelder H1 für die Dauer des Nachlaufbetriebs blinken lässt. Bei Abschaltung der Absaugung Q1 nach 3 min wird auch das Selbsthalterelais B006 zurückgesetzt.

## 4.6 Vergleichsweise Darstellung des Projekts Absauganlage mit einer CPU Typ-S7-300 aus dem Siemens TIA-Portal

In der Projektierungssoftware TIA-Portal (Bild 4.21) gibt es kein fertig konfiguriertes Bauteil „Stromstoßschalter“ zur einfachen Programmierung wie in LOGO-Soft. Deshalb muss die Stromstoßschaltung mit einzelnen Anweisungen je nach Aufgabe zusammengestellt werden.

Im ersten Netzwerk (**Bild 4.23**) erfolgt die Auswertung der ansteigenden Signalflanke des Schlüsseltasters „S1_Ein“ I0.0 mit der Anweisung „P = Operand auf positive Flanke auswerten“. Diese Abfrage wirkt sowohl auf den Setzeingang als auch auf den Rücksetzeingang des SR-Flip-Flops des „Merker_1_Lötstation“ M0.0. An den UND-Verknüpfungen wird abgefragt, ob der binäre Ausgang „K2_Lötstation“ Q0.1 eingeschaltet ist oder nicht. Je nach Signalzustand von Q0.1 „K2_Lötstation“ erfolgt dann das Setzen oder Rücksetzen des Merkers M0.0 „Merker_1_Lötstation“. Am Ausgang Q wird dann das entsprechende Signal dem binären Ausgang „K2_Lötstation“ Q0.1 zugewiesen. So ist die Funktion gewährleistet, dass sich bei jedem Flankenwechsel von 0 auf 1 am Ausgang Q des SR-Flip-Flops eine Signaländerung ergibt.

In Netzwerk 2 (**Bild 4.24**) erfolgt die Ansteuerung der Absaugung mit dem binären Ausgang „K1_Absaugung“ Q0.0 über den Ausgang „K2_Lötstation“ Q0.1 oder im Falle der Abschaltung über den Nachlauf der Zeitfunktion „T1_Nachlauf“ T1.

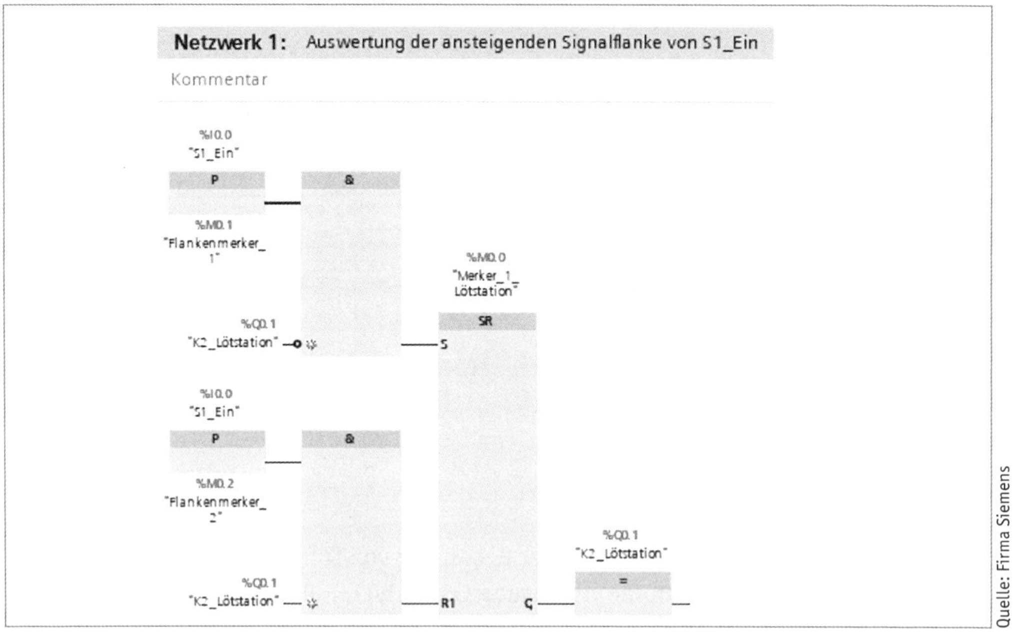


**Bild 4.23** Programmauszug zur Steuerung einer Absauganlage, hier Ansteuerung der Lötstation

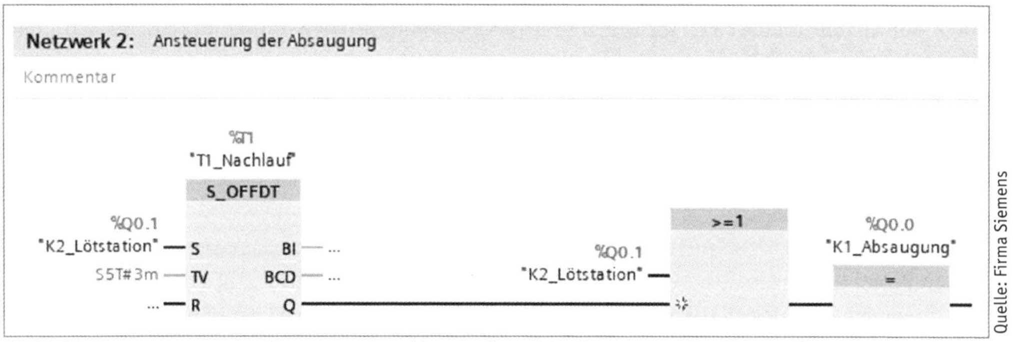


**Bild 4.24** Programmauszug zur Steuerung einer Absauganlage, hier Ansteuerung der Absauganlage

In Netzwerk 3 (**Bild 4.25**) wird die Leuchte mit Ausgang „H1_Leuchte“ Q0.2 angesteuert. Der „Merker_2_Leuchte“ M0.4 wird bei Abschaltung des Ausgangs „K2_Lötstation“ Q0.1 gesetzt, erkennt also über die Anweisung „N Negative Flanke auswerten“ die abfallende Signalflanke von „K2_Lötstation“ Q0.1. In der UND-Verknüpfung mit dem Taktmerker M10.4 wird über die ODER-Verknüpfung mit „K2_Lötstation“ Q0.1 der geforderte Betrieb der „H1_Leuchte“ Q0.2 realisiert.

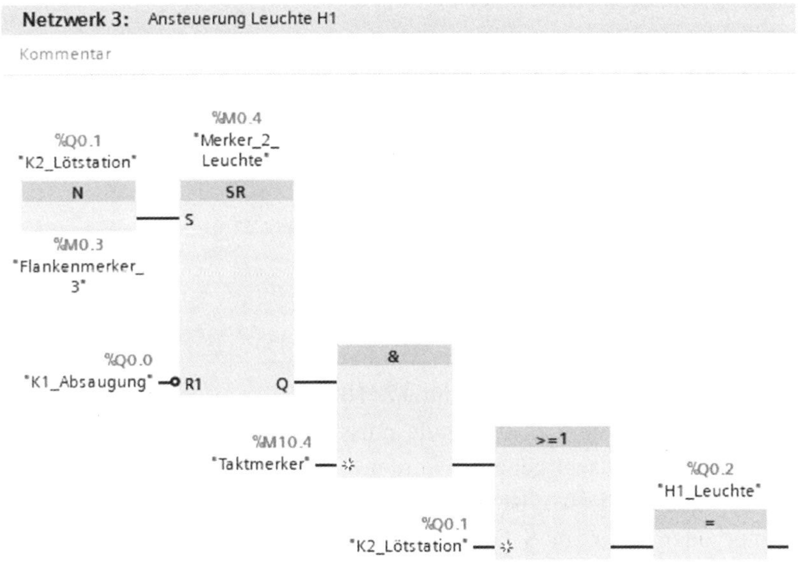


Quellen: Firma Siemens

**Bild 4.25** Programmauszug zur Steuerung einer Absauganlage, hier Ansteuerung der Meldeleuchte

# 4.7 Zum Vergleich – Das konventionelle Zeitrelais der Schützsteuerungstechnik

Wie in der speicherprogrammierbaren Steuerungstechnik gibt es auch in der konventionellen Steuerungstechnik mit Schützen unterschiedliche Zeitbausteine, die in der Praxis allgemein als Zeitrelais bezeichnet werden. Diese werden auf der Hutschiene im Schaltschrank befestigt und mit Draht und Schraubendreher angeschlossen. Jetzt kann in der einfachen Version eines Zeitrelais (**Bild 4.26**) funktionell lediglich eine Zeitfunktion zur Verfügung gestellt werden.

Zeitrelais gibt es in unterschiedlichen Ausführungen. In der Praxis werden häufig sogenannte Multifunktionsrelais verwendet, die zwar nur einen einzigen Zeitablauf realisieren können, dies jedoch in unterschiedlichen Funktionen.

Für einfache Anwendungen reichen die deutlich kostengünstigeren Zeitrelais mit einem Zeitablauf aber völlig aus.

Quellen: Firma Siemens

**Bild 4.26** SIRIUS Zeitrelais der Firma Siemens

In konventionellen Zeitrelais befindet sich neben dem Spulenanschluss A1/A2 meist ein Wechslerkontakt, der bei Ansteuerung der Spule mit Spannung einen bestimmten Zeitablauf startet. In **Bild 4.27** ist ein Wechslerkontakt eines anzugsverzögerten Zeitrelais dargestellt.

Der Wechsler liegt in Ruhelage in Position 15/16 (Öffner); nach Ablauf der eingestellten Zeit *t* wechselt er in die Position 15/18 (Schließer). Statt des Wechslers gibt es in den Ausführungen von Zeitrelais auch zwei getrennt geführte Kontakte, wobei der Öffner mit 15/16 und der Schließer mit 17/18 bezeichnet wird. Die Spannung an der Spule muss während der gesamten Zeitdauer gehalten werden.

Die Funktion dieses Zeitrelais ist identisch mit dem TON-Timer oder mit dem S_ODT-Timer aus der speicherprogrammierbaren Steuerungstechnik des Siemens TIA-Portal.

Eine häufig vorhandene Funktionalität eines Multifunktionsrelais ist der Taktgenerator, der in der Praxis häufig als Blinkfunktion oder Taktgeber bezeichnet wird. In einem zeitlich eingestellten Impuls-/Pausenverhältnis „taktet“ der Wechslerkontakt zwischen der Position 15/16 und 15/18 hin und her (**Bild 4.28**).

Eine weitere Ausführung von Zeit- und Multifunktionsrelais ist mit zwei Wechslerkontakten ausgestattet, sodass zwei (voneinander abhängige) Zeitfunktionen realisiert werden können. In **Bild 4.29** ist eine anzugs- und rückfallverzögerte Funktion dargestellt.

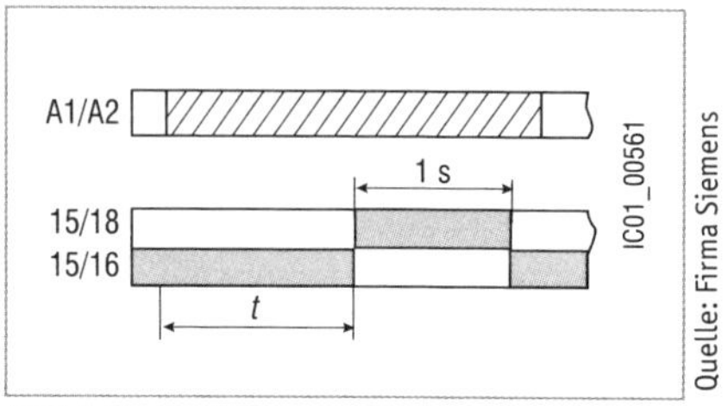


**Bild 4.27** Wechslerkontakt eines Zeitrelais der Firma Siemens

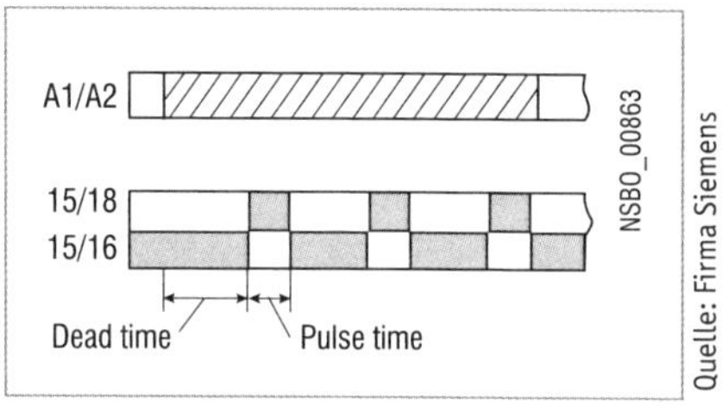


**Bild 4.28** Wechslerkontakt eines Multifunktionsrelais der Firma Siemens

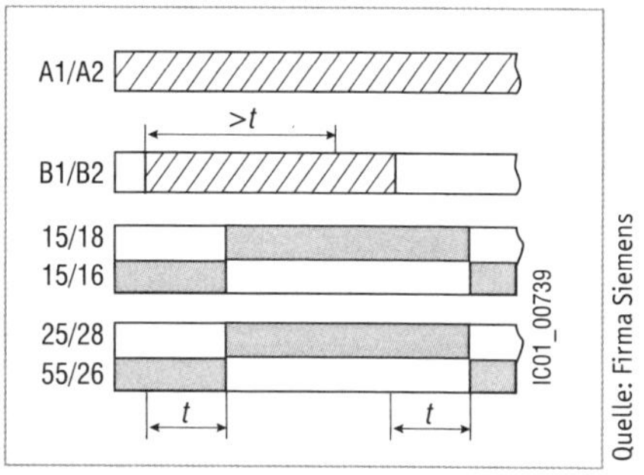


**Bild 4.29** Zeitrelais mit Wechslerkontakten der Firma Siemens

## 4.8 Anwendungsbeispiel mit Zeitrelais: Projektierung der Steuerung einer Werkzeugmaschine mit Schmiermittelpumpe

Eine Werkzeugmaschine zur Metallbearbeitung soll mit einer konventionellen Schützsteuerung projektiert werden. Da der elektrisch-steuerungstechnische Aufwand der Projektierung eher gering ist, ist die Entscheidung für eine Schützsteuerung in diesem Fall vertretbar. Die Werkzeugmaschine ist mit zwei elektrischen Antrieben ausgestattet, die mit den Motorschutzschaltern Q1 und Q2 abgesichert sind. Der Einphasenwechselstrommotor M1 steuert die Schmiermittelpumpe, während der Drehstrommotor M2 den Antrieb der Werkzeugmaschine darstellt (**Bild 4.30**).

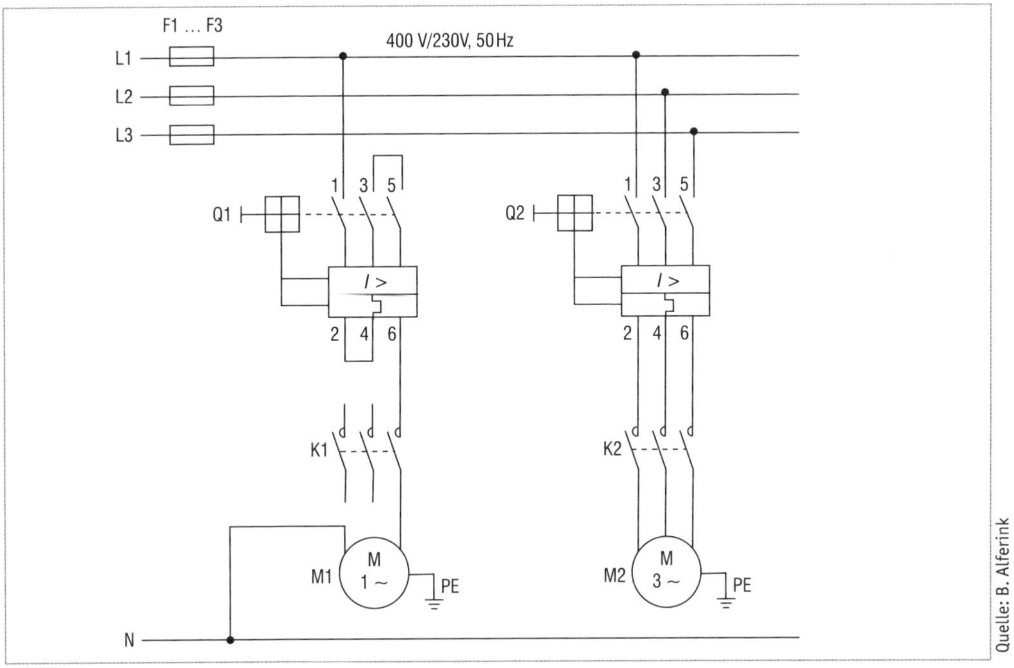


**Bild 4.30** Hauptstromkreis der Werkzeugmaschine

Beim Anschluss des einphasigen Motors M1 wird der Außenleiter L1 über alle drei Kontakte des Motorschutzschalters Q1 „geschlauft", sodass eine gleichmäßige thermische Reaktion auf alle drei Kontakte von Q1 bei Überlastung des Motors M1 erfolgt.

## 4.9 Funktion der Steuerung der Werkzeugmaschine

Beim Einschalten der Werkzeugmaschine mit Taster S1 soll zunächst die Schmiermittelpumpe M1 für die Zeit von 10 s in Betrieb gehen, bevor der Antriebsmotor M2 automatisch hinzugeschaltet wird. Der Betrieb der Maschine soll durch den Leuchtmelder H1 signalisiert werden. Mit Taster S0 kann die Werkzeugmaschine jederzeit ausgeschaltet werden.

Bei Störungen oder Überlastungen der Motoren wird die Steuerung über entsprechende Auslösekontakte der Motorschutzschalter Q1 oder Q2 abgeschaltet.

In **Bild 4.31** ist die funktionsfähige Schützsteuerung dargestellt.

Der Eintaster S1 schaltet zunächst über Schütz K1 die Schmiermittelpumpe M1 ein und geht in Selbsthaltung (Kontakt 13-14 von K1). Zeitgleich wird das anzugsverzögernde Zeitrelais K3T angesteuert, das nach Ablauf der Zeit von 10 s über den Schließerkontakt 17-18 den Antriebsmotor M2 über Schütz K2 einschaltet. Durch den Schließerkontakt 43-44 von K1 ist sichergestellt, dass die Schmiermittelpumpe M1 in Betrieb ist. Sobald K2 angezogen ist, geht dieses Schütz in Selbsthaltung (Kontakt 13-14 von K2) und schaltet über den Öffner 21-22 das Zeitrelais K3T ab, da es seine Funktion erfüllt hat.

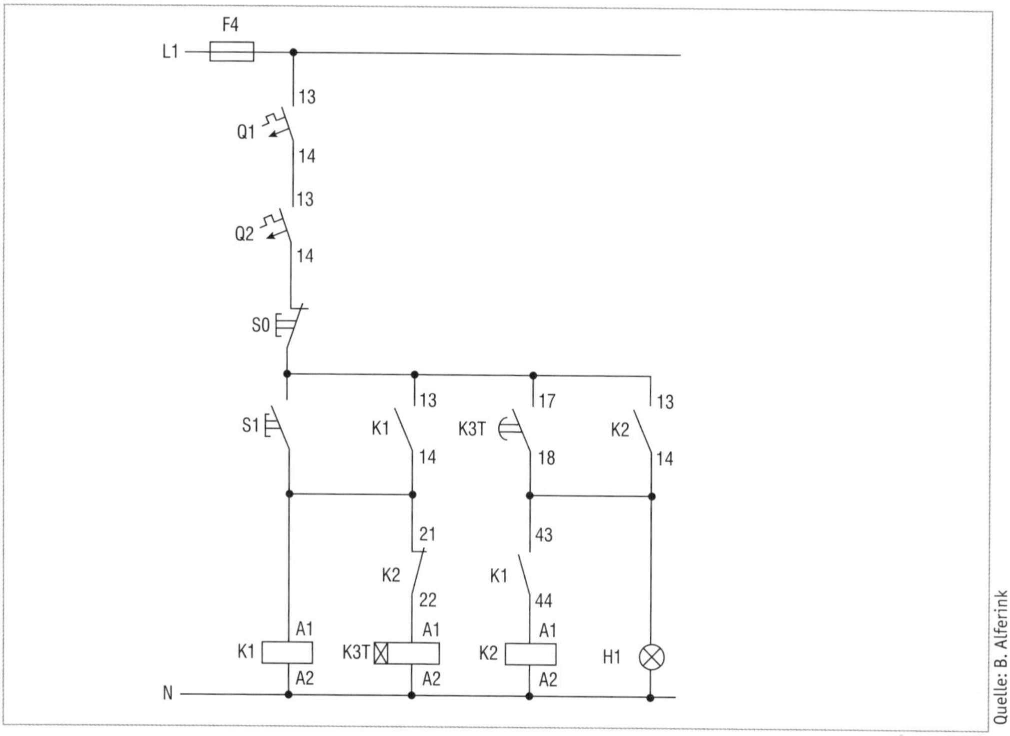


**Bild 4.31** Steuerstromkreis der Werkzeugmaschine

Es ist in der Praxis üblich, dass alle Komponenten einer Steuerung, die ihre Funktion erfüllt haben, nach Möglichkeit abgeschaltet werden. Das gilt insbesondere in Schützsteuerungen für Zeitrelais und Hilfsschütze.

# 5 Projektierung elektrischer Antriebe

In diesem Abschnitt werden typische Anwendungen in der Projektierung von elektrischen Maschinen, insbesondere von Drehstromasynchronmotoren, dargestellt. Auf den Aufbau und auf die Funktionsweise der Motoren wird an dieser Stelle nur grundlegend eingegangen; der Schwerpunkt liegt auf den unterschiedlichen Möglichkeiten zur Projektierung der Steuerungen. In den Beispielen wird immer von einer vorhandenen Schützsteuerung ausgegangen, die im Rahmen einer neuen Projektierung zukünftig mit einer speicherprogrammierbaren Steuerung realisiert werden soll.

## 5.1 Drehstromasynchronmotor mit Stern-Dreieck-Anlassverfahren – Projektierung des Antriebs für eine Abwasserpumpe

In einer städtischen Kläranlage soll eine Abwasserpumpe, die den Klärschlamm vom Rechenbecken in den Sandfang fördert, neu projektiert werden. Die Pumpe (Netz: 400 V/230 V AC, 50 Hz), die ohne Last mit einem erforderlichen Drehmoment von 28 Nm anläuft und unter Last ein Drehmoment von 36 Nm benötigt, wird mit einem Drehstrom-Asynchronmotor mit Käfigläufer über eine Schützkombination im Stern-Dreieck-Anlassverfahren betrieben. In **Bild 5.1** ist die Kombination aus Pumpensteuerung SINAMICS und einem Drehstromasynchronmotor SIMOTICS der Firma Siemens zu sehen, der die geforderten Kriterien für den Betrieb der Pumpe erfüllt.

Angetrieben von einem 2-poligen Drehstromasynchronmotor mit der Leistung $P$ = 7,5 kW und der Drehzahl von 2.900 $min^{-1}$ fördert die Pumpe 72 $m^3$ Schmutzwasser pro Stunde bei Nennleistung. Sowohl der Saug- als auch der Druckanschluss ist mit Flanschen nach der erforderlichen DIN 65 bzw. DIN 50 ausgeführt. Der Motor ist für den Dauerbetrieb nach der „Betriebsart S1" ausgelegt, was für einen Pumpenantrieb in dieser Funktion Standard ist. Die Schutzart ist in der Ausführung IP 65 in diesem Einsatz angemessen, was konkret bedeutet, dass der Motor staubdicht (erste Ziffer 6) ist und gegen das Eindringen von Strahlwasser (zweite Ziffer 5) geschützt ist.

Quelle: Firma Siemens

**Bild 5.1** Pumpenantrieb mit Drehstrommotor der Reihe SIMOTICS der Firma Siemens

In der Norm DIN EN 60034 (Norm zu den „Drehenden elektrischen Maschinen“, VDE 0550) ist beschrieben, welche Betriebseigenschaften Motoren haben müssen. Dies betrifft zum Beispiel die Betriebsart (siehe Anhang 2), die Drehzahl, eventuell auftretende mechanische Schwingungen, die Art der Motorsteuerung und auch die auftretenden Temperaturen im Motorbetrieb. Darüber hinaus sind noch die Bauform und die damit verbundenen Abmessungen ein wichtiges Kriterium für die Auswahl des Motors. Motoren werden üblicherweise als „Stangenware“ (Normmotor) gekauft und nicht von den Maschinenherstellern für jede Anwendung neu konstruiert.

### 5.1.1 Überlegungen zum Anlassverfahren

Im Einschaltmoment eines Drehstromasynchronmotors mit Käfigläufer fließt ein hoher Anzugsstrom, der das 7- bis 8-Fache des Nennstroms beträgt. Der „Käfigläufermotor“ hat keine leitende Verbindung zwischen Stator und Rotor und wirkt im Einschaltmoment wie ein kurzgeschlossener Transformator mit der sekundärseitigen Windungszahl 1. Der „Läuferkäfig“ hat also im Einschaltmoment infolge der hohen Phasenverschiebung zwischen Läuferspannung und Läuferstrom einen sehr geringen ohmschen Widerstand, was eine sehr hohe Stromaufnahme aus dem Netz zur Folge hat.

Das Drehmoment hat in der Anlaufphase im Vergleich zu anderen Motoren einen etwas ungünstigen Verlauf, da es nach dem Anzugsdrehmoment in ein Sattelmoment „abfällt“, um dann wieder über das Kippmoment anzusteigen und letztlich beim Drehmoment im Nennbetrieb (Bemessungsdrehmoment) anzukommen. Es ist unbedingt darauf zu achten, dass das erforderliche Anzugsdrehmoment zum Antrieb der Maschine hoch genug ist, also stets höher ist als das Lastmoment der anzutreibenden Maschine. Dies gilt insbesondere im Sternbetrieb des Stern-Dreieck-Anlassverfahrens. Hier betragen die Drehmomente nur 1/3 des Bemessungsdrehmoments.

Der erste Schritt in der Projektierung ist die Betrachtung der Ströme, die insbesondere im Einschaltmoment des Drehstrommotors fließen. Der **Tabelle 5.1** ist durch Rechnung zu entnehmen, dass der 7,5-kW-Drehstrommotor mit Käfigläufer einen Anzugsstrom von über 60 A zieht, sodass ein Anlassverfahren erforderlich ist.

Berechnung des Anzugsstroms: $I_A = 7{,}7 \cdot I_N = 7{,}7 \cdot 14{,}5\ \text{A} = 111{,}65\ \text{A}$

| Daten | $P = 5{,}5$ kW | $P = 7{,}5$ kW |
|---|---|---|
| $I_{Nenn}$ in A | 11 | 14,5 |
| $M_{Nenn}$ in Nm | 36 | 49 |
| $\cos \varphi$ | 0,85 | 0,85 |
| $\eta$ | 0,85 | 0,86 |
| $M_{Anzug} / M_{Nenn}$ | 2,2 | 2,4 |
| $M_{Kipp} / M_{Nenn}$ | 2,8 | 3,1 |
| $I_{Anzug} / I_{Nenn}$ | 7,0 | 7,7 |
| $\cos \varphi_{Anzug}$ | 0,7 | 0,7 |

Quelle: B. Alferink

**Tabelle 5.1** Technische Daten für Käfigläufermotoren 5,5 kW und 7,5 kW

## 5.1.2 Auswahl des Anlassverfahrens

Das einfachste anzuwendende Anlassverfahren ist hier das vorhandene Stern-Dreieck-Anlassverfahren, das im Sternbetrieb zwar nur ein Drittel der Leistungs- und Drehmomentwerte im Vergleich zum Nennbetrieb in Dreieckschaltung liefert, jedoch mit 7,5-kW-Leistung alle erforderlichen Kriterien bezüglich der geforderten Drehmomente erfüllt. Mit der Leistung in Sternschaltung sinkt auch der Anzugsstrom auf ein Drittel, was dann konkret bedeutet: $I_A$ bei Sternschaltung = 111,65 A/3 = 37,22 A, womit der maximal zulässige Anzugsstrom von 60 A beim Einschalten eines elektrischen Antriebs deutlich unterschritten ist. Nach dem Anlauf des Drehstrommotors wird automatisch in den Dreieckbetrieb umgeschaltet. Dann stehen eine Wirkleistung von $P$ = 7,5 kW und ein Nenndrehmoment von 49 Nm bei einer Stromaufnahme von $I$ = 14,5 A zur Verfügung.

## 5.1.3 Die Funktion der vorhandenen Schützsteuerung

Die Funktion der vorhandenen Schützsteuerung ist in **Bild 5.2** zu sehen.

Funktionell gesehen zieht bei Betätigung des Tasters S1 zunächst das Sternschütz K3 an, damit die Sternbrücke am Motor stromlos eingeschaltet wird. In Abhängigkeit von K3 (Schließerkontakt 13-14) zieht dann das Netzschütz K1 an, welches sich selbst dauerhaft hält (Schließerkontakt 13-14 von K1). Nach Ablauf der eingestellten Zeit am Zeitrelais K4T wird über dessen Wechslerkontakt 15-16 und 15-18 das Sternschütz K3 abgeschaltet und das Dreieckschütz K2 dauerhaft eingeschaltet. Nach Einschalten des Dreieckschützes wird

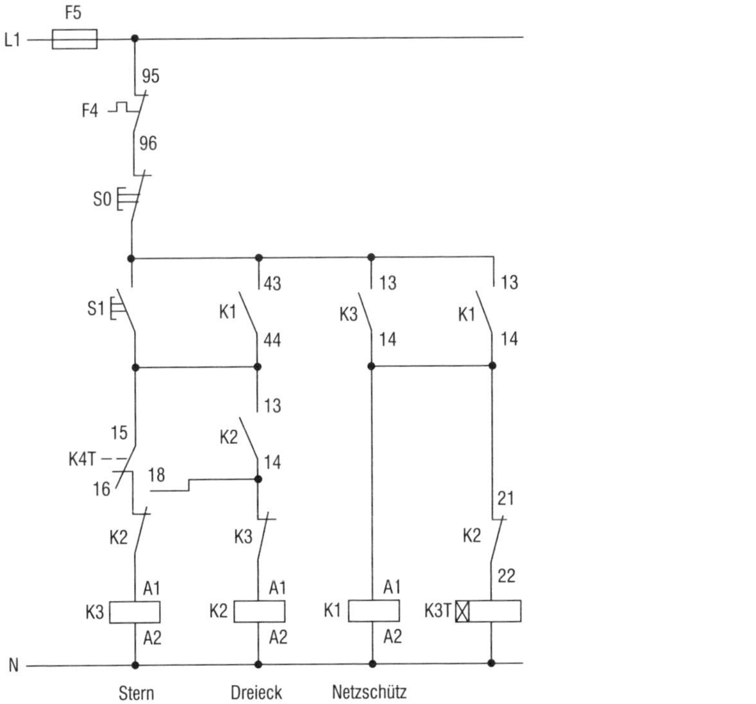


**Bild 5.2** Steuerstromkreis automatische Stern-Dreieck-Anlaufsteuerung

das Zeitrelais K4T über den Öffner 21-22 von K2 stromlos geschaltet. Das Netzschütz K1 bleibt während des gesamten Motorbetriebs eingeschaltet. Mit Taster S0 kann die Steuerung ausgeschaltet werden. Ebenso wird die Steuerung bei Auslösen des Motorschutzes F4 abgeschaltet.

In **Bild 5.3** ist der zugehörige Hauptstromkreis mit Anschluss des Drehstrommotors zu sehen.

In der Zeichnung des Hauptstromkreises ist zu erkennen, dass im Dreieckbetrieb immer zwei unterschiedliche Leiter an einer Wicklung anliegen. So liegt der Leiter L1 über Schütz K1 am Wicklungsanfang U1 von Motor M1 und der Leiter L2 über Schütz K2 am Wicklungsende U2. So liegt an der Wicklung U1-U2 des Motors M1 die Spannung 400 V (Strangspannung).

Die vorhandene Steuerung der Abwasserpumpensteuerung besteht aus einer fertig konfektionierten Schützsteuerung, die in der Praxis auch als „Stern-Dreieck-Block" bezeichnet wird. Die Montage und Verdrahtung des „Stern-Dreieck-Blocks" im Schaltschrank ist einfach, somit ergibt sich eine kurze und zumeist problemlose Projektierungszeit. Die Steuerungsmöglichkeiten sind aufgrund der fest vorgegebenen Verdrahtung der Bauteile allerdings begrenzt.

Erwähnenswert ist in diesem Zusammenhang auch, dass die Motorschutzeinrichtung bei einer Stern-Dreieck-Anlassschaltung mit Schützen grundsätzlich auf das „0,58-Fache" des Bemessungsstroms (Nennstroms) eingestellt wird, da durch die Verkettung der Außenleiterströme über die Stromstärken in den Wicklungen das Verhältnis $1/\sqrt{3}$ gilt, sodass bei der 7,5-kW-Pumpenmotorsteuerung und einem Bemessungsstrom von $I$ = 14,5 A an der Motorschutzeinrichtung eine Stromstärke von $14{,}5/\sqrt{3}$ = 8,4 A eingestellt werden muss (siehe Bild 5.3: Strompfade über K1/F4 und K2).

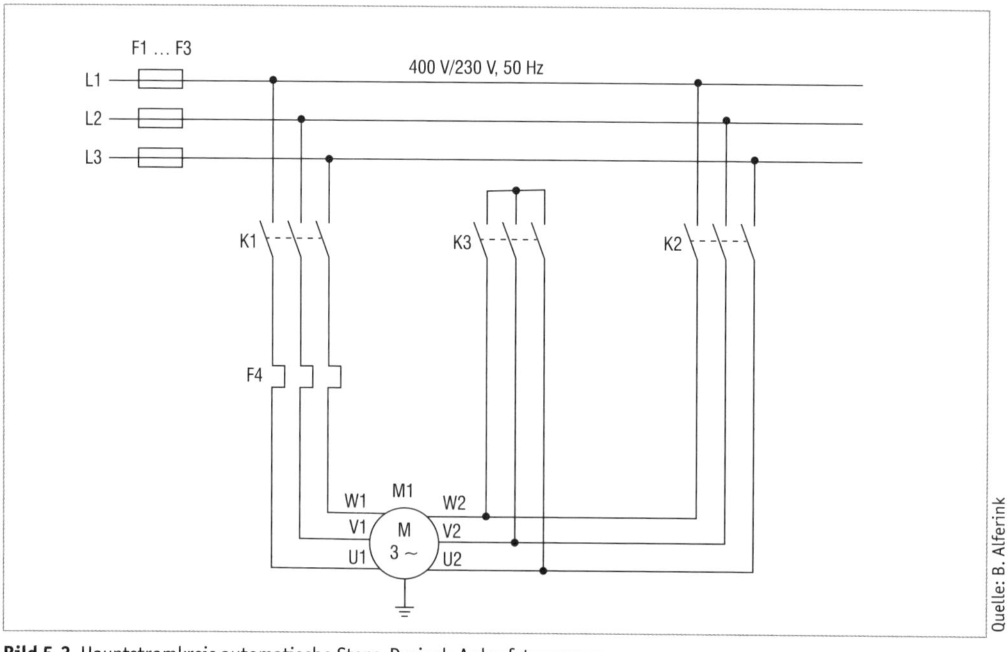


**Bild 5.3** Hauptstromkreis automatische Stern-Dreieck-Anlaufsteuerung

In **Bild 5.4** ist ein „Stern-Dreieck-Block" für den Anschluss eines Drehstromasynchronmotors mit der Nennleistung $P$ = 7,5 kW zu sehen.

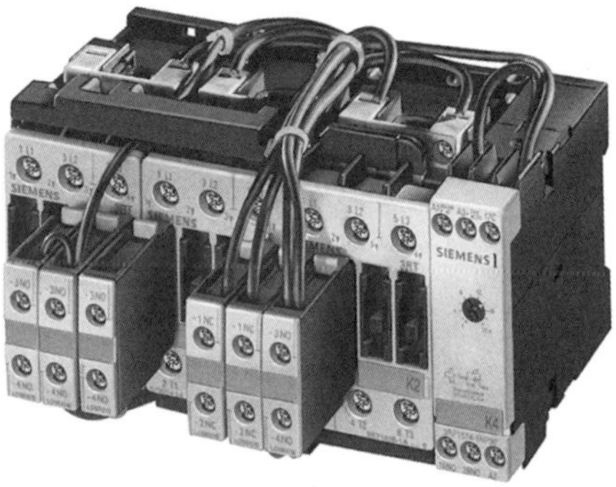


Der „Block" ist so weit vorverdrahtet, dass die Verriegelungen und das Zeitrelais für die Umschaltung von Stern- auf Dreieckbetrieb fertiggestellt sind und nur noch die Versorgungsspannungen aufgelegt werden müssen.

Quelle: Firma Siemens

**Bild 5.4** Schützkombination/Komplettgerät Stern-Dreieck 7,5 KW der Firma Siemens

## 5.1.4 Technologieschema der Abwasserpumpensteuerung mit LOGO-Soft

Um mehr technische Einflussmöglichkeiten auf die Steuerung der Abwasserpumpe zu gewinnen, wünscht der Kunde eine Umrüstung von der vorhandenen konventionellen Schützsteuerung auf eine speicherprogrammierbare Steuerung. Damit wären Änderungen und Anpassungen an der Steuerung einfacher durchführbar und auch die Überwachung oder eine Betriebsstundenerfassung der Abwasserpumpe wären mit einer speicherprogrammierbaren Steuerung einfacher zu realisieren.

Perspektivisch soll ein Motorvollschutz über eine ständige Temperaturüberwachung installiert werden, die eine Analogwertverarbeitung über die Steuerung erforderlich macht (siehe Abschnitt 9.4). Da es sich insgesamt aber um einen überschaubaren Umfang handelt, reicht eine programmierbare Kleinsteuerung vom Typ Siemens LOGO für diesen Zweck vollkommen aus.

In den folgenden Ausführungen wird eine komplette Projektierung der Abwasserpumpensteuerung mit einer programmierbaren Kleinsteuerung vom Typ Siemens-LOGO erstellt.

Der Funktionsablauf ist im Zeitablaufdiagramm in **Bild 5.5** dargestellt. Zu beachten ist, dass bei der Projektierung eines Stern-Dreieck-Anlaufs mittels SPS neben der eigentlichen Anlaufverzögerung (z. B. $t$ = 5 s) im Sternbetrieb eine weitere Umschaltverzögerung vom Abfallen des Sternschützes bis zum Anziehen des Dreieckschützes vorzusehen ist. Hier ist eine eingestellte Zeit von $t$ = 200 ms ausreichend. Ein entsprechender Motorschutz ist vorzusehen.

Im Zeitablaufdiagramm Bild 5.5 ist der funktionelle Ablauf der Steuerung zu erkennen, insbesondere das Zusammenwirken der Zeitfunktionen bei der Umschaltung von Stern- auf Dreieckbetrieb.

Im Sternbetrieb sind zunächst das Netzschütz K1 und das Sternschütz K3 über den Taster S1 (NO) eingeschaltet. Nach Ablauf der Anlaufzeit von 5 s schaltet das Sternschütz K3 aus und nach der Umschaltverzögerung von 200 ms zieht das Dreieckschütz K2 an. Der

Dreieckbetrieb des Motors mit dem Netzschütz K1 und dem Dreieckschütz K2 bleibt so lange eingeschaltet, bis der Austaster S0 (NC) betätigt wird.

*Anmerkung:* Die Motorschutzeinrichtung ist aus Übersichtsgründen funktionell nicht dargestellt.

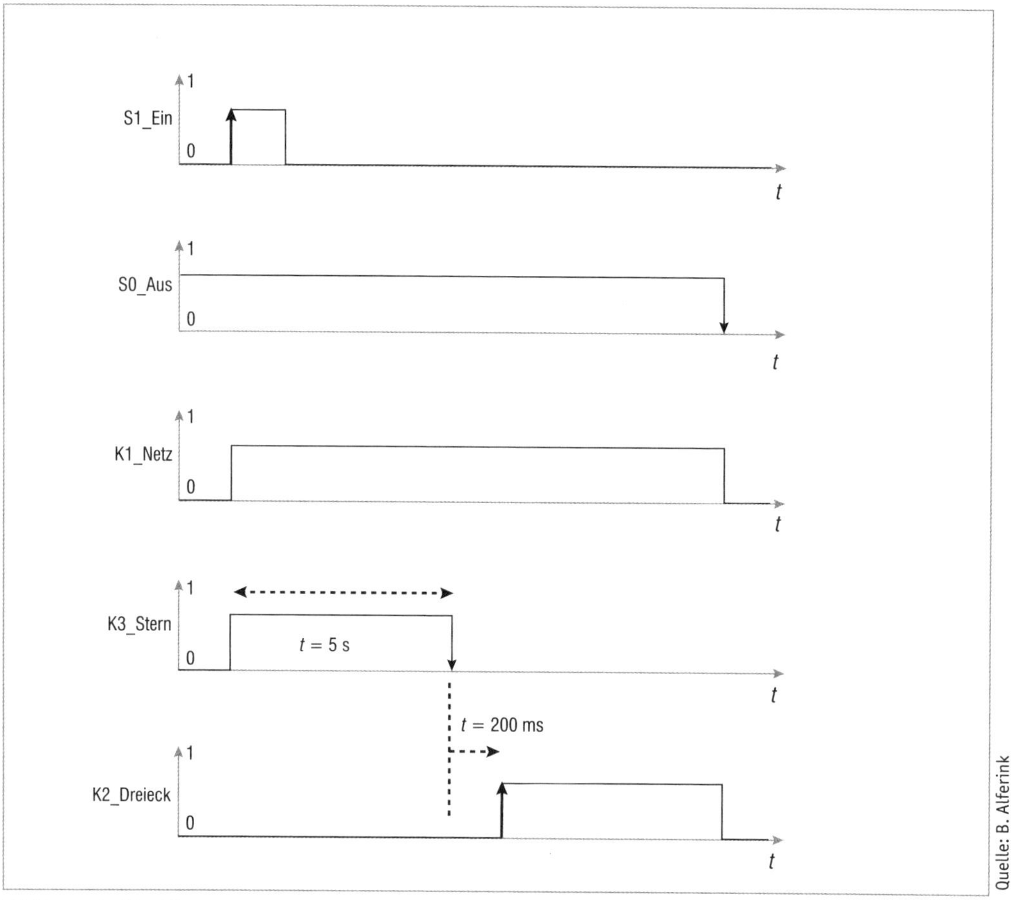


**Bild 5.5** Zeitablaufdiagramm Stern-Dreieck-Anlassverfahren; x-Achse = Signalverlauf/Zeit; y-Achse = Signalpegel

## 5.1.5 Praktische Umsetzung der Projektierung der Abwasserpumpensteuerung

Zunächst erfolgt die Erstellung der Betriebsmittelzuordnungsliste (**Tabelle 5.2**).

| Bezeichnung Stromlaufplan (VPS) | Operand LOGO | Symbol LOGO | Erklärung |
|---|---|---|---|
| S1 | I1 | S1_Ein | Eingang (binär); Schließer |
| S2 | I2 | S0_Aus | Eingang (binär); Öffner |
| F4 | I3 | F4_MS | Eingang (binär); Öffner |
| K1 | Q1 | K1_Netzschütz | Ausgang (binär) |
| K3 | Q2 | K3_Sternschütz | Ausgang (binär) |
| K2 | Q3 | K2_Dreieckschütz | Ausgang (binär) |

Quelle: B. Alferink

**Tabelle 5.2** Zuordnungsliste Pumpensteuerung

Dann erfolgt der Anschluss der Signalgeber und Aktoren an die LOGO-Steuerung, die in **Bild 5.6** dargestellt ist.

Bei den Anschluss- und Verdrahtungsarbeiten der LOGO-Steuerung ist zu beachten, dass sich der Hauptstromkreis und der Motoranschluss nicht ändern, alles bleibt wie in der vorherigen Schützsteuerung bestehen (Bild 5.3).

Der Kunde möchte die vorhandenen Lastschütze im Schaltschrank, die mit der Spulenspannung 230 V AC betrieben werden, erhalten. Würde man die in Bild 5.6 dargestellte LOGO-Steuerung komplett mit der Steuerspannung 230 V betreiben, dann müsste sie auch über Relaisausgänge an Q1 bis Q6 verfügen.

Die LOGO-Steuerung des Kunden soll allerdings mit der allgemein üblichen Steuerspannung 24 V DC betrieben werden. Diese Anpassung von 24 V DC auf die Spulenspannung von 230 V AC der Lastschütze wird in der Praxis mit sogenannten Koppelrelais realisiert (**Bild 5.7**).

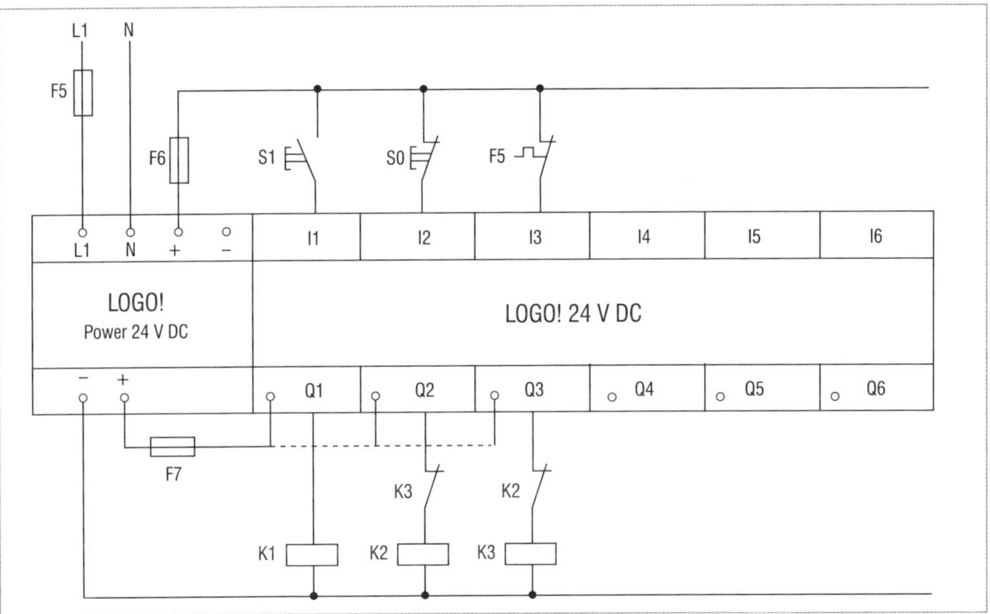


Quelle: B. Alferink

**Bild 5.6** Anschlussplan Stern-Dreieck-Anlasssteuerung

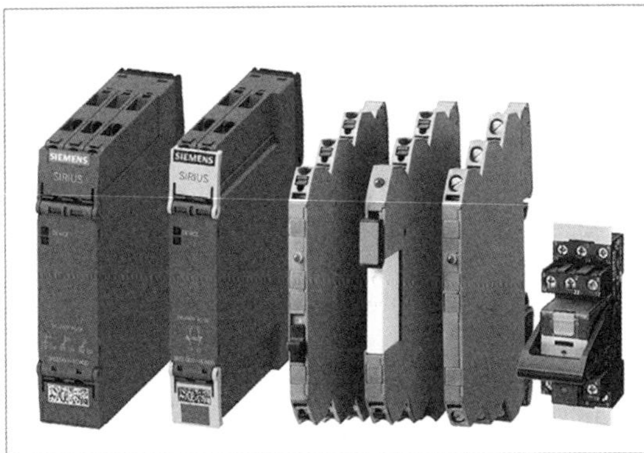


Die Spulen der Koppelrelais werden an die binären Ausgänge der LOGO-Steuerung angeschlossen. Über die Schaltkontakte der Koppelrelais werden dann die Lastschütze geschaltet. Ein Vorteil der Verwendung von „kleinen“ Koppelrelais besteht darin, dass die Strombelastung der Ausgangsbaugruppe geringer ist.

Quelle: Firma Siemens

**Bild 5.7** Unterschiedliche Koppelrelais der Firma Siemens

Die Schaltvorgänge der binären Ausgangsbaugruppe Q1 bis Q6 an der LOGO-Steuerung mit 24 V DC werden mit Ausgangstransistoren realisiert, die als elektronische Schalter sehr viel schneller schalten als vergleichbare Relaisausgänge. Allerdings liegt die Strombelastbarkeit dieser Kontakte deutlich unter dem der Relaiskontakte, was eben Koppelrelais an elektronischen Schaltausgängen erforderlich macht.

Die Steuerung der Abwasserpumpe wird beim Kunden wie in Bild 5.6 dargestellt mit einer programmierbaren LOGO-Steuerung und dem Netzteil „LOGO! Power 24 V DC“ mit der Betriebsspannung 24 V DC realisiert. Die Signalgeber (Sensoren) S1, S0 und F5 werden an die Eingangsbaugruppe 24 V DC angeschlossen, während die Aktoren K1, K2 und K3 über die Koppelrelais an die Ausgangsbaugruppe angeschlossen werden (**Bild 5.8**). Zu beachten ist außerdem, dass die Schütze K3 (Sternschütz) und K2 (Dreieckschütz) durch entsprechende Öffnerkontakte gegeneinander verriegelt werden müssen.

Außerdem ist die Verriegelung über Öffnerkontakte des gegenläufigen Schützes als Reduktion der Schaltgeschwindigkeiten zwischen dem schnellen elektronischen Schalter (Optokoppler) der LOGO-Ausgangsbaugruppe und dem trägen Schütz zu sehen. Die Öffner bewirken in dieser Funktion quasi eine Anpassung der Schaltgeschwindigkeiten.

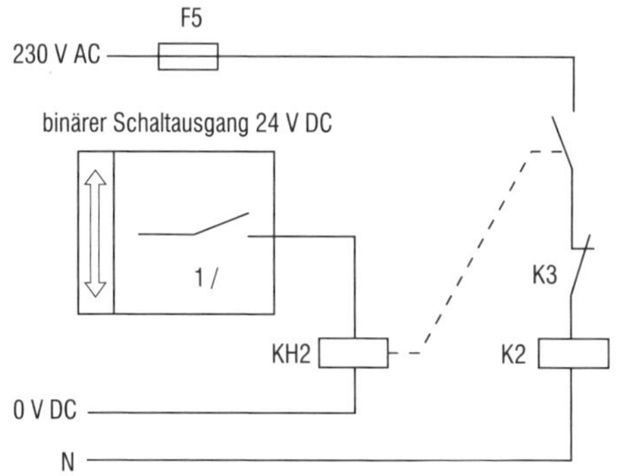


Der binäre Schaltausgang 24 V DC schaltet zunächst das Koppelrelais KH2, welches dann über einen Schließerkontakt NO und über die Verriegelung von K3 das Lastschütz K2 mit 230 V AC schaltet. Durch die Verriegelungen ist bei eventuell klemmenden Kontakten immer gewährleistet, dass ein gegenläufiges Schütz nicht zeitgleich anziehen kann und einen Kurzschluss verursachen würde.

Quelle: Firma Siemens

**Bild 5.8** Prinzipschaltung Koppelrelais

## 5.1.6 Das Anwenderprogramm zur Abwasserpumpensteuerung

Mit dem in **Bild 5.9** dargestellten LOGO-Soft-Programm wird die Steuerung realisiert.

Das Programm funktioniert im Detail folgendermaßen: Der Eintaster „S1_Ein“ gibt einen 1-Impuls auf die Setzeingänge der Selbsthalterelais B001 und B002, wobei die binären Ausgänge „K1_Netzschütz“ Q1 und „K3_Sternschütz“ Q3 auf den speichernden Signalzustand 1 gebracht werden. An der Ausgangsbaugruppe der LOGO-Steuerung ziehen jetzt die Schütze K1 und K3 an und der Abwasserpumpenmotor wird in den Sternbetrieb geschaltet. Mit dem 1-Impuls von Ausgang Q1 wird auch das einschaltverzögernde Zeitrelais B007 gestartet. Nach Ablauf der Anlaufzeit von 5 s wird der binäre Ausgang „K3_Sternschütz“ über die ODER-Verknüpfung B005 am Selbsthalterelais B002 zurückgesetzt und zeitgleich wird das einschaltverzögernde Zeitrelais B008 für die Umschaltverzögerung von Stern- auf Dreieckbetrieb gestartet.

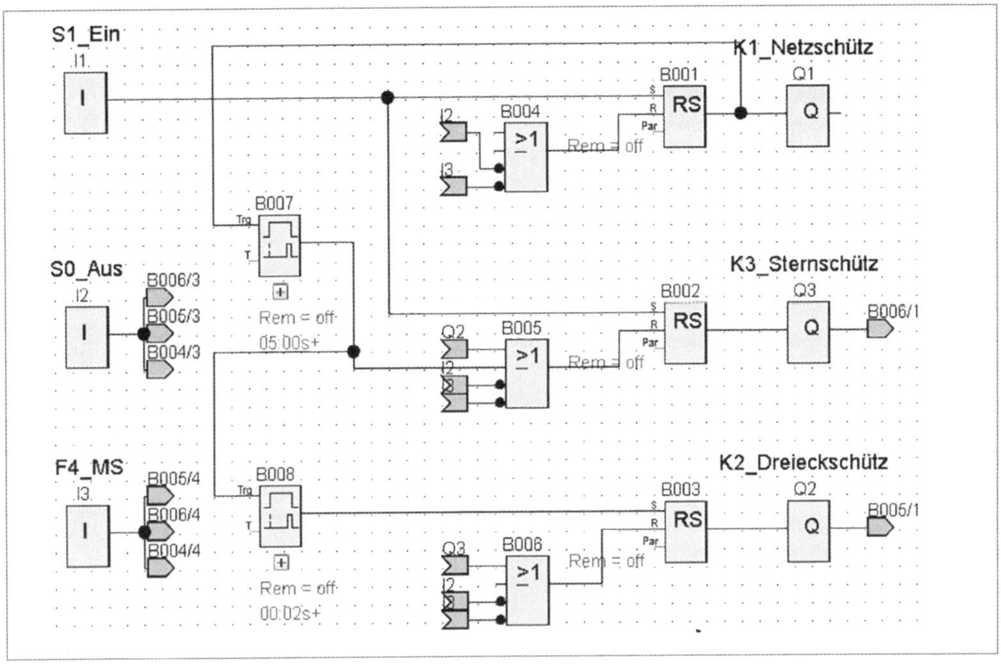


**Bild 5.9** LOGO-Soft-Programm Stern-Dreieck-Anlauf

Nach Ablauf der Umschaltzeit von 200 ms wird der binäre Ausgang „K2_Dreieckschütz" Q2 über den Setzeingang des Selbsthalterelais B003 auf den Signalzustand 1 gesetzt. Jetzt sind die Ausgänge „K1_Netzschütz" Q1 und „K2_Dreieckschütz" Q2 eingeschaltet; der Abwasserpumpenmotor läuft jetzt im Dreieckbetrieb. Die binären Eingänge I2 „S0_Aus" und I3 „F4_MS" sind drahtbruchsicher als Öffner über die ODER-Verknüpfungen B004, B005 und B006 auf die Rücksetzeingänge der Selbsthalterelais B001, B002 und B003 geführt und bewirken bei Betätigung ein sofortiges Ausschalten des Motors.

Wichtig in der Betrachtung dieses Lösungsvorschlags ist, dass jedem binären Ausgang Q1, Q2 und Q3 je ein Selbsthalterelais (B001, B002 und B003) zugeordnet wird, das die jeweiligen Schaltzustände (Signalzustände 0 oder 1) speichert (Selbsthaltung). Im nächsten Schritt der Projektierung muss aus der Aufgabenstellung heraus nur noch überlegt werden, unter welchen Bedingungen die binären Ausgänge ein- und ausgeschaltet werden. Dies ist eine sehr einfache und strukturierte Vorgehensweise zur Projektierung von einfachen Steuerungen mit einer programmierbaren Kleinsteuerung.

## 5.2 Projektierung der Abwasserpumpe mit TIA-Portal – Der Funktionsbaustein

Für den Fall, dass die Steuerung eines Drehstromasynchronmotors mit einem Stern-Dreieck-Anlassverfahren mit der Projektierungssoftware Siemens TIA-Portal realisiert werden soll, bietet sich die Verwendung eines Funktionsbausteins FB (siehe Abschnitt 6.2) an. Dieser Funktionsbaustein hat ein Gedächtnis in Form eines lokalen Datenspeichers, der in der

Fachsprache als „Instanz-Datenbaustein“ oder auch „Lokal-Datenbaustein“ bezeichnet wird. Diese Konstellation aus FB und zugehörigem Gedächtnis macht es möglich, den einmal projektierten FB mit der Steuerung des Stern-Dreieck-Anlassverfahrens immer wieder zu verwenden, er muss also nur ein einziges Mal programmtechnisch erstellt werden.

Im Folgenden ist die komplette Projektierung mit Siemens TIA-Portal und einer CPU vom Typ S7-313C-2 DP dargestellt. Funktionell bleibt alles so wie im vorangegangen Projektierungsbeispiel der Abwasserpumpe, nur die Bezeichnungen der Betriebsmittel verändern sich teilweise.

**Erster Schritt:** Erstellung der Variablentabelle unter dem Deklarationsteil des Funktionsbausteins (**Bild 5.10**).
Diese Variablen arbeiten als sogenannte Formaloperanden, wirken als „Platzhalter“ für die realen physikalischen Operanden und sind von den PLC-Variablen strikt zu unterscheiden. Die Bezeichner (Namen der Formaloperanden) sollten allgemein formuliert werden, beispielsweise sollte ein binärer Austaster mit dem Datentyp BOOL „S_Aus“ heißen und nicht konkret „S0_Aus_Motor_1“. Dies hängt mit der mehrfachen Verwendung (Bibliotheksfähigkeit) des FB zusammen, sodass unterschiedliche Variablennamen aus dem Prozess den Formaloperanden eindeutiger zugeordnet werden können.

Zu unterscheiden sind die Deklarationsteile der Bausteine FC (Funktion) und FB (Funktionsbaustein) insbesondere darin, dass der FB eine Rubrik „Static“ enthält, der FC dagegen nicht. „Static“ könnte man auch mit „statische Variablen“ übersetzen, die für das Gedächtnis des FB stehen. Diese „statischen Variablen“ behalten nach der Bausteinbearbeitung ihre Signalzustände bei, indem sie im „Instanz-Datenbaustein“ gespeichert werden. Die tem-

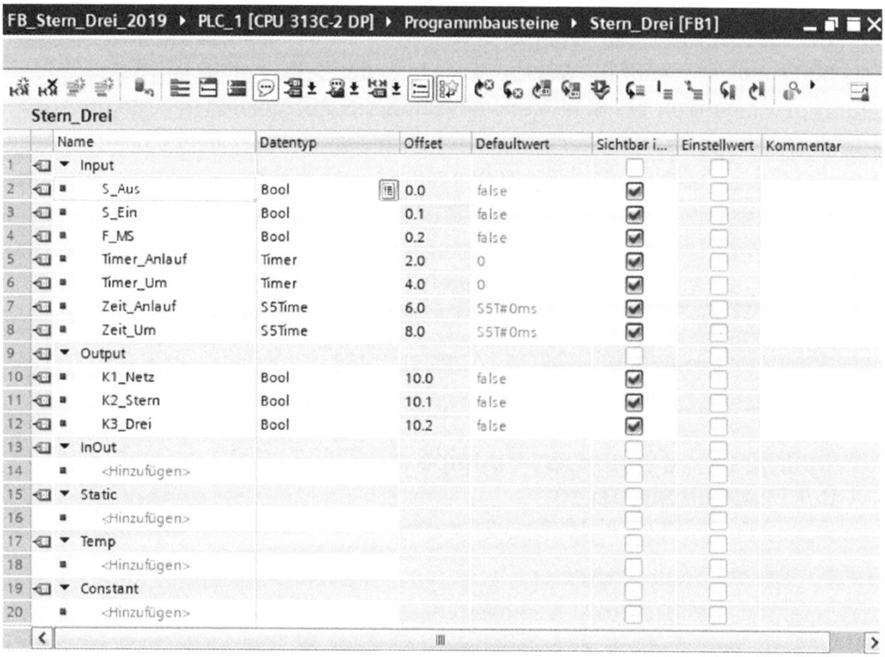


| | Name | Datentyp | Offset | Defaultwert | Sichtbar i... | Einstellwert | Kommentar |
|---|---|---|---|---|---|---|---|
| 1 | ▼ Input | | | | ☐ | ☐ | |
| 2 | S_Aus | Bool | 0.0 | false | ☑ | ☐ | |
| 3 | S_Ein | Bool | 0.1 | false | ☑ | ☐ | |
| 4 | F_MS | Bool | 0.2 | false | ☑ | ☐ | |
| 5 | Timer_Anlauf | Timer | 2.0 | 0 | ☑ | ☐ | |
| 6 | Timer_Um | Timer | 4.0 | 0 | ☑ | ☐ | |
| 7 | Zeit_Anlauf | S5Time | 6.0 | S5T#0ms | ☑ | ☐ | |
| 8 | Zeit_Um | S5Time | 8.0 | S5T#0ms | ☑ | ☐ | |
| 9 | ▼ Output | | | | ☐ | ☐ | |
| 10 | K1_Netz | Bool | 10.0 | false | ☑ | ☐ | |
| 11 | K2_Stern | Bool | 10.1 | false | ☑ | ☐ | |
| 12 | K3_Drei | Bool | 10.2 | false | ☑ | ☐ | |
| 13 | ▼ InOut | | | | ☐ | ☐ | |
| 14 | <Hinzufügen> | | | | ☐ | ☐ | |
| 15 | ▼ Static | | | | ☐ | ☐ | |
| 16 | <Hinzufügen> | | | | ☐ | ☐ | |
| 17 | ▼ Temp | | | | ☐ | ☐ | |
| 18 | <Hinzufügen> | | | | ☐ | ☐ | |
| 19 | ▼ Constant | | | | ☐ | ☐ | |
| 20 | <Hinzufügen> | | | | ☐ | ☐ | |

Quelle: Firma Siemens

**Bild 5.10** Variablendeklarationstabelle eines Funktionsbausteins aus dem Siemens TIA-Portal

porären Variablen unter „Temp“ erfüllen diese Funktion nicht und sind am Ende der Bausteinbearbeitung erloschen. Der Baustein FC im TIA-Portal kann nur mit temporären Variablen arbeiten.

In Kapitel 6 unter „Bausteinarten in der SPS-Projektierung“, und hier speziell im Abschnitt 6.2, werden die Unterschiede zwischen einem FB und einem FC ausführlich erläutert.

**Zweiter Schritt:** Erstellung des Anwenderprogramms

Grundsätzlich wird im sogenannten Anweisungsteil des Funktionsbausteins (FB) nur und ausschließlich mit Formaloperanden gearbeitet, die man an der Kennung # und Bezeichner gut erkennt.

Für das konkrete Programm bedeutet das:

*Netzwerk 1:* Ansteuerung des Netzschützes (**Bild 5.11**)

Der Formaloperand #S_Ein (Input) bewirkt ein Setzen des Formaloperanden #K1_Netz (Output) und speichert diesen Zustand. Rückgesetzt wird der Formaloperand #K1_Netz (Output) mit den drahtbruchsicher ausgeführten Formaloperanden #S_Aus und #F_MS (beide Input).

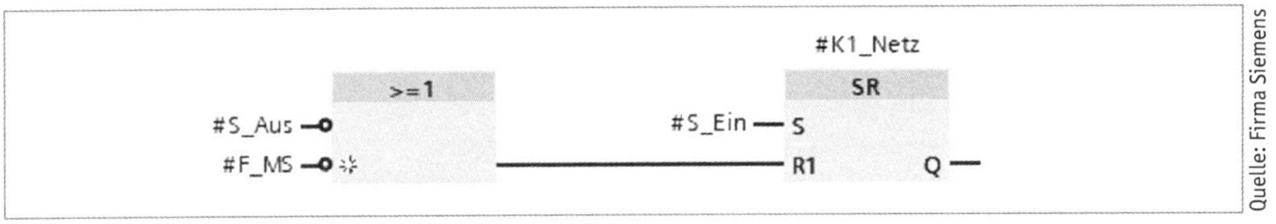


**Bild 5.11** Ansteuerung des Netzschützes mit dem Siemens TIA-Portal

*Netzwerk 2:* Ansteuerung des Sternschützes (**Bild 5.12**)

Der Formaloperand #S_Ein (Input) bewirkt ein Setzen des Formaloperanden #K2_Stern (Output) und speichert diesen Zustand. Rückgesetzt wird der Formaloperand #K1_Stern (Output) mit den drahtbruchsicher ausgeführten Formaloperanden #S_Aus und #F_MS (beide Input) sowie mit einem 1-Signal vom einschaltverzögernden „Timer_Anlauf“ nach der eingestellten Verzögerungszeit. Der Formaloperand #K3_Drei (Output) dient als Softwareverriegelung des Dreieckschützes bzw. dessen binären Ausgangs.

**Bild 5.12** Ansteuerung des Sternschützes mit dem Siemens TIA-Portal

*Netzwerk 3:* Ansteuerung des Dreieckschützes (**Bild 5.13**)

Mit einem 1-Signal vom einschaltverzögernden „Timer_Um“ wird nach der eingestellten Verzögerungszeit der Formaloperand #K3_Drei (Output) gesetzt und gespeichert. Rückgesetzt wird der Formaloperand #K3_Drei (Output) mit den drahtbruchsicher ausgeführten

Formaloperanden #S_Aus und #F_MS (beide Input). Der Formaloperand #K2_Stern (Output) dient als Softwareverriegelung des Sternschützes bzw. dessen binären Ausgangs.

Quelle: Firma Siemens

**Bild 5.13** Ansteuerung des Sternschützes mit dem Siemens TIA-Portal

*Netzwerk 4:* Einschaltverzögernde Zeitfunktion Anlaufzeit (**Bild 5.14**)
Die Zeitfunktion SD ist die Kurzform des einschaltverzögernden Timers aus den SIMATIC-Zeiten. Der Formaloperand #K1_Netz (Output) startet den Zeitablauf für die Anlaufphase des Drehstrommotors im Sternbetrieb. Auch die Zeit als solches wird in einem Formaloperanden #Zeit_Anlauf mit dem Datentyp S5TIME parametriert. Nach Ablauf der Zeit bewirkt die binäre Abfrage des Timers #Timer_Anlauf ein Rücksetzen des Formaloperanden #K2_Stern in Netzwerk 2.

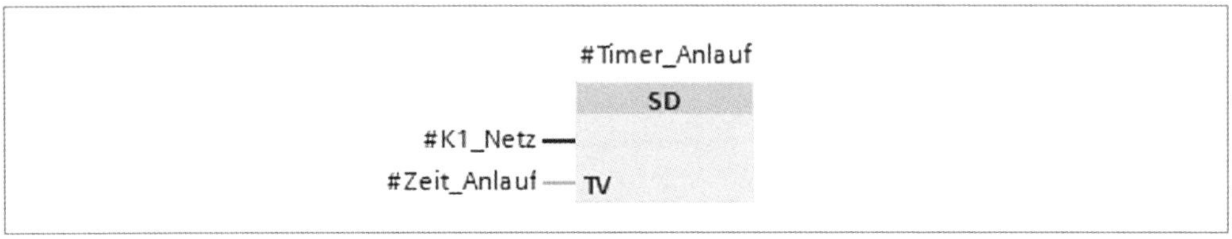


Quelle: Firma Siemens

**Bild 5.14** Steuerung der Anlaufzeit mit dem Siemens TIA-Portal

*Netzwerk 5:* Einschaltverzögernde Zeitfunktion Umschaltzeit (**Bild 5.15**)
Auch hier ist die Verwendung der Zeitfunktion SD sinnvoll. Nach Ablauf der Anlaufzeit bewirkt die binäre Abfrage des Timers #Timer_Anlauf einen Start der Zeitfunktion SD #Timer_Um. Nach Ablauf der Umschaltzeit bewirkt die binäre Abfrage des Timers #Timer_Um das Setzen des Formaloperanden #K3_Drei (Output) in Netzwerk 3. Auch hier wird die Zeit als solches in einem Formaloperanden #Zeit_Um mit dem Datentyp S5TIME parametriert.

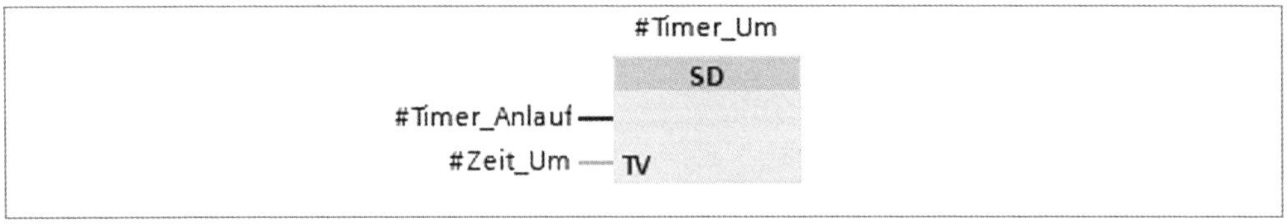


Quelle: Firma Siemens

**Bild 5.15** Steuerung der Umschaltzeit mit dem Siemens TIA-Portal

**Dritter Schritt:** Aufruf des FB „Stern_Dreieck“ in einem Anwender-FC und Parametrierung des FB mit Aktualoperanden. Als Aktualoperanden bezeichnet man die realen physikalischen Adressen der Signalgeber, Aktoren, Timer und Zeiten. In diesem Schritt wird auch der Instanz-Datenbaustein (hier DB2) für diesen einen FB-Aufruf generiert und zugeordnet (**Bild 5.16**).

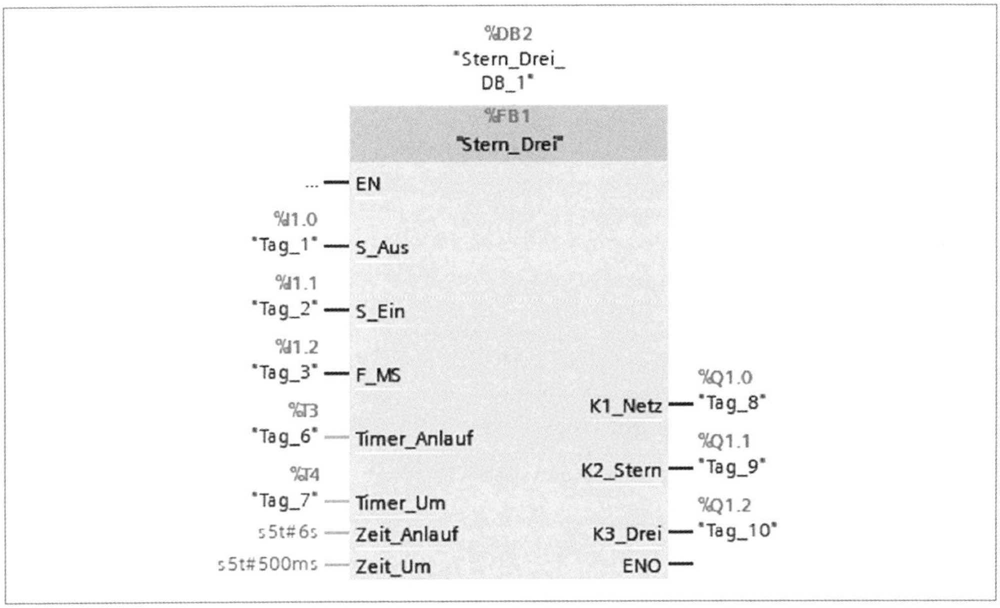


Quelle: Firma Siemens

**Bild 5.16** Aufruf des Funktionsbausteins mit dem Siemens TIA-Portal

Funktionell gesehen erfolgt der Zugriff über die Signalgeber, die an der Eingangsbaugruppe angeschlossen sind, über das Prozessabbild der Eingänge (PAE) und den zugeordneten Aktualoperanden (hier: digitale Eingänge %I0.0 bis %I1.4, die Timer %T3 und %T4 sowie die Zeiten für die Timer) über den Instanz-Datenbaustein (hier: %DB2) auf die Formaloperanden (Input) des FB „Stern-Dreieck“. Die Verknüpfungen erfolgen dann im FB-Programm; die Ergebnisse der Verknüpfungen werden über die Formaloperanden (Output) und Instanz-Datenbaustein an die Aktualoperanden (%Q1.0 bis „Q1.2) des Prozessabbilds der Ausgänge (PAA) weitergereicht und steuern dann die entsprechenden Aktoren, die an der Ausgangsbaugruppe der SPS angeschlossen sind.

In der Programmstruktur in **Bild 5.17** werden die funktionellen Zusammenhänge mit zwei Aufrufen des FB deutlich.

In **Bild 5.18** ist der Instanz-Datenbaustein mit den entsprechenden Variablen und Datentypen zu sehen. Hier werden die aktuellen Signalzustände der Aktualoperanden gespeichert. Mithilfe dieses Instanz-Datenbausteins erhält der FB-Aufruf sein Gedächtnis.

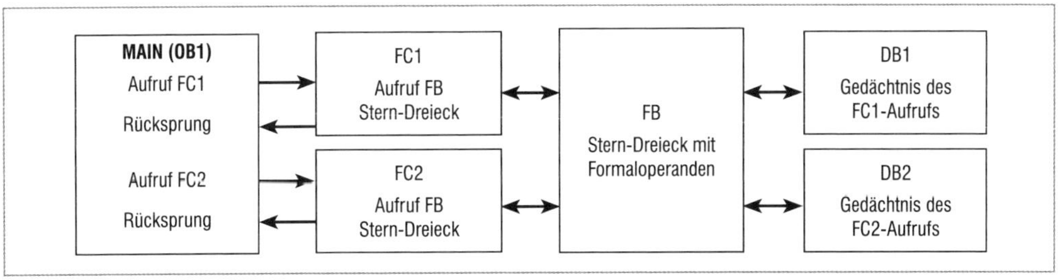


Quelle: B. Alferink

**Bild 5.17** Programmstruktur Stern-Dreieck-Lauf

Aktualwerte behalten Momentaufnahme

Stern_Drei_DB

| | Name | Datentyp | Offset | Startwert | Remanenz | Sichtbar i... | Einstellwert | Ko... |
|---|---|---|---|---|---|---|---|---|
| 1 | ▼ Input | | | | ☐ | ☐ | ☐ | |
| 2 | S_Aus | Bool | 0.0 | false | ☑ | ☑ | ☐ | |
| 3 | S_Ein | Bool | 0.1 | false | ☑ | ☑ | ☐ | |
| 4 | F_MS | Bool | 0.2 | false | ☑ | ☑ | ☐ | |
| 5 | Timer_Anlauf | Timer | 2.0 | 0 | ☑ | ☑ | ☐ | |
| 6 | Timer_Um | Timer | 4.0 | 0 | ☑ | ☑ | ☐ | |
| 7 | Zeit_Anlauf | S5Time | 6.0 | S5T#0ms | ☑ | ☑ | ☐ | |
| 8 | Zeit_Um | S5Time | 8.0 | S5T#0ms | ☑ | ☑ | ☐ | |
| 9 | ▼ Output | | | | ☐ | ☐ | ☐ | |
| 10 | K1_Netz | Bool | 10.0 | false | ☑ | ☑ | ☐ | |
| 11 | K2_Stern | Bool | 10.1 | false | ☑ | ☑ | ☐ | |
| 12 | K3_Drei | Bool | 10.2 | false | ☑ | ☑ | ☐ | |
| 13 | InOut | | | | ☐ | ☐ | ☐ | |
| 14 | Static | | | | ☐ | ☐ | ☐ | |

Quelle: Firma Siemens

**Bild 5.18** Darstellung Instanz-Datenbaustein aus dem Siemens TIA-Portal

## 5.3 Praktische Projektierung der Abwasserpumpe mit einem Sanftstarter (Softstarter)

Als Alternative zur Stern-Dreieck-Anlasssteuerung bietet sich für die Abwasserpumpe der Einsatz eines Sanftstarters an (**Bild 5.19**), der in der Praxis häufig Softstarter genannt wird. Der Softstarter hebt die Spannung am Drehstrommotor in Form einer Rampe von einem einstellbaren Startwert $U_S$ bis auf das Erreichen der Netzspannung von 400 V AC. Bei der Festlegung des Startwerts $U_S$ sind unbedingt die erforderlichen Antriebsmomente der Maschine zu berücksichtigen, sodass der Motor einerseits sanft, aber auch kräftig genug anläuft.

In **Bild 5.20** sind zwei „Anlauframpen" zu erkennen. Die Kennlinie 1 zeigt eine kurze Anlauframpenzeit $t_1$ für den Spannungsanstieg am Drehstrommotor. Das Drehmoment ist hier entsprechend hoch, was für den Antrieb der Pumpe in der Anlaufphase wichtig ist. Auch die Stromaufnahme ist insgesamt höher, jedoch gibt es aufgrund der niedrigen Startspannung $U_S$ keine Einschaltstromspitze, wie beim direkten Einschalten des Motors.

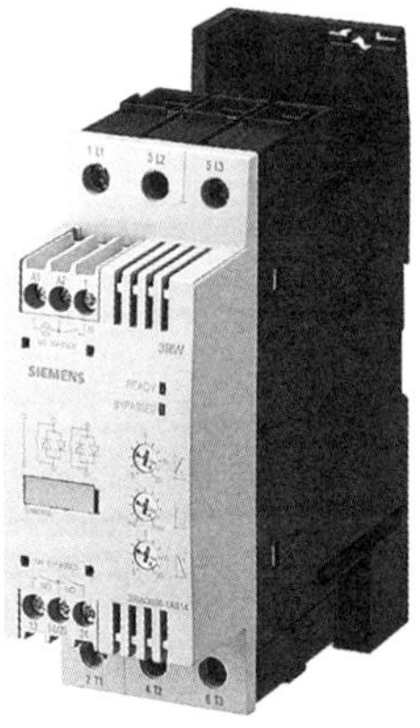


Die Projektierung eines Softstarters kann weitgehend außerhalb einer SPS erfolgen, bietet jedoch viele Möglichkeiten der Parametrierung innerhalb eines SPS-Netzwerks aufgrund der zumeist vorhandenen Schnittstellen.

Quelle: Firma Siemens

**Bild 5.19** Softstarter der Serie SIRIUS der Firma Siemens

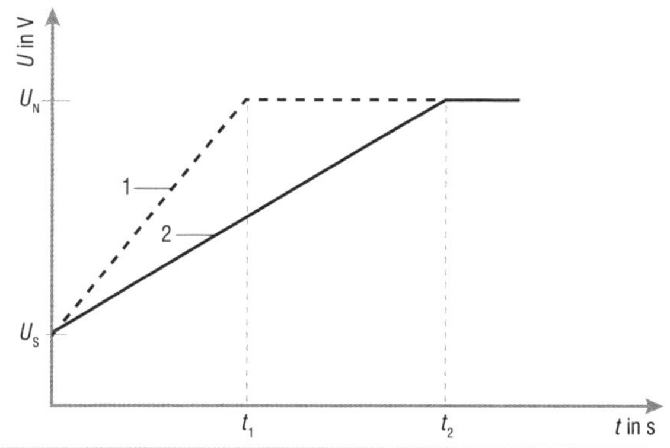


**Bild 5.20** Darstellung der Anlauframpen

Quelle: Firma Siemens

Kennlinie 2 zeigt eine lange Anlauframpenzeit für einen „soften" Start des Drehstrommotors, allerdings sind hier die Drehmomente zu überprüfen, insbesondere ein ausreichendes Anlaufdrehmoment. Die Stromaufnahme ist hier natürlich entsprechend niedrig.

In **Bild 5.21** ist der praktische Anschluss eines Softstarters vom Typ SIRIUS 3RW52 der Firma Siemens zu sehen.

So wie der Drehstrommotor sanft hochgefahren wird, kann er auch mit einer Auslauffunktion sanft heruntergefahren werden. Die Spannungsrampe verläuft jetzt linear abfallend von der Netzspannung beginnend bis zur Stillstandsspannung. So wird ein abruptes Stillsetzen des Antriebs verhindert.

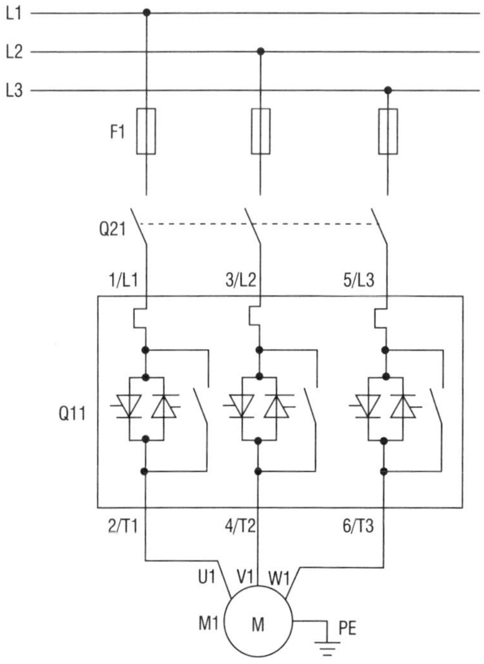


Ausgehend vom dreiphasigen Netzanschluss 400 V AC, 50 Hz geht es über die Leitungsschutzsicherungen F1 zum Schütz Q21, welches als Trennstrecke zum Softstarter Q11 und damit auch zum Motor M1 dient.

Der thermische Überlastungsschutz des Motors M1 ist bereits im Softstarter Q11 integriert. Im Schaltbild des Softstarters Q11 sind pro Leiter jeweils zwei antiparallelgeschaltete gesteuerte Leistungshalbleiter dargestellt, die funktionell das „Hochlaufen" der Spannungsrampe realisieren. Ist der „Softstart" durch das Erreichen der Netzspannung von 400 V AC erreicht, schalten die parallel zu den Leistungshalbleitern geschalteten Schließerkontakte, womit der Softstart abgeschlossen ist und der Motor unter Nennbetrieb gefahren wird.

**Bild 5.21** Motoranschluss mit Softstarter der Firma Siemens

Quelle: Gerätehandbuch Industrielle Schalttechnik „Sanftstarter SIRIUS 3RW52" der Firma Siemens

## 5.4 Drehstromasynchronmotor mit Dahlanderwicklung – Teigrührwerk

In einer Großbäckerei soll der elektrische Anschluss und die Steuerung für ein neues Teigrührwerk projektiert werden (**Bild 5.22**). Der elektrische Antrieb soll in zwei unterschiedlichen Drehzahlen zum Rühren der Teigmasse betrieben werden und bis zu 40 kg Teigmasse rühren können. Der zu erwartenden Leistung entsprechend soll ein Drehstromasynchronmotor verwendet werden. Eine Unterverteilung mit der Spannungsversorgung 400 V/230 V, 50 Hz steht in unmittelbarer Nähe des Aufstellungsorts der Maschine zur Verfügung.

Hier bietet sich aufgrund der positiven Betriebseigenschaften und aufgrund des einfachen, robusten Aufbaus der Drehstromasynchronmotor mit Dahlanderwicklung an (**Bild 5.23**). Die Dahlanderwicklung ist intern verkettet und erlaubt den Betrieb des Motors in zwei Drehzahlen im Drehzahlverhältnis von stets 1:2.

Die intern verkettete Dahlanderwicklung ist in **Bild 5.24** dargestellt. In **Bild 5.24 a** ist die Dahlanderwicklung in Dreieckschaltung für die niedrige Drehzahl des Motors zu sehen. So wie in Bild 5.24 a dargestellt, sind die Wicklungen intern verknüpft, also ohne elektrischen Anschluss von außen. In **Bild 5.24 b** ist die Doppelsternschaltung für die hohe Drehzahl des Motors zu sehen. Die Sternbrücke zur Verbindung von 1U, 1V und 1W muss im Falle einer Schützsteuerung mit einem Sternschütz realisiert werden.

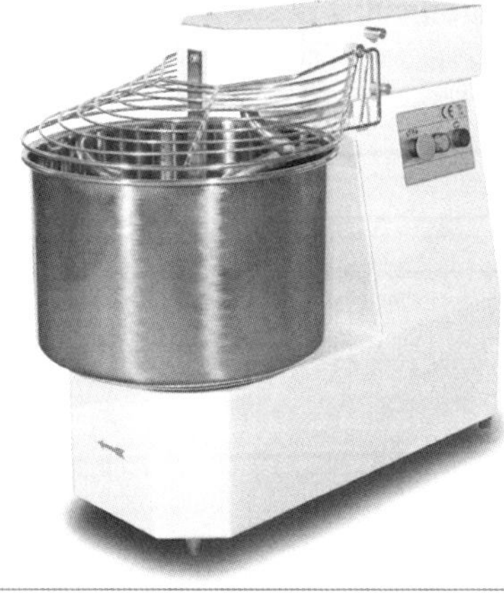

Quelle: Firma Testa Fista

**Bild 5.22** Teigknetmaschine des Herstellers Testa Fista (Italien)

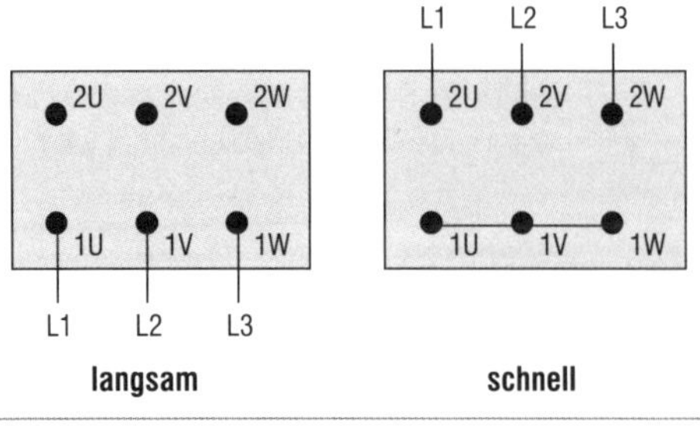


Im Vergleich zum Klemmbrett des Standard-Drehstromasynchronmotors mit nur einer festen Drehzahl sind beim Drehstromasynchronmotor mit Dahlanderwicklung bei den Klemmbrettbezeichnungen zuerst die Ziffern und dann die entsprechenden Buchstaben genannt.

Quelle: Firma Blecher Elektromotoren

**Bild 5.23** Anschlüsse der Dahlanderwicklung

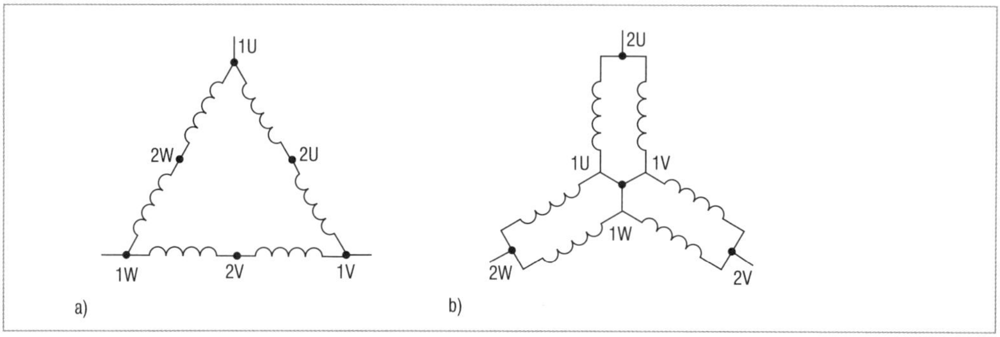


Quelle: Firma Blecher Elektromotoren

**Bild 5.24** Dahlanderwicklung: a) Dreieckausführung b) Doppelsternausführung

## 5.4.1 Hauptstromkreis eines Drehstromasynchronmotors mit Dahlanderwicklung

Im Schaltplan in **Bild 5.25** ist der Hauptstromkreis zum Anschluss des Dahlandermotors zu sehen. Das Schütz K1 schaltet die niedrige Drehzahl, das Schütz K3 in Kombination mit dem Sternschütz K2 schaltet die hohe Drehzahl. In beiden Drehzahlen ist eine separate Motorschutzeinrichtung vorzusehen.

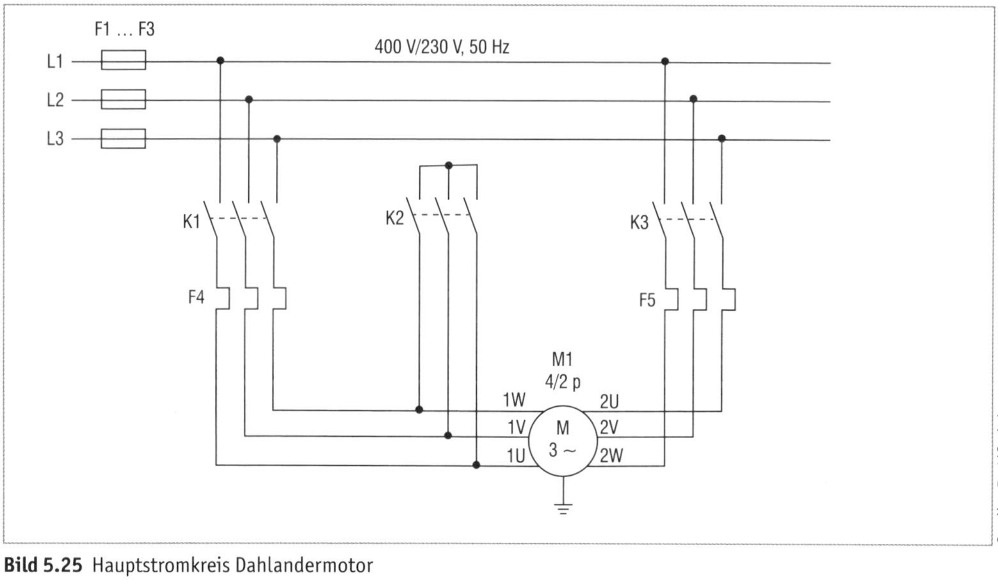


Quelle: B. Alferink

**Bild 5.25** Hauptstromkreis Dahlandermotor

## 5.4.2 Steuerstromkreis – Zwangsfolgeschaltung

Die in der Praxis häufig verwendete Schaltung zur Ansteuerung der Drehzahlen eines Dahlandermotors nennt sich „Zwangsfolgeschaltung“ (**Bild 5.26**). Das bedeutet, dass die hohe Drehzahl nicht direkt eingeschaltet werden kann. Zuerst muss die niedrige Drehzahl über Taster S1 eingeschaltet werden. Das Hilfsschütz K4A merkt sich den Einschaltzustand von K1 und gibt über den Schließer K4A 23-24 das Einschalten der hohen Drehzahl über

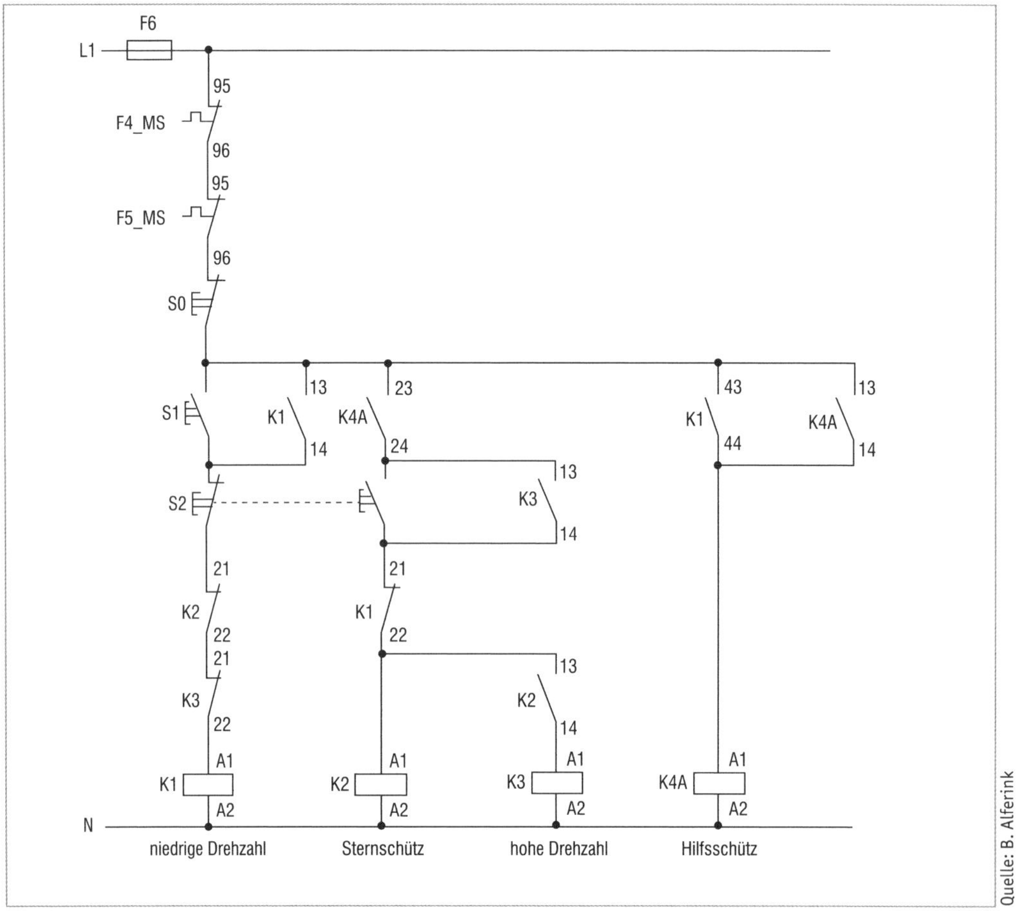


**Bild 5.26** Steuerstromkreis Zwangsfolgeschaltung Dahlandermotor

Taster S2 frei. Durch die gleichzeitige Betätigung der Schaltkontakte von S2 wird das Schütz K1 abgeschaltet und das Sternschütz K2 eingeschaltet. In Abhängigkeit des Sternschützes wird jetzt das Schütz K3 für die hohe Drehzahl eingeschaltet. Ein direktes Umschalten von der hohen in die niedrige Drehzahl ist nicht möglich. Erst über die Betätigung des Austasters S0 kann der Motor wieder in der niedrigen Drehzahl angefahren werden.

Entsprechende Verriegelungskontakte sorgen für den sicheren Betrieb der Schützsteuerung.

### 5.4.3 Entwicklung der LOGO-Steuerung für das Teigrührwerk

Vergleichend zur Schützsteuerung soll nun eine LOGO-Steuerung für das Teigrührwerk betrachtet werden. In der praktischen Anwendung in Backstuben werden die einzelnen Rührphasen in niedriger und hoher Drehzahl häufig mit Zeitsteuerungen versehen, jedoch soll hier zunächst die einfache Zwangsfolgeschaltung aus Bild 5.26 in einem vergleichbaren LOGO-Projekt abgebildet werden. Zunächst wird die Betriebsmittelzuordnungsliste erstellt (**Tabelle 5.3**).

| Bezeichnung Stromlaufplan (VPS) | Operand LOGO | Symbol LOGO | Erklärung |
|---|---|---|---|
| S1 | I2 | S1_Ein_ND | Eingang (binär); Schließer |
| S2 | I3 | S2_Ein_HD | Eingang (binär); Schließer |
| S0 | I1 | S0_Aus | Eingang (binär); Öffner |
| F4 | I4 | F4_MS_ND | Eingang (binär); Öffner |
| F5 | I5 | F5_MS_HD | Eingang (binär); Öffner |
| K1 | Q1 | K1_Netzschütz_ND | Ausgang (binär) |
| K2 | Q2 | K2_Sternschütz_HD | Ausgang (binär) |
| K3 | Q3 | K3_Netzschütz_HD | Ausgang (binär) |

Quelle: B. Alferink

**Tabelle 5.3** Zuordnungsliste Rührwerksteuerung

Auf das physische Hilfsschütz K4A kann in der programmierbaren Steuerungstechnik grundsätzlich verzichtet werden. Die Zwischenspeicherung eines binären Signals wird mit einem Merker oder mit einem (internen) Selbsthalterelais realisiert, hier B010.

Konkret betrachtet ergibt sich im Programm folgende Funktion:

Die drei binären Ausgänge „K1_ND“ (Q1), „K2_HD_Stern“(Q2) und „K3_HD_Netz“ (Q3) werden über die Selbsthalterelais B001, B002 und B003 angesteuert (**Bild 5.27**).

Der binäre Eintaster „S1_Ein_ND“ (I2) schaltet mit einem 1-Impuls den binären Ausgang „K1_ND“ (Q1) über den Setzeingang des Selbsthalterelais B001 ein und parallel dazu mit demselben 1-Impuls das Selbsthalterelais B010, welches sich den Einschaltzustand der niedrigen Drehzahl „merkt“. Dieses „Merken“ ist funktionell identisch mit einem physischen Hilfsschütz aus der reinen Schützsteuerung. So ist auch gewährleistet, dass die „Zwangsfolge“ von der niedrigen in die hohe Drehzahl eingehalten wird.

Hat das Selbsthalterelais B010 den Signalzustand 1, kann über den binären Eintaster „S2_Ein_HD“ (I3) die hohe Drehzahl eingeschaltet und zeitgleich die niedrige Drehzahl ausgeschaltet werden. Die binären Ausgänge der hohen Drehzahl „K2_HD_Stern“ (Q2)

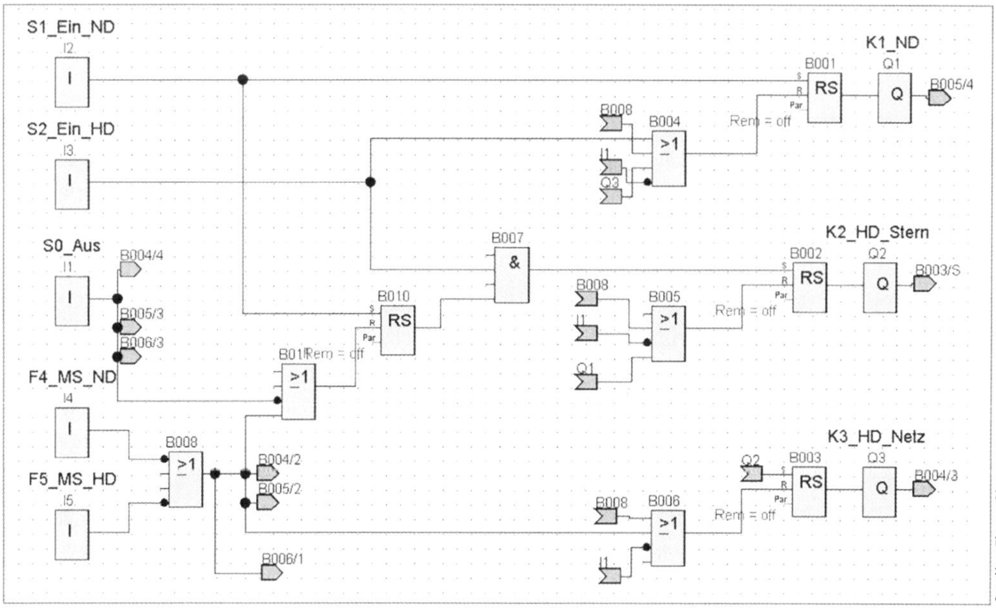


Quelle: Firma Siemens

**Bild 5.27** LOGO-Soft-Programm Zwangsfolgeschaltung

und „K3_HD_Netz“ (Q3) sind jetzt über die Selbsthalterelais B002 und B003 auf Signalzustand 1 geschaltet. Der Dahlandermotor der Teigknetmaschine läuft jetzt in der hohen Drehzahl. Der Austaster „S0_Aus“ (I1) schaltet den Motor ab, ebenso wie die angeschlossenen Öffner der Motorschutzeinrichtungen „F4_MS_ND“ (I4) und „F5_MS_HD“ (I5). Entsprechende Softwareverriegelungen der gegenläufigen binären Ausgänge gewährleisten die funktionelle Sicherheit beim Umschalten der Drehzahlen. Unabhängig davon sind physische Hardwareverriegelungen zwischen digitaler Ausgangsbaugruppe und dem jeweiligen Schütz zwingend vorgeschrieben (**Bild 5.28**).

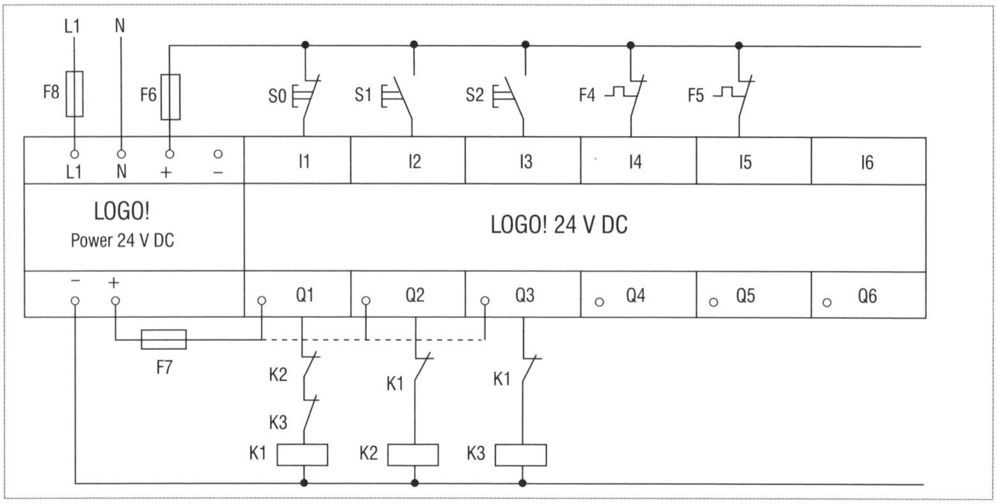


Quelle: B. Alferink

**Bild 5.28** Anschlussplan Dahlandersteuerung

## 5.5 Drehstromasynchronmotor mit Dahlanderwicklung – Teigrührwerk im taktgesteuerten Automatikbetrieb

In der Großbäckerei sollen mehrere elektrische Antriebe für Teigrührwerke neu projektiert werden. Wie in Abschnitt 5.4 handelt es sich um Drehstromasynchronmotoren mit Dahlanderwicklung, die das jeweilige Teigrührwerk mit zwei unterschiedlichen Drehzahlen betreiben. Funktionell gesehen sollen die Rührwerke automatisch nach vorher eingestellten Zeiten wechselnd mit niedriger und hoher Drehzahl rühren. Das Rührwerk wird mit dem Einschalter eingeschaltet, um dann im zeitlichen Wechsel zwischen niedriger und hoher Drehzahl die Teigmasse zu rühren. Ein Not-Aus-Taster (rastend) unterbricht den Betrieb jederzeit. Entsprechende Verriegelungen und Motorschutzeinrichtungen sind vorzusehen.

Die Steuerungen sollen mit einer SPS vom Typ CPU S7-300 der Firma Siemens projektiert werden. Da die Einschaltzeiten der niedrigen und hohen Drehzahlen unterschiedlich sind, kommt die Anwendung des Taktmerkerbytes der CPU nicht infrage. Hier bietet es sich an, einen Taktgenerator mit unterschiedlichen Impuls-Pausen-Verhältnissen mittels Funktionsbaustein (FB) zu erstellen, der aufgrund seiner Bibliotheksfähigkeit jederzeit auch in anderen Projekten verwendet werden kann (siehe Abschnitt 5.4).

In Bild 5.28 ist der komplette Anschlussplan der LOGO-Steuerung zu sehen.

## 5.5.1 Projektierung des Teigrührwerks mit einem FB im TIA-Portal

Exemplarisch wird ab **Bild 5.29** die Projektierung eines Teigrührwerks mit dem Siemens TIA-Portal gezeigt.

**Taktgenerator**

| | Name | Datentyp | Offset | Defaultwert |
|---|---|---|---|---|
| 1 | ▼ Input | | | |
| 2 | Start | Bool | ... | false |
| 3 | Timer_Impuls | Timer | ... | 0 |
| 4 | Timer_Pause | Timer | ... | 0 |
| 5 | Zeit_Impuls | S5Time | ... | S5T#0ms |
| 6 | Zeit_Pause | S5Time | ... | S5T#0ms |
| 7 | ▼ Output | | | |
| 8 | Blinktakt | Bool | ... | false |
| 9 | ▼ InOut | | | |
| 10 | <Hinzufügen> | | | |
| 11 | ▼ Static | | | |
| 12 | <Hinzufügen> | | | |
| 13 | ▼ Temp | | | |
| 14 | <Hinzufügen> | | | |

Quelle: Firma Siemens

**Bild 5.29** Variablendeklarationstabelle eines Funktionsbausteins aus dem Siemens TIA-Portal

Der erste Schritt ist die Erstellung eines Funktionsbausteins (FB) und die Definition und Zuweisung der Formaloperanden im Deklarationsteil des FBs.

Der Starteingang und der Blinktakt des Taktgenerators werden im Datentyp BOOL projektiert. Die Zeiten werden im Datentyp S5TIME und die Timer im Datentyp TIMER deklariert, da es sich um einen CPU TYP S7-300 handelt und somit die SIMATIC-Zeiten verwendet werden müssen.

Wichtig ist in diesem Zusammenhang, dass bei Verwendung eines CPU Typs S7-1200 oder S7-1500 IEC-Timer verwendet werden müssen. Die Timer werden dann im Datentyp IEC-TIMER unter STATIC (statische Variablen) deklariert. Die Zeiten verbleiben unter der Kategorie INPUT, allerdings im Datentyp TIME. An den BOOL-Datentypen ändert sich nichts.

Nach der Erstellung der Formaloperanden und Zuordnung der jeweiligen Datentypen wird nun das Anwendungsprogramm „Taktgenerator" im Anweisungsteil des FB komplett mit Formaloperanden erstellt.

Funktionell werden für den Impuls und für die Pause Impulstimer S_PULSE aus den SIMATIC-Zeiten verwendet, die sich mit einer negierten Abfrage gegenseitig ansteuern (**Bild 5.30**). Wichtig ist, dass dieses Programm ausschließlich mit Formaloperanden erstellt wird.

In einem neu angelegten FC „Rührwerk_1" wird jetzt der Funktionsbaustein Taktgenerator aufgerufen und mit Aktualoperanden zur Steuerung des Rührwerkmotors 1 parametriert (**Bild 5.31**).

Das Rührwerk 1 soll die Teigmasse mit einer Zeit von 30 s in der niedrigen Drehzahl und nach der Umschaltung mit 60 s in der hohen Drehzahl rühren. Anschließend springt

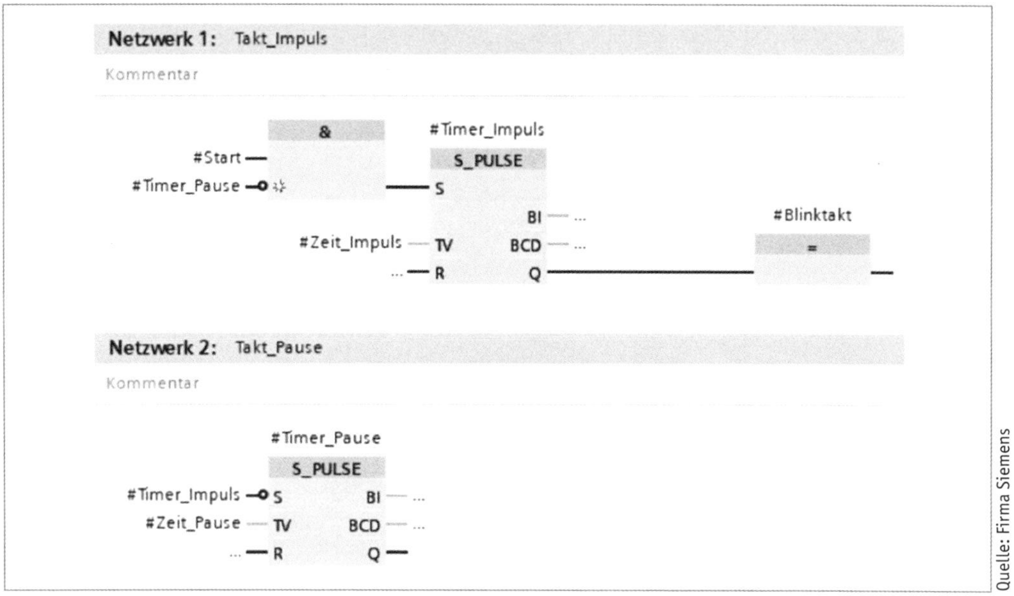


**Bild 5.30** Steuerung der Zeitfunktionen mit dem Siemens TIA-Portal

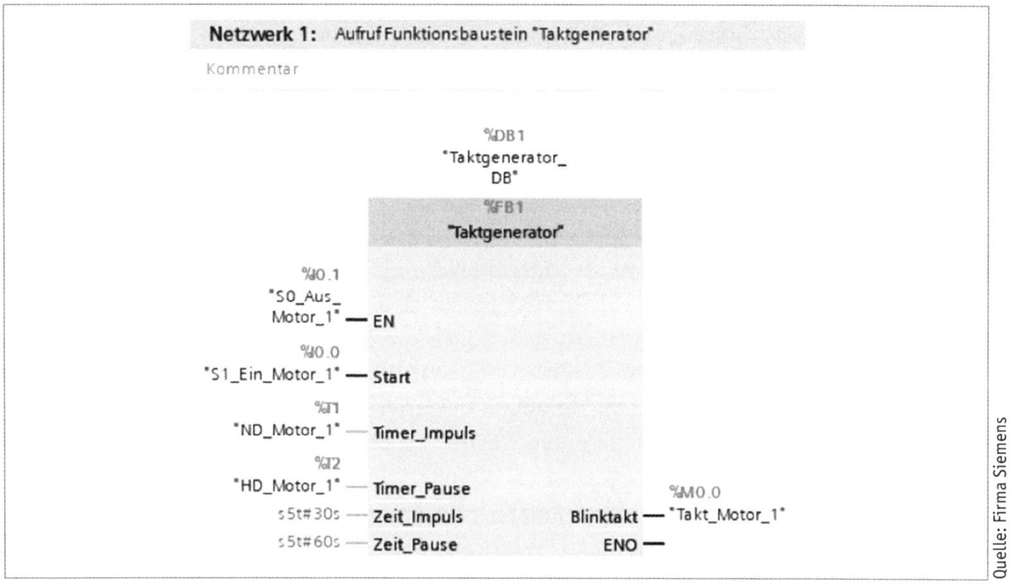


**Bild 5.31** Aufruf des Funktionsbausteins Taktgenerator mit dem Siemens TIA-Portal

die Steuerung wieder in die niedrige Drehzahl und der Vorgang beginnt von neuem. Der Blinktakt wird über einen Merker abgefragt, der in der Motorsteuerung einmal negiert und einmal nicht-negiert abgefragt wird.

In den Netzwerken 2 (**Bild 5.32**) und 3 (**Bild 5.33**) erfolgt die konkrete Ansteuerung die binären Ausgänge „K1_Motor_1_ND“ (Q0.0) für die niedrige Drehzahl und „K2_Stern_HD_Motor_1“ (Q0.1) sowie „K3_Netz_HD_Motor_1“ (Q0.2) für die hohe Drehzahl des Motors für das Rührwerk 1.

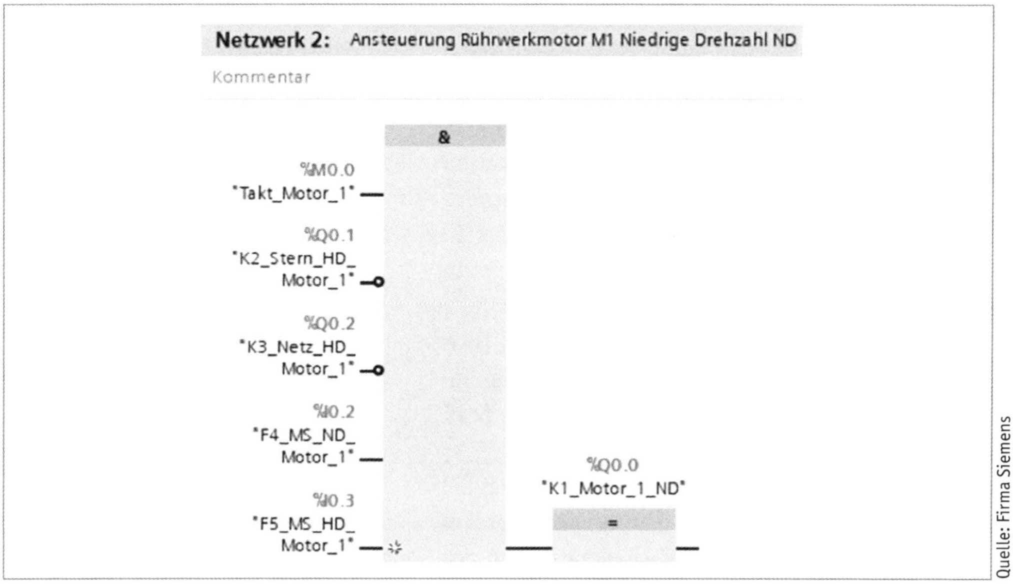


**Bild 5.32** Ansteuerung des Rührwerkmotors mit niedriger Drehzahl (ND) mit dem Siemens TIA-Portal

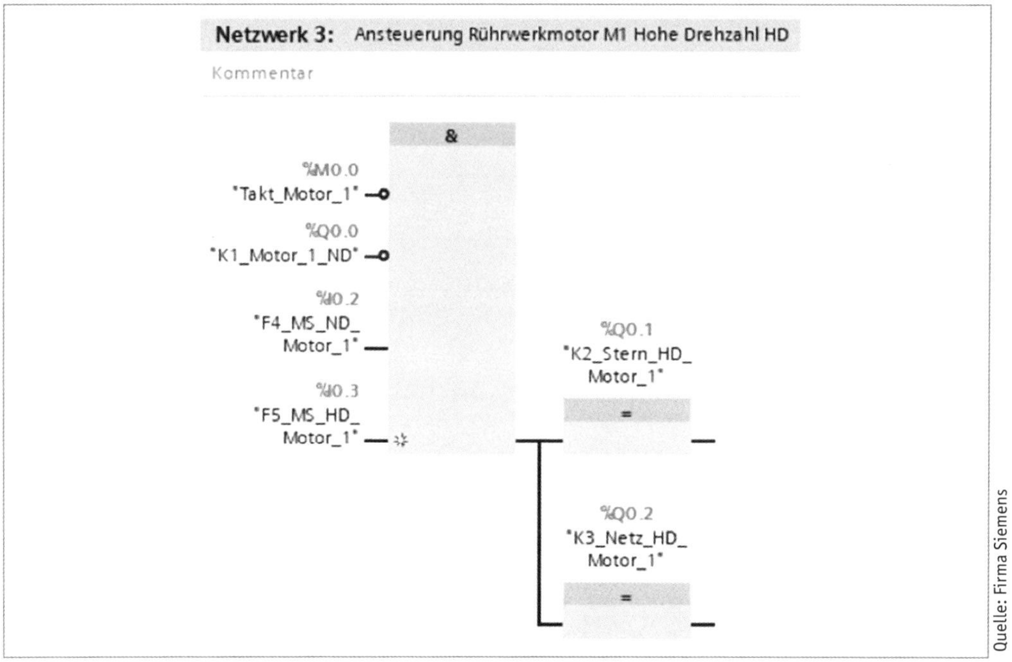


**Bild 5.33** Ansteuerung des Rührwerkmotors mit hoher Drehzahl (HD) mit dem Siemens TIA-Portal

Speicherung des FB in der globalen Bibliothek:
Den einmal erstellten Funktionsbaustein FB „Taktgenerator“ speichert man vorteilhaft in einer zuvor angelegten „Globalen Bibliothek“ (Bild 5.34), sodass der Baustein in allen zukünftigen Projekten in seiner Grundform als Kopiervorlage zur Verfügung steht.

Wichtig ist, dass alle möglichen Operanden, Abfragen und Daten als Formaloperanden ausgeführt sind, um die vollständige Bibliotheksfähigkeit zu gewährleisten. Der FB kann in einem neuen Projekt per „drag and drop" in die Projektnavigation gezogen werden und mit Aktualoperanden des neuen Projekts wiederverwendet werden. Dies ist auch ein entscheidender Vorteil bei der Verwendung von Funktionsbausteinen.

An jedem Aufruf des Funktionsbausteins „Taktgenerator" wird ein Gedächtnis in Form eines Instanz-Datenbausteins angehängt, wie in **Bild 5.35** zu sehen ist.

Dieser Instanz-Datenbaustein (auch Lokal-DB genannt) speichert die Werte der Aktualoperanden und verknüpft diese mit den Formaloperanden des Funktionsbausteins.

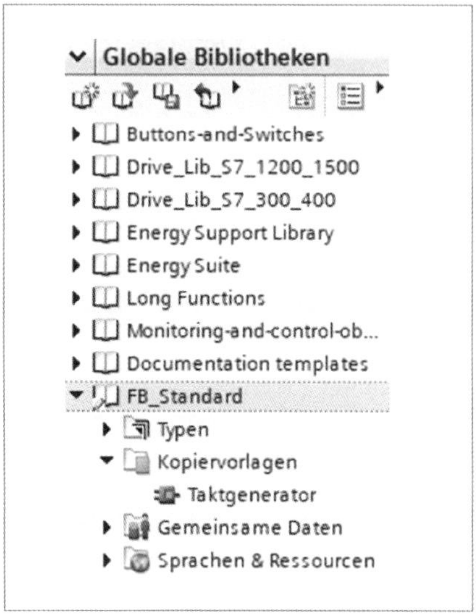


Quelle: Firma Siemens

**Bild 5.34** Globale Bibliotheken aus dem Siemens TIA-Portal

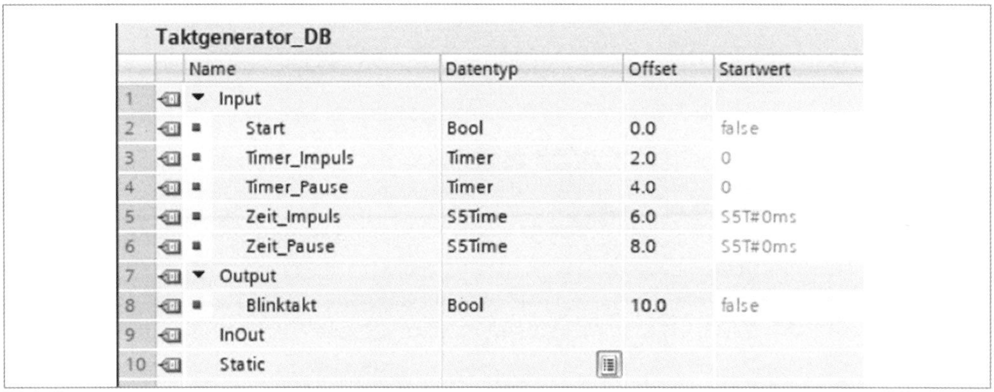

Taktgenerator_DB

| | Name | Datentyp | Offset | Startwert |
|---|---|---|---|---|
| 1 | Input | | | |
| 2 | Start | Bool | 0.0 | false |
| 3 | Timer_Impuls | Timer | 2.0 | 0 |
| 4 | Timer_Pause | Timer | 4.0 | 0 |
| 5 | Zeit_Impuls | S5Time | 6.0 | S5T#0ms |
| 6 | Zeit_Pause | S5Time | 8.0 | S5T#0ms |
| 7 | Output | | | |
| 8 | Blinktakt | Bool | 10.0 | false |
| 9 | InOut | | | |
| 10 | Static | | | |

Quelle: Firma Siemens

**Bild 5.35** Instanz-Datenbaustein Taktgenerator aus dem Siemens TIA-Portal

## 5.6 Projektierung eines Drehstrommotors für ein Kranhubwerk

Für eine Krananlage in der Werkhalle eines Maschinenbauunternehmens soll neben anderen Antrieben der Krananlage auch das Hubwerk neu projektiert werden. Die vorhandene und veraltete Schützsteuerung soll durch eine programmierbare Kleinsteuerung vom Typ Siemens-LOGO ersetzt werden, wobei der vorhandene Antrieb erhalten werden soll.

Das Kranhubwerk wird mit einem Drehstromasynchronmotor mit Schleifringläufer betrieben. Wichtige Kriterien bei der Auswahl eines geeigneten Drehstrommotors für den Antrieb eines Kranhubwerks ist ein hohes Anlaufdrehmoment bei möglichst geringer Stromaufnahme, da das Lastmoment im Moment des „Anhebens" der Last sehr hoch ist und der Anzugsstrom dennoch nicht deutlich über der Nennstromstärke liegen soll. Ein

Drehstromasynchronmotor mit Käfigläufer scheidet hier allein aufgrund des hohen Anzugsstroms aus, der durchaus beim 7- bis 8-Fachen des Nennstroms liegen kann.

Zusätzlich muss ein sanftes Anlaufen des Antriebs möglich sein, da in der Werkhalle schwere Maschinenteile aus der Ruhelage gehoben werden müssen; idealerweise lässt sich auch die Drehzahl mit einfachen schaltungstechnischen Mitteln steuern.

All diese Kriterien erfüllt ein Drehstromasynchronmotor mit Schleifringläufer. Dieser Motor wird im Dreiphasenwechselspannungsnetz nicht direkt über die Statorwicklungen eingeschaltet, sondern wird über einen Läuferanlasser mit ohmschen Widerständen stufenweise angelassen.

## 5.6.1 Hauptstromkreis des Drehstromasynchronmotor mit Schleifringläufer

In **Bild 5.36** ist der Hauptstromkreis mit Motoranschluss und Läuferanlasser (R1 bis R4) zu sehen. Die beiden Netzschütze K1 und K2 führen über die Motorschutzeinrichtung F4 direkt zu den Statoranschlüssen U, V und W des Motors. K1 und K2 sorgen für die Drehrichtungsänderung und ermöglichen so die Auf- und Abwärtsfahrt des Kranhubwerks.

Anders als beim Drehstromasynchronmotor mit Käfigläufer sind beim Schleifringläufermotor die Läuferwicklungen über Kohlestifte, die auf Schleifringen „reiben", mit dem außenliegenden Klemmbrett des Motors und den Läuferanschlüssen K, L und M verbunden. So ist es möglich, von außen auf die Läuferwicklung zuzugreifen und das elektrische Betriebsverhalten des Motors zu beeinflussen.

In **Bild 5.37** ist ein Schleifringläufermotor zu sehen, der als Hubwerkmotor geeignet ist. Der Motor ist in der Schutzart IP 55 und oberflächengekühlt (Kühlart IC 411) ausgeführt, was für den Einsatz in der Krananlage ausreichend ist. In Bild 5.37 ist linksseitig der extern auf der Welle montierte Lüfter zu sehen, der die entstehende Wärme im Motor über die Kühlrippen abführt.

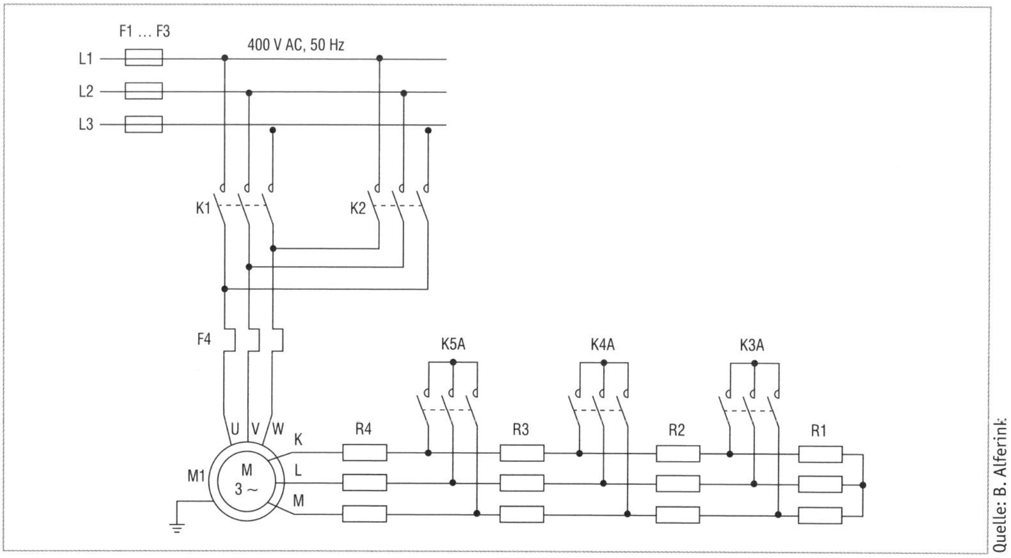


**Bild 5.36** Hauptstromkreis eines „Schleifringläufermotors" mit Anlasserbaugruppe

Kranmotoren gibt es in den Leistungskategorien von 10 kW bis zu 600 kW mit maximalen Drehmomenten bis zu 16.000 Nm. Die üblichen Bauformen dieser Motoren sind die Bauform B3 (Fußmotor), wie in Bild 5.36 dargestellt, oder als Flanschmotor in der Bauform B5.

Quelle: Firma Menzel Elektromotoren

**Bild 5.37** Drehstrom-Schleifringläufer als Hubwerkmotor

## 5.6.2 Motorschutzeinrichtung des Kranhubwerks – Motorschutzschalter

Im Rahmen der Neuprojektierung der Krananlage sollen auch die Motorschutzeinrichtungen der Antriebe auf ihre Wirksamkeit überprüft und bei Bedarf erneuert werden. Das vorhandene Überlastrelais F4 in Kombination mit den Leistungsschutzsicherungen F1 bis F3 scheint unterdimensioniert und soll durch einen Motorschutzschalter ersetzt werden (**Bild 5.38**). Ein Motorschutzschalter bietet im Vergleich zum einfachen Überlastrelais den Vorteil, dass er neben dem Überlastfall durch thermische Auslösung auch im Kurzschlussfall durch eine Kurzschlussschnellauslösung den Motor sicher und allpolig abschaltet. Die damit verbundene Schaltstellung O erfüllt die Kriterien einer „sichtbaren Trennstrecke" (VDE 0105-100) und kann je nach Ausführung des Motorschutzschalters auch durch ein Bügelschloss zum Schutz gegen unbeabsichtigtes Wiedereinschalten gesichert werden.

Die allpolige Abschaltung des Motorschutzschalters im Fehlerfall ist insbesondere dann wichtig, wenn im Motorstromkreis ein Körperschluss auf nur einem Leiter besteht. Im Falle eines Kurzschlussschutzes mit drei einzelnen Sicherungen in Kombination mit einem Überlastrelais würde nur die Sicherung des bestehenden Körperschlusses abschalten, die anderen Leiter verbleiben jedoch bis zur Abschaltung des Überlastrelais kurzzeitig am Netz. Aus diesem Grund müssen im Fall der Nutzung eines Überlastrelais zum Leitungsschutz dreipolige Leitungsschutzschalter eingebaut werden, damit die allpolige Abschaltung im Fehlerfall gewährleistet ist.

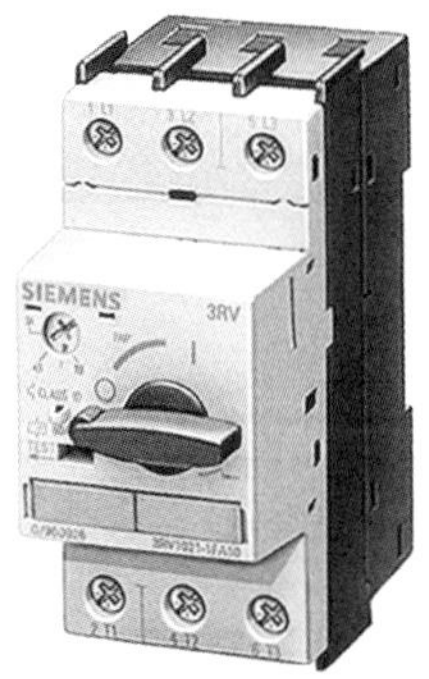


Der Motorschutzschalter verfügt über einen einstellbaren Strombereich und über einen mechanischen Schalter, hier als Knebelschalter ausgeführt. Unabhängig von der projektierten Steuerung darf der Motor auch über diesen Knebelschalter ein- und ausgeschaltet werden. Ein zusätzlich montierter Hilfsschalter mit Steuerkontakten sorgt für die Abschaltung des Steuerstromkreises im Fehlerfall.

Motorschutzschalter haben für den Kurzschlussfall ein sehr hohes Schaltvermögen, das beim 10- bis 15-Fachen des eingestellten Motorstroms liegt. Eine weitere Vorsicherung für den Kurzschlussfall ist somit nicht mehr erforderlich, da der projektierte Motorschutzschalter als „eigensicher" gilt.

Quelle: Firma Siemens

**Bild 5.38** Motorschutzschalter der Reihe SIMOREG der Firma Siemens

Zusätzliche Auswirkung hätte die Abschaltung nur mit einer Sicherung im Kurzschlussfall für den Wendebetrieb des Motors. Da beim Fehlen eines Leiters kein Vertauschen von zwei der drei Leiter mehr möglich ist, würde das Kranfahrwerk trotz gewollter Drehrichtungsumkehr nur in eine Richtung fahren, was schwere mechanische Schäden zur Folge haben kann. In diesen Fällen hätte auch die Gegenstrombremsung des Motors keine Wirkung.

Im Anwendungsfall der vorliegenden Hubwerksteuerung bietet sich auch ein Unterspannungsauslöser als Zusatzausrüstung des Motorschutzschalters an. Dies bedeutet insbesondere im Falle der Spannungswiederkehr nach einem Netzausfall eine zusätzliche Sicherheit für das Bedienpersonal, da zum Betrieb des Krans zunächst der ausgelöste Motorschutzschalter händisch wieder eingeschaltet werden muss.

In **Bild 5.39** ist der eingebaute Motorschutzschalter Q1 im Statorkreis des Schleifringläufermotors zu sehen.

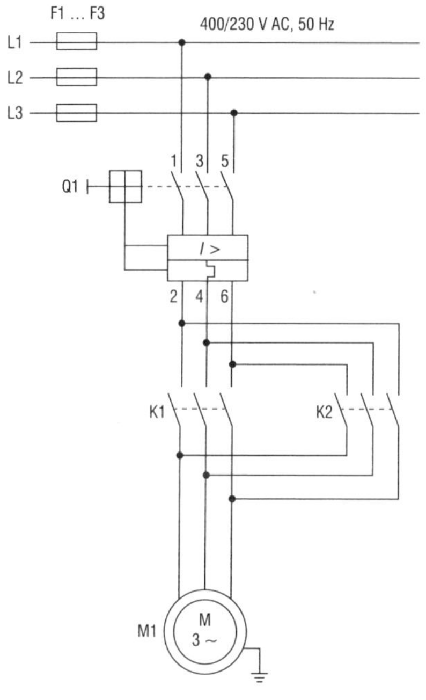


Der Motorschutzschalter Q1 wird im Gegensatz zum Motorschutzrelais oberhalb der Lastschütze K1 und K2 angeordnet und nimmt somit auch den Leitungsschutz gegen thermische Überlastung und Kurzschluss wahr. Die Einstellung des Stroms am Motorschutzschalter erfolgt in der Höhe des Motornennstroms (Bemessungsstroms) gemäß den Angaben auf dem Typenschild.

Zur Vereinfachung ist der Läuferanlasser in diesem Bild nicht dargestellt.

Quelle: B. Alferink

**Bild 5.39** Motorschutzschalter Q1 im Statorkreis des Hubwerkmotors

## 5.6.3 Steuerstromkreis des Kranhubwerks mit Schützen

In **Bild 5.40** ist der Steuerstromkreis des Schleifringläufermotors mit dem zeitgesteuerten Anlassvorgang zu sehen. Die Netzschütze K1 und K2 ermöglichen als Statorschütze den Betrieb des Motors in zwei Drehrichtungen, im Fall des Kranhubwerks die Auf- und Abwärtsfahrt, die durch die jeweiligen Endlagentaster B1 und B2 begrenzt werden. Die Drehrichtungstaster S1 und S2 versorgen über weitere Kontaktblöcke die Anlasserbaugruppe (Läuferkreis) mit den Schützen K3A, K4A und K5A sowie die Zeitrelais K6T, K7T und K8T.

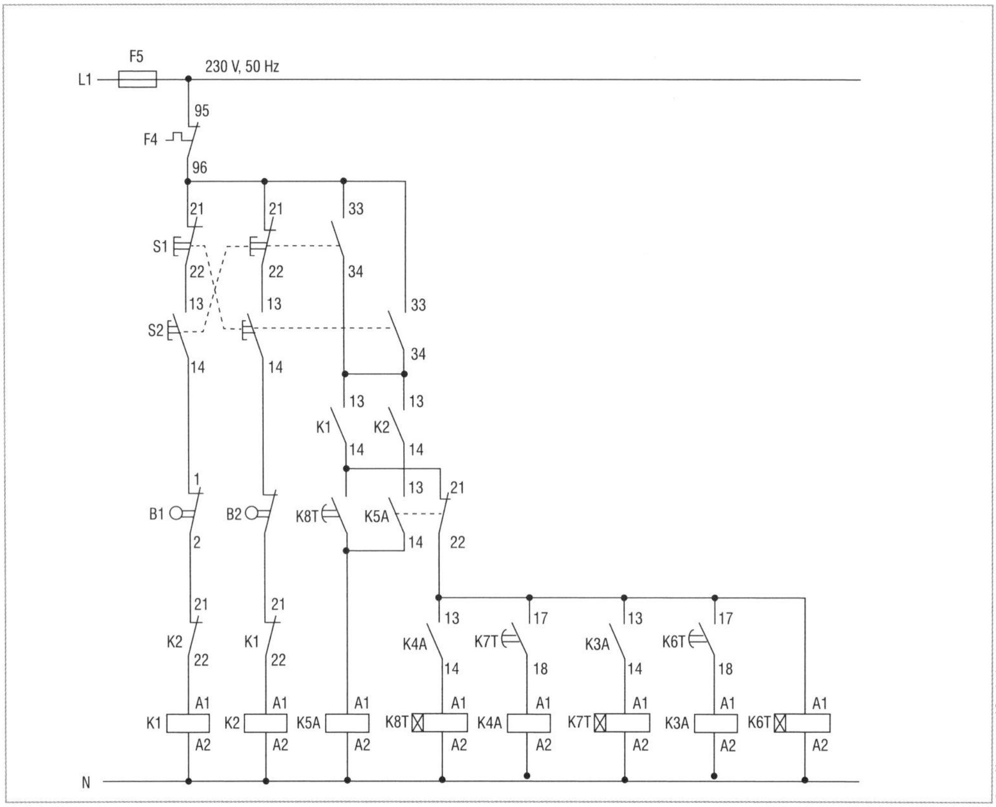


**Bild 5.40** Steuerstromkreis eines „Schleifringläufermotors" mit Anlasserbaugruppe

Quelle: B. Alferink

Wird jetzt einer der beiden Taster S1 oder S2 betätigt, zieht das Netzschütz K1 oder K2 an und schließt den Schließerkontakt K1 13-14 oder K2 13-14 im Läuferkreis. Der Motor dreht sich mit der höchsten Widerstandsstufe im Läuferkreis, da alle Widerstände R1 bis R4 in Reihe an den Anschlüssen K, L und M der Läuferwicklung liegen. Der hohe ohmsche Widerstand im Läufer reduziert die Phasenverschiebung zwischen Spannung und Strom im Einschaltmoment und sorgt für einen entsprechend hohen „Wirkstrom", der in etwa der Höhe des Nennstroms des Motors beträgt. Das damit verbundene kräftige Anzugsdrehmoment und eine reduzierte Drehzahl im Bereich des Schlupfs mit sanftem Anlauf sind weitere Vorteile dieses Anlaufverfahrens.

Über den Öffner K5A 21-22 wird jetzt das Zeitrelais K6T aktiviert. Nach Ablauf der eingestellten von K6T schließt der Kontakt K6T 17-18 und schließt über K3A die erste Widerstandsgruppe R1 des Läuferanlassers kurz und reduziert somit den ohmschen Anteil im Läuferkreis. Da der Läufer sich ja bereits in Rotation befindet, schießt der Anzugsstrom nicht mehr in die Höhe. Der Ablauf mit dem zeitgesteuerten Kurzschließen setzt sich mit den Widerstandsgruppen R2 und R3 fort, schrittweise erhöht sich dann auch die Motordrehzahl im Bereich des Schlupfs bis zur Bemessungsdrehzahl. Sobald das Schütz K5A angezogen ist, wird über den Öffner K5A die Steuerung der Widerstandsgruppen R1 bis R3 abgeschaltet, sodass lediglich die Widerstandsgruppe R4 im Läuferkreis aktiv bleibt.

### 5.6.4 LOGO-Steuerung des Kranhubwerks

Beim Umbau der Schützsteuerung in eine LOGO-Steuerung wird zunächst der Anschlussplan gezeichnet (**Bild 5.41**).

Anschließend wird die Betriebsmittelzuordnungsliste erstellt (**Tabelle 5.4**).

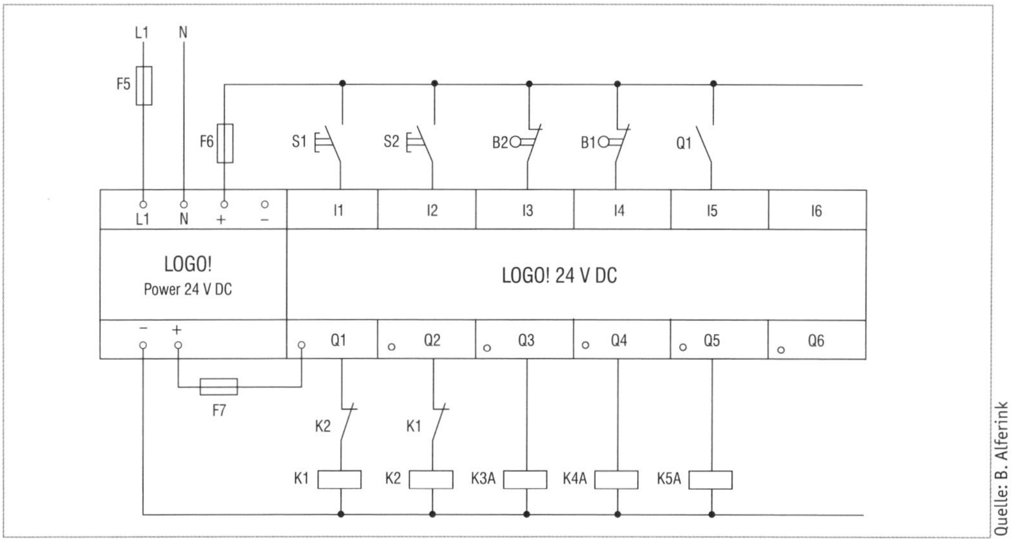


**Bild 5.41** LOGO-Anschlussplan der Kransteuerung

| Bezeichnung Stromlaufplan (VPS) | Operand LOGO | Symbol LOGO | Erklärung |
|---|---|---|---|
| S1 | I1 | S1_Auf | Eingang (binär); Schließer |
| S2 | I2 | S2_Ab | Eingang (binär); Schließer |
| B2 | I3 | B2_End_oben | Eingang (binär); Öffner |
| B1 | I4 | B1_End_unten | Eingang (binär); Öffner |
| Q1 | I5 | Q1_Motorschutz | Eingang (binär); Schließer |
| K1 | Q1 | K1_M1_Auf | Ausgang (binär) |
| K2 | Q2 | K2_M1_Ab | Ausgang (binär) |
| K3A | Q3 | K3A_Läuferschütz_R1 | Ausgang (binär) |
| K4A | Q4 | K4A_Läuferschütz_R2 | Ausgang (binär) |
| K5A | Q5 | K5A_Läuferschütz_R3 | Ausgang (binär) |

Quelle: B. Alferink

**Tabelle 5.4** Zuordnungsliste Hubwerksteuerung

Das LOGO-Programm zur Steuerung des Hubwerkmotors (**Bild 5.42**) sieht deutlich strukturierter und einfacher aus als die Schützsteuerung. Auf die physikalischen Zeitrelais kann verzichtet werden. Auf Selbsthaltungen wird aus Sicherheitsgründen verzichtet, da Kransteuerung nur im Tippbetrieb gefahren werden dürfen.

Konkret funktioniert die Steuerung folgendermaßen: Mit den Tastern „S1_Auf“ (I1) oder „S2_Ab“(I2) wird über die jeweiligen UND-Verknüpfungen B001 oder B002 die Aufwärtsfahrt über „K1_M1_Auf“ (Q1) oder die Abwärtsfahrt „K2_M1_Ab“ (Q2) eingeleitet. Zeitgleich wird über die ODER-Verknüpfungen B003 und B007 die Läuferanlasserbaugruppe über die Zeitfunktionen B004, B005 und B008 aktiviert. Die anzugsverzögernde Zeitfunktion B004 schaltet das Läuferschütz „K3A_Läufer_R1“ (Q3) ein und somit die Widerstands-

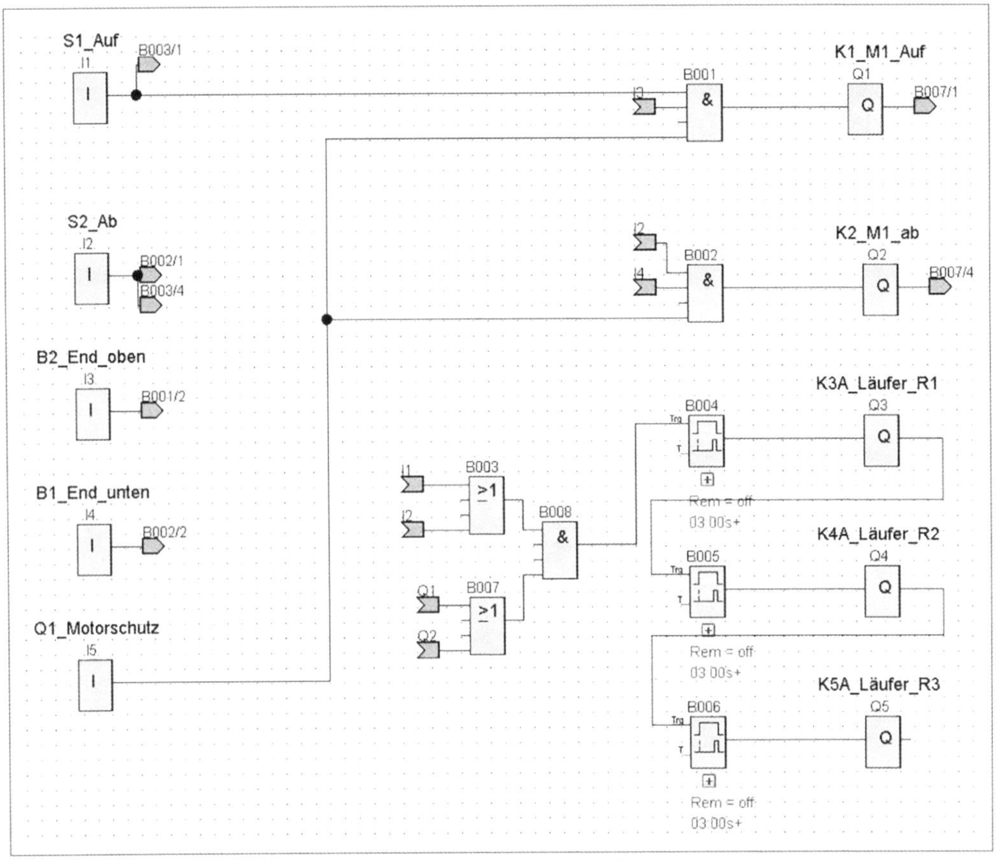


Quelle: Firma Siemens

**Bild 5.42** LOGO-Soft-Programm Hubwerksteuerung mit Drehstrom-Schleifringläufermotor

gruppe R1 durch Kurzschließen ab (Bild 5.36). Gleiches erfolgt jetzt mit den Zeitrelais B005 und Läuferschütz „K4A_Läufer_R2“ (Q4) sowie mit dem Zeitrelais B008 und Läuferschütz „K5A_Läufer_R3“ (Q5), jedoch immer unter der Voraussetzung, dass die Taster zur Auf- oder Abwärtsfahrt und die jeweiligen Statorschütze eingeschaltet sind.

Die Endlagentaster „B1_End_unten“ (I4) und „B2_End_oben“ (I5) begrenzen die jeweiligen Fahrtrichtungen. Der Hilfskontakt Q1 des Motorschutzschalters schaltet bei Störungen des Motorbetriebs über die UND-Verknüpfungen B001 und B002 den Motorbetrieb sofort aus.

## 5.7 Stillsetzen von Antrieben nach EN 60204-1 (VDE 0113-1)

Ausgehend von den grundsätzlichen Betrachtungen zur „Sicherheit in elektrischen Steuerungsanlagen“ in Kapitel 11 und im Speziellen in Abschnitt 11.5 „Schaltgeräte zum Stillsetzen von Maschinen“ bietet es sich bei der Projektierung des Hubwerks an, die Sicherheitskriterien zur Stillsetzung, also zum Stoppen der Maschine im Gefahrenfall, einmal genauer zu betrachten.

Zu unterscheiden in der Stillsetzung einer Maschine ist grundsätzlich das betriebsmäßige Ausschalten oder Abschalten oder das Stoppen der Maschine im Gefahren- oder Notfall. Während das betriebsmäßige Ausschalten gewöhnlich über einen herkömmlichen Taster mit der Kennung „O“ auf rotem Hintergrund realisiert wird, ist das Stillsetzen oder Stoppen im Gefahrenfall mit einer roten Pilzdrucktaste auf gelbem Hintergrund gemäß den Kriterien der Vorschrift DIN EN 60204-1 (VDE 0113-1) zu realisieren (siehe Abschnitt 11.5).

Konkret bezogen auf das Kranhubwerk bedeutet das, dass der Antriebsmotor nach Unterbrechung der Spannungsversorgung sofort stehen muss. Das erreicht man bereits beim Loslassen der Taster „S1_Auf“ oder „S2_Ab“, da bekanntlich aus Sicherheitsgründen auf die Selbsthaltung verzichtet wird. Hier liegt noch kein Notfall oder eine Gefährdung für das Bedienpersonal vor; es handelt sich hier lediglich um das betriebsmäßige Stoppen des Antriebs.

Um die Begriffe „Stoppen“, „Abschalten“, „Ausschalten“ oder „Stillsetzen“ eines Antriebs und die daraus resultierenden Folgen unterscheiden zu können, erfolgt zunächst einmal nach DIN EN 60204-1 (VDE 0113-1) eine Kategorisierung der Stopp-Funktionen einer Maschine (**Tabelle 5.5**).

| Stopp-Kategorie | | Energiezufuhr | Verzögerung |
|---|---|---|---|
| 0 | ungesteuertes Stillsetzen | sofortige Unterbrechung | „Austrudeln“ der Maschine bis zum Stillstand / ohne Kontrolle. |
| 1 | gesteuertes Stillsetzen | Unterbrechung erst bei Stillstand der Maschine | kontrolliertes Verzögern der Maschine durch Bremsen oder elektronische Maßnahmen |
| 2 | gesteuertes Stillsetzen | bleibt während des kompletten Vorgangs erhalten | komplett elektrisch gesteuerter Vorgang des Stillsetzens der Maschine |

**Tabelle 5.5** Stopp-Kategorien von Maschinen (Stand 2019)

Quelle: VDE Schriftenreihe Band 26 „Elektrische Ausrüstung von Maschinen und Maschinenanlagen“

Der Antriebsmotor für das Hubwerk darf nach Unterbrechung der Spannungsversorgung nicht „Austrudeln“. Im Rahmen einer Risikobeurteilung nach DIN EN ISO 12100 „Sicherheit von Maschinen“ kann hier beispielsweise die Stoppkategorie 0 „Ungesteuertes Stillsetzen“ keine Anwendung finden, da sie den Verzögerungsvorgang „Austrudeln“ nach Unterbrechung der Spannungsversorgung ausdrücklich zulässt. Die Stoppkategorie 2 „Gesteuertes Stillsetzen“ ist hier geeigneter, da sie elektrische oder mechanische Energien zum Stoppen der Maschine zulässt und somit ein kontrolliertes Verzögern der Antriebsbewegung gewährleistet. Die physikalischen Gegebenheiten wie die Drehmomente der Maschine in allen Belastungsfällen sind dabei unbedingt zu berücksichtigen und in die Risikobeurteilung miteinzubeziehen, sodass die erforderliche Bremsenergie bei der Auslegung des Antriebs auch rechnerisch bestimmt werden muss.

Dies wäre in der betrachteten Anwendung des Kranhubwerks so, dass ein Loslassen der Taster „S1_Auf“ oder „S2_ab“ ein sofortiges „Zupacken“ der Bremse bewirken würde und der Antriebsmotor wäre für den Moment stillgesetzt. Bei Betätigung der Taster wird die Bremse „gelüftet“ und der Antriebsmotor fährt die gewünschte Bewegung. Technologisch handelt es sich hier um einen Drehstrommotor mit Haltebremse, die in Kransteuerungen häufig als Gleichstrombremse ausgeführt sind.

Die Gleichstrombremse als Permanentmagnetbremse wirkt im unbestromten Zustand, befindet sich auf der Welle des Motors und entwickelt mit Gleichspannungen von 24 V DC bis zu 200 V DC Bremsmomente von 5 Nm bis zu 300 Nm und mehr.

In **Bild 5.43** ist eine Gleichstrombremse dargestellt.

Die Permanentmagnete im Erregersystem bewirken im stromlosen Zustand ein Anziehen des Ankers an die Spule, sodass die Welle blockiert wird. Die Bremse wirkt somit auch im Fall eines Stromausfalls und gilt somit als besonders sicher.

Sobald Gleichstrom zur Spule fließt, entsteht ein kräftiges Magnetfeld, das die Anziehungskraft der Permanentmagnete aufhebt und den Anker an die Flanschnabe heranzieht, sodass die Bremse durch das entgegengesetzte elektromagnetische Feld öffnet (lüftet) und die Motorwelle frei ist.

Für Drehstromasynchronmotoren mit Käfigläufer ist die elektronische Bremse (**Bild 5.44**) ein preiswertes und verschleißfreies Bremsverfahren.

Ein sehr häufig genutztes Bremsverfahren ist die Gegenstrombremsung, wie in **Bild 5.45** dargestellt. Über den Taster S1 NO wird über das Lastschütz K1 der Motor M1 eingeschaltet. Bei Betätigung des Austasters S0 NC wird der Motor M1 abgeschaltet, jedoch wird das Bremsschütz KH eingeschaltet und erzeugt mit zwei vertauschten Leitern ein starkes Gegendrehmoment auf den Läufer und bremst ihn ab. Damit der Läufer nicht in die andere Drehrichtung hochläuft, schaltet der Drehzahlwächter das Bremsschütz KH ab. Die Gegenstrombremsung ist sehr einfach zu realisieren, sie erfüllt jedoch nicht die sicherheitstechnischen Kriterien einer Haltebremse.

Diese Gleichstrombremse ist speziell für den Einsatz in Kransteuerungen und Aufzugssteuerungen konzipiert und liefert die entsprechend hohen Bremsmomente zum sicheren Stillsetzen des Antriebs. Vorne im Bild ist die Flanschnabe zu sehen, direkt dahinter befinden sich das Ankersystem und das Erregersystem. Im Erregersystem befinden sich kreisförmig angeordnete Permanentmagnete und die Spule. Die Flanschnabe wird auf der Motorwelle befestigt; sie stellt hier eine kraftschlüssige Verbindung her.

Quelle: Firma Kurt Maier Motor-Press GmbH

**Bild 5.43** Gleichstrom-Bremse

Nach der Abschaltung des Motors wird über eine Phasenanschnittsteuerung mit Thyristoren Gleichstrom erzeugt und in die Motorwicklung geführt. Der Gleichstrom erzeugt mit seiner elektromagnetischen Kraftwirkung ein hohes Gegendrehmoment zum rotierenden Läufer und bremst ihn stark ab.

Quelle: Firma Klinger Born

**Bild 5.44** Elektronische Bremse

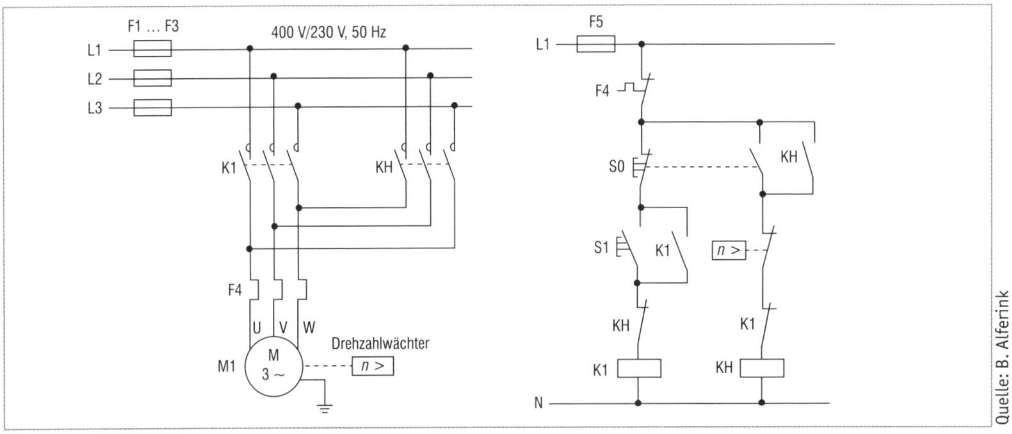


**Bild 5.45** Hauptstromkreis einer Gegenstrombremsung

## 5.8 Betriebsarten von Motoren

Abschließend zu Kapitel 5 „Projektierung elektrischer Antriebe" soll noch kurz auf die Betriebsarten der einzelnen Antriebe dieses Kapitels eingegangen werden.

Die Betriebsart einer Maschine nach DIN VDE 0530 beschreibt deren Belastung im Betrieb und berücksichtigt dabei alle Betriebsszenarien der Maschine wie Anlauf, Einschaltdauer, Bremsen, Leerlauf und Belastung sowie Pausen. Besondere Bedeutung hat dabei stets die Temperaturentwicklung der Maschine. Man unterscheidet insgesamt zehn Betriebsarten elektrischer Maschinen von S1 bis S10. Im Anhang 2 sind alle Betriebsarten tabellarisch mit Belastungsmoment, thermischem Verhalten und Beispielen aufgeführt.

Der Antriebsmotor für die Abwasserpumpe (Abschnitt 5.1) muss für die Betriebsart „S1-Dauerbetrieb" ausgelegt sein. Die Belastung ist hier zeitlich nicht begrenzt und die Belastung ist konstant. Der Drehstrommotor ist so ausgelegt, dass ein thermisches Gleichgewicht erreicht wird. Das bedeutet, dass die Motortemperatur nach dem Einschalten zunächst ansteigt, dann aber aufgrund der konstanten Belastung auf einem stabilen Niveau verharrt.

Anders ist es mit dem Drehstromasynchronmotor mit Dahlanderwicklung (Abschnitt 5.7) für ein Teigrührwerk, der mit zwei unterschiedlichen Drehzahlen arbeitet und nach dem Rührvorgang bis zum nächsten Betrieb ausgeschaltet wird. Hier liegt ein ununterbrochener periodischer Aussetzbetrieb vor, der durch Veränderung in der Drehzahl und in der Belastung der Betriebsart S8 entspricht.

Hebezeuge wie das Hubwerk der Kransteuerung (Abschnitt 5.8) entsprechen mit ihren identischen Schaltspielen aus Belastung und Pause der Betriebsart S3 „Periodischer Aussetzbetrieb". Ein thermischer Beharrungszustand wird infolge von Pausen nicht erreicht, was in der Praxis bedeutet, dass die Maschine sich nach dem Betrieb in der Pause wieder ausreichend abkühlt. Eine thermische Überlastung tritt somit nicht ein. In der Praxis sind Kranmotoren so konzipiert, dass sie bis zu 600 Starts auch für schwere Anwendungen in der Stunde problemlos leisten können.

# 6 Bausteinarten in der SPS-Projektierung

Die SPS-Projektierungssoftware „TIA-Portal" der Firma Siemens basiert auf der Norm IEC 61131-3, die für Hersteller von Projektierungssoftware europaweit gleiche Standards vorgibt und letztendlich auch eine gewisse Kompatibilität bietet. Dies gilt im besonderen Maße auch für die Strukturierung einer SPS-Projektierungssoftware in verschiedene Bereiche und Bausteine.

## 6.1 Übersicht und Kurzdarstellung

Im Rahmen dieser Strukturierung sind in **Bild 6.1** die wichtigsten Programmbausteine und deren grundsätzliche Anwendungen und Merkmale dargestellt.

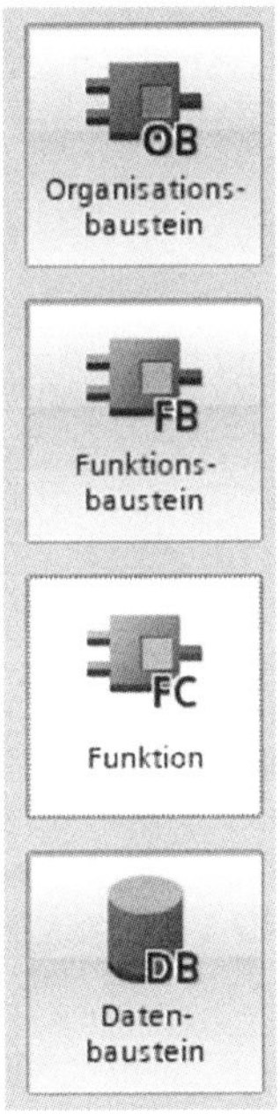


Organisationsbausteine (OB):
Werden ereignisgesteuert oder zyklisch aufgerufen und dienen der Steuerung der Programmbearbeitung.

Funktionsbausteine (FB):
Werden vielfältig eingesetzt, insbesondere für wiederkehrende Aufgaben (siehe Abschnitte 5.4 und 5.6), da sie ein Gedächtnis in Form eines Instanz-Datenbausteins haben.

Funktion (FC):
Werden für einfache Anwendungen verwendet. Sie haben im Gegensatz zum FB kein Gedächtnis.

Datenbaustein (DB):
Dienen als Global-DB oder als Instanz-DB zur Speicherung von Daten jeglicher Art aus den Prozessen.

Quellen: Firma Siemens

**Bild 6.1** Bausteinarten im Siemens TIA-Portal

## 6.2 Unterschiede in der Anwendung von FC und FB

Ergänzend zur Kurzdarstellung in Bild 6.1 müssen insbesondere die Unterschiede zwischen Funktionsbaustein (FB) und Funktion (FC) als Basis zur sicheren Anwendung in der Projektierungspraxis bekannt sein.

Funktionen (FC) eignen sich für einfache Projektierungen, da ihnen kein Gedächtnis in Form eines Datenbausteins zugeordnet werden kann. Sie können folglich keine statischen Variablen verarbeiten. Das bedeutet für die Projektierung, dass auf Merker oder auf freie

Datenbereiche in Global-Datenbausteinen zurückgegriffen werden muss, was das Projekt unübersichtlich macht. Insbesondere durch die Nutzung von Merkern entsteht eine potenzielle Fehlerquelle in Überschneidungen und Mehrfachnutzung von Daten, was zu Fehlern in Programmen führt. Diese treten dann in der Praxis häufig bei der Inbetriebnahme des Projekts auf, was zu ärgerlichen Verzögerungen führt. Temporäre Variablen und lokale Konstanten können in Funktionen (FC) verwendet werden.

Funktionsbausteine (FB) haben bei jedem Aufruf einen zugeordneten Instanz-Datenbaustein, der als Gedächtnis dient. Somit können im FB im Gegensatz zum FC statische Variablen verwendet werden. Datenüberschneidungen und Mehrfachbelegungen von Merkern können hier nicht auftreten. Die statischen Variablen stehen inhaltlich auch nach der Bausteinbearbeitung im zugeordneten Instanz-Datenbaustein weiterhin zur Verfügung. Die Zuordnung der Prozessdaten erfolgt über die Aktualoperanden, deren zyklusaktuelle Inhalte im zugehörigen Instanz-Datenbaustein abgelegt sind und mit den entsprechenden Datentypen der Formaloperanden des FB verknüpft sind. So entsteht eine uneingeschränkte Bibliotheksfähigkeit des Funktionsbausteins. Das qualifiziert den Funktionsbaustein (FB) für wiederkehrende Aufgaben und Anwendungen wie Standard-Maschinensteuerungen oder auch Regelungen (siehe Abschnitte 5.4 und 5.6). Neben den statischen Variablen können im FB auch temporäre Variablen und lokale Konstanten uneingeschränkt genutzt werden.

## 6.3 Organisationsbausteine und deren Anwendung

Organisationsbausteine (OB) dienen der Programmsteuerung und werden üblicherweise ereignisbedingt aufgerufen. Eine Ausnahme bildet hier der MAIN (OB1 = Organisationsbaustein 1), der die zyklische Programmbearbeitung steuert und organisiert. Im MAIN (OB1) wird die Reihenfolge der Abarbeitung des Anwenderprogramms festlegt. Er dient als Bindeglied zwischen CPU und Anwenderprogramm.

Eine Übersicht der Organisationsbausteine zeigt **Bild 6.2**

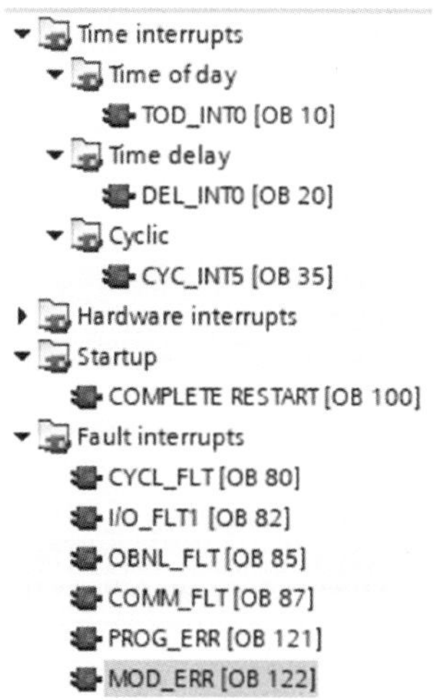


Es gibt je nach CPU-Typ unterschiedliche ereignisbedingt aufgerufene Organisationsbausteine für bestimmte Zwecke. Es gibt sie als „Time interrupts" in der zeitgesteuerten Programmsteuerung, wie sie häufig bei Regelungen eingesetzt werden. Hier wird zu fest definierten Zeitpunkten oder zuvor festgelegten Zeitabständen das zyklische Programm unterbrochen und das Programm des „Zeit-OB" eingeschoben. Darum spricht man in der Praxis auch von unterbrechungsgesteuerter Programmbearbeitung. Darüber hinaus gibt es „Alarm-Organisationsbausteine" und „Fehler-Organisationsbausteine" sowie Anlauforganisationsbausteine, die im folgenden Projektierungsbeispiel näher betrachtet werden.

Quellen: Firma Siemens

**Bild 6.2** Übersicht Organisationsbausteine im TIA-Portal

## 6.4 Praktische Anwendung eines Anlauforganisationsbausteins

Ein besonderes Ereignis im Betrieb einer SPS ist der Neustart, der sowohl einen Kaltstart als auch einen Warmstart umfassen kann. Bei einem Kaltstart werden alle Variablen zurückgesetzt, sodass es erforderlich sein kann, die zu steuernde Anlage in einen definierten und damit sicheren Zustand hochfahren zu lassen. Zu diesem Zweck kann der Anlauforganisationsbaustein OB100 „COMPLETE RESTART“ programmiert werden. Dieser Baustein wird nur und ausschließlich in der Startphase als Ereignis abgearbeitet und muss nicht im MAIN (OB1) aufgerufen werden. Folglich ist er auch nicht Bestandteil des zyklischen Anwenderprogramms. In der Praxis wird häufig ein sogenannter „Richtimpulsmerker“ programmiert, der nur im ersten Programmzyklus des Anwenderprogramms auf Signalzustand 1 steht und somit sicherheitstechnisch wichtige Vorgänge in der Hochlaufphase der Steuerungsanlage auslösen kann.

Am konkreten Programmbeispiel mit folgender Ausgangssituation soll die Funktion eines Richtimpulses verdeutlicht werden:

Der binäre Eintaster „S1_Ein“ (I0.0) schaltet den „M1_Motor“ (Q0.0) ein, der binäre Austaster „S0_Aus“ (I0.1) schaltet den Motor M1 aus. Jetzt wird zur Anlagensicherheit in der Hochlaufphase ein Richtimpulsmerker so in das Programm integriert, dass bei einem Anlauf der CPU der Motor M1 über den Richtimpulsmerker im ersten Zyklus des zyklischen Programms in jedem Fall ausgeschaltet wird oder ausgeschaltet bleibt.

Es bietet sich in das in **Bild 6.3** gezeigte Programm an.

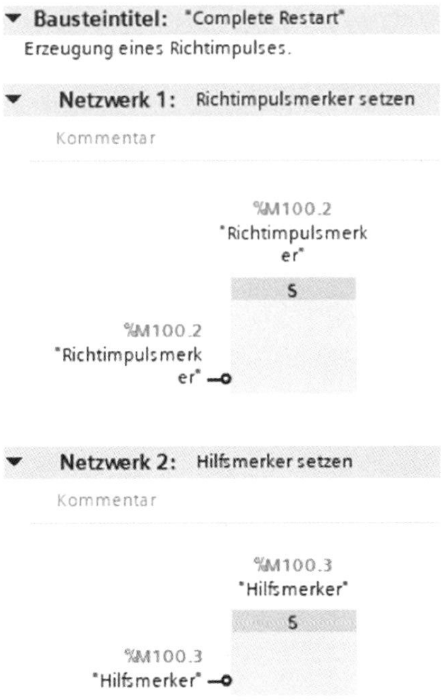


Im Anlauforganisationsbaustein OB100 wird der Richtimpulsmerker M100.2 auf Signalzustand 1 gesetzt. Dies erfolgt durch die negierte Abfrage des Merkers M100.2.

Ebenso wird mit dem Hilfsmerker M100.3 verfahren, der den Richtimpulsmerker im zyklischen Programm nach dem ersten Programmzyklus zurücksetzt.

Beide Merker werden im OB100 auf Signalzustand 1 gesetzt und starten mit diesen Signalzuständen in das zyklische Programm, das mit dem MAIN (OB1) begonnen wird.

Auch von den Organisationsbausteinen wird wie im zyklischen Programm auf die dieselben Merkerspeicher und Prozessabbilder zugegriffen.

Quellen: Firma Siemens

**Bild 6.3** Richtimpulsmerker im OB 100

Die obigen Anweisungen in Bild 6.3 in Netzwerk 1 und 2 sind die einzigen Vorgänge im OB100. Dieser Baustein wird bekanntlich nur in der Anlaufphase der SPS einmalig bearbeitet und hat dann seine Funktion erfüllt. Im MAIN (OB1) erfolgt dann die weitere Verarbeitung des Richtimpulses.

In **Bild 6.4** ist das Startprogramm im MAIN (OB1) dargestellt.

Im zyklischen Anwenderprogramm, beispielsweise in einem FC, wird der Richtimpulsmerker M100.2 am Rücksetzeingang des SR-Flip-Flops abgefragt. So ist sichergestellt, dass der Motor M1 unmittelbar nach der Hochlaufphase nicht eingeschaltet ist (**Bild 6.5**).

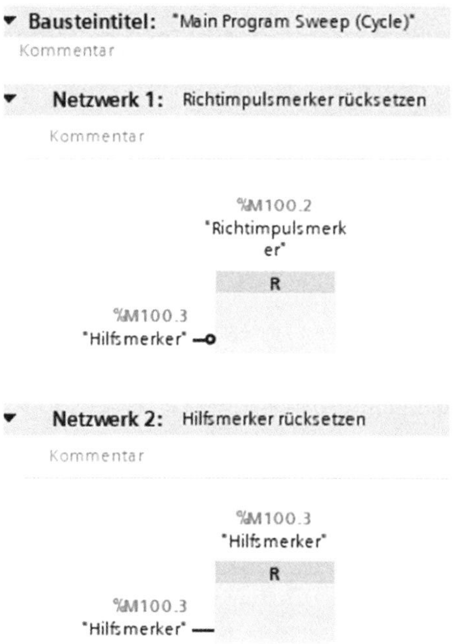


In Netzwerk 1 wird der Richtimpulsmerker M100.2 durch die negierte Abfrage des Hilfsmerker M100.3 rückgesetzt; allerdings wirkt dieses Rücksetzen erst im zweiten Programmzyklus.

In Netzwerk 2 setzt der Hilfsmerker M100.3 sich selbst zurück, sodass es im zweiten Programmzyklus in Netzwerk 1 mit dem negierten Signalzustand 0 den Richtimpulsmerker M100.2 zurücksetzt. Somit war der Richtimpulsmerker M100.2 nur im ersten Programmzyklus des zyklischen Anwenderprogramms auf Signalzustand 1.

Quellen: Firma Siemens

**Bild 6.4** Richtimpulsmerker im MAIN (OB1)

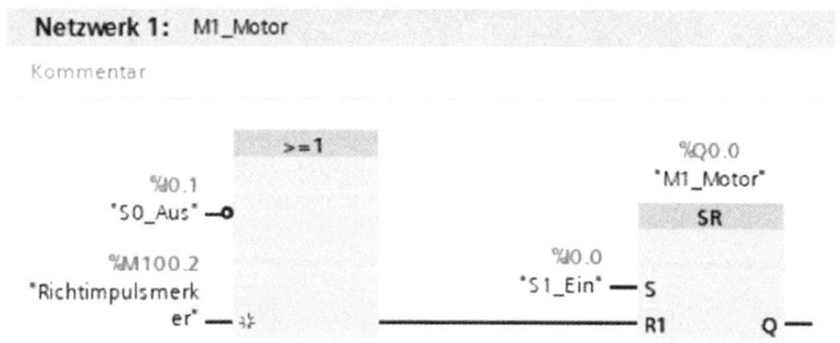


Quellen: Firma Siemens

**Bild 6.5** Ansteuerung des Motors M1

## 6.5 Datenbausteine und deren Anwendung

Datenbausteine (DB) speichern variable Anwenderdaten jeglicher Art und können neben der Verwendung als Instanz-DB (siehe Abschnitt 5.2) eines FB-Aufrufs auch als globale Datenspeicher für die Daten eines ganzen Projekts Gültigkeit haben. Datenbausteine enthalten keine Programmanweisungen oder Befehle.

Die Struktur bezüglich der unterschiedlichen Datentypen eines globalen Datenbausteins kann frei festgelegt werden, sodass von allen Bausteinen des Projekts auf die Daten des Global-DB zugegriffen werden kann. Dies wird in der Praxis häufig als gemeinsamer Speicherbereich für den Austausch der Daten zwischen einem HMI-Gerät und einer SPS oder bei der Vernetzung von zwei oder mehreren SPS-Geräten angewendet. Die einzelnen Datentypen- und Formate sind in Abschnitt 8.2 „Datentypen in der SPS-Projektierung" und der Übersicht in der Tabelle 8.1 dargestellt und erklärt.

Im praktischen Vergleich der Speicherung von variablen Daten in Merkern oder Datenbausteinen ist die Verwendung von Datenbausteinen vorzuziehen, allein wegen des übersichtlichen und gut strukturierbaren Speicherbereichs. Aber auch Überschneidungen und unbeabsichtigte Mehrfachverwendungen von Merkern, die als häufige Fehlerquellen, insbesondere bei der Inbetriebnahme von SPS-Systemen auftreten, gibt es bei der Verwendung von Datenbausteinen nicht. Auch die Zugriffsgeschwindigkeit auf die Daten eines Datenbausteins ist höher, da im Vergleich zu den Merkern auf die Datentransporte über das interne Bussystem zu den physikalischen Merkerspeichern entfallen.

### 6.5.1 Anlegen eines Global-Datenbausteins mit symbolischen Operanden

Die Speicherung variabler Daten eines Projekts wird in Datenbausteinen stets mit symbolischen Adressen versehen, was die Handhabung im gesamten Projekt deutlich vereinfacht.

Zunächst wird ein globaler Datenbaustein (Global-DB) hinzugefügt (**Bild 6.6**). Dabei ist es sinnvoll, den Namen des Global-DB so zu wählen, dass die Daten im Zusammenhang mit dem zu steuernden Prozess stehen.

Anschließend werden alle Daten mit ihren Namen (symbolischen Operanden) in beliebiger Reihenfolge in das Feld „Static" mit dem entsprechenden Datentyp eingetragen (**Bild 6.7**).

Im Aufruf des Bausteins „M1_Motor_Pumpe_1" (FB1) werden unter den Formaloperanden „Anlaufzeit", „Betriebsstunden" und „Drehzahl" die entsprechenden Daten aus dem Global-DB „Daten_M1_Pumpe_1" wie in **Bild 6.8** hinzugefügt.

Es kann im Global-DB auch auf einzelne Daten wie Bits, Bytes oder Wörter innerhalb eines Datentyps zugegriffen werden. Soll beispielsweise ein Datenbit im Datentyp BOOL aus der Drehzahl INTEGER „Daten_M1_Pumpe_1.M1_Drezahl" aufrufen werden, so ist dies mit dem Aufruf „Daten_M1_Pumpe_1.M1_Drehzahl.%x0" möglich, wobei die Endung %x0 für das Datenbit 0 aus der 16-Bit-Information steht. Folglich können auch alle anderen Bits mit den Endungen %x1 bis %x15 aufgerufen werden.

Soll eine Byte-Information aus der Drehzahl INTEGER „Daten_M1_Pumpe_1.M1_Drehzahl" aufgerufen werden, so ist dies mit dem Aufruf „Daten_M1_Pumpe_1.M1_Drehzahl.%b0" möglich, wobei die Endung %b0 für das Byte 0 steht.

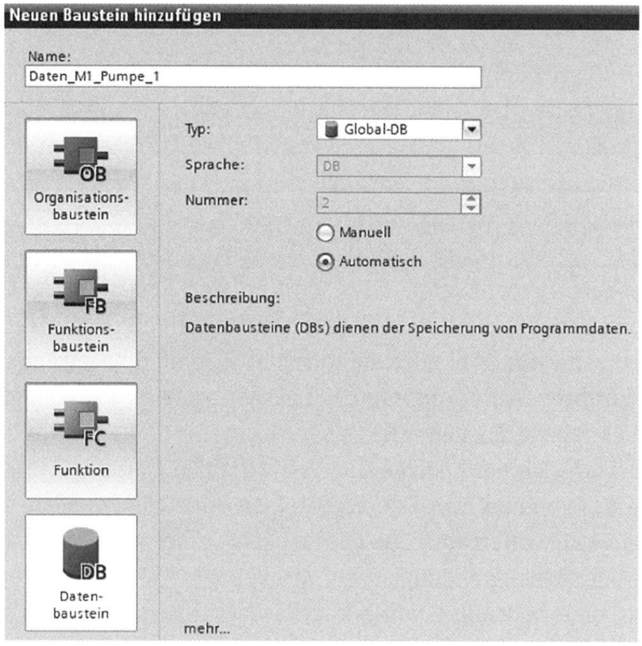


Quellen: Firma Siemens

**Bild 6.6** Hinzufügen eines Global-DB

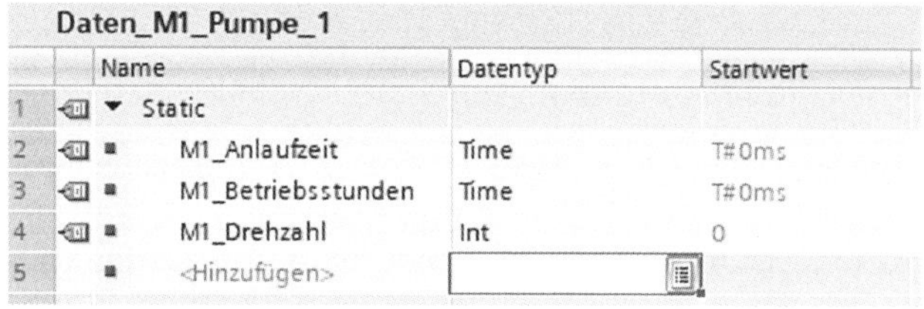

Daten_M1_Pumpe_1

| | Name | Datentyp | Startwert |
|---|---|---|---|
| 1 | ▼ Static | | |
| 2 | M1_Anlaufzeit | Time | T#0ms |
| 3 | M1_Betriebsstunden | Time | T#0ms |
| 4 | M1_Drehzahl | Int | 0 |
| 5 | <Hinzufügen> | | |

Quellen: Firma Siemens

**Bild 6.7** Eingabefelder eines Global-DB

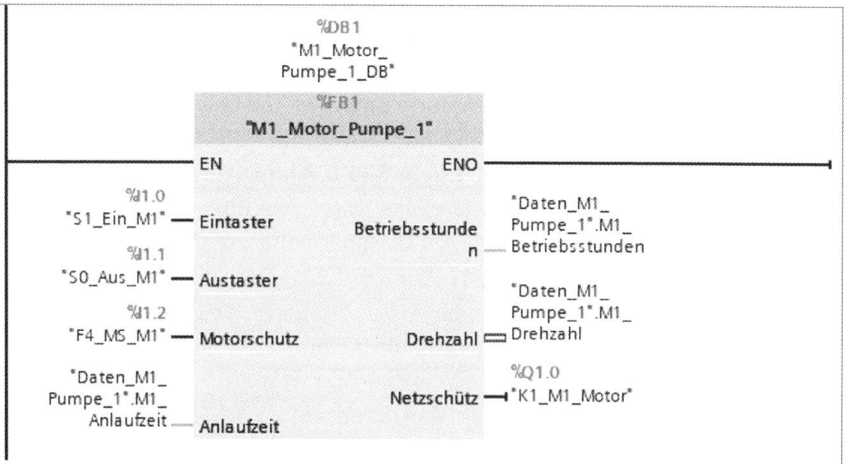


Quellen: Firma Siemens

**Bild 6.8** Aufruf eines FB mit parametrierten symbolischen Operanden

Der in der Bild 6.8 dargestellte Funktionsbaustein FB1 enthält noch einen weiteren Datenbaustein in Form eines Instanz-DB, hier der %DB1“M1_Motor_Pumpe_1_DB“. Dieser Instanz-DB ist dem Aufruf des FB1 zugeordnet und enthält die „Lokaldaten“ des Funktionsbausteins als Gedächtnis für diesen Aufruf. Hier werden die aktuellen Prozessdaten der Aktualoperanden gespeichert. Somit besteht ein funktioneller Unterschied zwischen Instanz-DB und Global-DB, da auf die Daten des Global-DB von allen Bausteinen des Projekts aus zugegriffen werden kann.

## 6.5.2 Multiinstanzdatenbausteine bei Funktionsbausteinaufrufen

Bei jedem Aufruf eines Funktionsbausteins FB wird ein Instanz-Datenbaustein zugeordnet, der als Gedächtnis des FB-Aufrufs dient, indem er die Signalzustände der Aktualoperanden speichert. Werden jetzt mehrere Aufrufe des gleichen FB notwendig, wie beispielsweise bei der mehrfachen Projektierung eines Abwasserpumpenantriebs (siehe Abschnitt 5.2), dann wird für jeden Aufruf ein separater Instanz-DB für die Speicherung der Lokaldaten angelegt. Dies führt aufgrund der vielen Bausteine (insbesondere der Instanz-DBs) in einer Programmebene sehr schnell zur Unübersichtlichkeit.

Um dieses Problem der Unübersichtlichkeit zu umgehen, wird im folgenden Beispiel das Anlegen eines Multiinstant-Datenbausteins gezeigt.

Ausgangssituation ist, dass drei Abwasserpumpen mit Drehstrom-Asynchronmotoren über eine SPS gesteuert werden sollen. Es wird zur Vereinfachung folgender Funktionsbaustein FB angelegt (**Bild 6.9**).

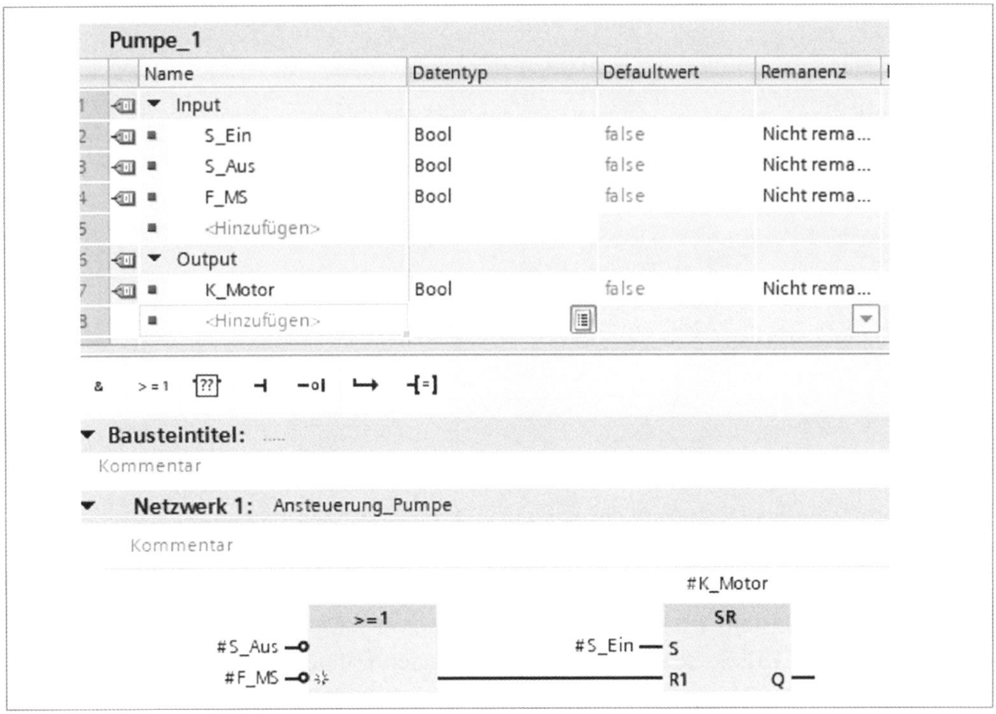


Quellen: Firma Siemens

**Bild 6.9** Erstellen des FB-Programms mit Formaloperanden

Der Deklarationsteil enthält im „Input“ nur die Parameter „S_Ein“, „S_Aus“ zum Ein- und Ausschalten und „F_MS“ für die Abfrage der Motorschutzeinrichtung. Im Bereich „Output“ liegt nur der „K_Motor“ zur Ansteuerung des Motorschützes.

Da dieser Funktionsbaustein FB „Pumpe_1“ jetzt dreimal aufgerufen werden muss, erhält er auch für jeden Aufruf einen separaten Instanz-DB.

Um hier effektiver zu programmieren, wird ein Instanz-DB für alle drei FB-Aufrufe angelegt. Dieser Datenbaustein nennt sich dann „Multiinstanz-DB“.

Dazu muss jedoch eine weiterer Funktionsbaustein FB mit der Bezeichnung „Pumpensteuerung_1 [FB2]“ angelegt werden (**Bild 6.10**).

Aus diesem FB2 werden jetzt die drei Funktionsbausteinaufrufe für die drei Pumpen aufgerufen. In **Bild 6.11** ist auszugsweise ein FB-Aufruf für die Abwasserpumpe mit dem „K1_Motor_1“ (Q0.0) dargestellt.

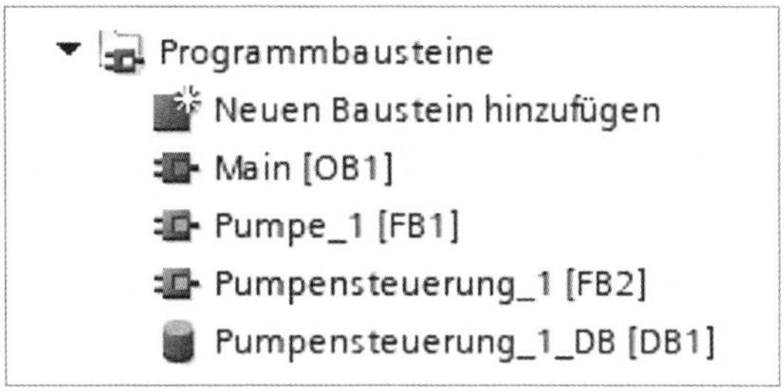


Quelle: Firma Siemens

**Bild 6.10** Bausteinstruktur

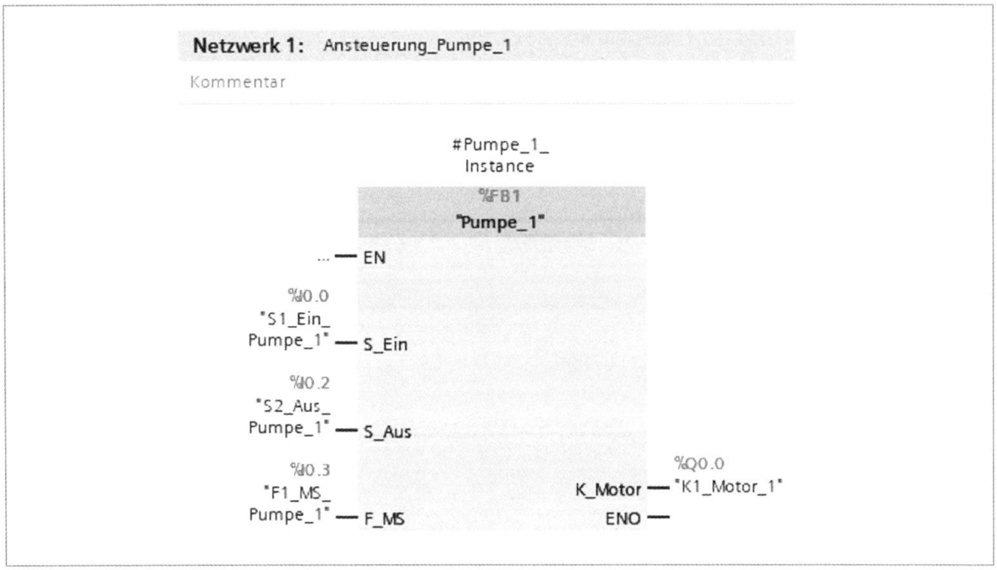


Quellen: Firma Siemens

**Bild 6.11** Aufruf des FB

Gleiches gilt für die FB-Aufrufe der beiden anderen Abwasserpumpen.

Der Funktionsbaustein „Pumpensteuerung_1 [FB2]“ erhält jetzt einen Instanz-DB, der aber nicht als Einzelinstanz-DB, sondern als Multiinstanz-DB aufgerufen wird (**Bild 6.12**).

In diesem Multiinstanz-DB sind jetzt alle Daten der drei Motoren für die Abwasserpumpen vereint (**Bild 6.13**). So benötigt man nur noch einen Datenbaustein für alle Motoren.

In der praktischen Projektierung zeigt sich der der Aufruf des Multiinstanz-DB zunächst rot, jedoch schafft hier das Übersetzen der Software Abhilfe (**Bild 6.14**).

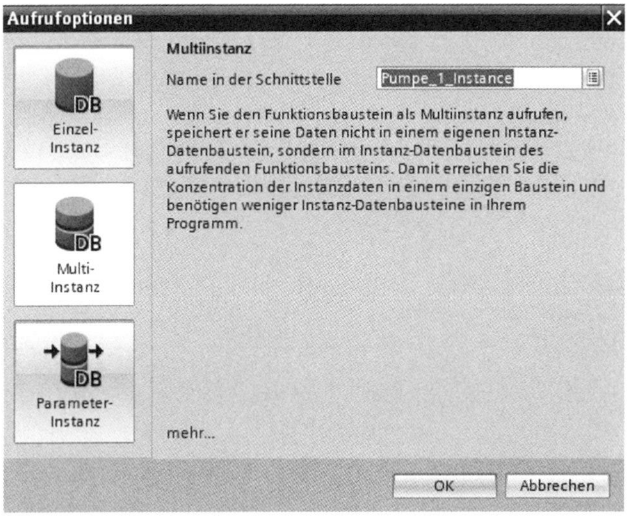


Quellen: Firma Siemens

**Bild 6.12** Aufrufoptionen Multiinstanz

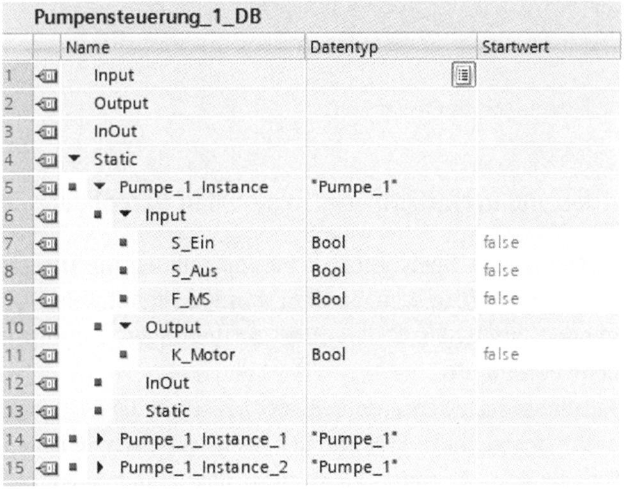

Pumpensteuerung_1_DB

| | Name | Datentyp | Startwert |
|---|---|---|---|
| 1 | Input | | |
| 2 | Output | | |
| 3 | InOut | | |
| 4 | ▼ Static | | |
| 5 | ▼ Pumpe_1_Instance | "Pumpe_1" | |
| 6 | ▼ Input | | |
| 7 | S_Ein | Bool | false |
| 8 | S_Aus | Bool | false |
| 9 | F_MS | Bool | false |
| 10 | ▼ Output | | |
| 11 | K_Motor | Bool | false |
| 12 | InOut | | |
| 13 | Static | | |
| 14 | ▸ Pumpe_1_Instance_1 | "Pumpe_1" | |
| 15 | ▸ Pumpe_1_Instance_2 | "Pumpe_1" | |

Quellen: Firma Siemens

**Bild 6.13** Datenablage im Multiinstanz-DB

Nach dem Übersetzen der Software ist der Multiinstanz-DB „Pumpensteuerung_1_DB (DB1)" richtig zugeordnet; die Steuerung ist voll funktionsfähig und insgesamt übersichtlich gestaltet (**Bild 6.15**).

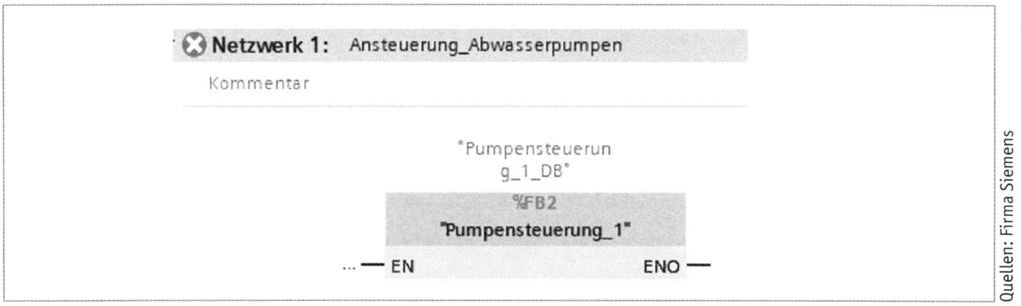


**Bild 6.14** Aufruf des Multiinstanz-Datenbausteins

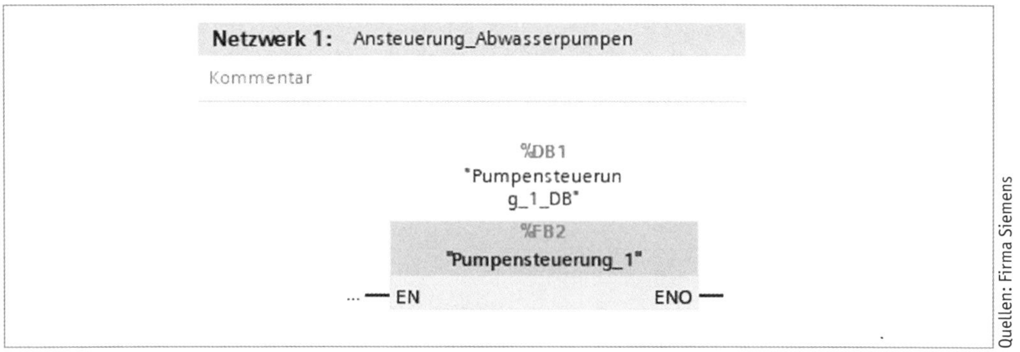


**Bild 6.15** Zuordnung Multiinstanz-Datenbaustein zum FB2

### 6.5.3 Datenspeicherung in Merkern oder in globalen Datenbausteinen?

Merker sind hardwareabhängige Speicherbereiche und müssen im Anwenderprogramm eines Projekts sorgfältig adressiert und zugeordnet werden, damit keine Überschneidungen oder Mehrfachnutzungen entstehen. Dies würde zu unnötigen Störungen und den damit verbundenen Fehlersuchen führen.

Nutzt man beispielsweise das Merkerdoppelwort MD0 mit 32 Bit, um eine Realzahl zwischenzuspeichern und wird an anderer Stelle der M0.0 zur Zwischenspeicherung der Einschaltbedingung eines binären Ausgangs Q, so führt dies zu einer Fehlinformation in beiden Merkerbereichen. Der Signalzustand 1 auf M0.0 verfälscht die Realzahl in MD0, da der binäre Merker M0.0 Bestandteil des High-Byte des Merkerdoppelworts MD0 ist.

Allein aus diesem Grund ist es sinnvoll, grundsätzlich globale Datenbausteine zur Speicherung von Daten jeglicher Art zu nutzen. Zudem sind die Zugriffszeiten auf die Daten in globalen Datenbausteinen kürzer als die Zugriffe auf die hardwareabhängigen Speicherbereiche der Merker. Diese kürzeren Zugriffszeiten macht das projektierte SPS-System insgesamt leistungsfähiger.

# 7 Baugruppen einer SPS und zyklische Programmbearbeitung

Für die Projektierung einer SPS-Steuerung ist die Kenntnis der inneren Vorgänge des Systems und das Zusammenwirken der einzelnen Komponenten unerlässlich. So lassen sich komplexe funktionale Zusammenhänge und deren Auswirkung auf die praktische Funktion der zu steuernden Anlage häufig aus der zyklischen Abarbeitung des Anwenderprogramms erklären (**Bild 7.1**).

## 7.1 Zusammenwirken der Baugruppen einer SPS

Die Stromversorgungsbaugruppe der SPS (PS) stellt alle in der SPS benötigten Spannungen bereit. Die Versorgungsspannung für die Sensoren und Aktoren ist heute überwiegend DC (**D**irect **C**urrent; Gleichspannung) mit dem Spannungspotenzial 24 V. Für analoge Baugruppen (AI und AQ) ist das Spannungspotenzial von +/– 10 V üblich. Die internen Signale der SPS werden mit der Spannung 5 V DC verarbeitet.

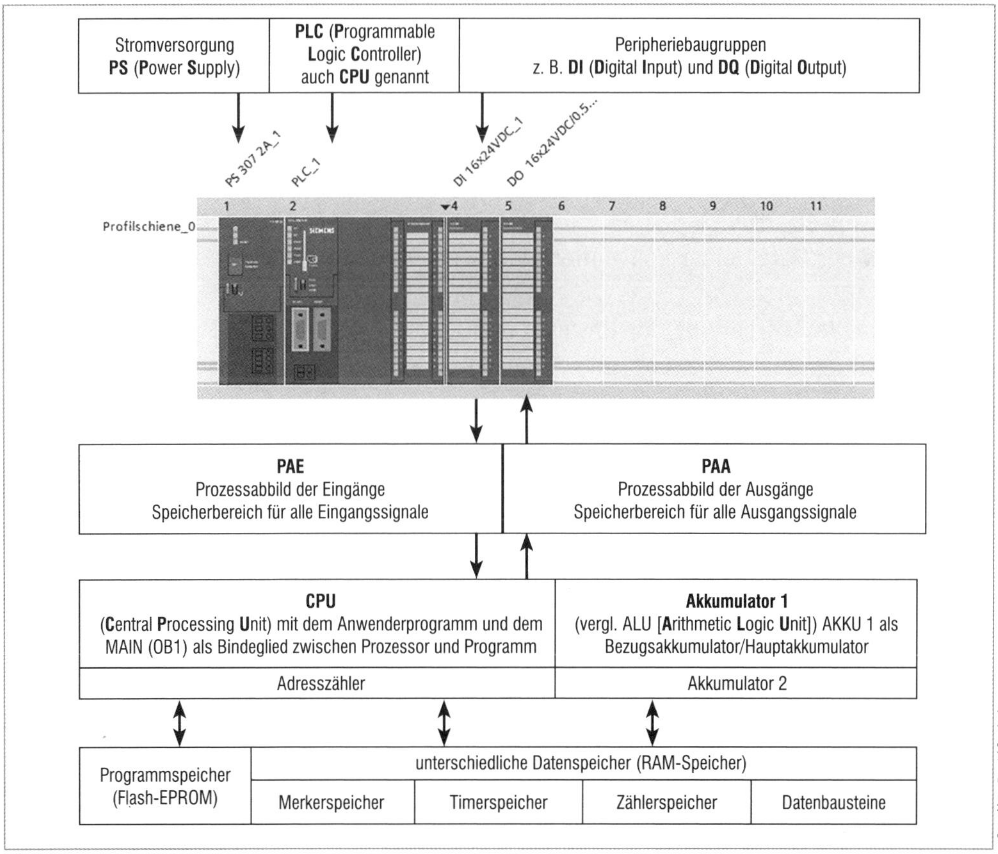

Quelle: B. Alferink

**Bild 7.1** Baugruppen einer SPS

Für die Anpassung der Sensorspannung 24 V DC an die interne Signalspannung von 5 V DC ist für jeden DI ein Optokoppler vorgesehen, der eine galvanische Trennung zwischen den beiden unterschiedlichen Spannungssignalen vornimmt (**Bild 7.2**).

Mit der galvanischen Trennung wird ein Übergriff der Sensorspannung auf die empfindlichen internen Signalbaugruppen der SPS verhindert und somit die SPS vor Zerstörung durch Überspannungen geschützt.

Eine weitere Entstörung der Baugruppe erfolgt durch einen RC-Tiefpass, der zum Schutz der SPS Spannungsspitzen abfängt. Die Infrarot-LED des Optokopplers wird durch eine antiparallelgeschaltete Schutzdiode geschützt. Ein Grundlastwiderstand, der parallel zum Optokoppler geschaltet ist, sorgt in Anbetracht des niedrigen Spannungspotenzials von 24V für eine ausreichende Kontaktbelastung des Sensors.

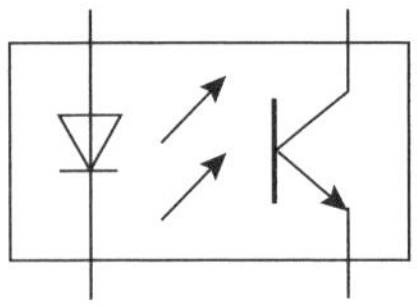

Das Sensorsignal ist linksseitig am Optokoppler angeschlossen und steuert bei Signalzustand 1 die Infrarot-LED, die dann über das emittierende Medium Licht den Fototransistor auf der rechten Seite ansteuert und somit das Schaltsignal zur internen Verarbeitung in der SPS weitergibt. Die Schaltung befindet sich in einem gekapselten Gehäuse.

Quelle: B. Alferink

**Bild 7.2** Optokoppler

## 7.2 Zyklische Programmbearbeitung und Zykluszeit

Nach der Betrachtung des Zusammenwirkens der Baugruppen einer SPS ist jetzt die Abarbeitung des Anwenderprogramms interessant. Die SPS arbeitet alle Programmbausteine und deren Anweisungen seriell ab; das ist der entscheidende Unterschied zur parallelen Abarbeitung der Daten einer konventionellen Schützsteuerung oder einer Elektroniksteuerung.

Diese serielle Abarbeitung der Prozesse und Programme in einer SPS erfolgt aber sehr viel schneller als die Abarbeitung einer vergleichsweise „trägen" Relaissteuerung. Das Maß für die Geschwindigkeit ist die sogenannte Zykluszeit, die in **Bild 7.3** ausgehend vom „Einlesen aller Eingangssignale an das PAE" über das „serielle Abarbeiten des Anwenderprogramms" bis zum „Übertragen des PAA an die Ausgangsbaugruppen" einen kompletten Programmzyklus abbildet.

Die parametrierte Zykluszeit beträgt üblicherweise 150 ms und wird auf Basis der ermittelten Rechenzeit an einem Zykluskontrollpunkt überwacht. In Bild 7.3 „Zykluszeit" ist im Zykluszeit-Diagramm die längste gemessene Zykluszeit mit 107,492 ms ausgewiesen.

Bei Überschreiten der Zykluszeit, beispielsweise durch eine „Endlosschleife" im Anwenderprogramm, wird der sogenannte Zeitfehler-Organisationsbaustein (OB80) aufgerufen und die CPU geht in den STOPP-Zustand. Darüber hinaus gibt es den Programmierfehler-OB (OB121) und den Peripheriezugriffsfehler-OB (OB122), die bei entsprechenden Fehlern aufgerufen werden und die CPU in den STOPP-Zustand setzen. In den Online- und Diagnosefunktionen wird das Ereignis im „Diagnosepuffer" festgehalten und detailliert beschrieben (**Bild 7.4**).

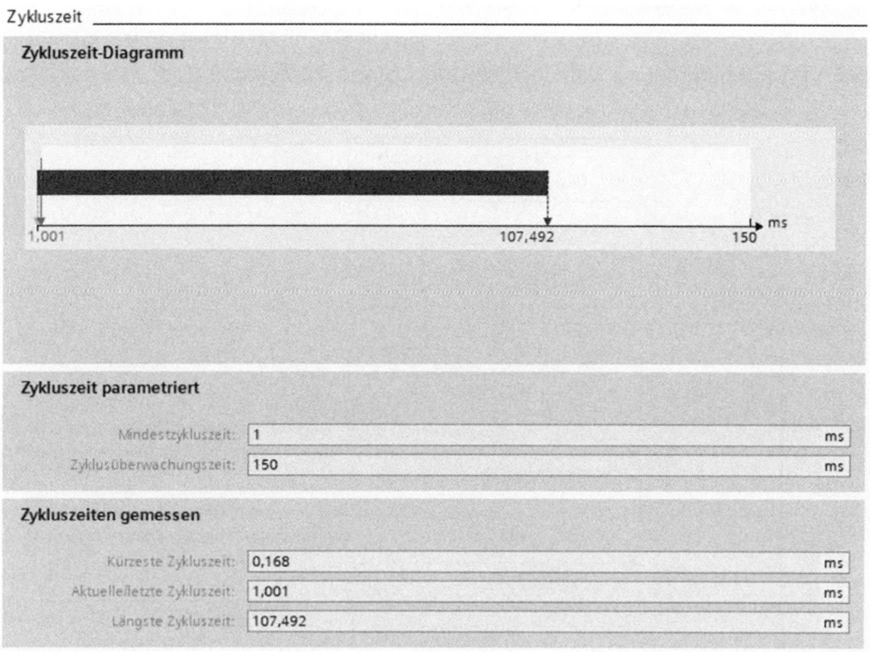


Quelle: Firma Siemens

**Bild 7.3** Diagnosefunktion „Zykluszeit" aus dem Siemens TIA-Portal

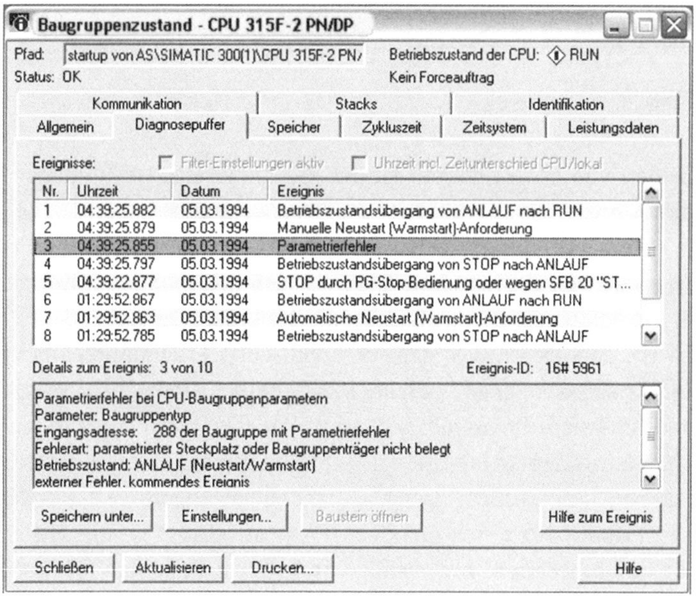


Quelle: Firma Siemens

**Bild 7.4** Diagnosepuffer einer CPU 315F

## 7.3 Standard-Zyklus einer SPS

In **Bild 7.5** ist ein Schema für den sogenannten „Standard-Zyklus" einer SPS dargestellt.

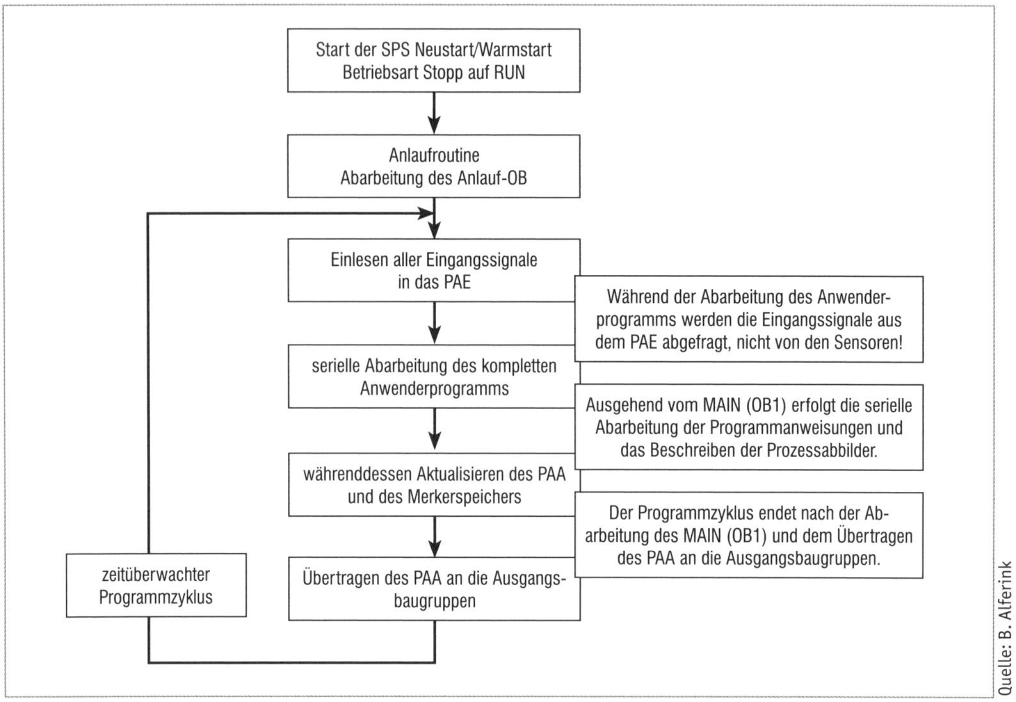


**Bild 7.5** Zyklische Programmbearbeitung

Zu unterscheiden von der Zykluszeit ist die Reaktionszeit. Als Zeitdauer von der Änderung eines Sensorsignals bis zur Reaktion des Ausgangssignals können im schlechtesten Fall zeitlich bis zu zwei Programmzyklen vergehen. Das bedeutet für die Praxis einer SPS-Reaktionszeit, dass zu den Zykluszeiten auch noch die Reaktionszeit des angeschlossenen Aktors (z. B. für ein Schütz ca. 20 ms) hinzuaddiert werden muss.

Zu bedenken ist, dass sich das System der zyklischen Programmbearbeitung grundsätzlich nur aus den Prozessabbildern bedient. Das bedeutet einerseits, dass das gesamte Anwenderprogramm in einem Programmzyklus nur aus den Werten des einen und aktuellen Prozessabbilds der Eingänge PAE gesteuert wird. Andererseits muss bei der Projektierung unbedingt darauf geachtet werden, dass Mehrfachzuweisungen, beispielsweise eines binären Ausgangs im Prozessabbild der Ausgänge PAA, unbedingt vermieden werden. Es gilt, dass nur die „letzte" bearbeitete Anweisung vor dem Bausteinende für das Übertragen des PAA auf die physischen Ausgangsbaugruppen gültig ist und die mehrfache Zuweisung des binären Ausgangs zuvor einfach überschrieben wird.

Insbesondere bei der Inbetriebnahme von SPS-Steuerungen kommt es hier zu schwer nachvollziehbaren Fehlern und Verzögerungen, da diese Programmfehler den Unterbrechungstack nicht beeinflussen und auch keinen Fehler-Organisationsbaustein auslösen.

In **Bild 7.6** ist dieses Problem zu erkennen.

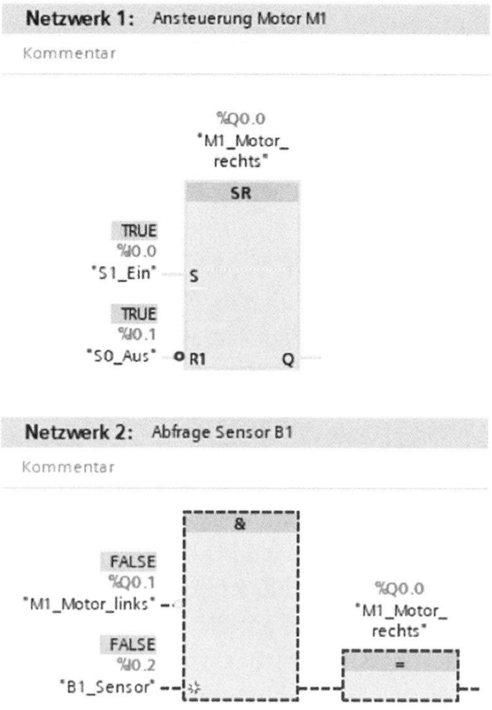


**Bild 7.6** Programmauszug Ansteuerung binärer Ausgänge aus dem Siemens TIA-Portal

In Netzwerk 1 wird der binäre Ausgang „M1_Motor_rechts" (Q0.0) auf Signalzustand 1 gesetzt. Dieser Zustand wird auch am entsprechenden Speicherplatz im Prozessabbild der Ausgänge PAA „eingetragen", jedoch nicht dem physikalischen Ausgang Q0.0 an der Ausgangsbaugruppe zugewiesen. In Netzwerk 2 wird derselbe binäre Ausgang Q0.0 unter anderen Verknüpfungsbedingungen erneut bearbeitet. Diese UND-Verknüpfung ist allerdings nicht erfüllt, da das 1-Signal des binären Eingangs „B1_Sensor" (I0.2) fehlt. So wird nach der seriellen Abfolge der zyklischen Programmbearbeitung in Netzwerk 2 der binäre Ausgang „M1_Motor_rechts" (Q0.0) im PAA an entsprechender Stelle mit dem Signalzustand 0 überschrieben. Dieser Signalzustand wird letztendlich auch dem physikalischen Ausgang Q0.0 zugewiesen. Somit wird aus dem erwarteten 1-Zustand des binären Ausgangs „M1_Motor_rechts" (Q0.0) ein 0-Zustand.

## 7.4 Unterbrechungsgesteuerte Programmbearbeitung

Neben der zyklischen Programmbearbeitung gibt es in der SPS die sogenannte „unterbrechungsgesteuerte Programmbearbeitung", also die zeitgesteuerte Programmbearbeitung, die durch den ereignisbedingten oder zeitgesteuerten Aufruf spezieller Organisationsbausteine realisiert wird.

### 7.4.1 Zeitgesteuerte Programmbearbeitung

Die zeitgesteuerte Programmbearbeitung wird in der Praxis häufig bei Regelungen angewendet, die aufgrund ihres Umfangs nicht zyklisch abgearbeitet werden, sondern nur in bestimmten Zeitabständen (Weckalarm-OB) oder zu bestimmten Uhrzeiten (Uhrzeitalarm-OB). Bei Eintritt eines Weckalarms wird das zyklische Programm sofort – also nach der aktuell bearbeiteten Anweisung – unterbrochen und das Programm des zugeordneten Organisationsbausteins abgearbeitet, da dessen Bearbeitung im Gesamtsystem höherprioritär ist. Nach der Abarbeitung des Weckalarm-OB (Cycle-Interrupt) erfolgt der Rücksprung in das zyklische Programm und die Arbeit wird über die Steuerung des MAIN (OB1) fortgesetzt.

Vorsicht ist bei der Bearbeitung von Signalen geboten, die über die Prozessabbilder abgewickelt werden. Wird beispielsweise einem binären Ausgang DO im Programm des „Cycle-Interrupts“ der Signalzustand 1 zugewiesen, so wird diese 1 in das „Prozessabbild der Ausgänge“ (PAA) eingetragen und bleibt dort auch nach der Abarbeitung des „Cycle-Interrupt“ auf Signalzustand 1. Beim Rücksprung aus der Unterbrechung in das zyklische Programm werden die Prozessabbilder nicht aufgefrischt. Der Grund dafür ist, dass die Prozessabbilder aus allen Programmebenen der CPU gleichermaßen bedient werden.

In den CPU-Typen S7-1200 und S7-1500 kann dieses Problem bei der Bearbeitung des „Cycle-Interrupts“ durch direkten Zugriff auf die Peripherie umgangen werden. Mit dem direkten Zugriff auf die Peripheriebaugruppen werden die Ein- und Ausgangssignale im „Cycle-Interrupt“ direkt von der Eingangsbaugruppe DI gelesen und auch im selben Programmverlauf im Ergebnis direkt auf die Ausgangsbaugruppe DO geschrieben, ohne Umweg über die Prozessabbilder.

Digitale Eingänge DI müssen dann mit der Kennung „I0.0:P“ für direkten Peripheriezugriff, digitale Ausgänge DO entsprechend mit der Kennung „Q1.0:P“ versehen werden.

Im Siemens TIA-Portal, hier am Beispiel einer CPU vom Typ S7-1512C, stehen die in **Bild 7.7** gezeigten „Zeit-Organisationsbausteine“ zur Verfügung.

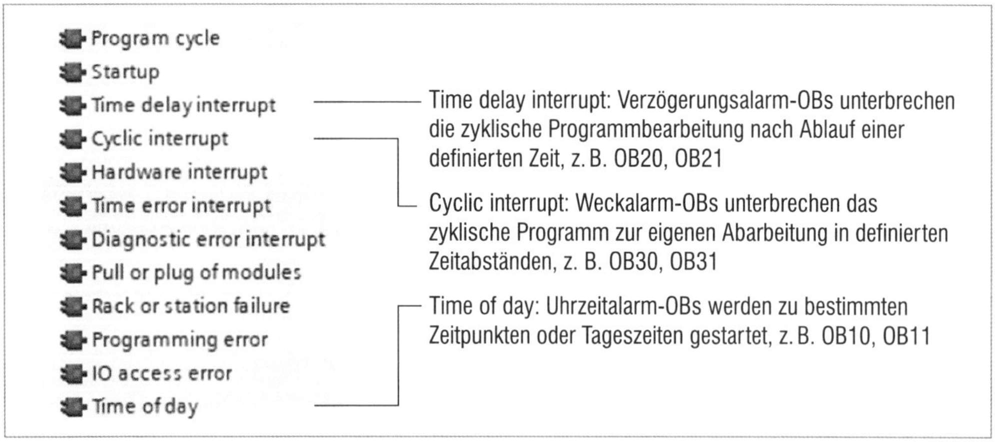


**Bild 7.7** Organisationsbausteine aus dem Siemens TIA-Portal

## 7.4.2 Alarmgesteuerte Programmbearbeitung

In der unterbrechungsgesteuerten Programmbearbeitung stehen neben den Zeit-Organisationsbausteinen auch sogenannte Alarm-Organisationsbausteine zur Verfügung. Die Abarbeitung dieser „Alarm-OBs“ ist wie bei den „Zeit-OBs“ höherprioritär als die zyklische Programmbearbeitung. Ein Alarm-OB wird vom Betriebssystem der CPU beim Auftreten eines Prozessalarms aufgerufen und abgearbeitet. Ein Prozessalarm als Ereignis löst in der CPU die sofortige Unterbrechung des zyklischen Programms aus und beginnt die Abarbeitung des höherprioritären Alarm-Organisationsbausteins. Die Unterbrechung des zyklischen Programms nach der aktuellen Anweisung bezeichnet man auch als Interrupt.

Zu projektierende Prozessalarme ergeben sich aus der zu steuernden Anlage, wo beim Auftreten entsprechender Gefahrensituationen die sofortige Unterbrechung des zyklischen Programmablaufs nötig ist und ein höherprioritäres Programm in Form eines Alarm-OB die Gefahrensituation der Anlage bereinigt oder zumindest stoppt. Besonders häufig werden diese Alarmorganisationbausteine daher in Betrieben der petrochemischen Industrie, wie beispielsweise in Raffinerien verwendet. Alarm-OBs beginnen in der Nummerierung bei OB40 und sind je nach CPU-Typ in unterschiedlicher Anzahl vorhanden.

Bei der Hardwarekonfiguration ist bei der Auswahl der Digitaleingangsbaugruppen darauf zu achten, dass diese prozess- und diagnosealarmfähig sind (**Bild 7.8**).

In den „Eigenschaften“ der Baugruppe müssen die Diagnosealarme und Prozessalarme separat freigegeben werden. Der Punkt „Fehlende Geberversorgung“ überwacht die Spannungsversorgung der gesamten Baugruppe. Die einzelnen Kanäle können darüber hinaus auf „Drahtbruch“ überwacht werden (**Bild 7.9**).

Der Prozessalarm kann sowohl bei steigender Flanke als auch bei fallender Flanke des Signalgebers ausgelöst werden. Der Signalgeber in Form eines Sensors in der Bild 7.9 löst im Falle eines Prozessalarms mit einer steigenden Flanke über diese Baugruppe den Interrupt aus und somit startet die sofortige Bearbeitung des Alarm-Programms.

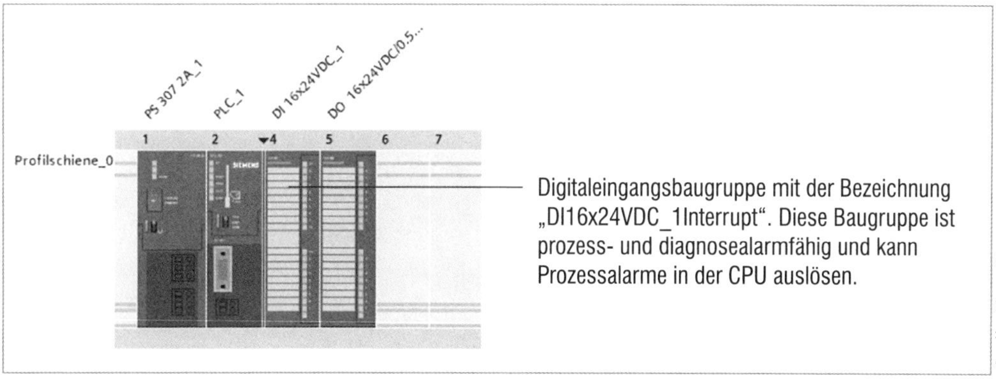


Quelle: Firma Siemens

**Bild 7.8** Gerätekonfiguration mit einer CPU S7-312 aus dem Siemens TIA-Portal

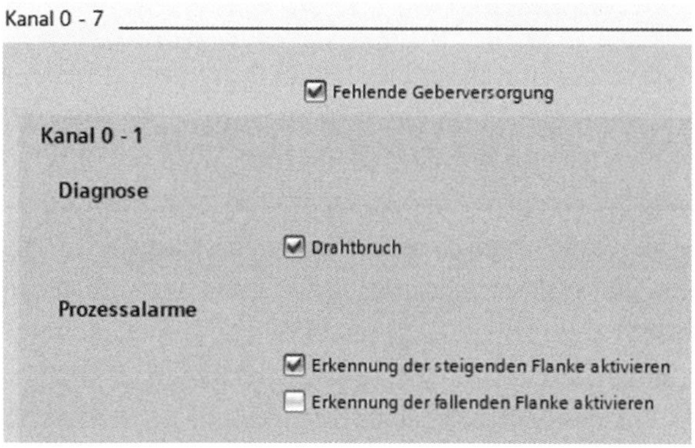


Quelle: Firma Siemens

**Bild 7.9** Darstellung Kanal 0-7 einer prozess- und diagnosefähigen Eingangsbaugruppe

## 7.5 Praktische Inbetriebnahme einer SPS

Ab **Bild 7.10** wird die praktische Inbetriebnahme einer SPS „vor Ort" mit der Projektierungssoftware TIA-Portal dargestellt.

Zunächst muss eine Datenverbindung zur eingebauten SPS im Schaltschrank aufgebaut werden. Hierzu wird eine LAN-Verbindung mittels Netzwerkkabel (Patchkabel) vom Programmiergerät zur PN-Schnittstelle (Profinet) der CPU hergestellt. Im Schaltschrank muss lediglich festgestellt werden, um welchen CPU-Typ es sich handelt. Das ist eine S7-1500 mit Peripheriebaugruppen.

Quelle: Firma Siemens

**Bild 7.10** SPS-System S7-1500 mit Peripheriebaugruppen

In der Projektnavigation des TIA-Portals-Projekts wird ein neues Gerät hinzugefügt (**Bild 7.11**). Im Katalog „Controller – SIMATIC S7-1500 – CPU" wird die „Nicht-spezifizierte CPU" gewählt.

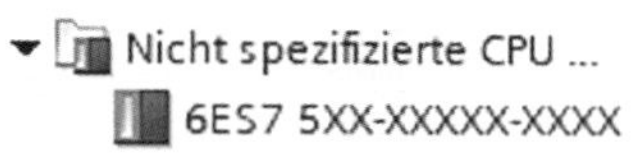


Quelle: Firma Siemens

**Bild 7.11** Projektnavigation

Diese wird dann bestätigt und im TIA-Portal-Projekt erscheint die Gerätesicht mit der Symbolik einer nicht-spezifizierten CPU (**Bild 7.12**).

Unter dem Punkt „ermitteln Sie die Konfiguration des angeschlossenen Geräts" kann jetzt nur durch die Softwareanwendung die Hardware der SPS erkannt werden, ohne dass Gerätebezeichnungen oder sonstige Daten auf anderem Wege eingeholt werden müssen.

In der Hardware-Erkennung (**Bild 7.13**) muss der Typ der PG/PC-Schnittstelle mit PN/E eingestellt werden. Die CPU „plc_1“ wird jetzt gesucht und es wird eine IP-Adresse zugeordnet sowie die MAC-Adresse identifiziert. Die nicht-spezifizierte CPU ist jetzt orange hinterlegt und die „stehende“ Verbindung zwischen Programmiergerät PG und SPS wird mit dem grünen Strich signalisiert.

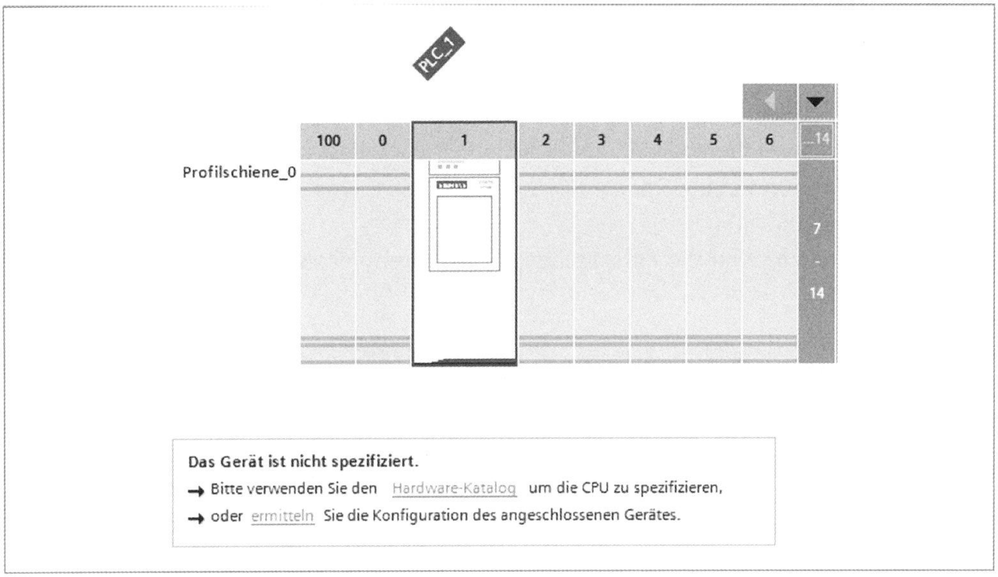


Quelle: Firma Siemens

**Bild 7.12** Gerätesicht der nicht-spezifizierten CPU

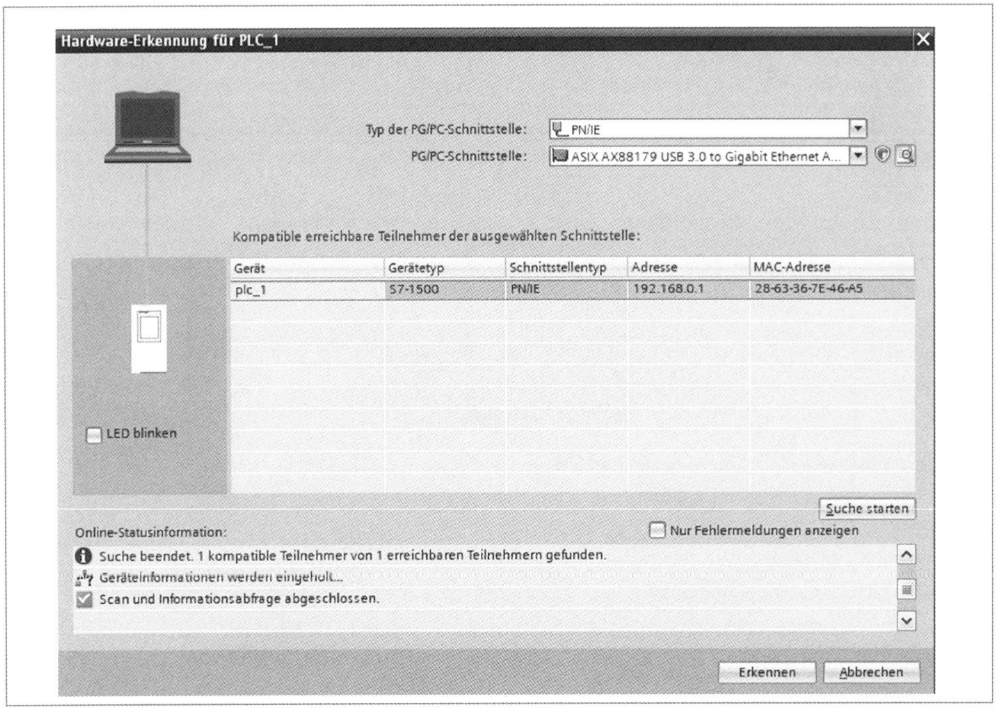


Quelle: Firma Siemens

**Bild 7.13** Hardware-Erkennung

Beim Betätigen der Schaltfläche „Erkennen“ muss gemäß dem folgenden Bild mit „Ja“ dem Programmiergerät PG eine weitere IP-Adresse hinzugefügt werden, damit sich PG und SPS im gleichen Subnetz befinden (**Bild 7.14**).

Die erfolgreiche Zuweisung der IP-Adresse wird angezeigt und anschließend muss noch die Voreinstellung der Schnittstelle bestätigt werden.

Dann erscheint die komplette Hardwarekonfiguration der CPU vom Typ S7-1512C-1 mit Peripheriebaugruppen in der Gerätesicht. Diese entspricht jetzt genau der eingebauten Version der SPS im Schaltschrank. Da es sich um ein Kompaktgerät handelt, ist nur der Steckplatz 1 auf der Profilschiene belegt (**Bild 7.15**).

Das C in der Bezeichnung S7-1512C-1 bedeutet, dass dieses SPS-System aus einer Kombination von CPU und einer Onboard-Peripherie in Form von Ein- und Ausgangsbaugruppen besteht.

In der Gerätesicht sind die entsprechenden Adressen der Peripheriebaugruppen zu sehen (**Bild 7.16**).

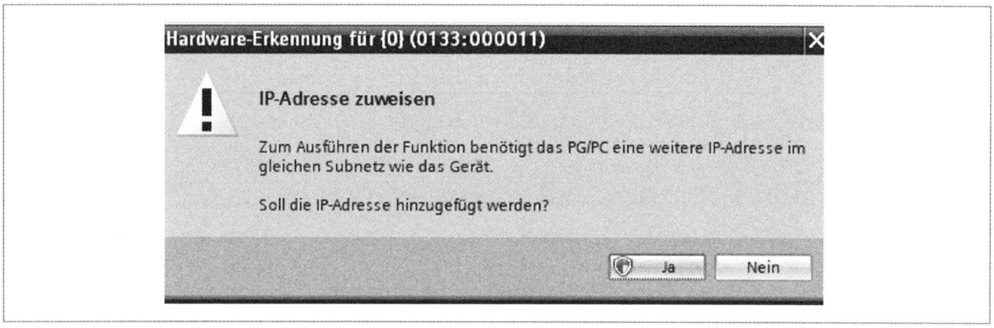


**Bild 7.14** Hardware-Erkennung IP-Adresse zuweisen

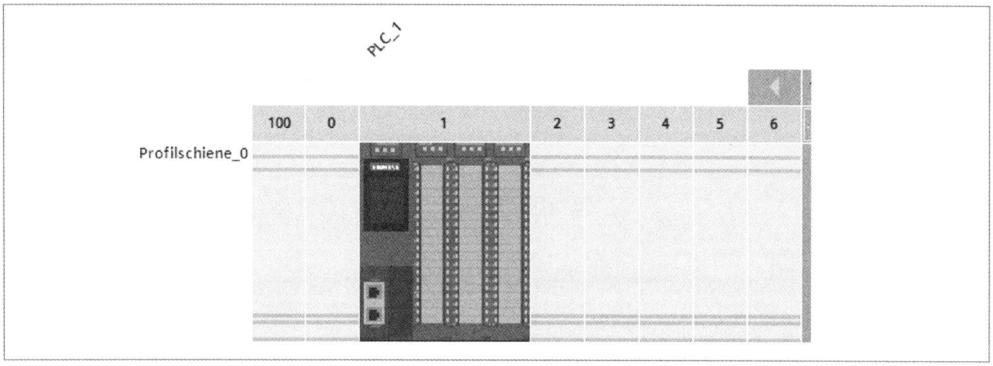


**Bild 7.15** Hardwarekonfiguration der erkannten SPS

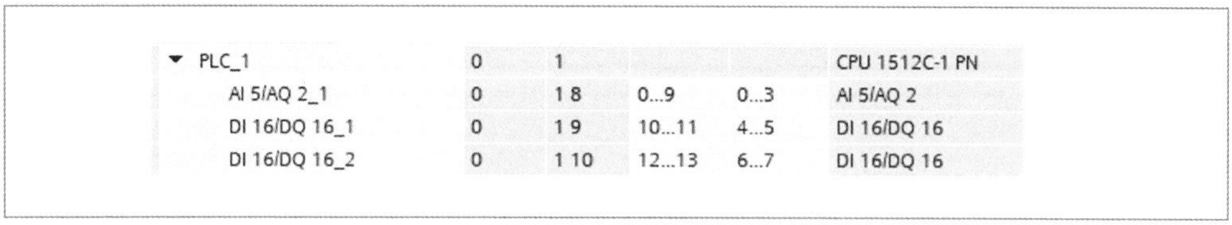

| | | | | | |
|---|---|---|---|---|---|
| ▾ PLC_1 | 0 | 1 | | | CPU 1512C-1 PN |
| AI 5/AQ 2_1 | 0 | 1 8 | 0...9 | 0...3 | AI 5/AQ 2 |
| DI 16/DQ 16_1 | 0 | 1 9 | 10...11 | 4...5 | DI 16/DQ 16 |
| DI 16/DQ 16_2 | 0 | 1 10 | 12...13 | 6...7 | DI 16/DQ 16 |



**Bild 7.16** Gerätesicht mit Baugruppenadressierung

Ein weiterer wichtiger Schritt in der Inbetriebnahme einer Steuerung ist das Testen der Ein- und Ausgangssignale. Im TIA-Portal-Projekt kann eine Beobachtungs- und Forcetabelle aufgebaut werden, sodass die entsprechenden Operanden auf ihre Funktionalität getestet werden können (**Bild 7.17**).

Im Beispiel sind in den Zeilen 1 und 2 die binären Ausgänge „Motor_1_Linkslauf" (Q6.0) und „Motor_1_Rechtslauf" (Q6.1) aufgeführt, die mit der Funktion „Steuern" überprüft werden können. Mit „Steuern auf 1" kann das Anziehen des angeschlossenen Schützes überprüft werden. Mit „Steuern auf 0" wird das Schütz wieder ausgeschaltet.

Die binären Eingangssignale von „S1_M1_Linkslauf" (I12.0) und „S2_M1_Rechtslauf" (I12.1) in den Zeilen 3 und 4 können durch die Betätigung der entsprechenden Taster überprüft werden.

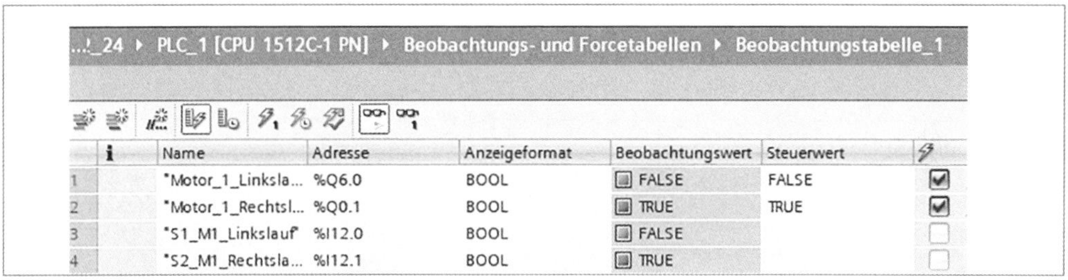


| | i | Name | Adresse | Anzeigeformat | Beobachtungswert | Steuerwert | |
|---|---|---|---|---|---|---|---|
| 1 | | "Motor_1_Linksla... | %Q6.0 | BOOL | FALSE | FALSE | ☑ |
| 2 | | "Motor_1_Rechtsl... | %Q0.1 | BOOL | TRUE | TRUE | ☑ |
| 3 | | "S1_M1_Linkslauf" | %I12.0 | BOOL | FALSE | | ☐ |
| 4 | | "S2_M1_Rechtsla... | %I12.1 | BOOL | TRUE | | ☐ |

Quelle: Firma Siemens

**Bild 7.17** Beobachtungs- und Forcetabelle

# 8 Wortverarbeitung mit SPS

Ein bedeutendes Einsatzgebiet in der Projektierung von SPS-Systemen ist der Bereich der Wortverarbeitung. Unter dem Begriff „Wortverarbeitung" versteht man alle digitalen Funktionen und Operationen, also nicht nur – wie bislang – Bitverknüpfungen, wie die Abfrage eines binären Eingangs und die Zuweisung eines binären Ausgangs, sondern die byteweise (8 Bit), wortweise (16 Bit) und doppelwortweise (32 Bit) Verarbeitung von Daten innerhalb eines SPS-Systems. Als Beispiele sind die Vergleichsfunktionen, Wandler, Schieberegister, die gesamte Analogwertverarbeitung oder auch die Rechenfunktionen zu nennen. Erst mit der Wortverarbeitung beginnt man, die Möglichkeiten eines SPS-Systems effektiv zu nutzen und auszuschöpfen. Alle Steuerungsprogramme, die lediglich Bitverknüpfungen oder einfache Wortverknüpfungen beinhalten, könnte man im Prinzip mit einer Kleinsteuerung wie Siemens-LOGO, Eaton-EASY oder im einfachsten Fall auch mit einer Schützsteuerung realisieren.

Um die Anordnung der einzelnen Bitinformationen innerhalb eines Bytes, wie beispielsweise in einer Eingangskarte mit binären Eingangssignalen, zu verdeutlichen, sind im Folgenden beispielhaft einige Byteinformationen (8 Bit) in der SPS-Projektierung dargestellt:

Darstellung des Eingangsbytes 0, also die Belegung und Adressierung der einzelnen Bits der Digitaleingangsbaugruppe DI mit der Adresse IB0. Der Buchstabe I steht für Input, die erste Ziffer steht für das Byte, die zweite Ziffer steht für das Bit. Jedem Bit ist eine Zahlenwertigkeit zugeordnet. Wichtig ist, dass das Datenbit mit der geringsten Wertigkeit „rechtsbündig" angeordnet ist (**Tabelle 8.1**).

Darstellung der Wertigkeiten der einzelnen Bits innerhalb des IB0. Beginnend von rechts ergeben sich folgende Zuordnungen und Wertigkeiten (**Tabelle 8.2**).

Beispielhafte Darstellung der Ganzzahl 37 (Integer) als Bitmuster im Eingangsbyte IB0, mit der Summe der einzelnen Zahlenwerte der binären Eingänge I0.0 ($2^0 = 1$), I0.2 ($2^2 = 4$) und I0.5 ($2^5 = 32$) (**Tabelle 8.3**):

Diese Erkenntnisse bezüglich der Adressierung, Wertigkeiten und Anordnung der einzelnen Datenbits können auf die wortweise und doppelwortweise Darstellung von Informationen innerhalb eines SPS-Projekts übertragen werden.

| | | | | | | | |
|---|---|---|---|---|---|---|---|
| I0.7 | I0.6 | I0.5 | I0.4 | I0.3 | I0.2 | I0.1 | I0.0 |

**Tabelle 8.1** Darstellung des IB0

| | | | | | | | |
|---|---|---|---|---|---|---|---|
| $2^7$ | $2^6$ | $2^5$ | $2^4$ | $2^3$ | $2^2$ | $2^1$ | $2^0$ |
| I0.7 | I0.6 | I0.5 | I0.4 | I0.3 | I0.2 | I0.I | I0.0 |

**Tabelle 8.2** Darstellung des IB0 mit Zahlenwertigkeiten

| | | | | | | | |
|---|---|---|---|---|---|---|---|
| $2^7$ | $2^6$ | $2^5$ | $2^4$ | $2^3$ | $2^2$ | $2^1$ | $2^0$ |
| I0.7 | I0.6 | I0.5 | I0.4 | I0.3 | I0.2 | I0.1 | I0.0 |
| 0 | 0 | 1 | 0 | 0 | 1 | 0 | 1 |

**Tabelle 8.3** Darstellung der Zahl 37 im IB0

## 8.1 Bedeutung der Akkumulatoren in der Wortverarbeitung

Zentrale Bedeutung innerhalb der Wortverarbeitung einer SPS haben die Akkumulatoren (AKKU1 und AKKU2) der CPU. Diese Akkumulatoren (AKKUs) unterstützen die Funktion der Arbeitsregister für Rechenoperationen innerhalb der CPU, vergleichbar mit der ALU (**A**rithmetic **L**ogic **U**nit) eines herkömmlichen Computersystems. Zudem übernehmen sie die Zwischenspeicherung von Werten bei Lade- und Transferbefehlen. Somit unterstützen und entlasten sie den MAIN-Prozessor durch die Übernahme von einfachen Verknüpfungen, Zuordnungen und Rechenfunktionen. Der Akkumulator 1 gilt als Bezugsakkumulator, in dem die Ergebnisse der Verknüpfungen stehen. Auch die Lade- und Transferbefehle werden über den Akkumulator 1 abgewickelt. Der Akkumulator 2 dient lediglich zur Unterstützung des Akkumulators 1. Zur Verdeutlichung der AKKU-Funktionen soll **Bild 8.1** dienen.

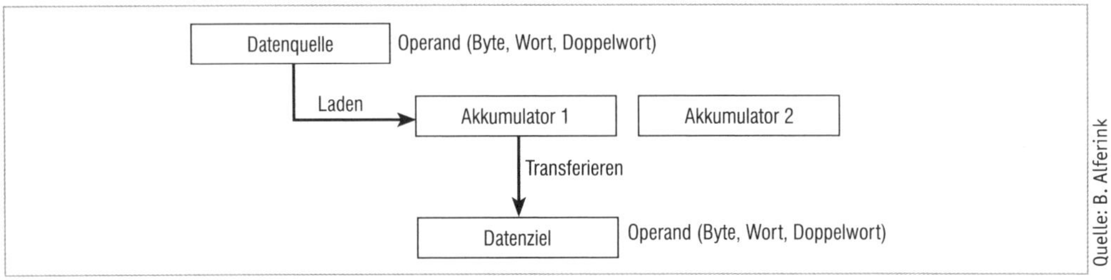


**Bild 8.1** Datentransfer über die Akkumulatoren

Beim ersten Ladevorgang wird der Operand der Datenquelle in Akkumulator 1 geladen. Erfolgt in der nächstfolgenden Befehlszeile ein erneuter Ladevorgang, wird der neue Wert in Akkumulator 1 geladen, der bisherige Inhalt des Akkumulators 1 wird in Akkumulator 2 geschoben. Beim Transferieren wird grundsätzlich der Inhalt des Akkumulators 1 in ein definiertes Datenziel kopiert. Auf den Inhalt des Akkumulators 2 hat das Transferieren keinen Einfluss.

Bei einem Ladebefehl werden die Informationen der Datenquelle grundsätzlich rechtsbündig in den Akkumulator 1 abgelegt. Die nicht belegten Speicherbereiche werden mit 0 aufgefüllt (**Bild 8.2**).

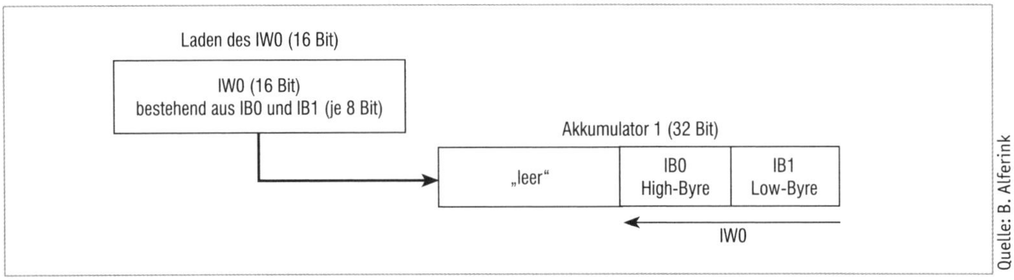


**Bild 8.2** Datenablage in Akkumulator 1

## 8.2 Wertigkeiten eines Wortes am Beispiel des IW0 (Eingangswort 0)

Von rechts beginnend hat der binäre Eingang I1.0 die Wertigkeit $2^0 = 1$, der binäre Eingang des IW0 mit der höchsten Wertigkeit ist folglich der Eingang I0.7 mit der Wertigkeit $2^{15}$.

Die Eingänge I1.0 bis I1.7 bilden das IB1 und werden aufgrund der niedrigen Wertigkeiten auch als „Low-Byte" bezeichnet. Folglich bilden die Eingänge 0.0 bis 0.7 (IB0) aufgrund der höheren Wertigkeiten das „High-Byte" (**Bild 8.3**).

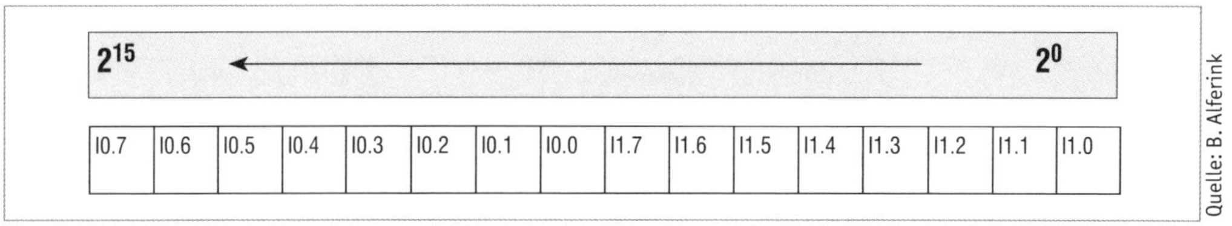


**Bild 8.3** Wertigkeiten des IW0 am Beispiel einer Siemens SPS

Das Eingangsdoppelwort ID0 setzt sich aus insgesamt drei Eingangswörtern (IW0, IW1 und IW2) zusammen (**Bild 8.4**). Die Eingangswörter bestehen wiederum aus je zwei Eingangsbytes, sodass insgesamt vier Bytes (IB0 bis IB4) im ID0 integriert sind. Bei der Verwendung der Doppelwörter ist auf mögliche Überschneidung der Datenbereiche zu achten. Es empfiehlt sich daher, grundsätzlich Byte- oder Wortnummern mit geraden Zahlen zu verwenden.

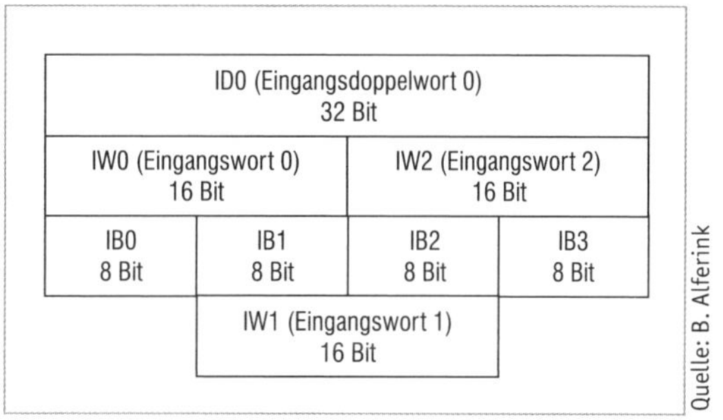


**Bild 8.4** Aufbau und Zusammensetzung des ID0

Überschneidungen von Wortoperanden – insbesondere bei Merkern – sind eine häufige Fehlerquelle in der SPS-Projektierung. So ist in Bild 8.4 zu sehen, dass sich das IW1 mit dem IW0 das IB1 teilt. Mit dem IW2 wiederum teilt sich das IW1 das IB2. Würde man jetzt alle drei Eingangswörter in der Projektierung verwenden, würde es aufgrund der Überschneidungen zur fehlerhaften Verarbeitung von Daten kommen. In der Praxis kommt es aufgrund dieser vermeidbaren Fehler speziell bei der Inbetriebnahme des SPS-Systems zu ärgerlichen Verzögerungen.

Zur Vermeidung von Merker-Wortoperanden bietet es sich an, mit Funktionsbausteinen und statischen Variablen zu arbeiten. Hier sind diese Überschneidungen aufgrund der Datendeklaration im Bausteinkopf nicht möglich. Zudem ist der erstellte Funktionsbaustein uneingeschränkt bibliotheksfähig. Auch die Verwendung von Datenwörtern aus globalen Datenbausteinen sind eine sinnvolle Alternative zur Verwendung von Merkern.

## 8.3 Datentypen in der SPS-Projektierung

Um mit den Anweisungen und Verknüpfungen der Wortverarbeitung richtig projektieren zu können, ist das Verständnis für die unterschiedlichen Datentypen und deren Wertebereiche wichtig. In **Tabelle 8.4** sind die wichtigsten Datentypen der Projektierungssoftware Siemens TIA-Portal zusammengestellt. Die aufgeführten Datentypen sind mit den gängigen CPU-Typen S7-300/400, S7 1200, S7 ET 200 SP und S7 1500 der Firma Siemens nutzbar. Eine Ausnahme bildet der Datentyp S5TIME, der nur in den CPU-Typen S7-300/400 nutzbar ist.

| Datentypen | Breite in Bit | Wertebereiche | Beispiele/Darstellung |
|---|---|---|---|
| BOOL | 1 | 0 oder 1<br>true oder false | I0.0<br>binärer Eingang |
| Byte | 8 | 28 = 256 | IB0 Input-Byte 0<br>Eingangsbyte 0<br>B#16#3F (hexadezimale Zahl 3F)<br>Die Zahl 16 steht für die Basis 16 des hexadezimalen Zahlensystems. |
| WORD | 16 | 216 = 65.536 | IW0 Input-Word 0<br>bestehend aus IB0 und IB1 W#16#FA7F<br>(hexadezimale Zahl FA7F) |
| DWORD<br>Doppelwort | 32 | 232 = 4,28 Milliarden | MD0 Merker-Doppelwort 0,<br>bestehend aus MW0 und MW2;<br>darstellbar sind die Datentypen<br>INT (Integer) und REAL |
| INT<br>Integer | 16 | −32768 bis + 32767 | INT#+4521<br>Ganzzahl wie Dezimalzahl<br>einschließlich der 0 |
| DINT<br>Doubleinteger | 32 | –2147483648 bis +2147483648 | DINT#652894 dargestellt in<br>ID0 (Eingangsdoppelwort 0)<br>Ganzzahlen größerer Darstellung |
| REAL<br>Gleitpunktzahl<br>(Genauigkeit mit 7 Stellen) | 32 | +1175495e-38 bis +3402823e +38<br>über +/–0 bis –3402823e-38 bis<br>–1175495e-38 +/–0 | REAL#50.0 dargestellt in<br>ID0 (Eingangsdoppelwort 0)<br>oder auch REAL#3.0e-4<br>Kommazahlen, rationale Zahlen |
| S5TIME | 16 | S5t#0H_0M_0S_0MS bis<br>2H_46M_30S_0MS | S5T#20s = Zeitablauf 20 s in den CPU-Typen S7-300/400<br>S5T kennzeichnet den Datentyp |
| TIME | 32 | T#-24d_20h_... bis<br>T#+24d_20h_... | T#20s = Darstellung der Zeit 20 s<br>TIME#20s |
| DATE | 16 | D#1990-01-01 bis<br>D#2168-12-31 | D#2023-03-11<br>DATE#2019-11-10 |
| CHAR | 8 | ASCII-Zeichensatz | ‚B' aus dem ASCII-Zeichensatz<br>CHAR#‚B' |
| STRING | n + 2 (Byte) | 0 bis 254 Zeichen (n)<br>Zeichenkette mit maximal<br>254 Einzelzeichen | ‚Betriebsdaten_Motor_M1'<br>Datenfeld mit Motordaten<br>STRING#‚Betriebsdaten_Motor_M1'<br>Zeichenkette/Datenfeld mit Betriebsdaten des Motors M1 |

Quelle: B. Alferink

**Tabelle 8.4** Übersicht der Datentypen

## 8.4 Wandlungsfunktionen

In der SPS-Projektierung ist es üblich, Datentypen mit speziellen Wandlungsfunktionen so umzuformen, dass sie in den Anwendungen angepasst verarbeitet werden können.

Im Siemens TIA-Portal findet man unter „Anweisungen“ in der Rubrik „Umwandler“ die Funktion „Converter“. Hier können unterschiedliche Datentypen gewandelt werden, die in der Funktion ausgewählt werden können. In **Bild 8.5** ist die Funktion CONV dargestellt, die einen Datentyp INTEGER (16 Bit) in einen adäquaten Datentyp REAL umwandelt. Konkret wird hier der Wortoperand %IW0 „P1_Druck“ mit 16 Bit in einen 32-Bit-Wortoperanden im Datentyp REAL umgewandelt und in %MD0 als symbolischer Operand „Regler_P1_Druck“ transferiert und gespeichert.

Ebenso lassen sich REAL-Datentypen, die als Kommazahl (rationale Zahl) dargestellt sind, mit der Funktion CEIL in die nächsthöhere Ganzzahl vom Datentyp INTEGER umwandeln bzw. aufrunden. In **Bild 8.6** wird der REAL-Wortoperand %MD0 „Regler_P1_Druck“ mit 32 Bit in einen 16-Bit-Wortoperanden im Datentyp INTEGER in der nächsthöheren Ganzzahl umgewandelt und in %QW0 als symbolischer Operand „Regler_Wert_1“ (16 Bit) transferiert und gespeichert.

Weiterhin gibt es noch die Umwandlungsfunktionen SCALE-X und NORM-X, die als Skalierung und Normierung von Daten speziell in der CPU S7-1200 angewendet werden. In der CPU S7-1500, ET 200 SP und in den CPU-Typen S7-300/400 arbeitet am dagegen überwiegend mit den Funktionen SCALE und UNSCALE. Diese Funktionen sind in Kapitel 9 „Analogwertverarbeitung“ ausführlich dargestellt und beschrieben.

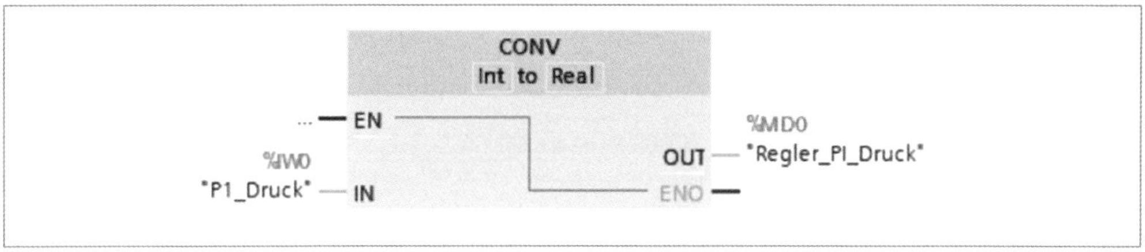


**Bild 8.5** Funktion Converter aus dem Siemens TIA-Portal

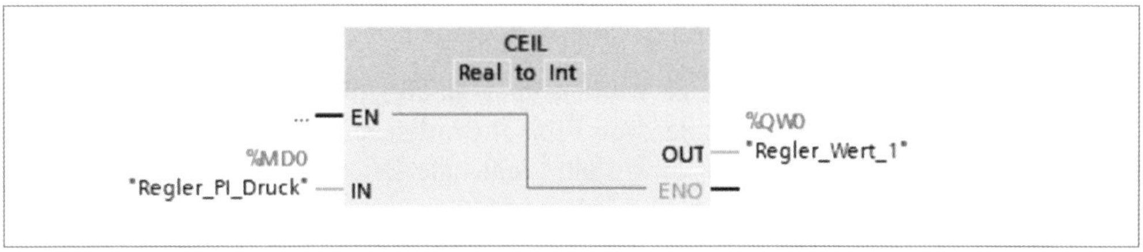


**Bild 8.6** Funktion CEIL aus dem Siemens TIA-Portal

## 8.5 Anwendung grundlegender Anweisungen der Wortverarbeitung mit SPS

Anhand einfacher Projektierungsbeispiele sollen im Folgenden die grundlegenden Anweisungen und Befehle der Wortverarbeitung wie MOVE, COMPARE, COUNTER sowie ADD und SUB erklärt werden. In der Darstellung der FUP-Programmierung stehen an den Wortanweisungen linksseitig die Eingänge und Eingangssignale, die sowohl binär als auch in allen anderen Datentypen wie INT, DINT, TIME oder REAL ausgeführt sein können. Entsprechend sind rechtsseitig die Ausgänge und Ausgangssignale zu finden.

### 8.5.1 Der MOVE-Befehl

Der MOVE-Befehl gehört im Siemens TIA-Portal zur Gruppe der „Einfachen Anweisungen" zur Kategorie „Verschieben". Der binäre Eingang „EN" bedeutet „enable" (ermöglichen) und ist abhängig vom Verknüpfungsergebnis (VKE) des binären Signalgebers. Führt der Eingang „Freigabe" (I0.0) den Signalzustand 1, so wird der MOVE-Befehl ausgeführt, bei Signalzustand 0 wird der MOVE-Befehl folglich nicht ausgeführt. Wird der binäre Eingang „EN" nicht beschaltet, so wird der MOVE-Befehl unabhängig vom Verknüpfungsergebnis (VKE) und folglich zyklisch ausgeführt. Die praktische Ausführung des MOVE-Befehls bedeutet, dass der Wortoperand am Eingang IN „Analogwert_1" (IW2) zum Ausgang OUT_1 in den globalen Datenbaustein 1 in das Datenwort 0 „Regler_1_Speicher" verschoben wird. Ein weiterer Wortausgang (z. B. OUT2) kann hinzugefügt werden (**Bild 8.7**).

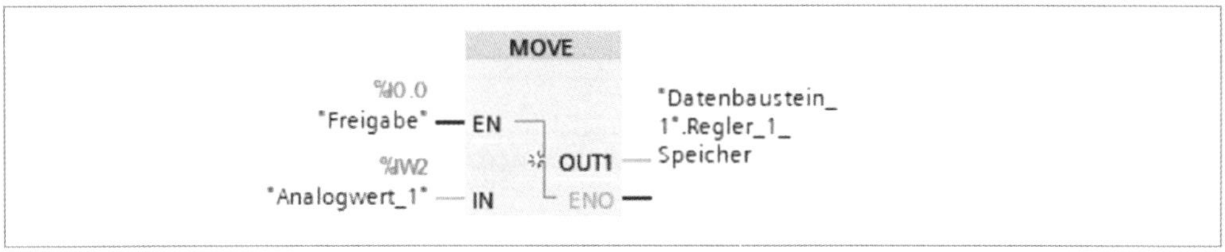


**Bild 8.7** Parametrierter MOVE-Befehl aus dem Siemens TIA-Portal

### 8.5.2 Projektierung einer Sieben-Segment-Anzeige mit dem MOVE-Befehl

Die einzelnen Segmente der Anzeige werden über binäre Ausgänge (A20.0–A20.6) der SPS angesteuert. Die dezimalen Zahlen von 0 bis 9 werden BCD-codiert über die binären Eingänge S1 bis S4 (E20.0–E20.3) eingestellt. Sollte die Zahl 9 mit den hexadezimalen Zahlen A bis F überschritten werden, so wird das mit dem Segment G angezeigt (**Bild 8.8**).

Ein möglicher Lösungsansatz führt über die Verwendung des MOVE-Befehls. Für jede darzustellende Ziffer von der 0 bis zur 9 der Sieben-Segment-Anzeige wird über die Kombination der binären Eingangssignalgeber S1 bis S4 eine hexadezimale Zahl über den Eingang IN des MOVE-Befehls auf die passend zugeordneten binären Ausgangssegmente transferiert.

In **Tabelle 8.5** sind die entsprechenden Zuordnungen zu sehen.

Am Beispiel der Ziffer 0 wird dargestellt, wie die hexadezimale Zahl 3F über den MOVE-Befehl in das Ausgangswort QW 19 Anzeige transferiert (**Bild 8.9**).

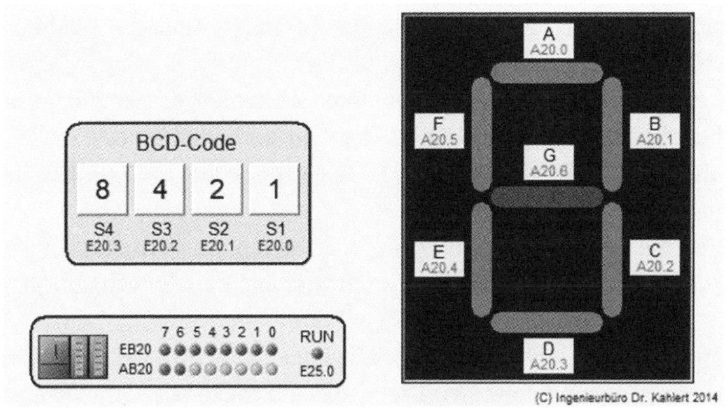


Quelle: Ingenieurbüros Dr. Kahlert

**Bild 8.8** Virtuelles Anlagenmodell des Ingenieurbüros Dr. Kahlert

| | S1 S2 S3 S4 | Ausgangs-Bitmuster | hexadezimale Zahl |
|---|---|---|---|
| Ziffer 0 | 0 0 0 0 | 0 1 1 1 1 1 1 | 3 F |
| Ziffer 1 | 1 0 0 0 | 0 0 0 0 1 1 0 | 0 6 |
| Ziffer 2 | 0 1 0 0 | 1 0 1 1 0 1 1 | 5 B |
| Ziffer 3 | 0 0 1 1 | 1 0 0 1 1 1 1 | 4 F |
| Ziffer 4 | 0 1 0 0 | 1 1 0 0 1 1 0 | 6 6 |
| Ziffer 5 | 0 1 0 1 | 1 1 0 1 1 0 1 | 6 D |
| Ziffer 6 | 0 1 1 0 | 1 1 1 1 1 0 1 | 7 D |
| Ziffer 7 | 0 1 1 1 | 0 0 0 0 1 1 1 | 0 7 |
| Ziffer 8 | 1 0 0 0 | 1 1 1 1 1 1 1 | 7 F |
| Ziffer 9 | 1 0 0 1 | 1 1 0 0 1 1 1 | 6 7 |

Quelle: B. Alferink

**Tabelle 8.5** Zuordnung Eingangssignale, Ausgangsbitmuster und hexadezimale Zahlen

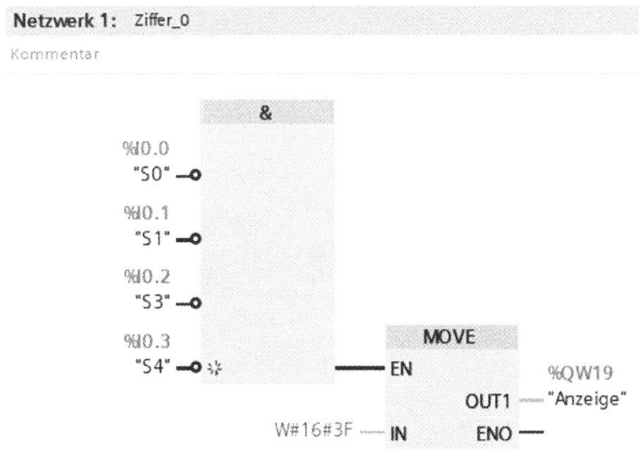


Quelle: Firma Siemens

**Bild 8.9** Darstellung der Ziffer 0

Die hexadezimale Zahl 3F belegt ein Byte mit dem Bitmuster 0011 1111. Das Bitmuster der Ziffer 3 ist 0011 und das Bitmuster der Ziffer F ist 1111. Jede Ziffer der hexadezimalen Zahl besteht aus vier Bits und wird auch als Tetrade bezeichnet. Im Ausgangswort „Anzeige“ (QW19) werden nun die binären Ausgänge zur Ansteuerung der einzelnen Segmente der Sieben-Segment-Anzeige zur Darstellung der Zahl 0 angesteuert. Das sind die Segmente A, B, C, D, E und F (siehe Bild 8.8) Die Aktualoperanden sind die binären Ausgänge Q20.0, Q20.1, Q20.2, Q20.3, Q20.4 und Q20.5. (Das Segment G über A 20.6 wird nicht angesteuert.) Diese Ausgänge mit der Byte-Nummer 20 bilden das Low-Byte des QW19, folglich werden diese rechtsbündig im AKKU1 abgelegt und angesteuert. Am binären Eingang EN werden die binären Eingänge S1 bis S4 negiert abgefragt, da im Fall der Anzeige der Zahl 0 keiner der vier Schalter betätigt ist.

In Netzwerk 2 ist die Ansteuerung der Ziffer 1 zu sehen. Es wird, wie in Netzwerk 1, ein MOVE-Befehl und eine UND-Verknüpfung mit vier binären Eingängen benötigt (**Bild 8.10**).

Die Signalzustandskombination der binären Eingänge S1 bis S4 hat sich verändert, sodass S1 nicht negiert ist. Demzufolge wird jetzt die hexadezimale Zahl 06 mit dem Bitmuster 0000 0110 auf das Ausgangswort „Anzeige“ (QW19) transferiert und die Zahl 1 wird zur Anzeige gebracht. Auf diese Weise kann jetzt die komplette Zahlenreihe von 0 bis 9 zur Anzeige an der Sieben-Segment-Anzeige auf Basis der Zuordnungen der Tabelle 6.1 programmiert werden.

Die Ziffer 8 beispielsweise wird mit der Eingangssignalkombination S1 bis S4 „1 0 0 0“ und der hexadezimalen Zahl 7F dargestellt. Bei der Zahl 8 ist nur Schalter S4 betätigt und liefert den Signalzustand 1 an den binären Eingang EN des MOVE-Befehls, sodass die hexadezimale Zahl 7F alle Segmente der Anzeige zum Leuchten bringt.

*Hinweis:* Das Programm ist nur auszugsweise dargestellt.

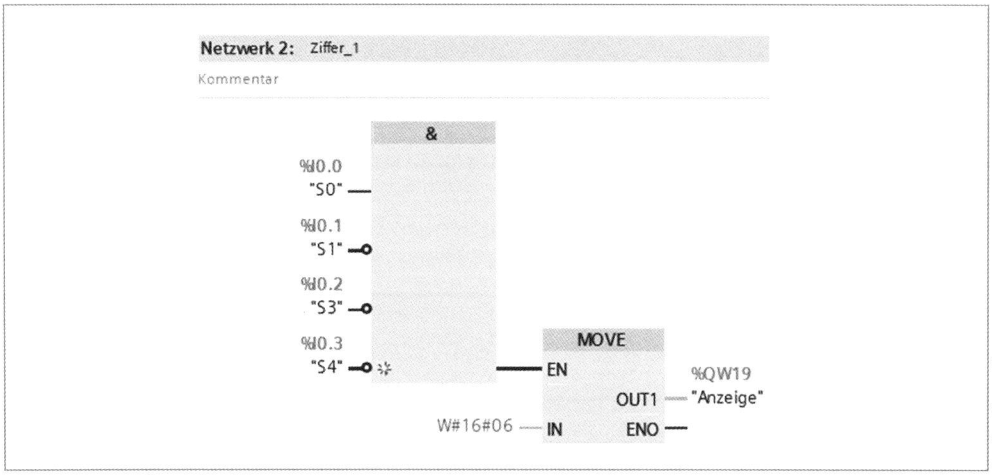


Quelle: Firma Siemens

**Bild 8.10** Darstellung der Ziffer 1

### 8.5.3 Der COMPARE-Befehl/Vergleicher

Vergleicher sind im Bereich der Wortverarbeitung sehr häufig verwendete Befehle, insbesondere in der Analogwertverarbeitung und in der Regelungstechnik. Sie bieten die Funktionalität, dass ein Vergleich zweier Wortoperanden erfolgen kann, dessen Ergebnis binär ausgegeben wird (**Bild 8.11**).

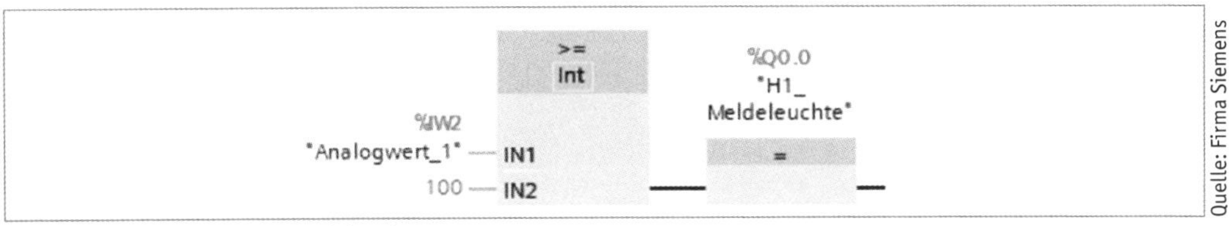


**Bild 8.11** Ansteuerung der Meldeleuchte H1

In Bild 8.11 ist ein Vergleich auf „größer-gleich" zweier Wortoperanden an IN1 und IN2 vom Datentyp Integer zu sehen. Ist der „Analogwert_1" (IW2) gleich oder größer als 100, so wird das Ergebnis mit dem Signalzustand 1 am binären Ausgang „H1_Meldeleuchte" (Q0.0) zugewiesen. Dies könnte beispielsweise als Temperaturüberwachung einer Flüssigkeit dienen, wo das Überschreiten einer Temperatur von 100 °C durch die Meldeleuchte H1 signalisiert wird. Vergleicher sind im Siemens TIA-Portal auch in der Gruppe der „Einfachen Anweisungen" zu finden. Es gibt sie in den Ausführungen „gleich", „ungleich", „größer", „größer-gleich", „kleiner" und „kleiner-gleich". Die Datentypen der zu vergleichenden Operanden werden an der Vergleichsfunktion eingestellt.

## 8.5.4 Projektierung eines Pufferspeichers mit Zähler und Vergleicher

Im folgenden Technologieschema (**Bild 8.12**) ist eine Transportsteuerung für Kartons mit Pufferspeicher dargestellt. Die Anlage erfüllt folgende Funktion:

Die Förderbänder werden durch Servomotoren (M1 über Schütz K1 und M2 über Schütz K2) angetrieben. Die mittels der Förderbänder transportierten Kartons werden vor dem Pufferspeicher durch die Lichtschranke B1 und hinter dem Pufferspeicher durch die Lichtschranke B2 kontrolliert.

Steigt der Bestand im Pufferspeicher auf über 30 Kartons, so soll der Förderbandmotor M1 abgeschaltet werden. Motor 2 über Schütz K2 bleibt zum Abtransport der Kartons eingeschaltet. Sinkt der Bestand im Pufferspeicher auf unter 10 Kartons, so ist dies durch Blinken der Meldeleuchte P0 anzuzeigen.

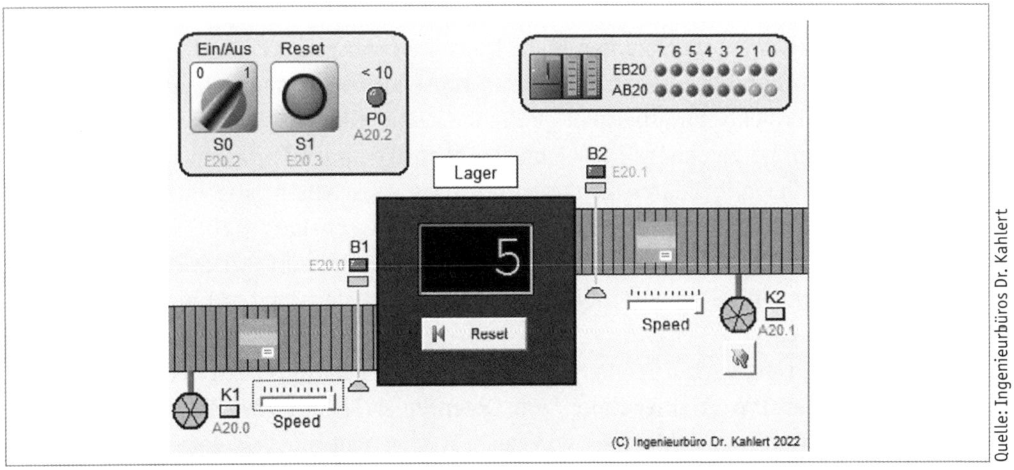


**Bild 8.12** Transportbandsteuerung mit Pufferspeicher

Durch den Schalter S0 wird die gesamte Anlage ein- und ausgeschaltet.

Zu Schichtbeginn wird der Zähler durch Taster S1 auf „Null“ gesetzt. Die analogen Eingänge „Speed“ bleiben unberücksichtigt.

Zunächst muss zur Lösung dieser Aufgabe der Zählbaustein näher betrachtet werden.

### 8.5.5 Der SIMATIC-Softwarezähler aus dem Siemens TIA-Portal

Zentraler Mittelpunkt des Programms ist der Zählbausteins C1, der als „interner Zähler“ oder auch „Softwarezähler“ nur einen Zählimpuls pro Zykluszeit erfassen kann. Sollen mehrere Zählimpulse pro Zyklus erfasst werden, bieten sich „schnelle Zähler“ an, die nicht über die Prozessabbilder ausgewertet werden, sondern direkt über die CPU gesteuert werden. Da es sich im Programmbeispiel um einen Zähler aus dem SIMATIC-Bestand handelt, bekommt der Zähler eine reale Speicherstelle %C1 zugewiesen. Dort werden die aktuellen Zählerstände BCD-codiert gespeichert. Es können in dieser 16-Bit-Speicherstelle des Zählers %C1 Zahlenwerte von 0 bis 999 gespeichert werden.

Die binären Eingänge CU (**C**ount **U**p) und CD (**C**ount **D**own) arbeiten auf positiver Flanke (dynamische Schaltvorgänge), das bedeutet, bei einem Signalwechsel von 0 auf 1 auf CU wird der Zählerstand um 1 erhöht, bei einem Signalwechsel von 0 auf 1 auf CD wird der Zählerstand entsprechend um 1 reduziert.

Der binäre Eingang S (**S**etzen) schreibt bei einem Signalwechsel von 0 auf 1 die unter PV eingesetzte INTEGER-Zahl in die Speicherstelle des Zählers. Ab dieser Zahl beginnen dann die Zählvorgänge. Zur übersichtlichen Programmgestaltung mit Verwendung von Zählern bieten sich jedoch Vergleicher an, da hier direkt mit den Zahlenwerten gearbeitet werden kann und somit auf binäre Abfragen und Zuweisungen nicht zurückgegriffen werden muss.

Der binäre Eingang R „Reset“ (CPU-Typ S7 300/400) arbeitet statisch, das bedeutet, dass ein Signalzustand 1 den Zählerwert auf 0 setzt und der Zähler nicht mehr bearbeitet wird, solange der Eingang R den Signalzustand 1 führt.

Auf der rechten Seite des Zählbausteins befinden sich die Abfragen des Zählerstands. CV beinhaltet den aktuellen Zählerwert im Datentyp Integer, der Ausgang CV_BCD beinhaltet den aktuellen Zählerwert im Datentyp BCD. Der binäre Ausgang Q führt bei Zählerstand 0 den Signalzustand 0 und bei einem Zählerstand von 1 bis 999 den Signalzustand 1.

Im konkreten Projektierungsbeispiel „Pufferspeicher“ (**Bild 8.13**) ist der SIMATIC-Softwarezähler im Einsatz zu sehen. Die Lichtschranken B1 und B2 erfassen die Kartons und bedienen den Zähler mit binären Zählimpulsen. Das Ausschalten oder Rücksetzen erfolgt am binären Eingang R (Reset) durch Betätigung von „S0_Schalter“ (I20.2) oder durch die Taste „S1_Reset“ (I20.1) und setzt den Zähler auf den Zählerwert 0. Der Zählerwert wird in den Wortoperanden „Bestand“ (MW0) transferiert und steht hier zur weiteren Bearbeitung zur Verfügung.

Jetzt erfolgt im Netzwerk 2 der Vergleich auf größer 30 Kartons (**Bild 8.14**). Als Vergleicher wird hier der Typ „kleiner-gleich“ im Datentyp INTEGER gewählt. Das MW0 „Bestand“ mit dem aktuellen Zählerwert wird an IN1 abgefragt und mit dem INTEGER-Wert 30 an IN2 vergleichen. Ist die Zahl im MW0 „Bestand“ größer als 30, wird am binären

Ausgang des Vergleichers der Signalzustand 0 ausgewiesen, sonst Signalzustand 1. In UND-Verknüpfung mit dem „S0-Schalter“ (I20.2) wird der binäre Ausgang „M1_Förderband“ (Q20.0) zur Ansteuerung des Schützes K1 zugewiesen.

Im folgenden Netzwerk 3 (**Bild 8.15**) erfolgt der Vergleich auf kleiner 10 Kartons. Das MW0 „Bestand“ wird auch hier mit dem aktuellen Zählerwert an IN1 abgefragt und mit dem INTEGER-Wert 10 an IN2 verglichen. Ist die Zahl im MW0 „Bestand“ kleiner als 10,

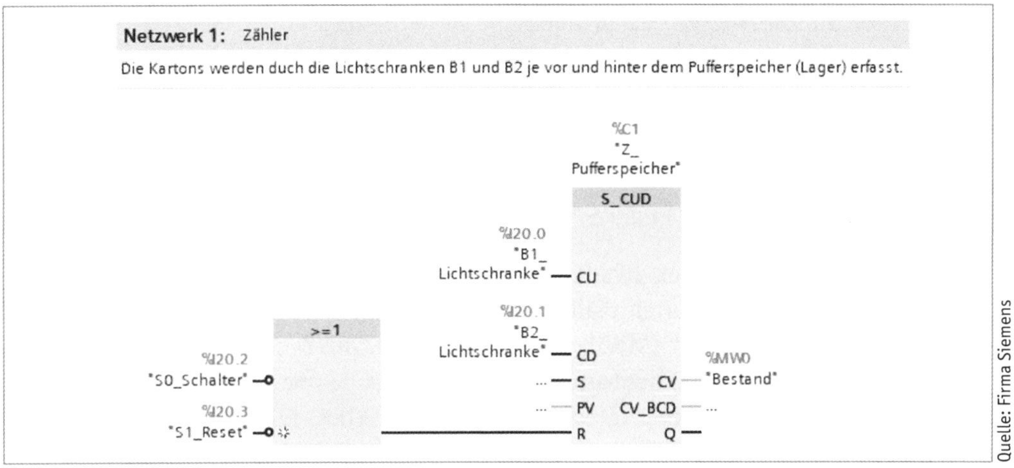


**Bild 8.13** Ansteuerung des Zählerbausteins S_CUD

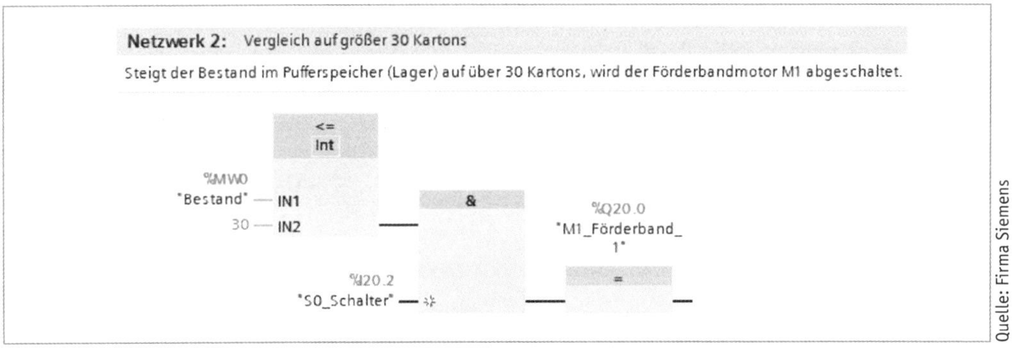


**Bild 8.14** Ansteuerung des Förderbandmotors M1

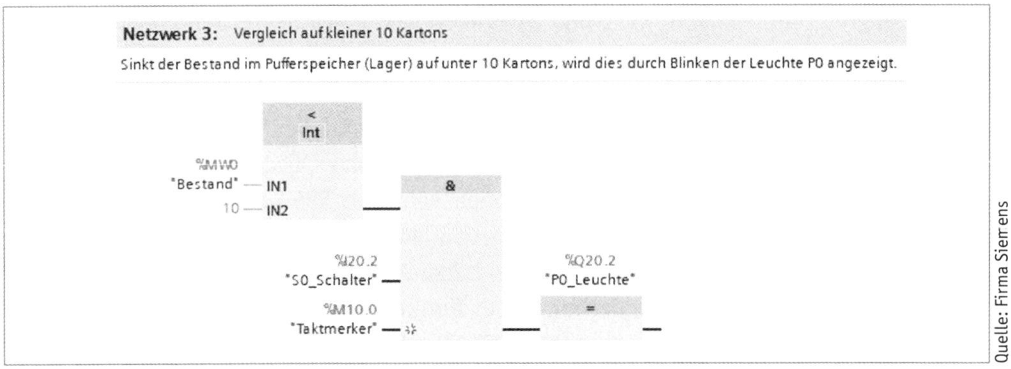


**Bild 8.15** Ansteuerung der Meldeleuchte P0

wird am binären Ausgang des Vergleichers der Signalzustand 1 ausgewiesen, sonst Signalzustand 0. In UND-Verknüpfung mit dem „S0-Schalter“ (I20.2) und dem „Taktmerker“ (M10.0) wird der binäre Ausgang „P0_Leuchte“ (Q20.2) zugewiesen.

Der Förderbandmotor M2 wird über den Schalter S0 zugewiesen, da er auch bei einem Kartonbestand von über 30 zum Abtransport weiterlaufen soll (**Bild 8.16**).

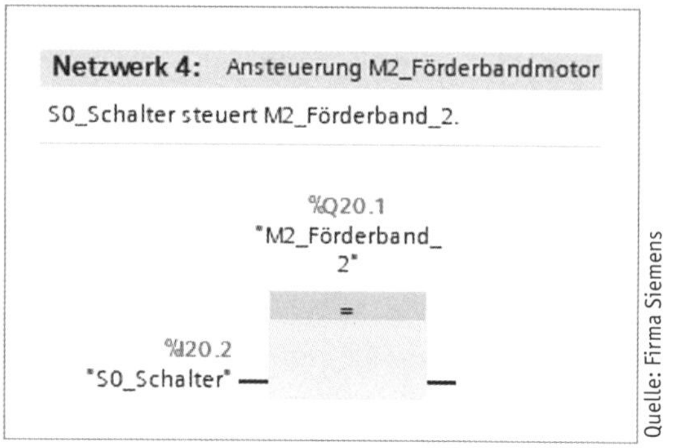


**Bild 8.16** Ansteuerung des Förderbandmotors M2

## 8.5.6 Rechenfunktionen in der SPS-Projektierung

In der Wortverarbeitung eines SPS-Projekts sind auch Rechenoperationen wie beispielsweise die vier Grundrechenarten realisierbar. In **Bild 8.17** ist ein Addierer zu sehen. Der Wortoperand „Zahlenwert_1“ (MW0) wird mit der INTEGER-Zahl 100 addiert und das Ergebnis wird in den globalen Datenbaustein DB1 (Ergebnis_1) transferiert.

Die Datentypen sind einstellbar, es sind sowohl INTEGER, REAL als auch D-INTEGER verwendbar. Entsprechend ähnlich verhält es sich mit dem Subtrahierer. Vom Wortoperanden „Zahlenwert_1“ (MW0) als Minuend wird die INTEGER-Zahl 50 (Subtrahend) subtrahiert und als Wert der Differenz wird das Ergebnis in den globalen Datenbaustein DB1 (Ergebnis_2) transferiert (**Bild 8.18**).

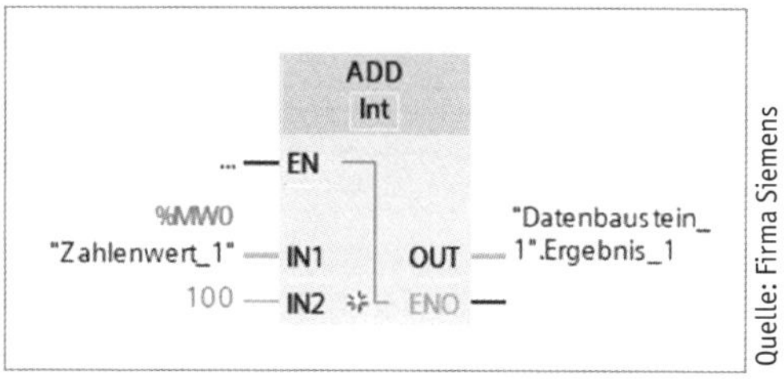


**Bild 8.17** Funktion ADD aus dem Siemens TIA-Portal

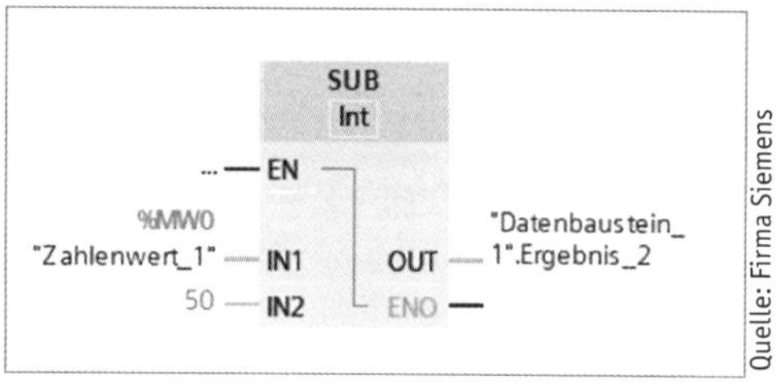


**Bild 8.18** Funktion SUB aus dem Siemens TIA-Portal

Die Funktionen Multiplizieren MUL und Dividieren DIV sind entsprechend realisierbar.

Darüber hinaus können in SPS-Projektierungen auch numerische Funktionen realisiert werden. Numerische Funktionen werden in die Kategorien „Allgemeine Funktionen“, „Logarithmische Funktionen“ und „Trigonometrische Funktionen“ eingeteilt. Als Beispiel für eine allgemeine numerische Funktion ist das Bilden der Quadratwurzel einer Zahl zu nennen. Mit den trigonometrischen Funktionen kann die SPS die Winkelfunktionen SINUS, COSINUS und TANGENS sowie den ARCUSSINUS einer Gleitpunktzahl bestimmen.

Die numerischen Funktionen werden grundsätzlich im Datentyp REAL mit Gleitpunktzahlen ausgeführt. Die Programmierung dieser Funktionen wird vorteilhaft in den hochsprachenorientierten Programmiersprachen SCL oder ST ausgeführt.

### 8.5.7 Projektierung einer Trafoüberwachung mit Vergleicher und Addierer

Zur Energieversorgung eines Klinikums mit mehreren Gebäuden sind drei Trafostationen eingerichtet. Die Wirkleistungen der drei Trafos sollen mit einer SPS überwacht werden (**Bild 8.19**).

Bei Überschreiten der Wirkleistungen der Trafos soll dies durch binäre Leuchtmelder (H1_Trafo_1, H2_Trafo_2 und H3_Trafo_3) angezeigt werden (**Bild 8.20**). Bei Überschreiten der Gesamtwirkleistung von 100 kW soll dies durch eine blinkende Meldeleuchte „H4_Gesamt“ signalisiert werden.

Die in der dargestellten Gerätekonfiguration (**Bild 8.21**) projektierte Analogeingangsbaugruppe „AI 4xU/I“ umfasst vier analoge Eingänge, die in der Projektierungssoftware unter

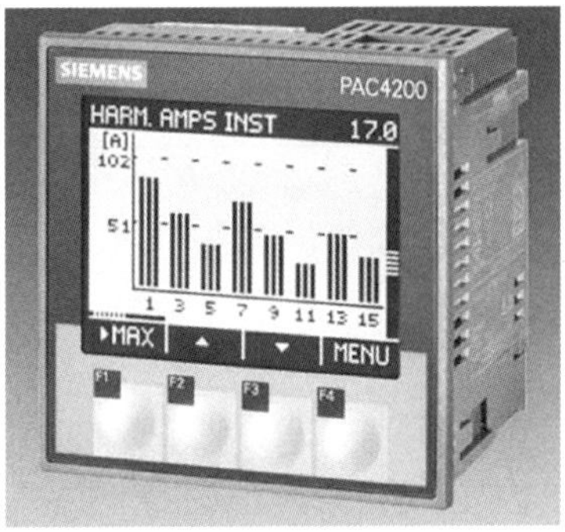


Zur Überwachung der drei Trafos werden die Wirkleistungen mit einem speziellen Leistungsmessgerät (Bild 8.19) gemessen und der SPS über Analogeingänge zugeführt. Es ist also eine entsprechende Analogeingangsbaugruppe (AI) zu projektieren. (siehe Bild 8.12)

Die Messdaten der Trafos liegen zur Verarbeitung im Anwenderprogramm im Datentyp INTEGER vor.

Quellen: Firma Siemens

**Bild 8.19** Leistungsmessgerät vom Typ Sentron PAC4200 der Firma Siemens

| Trafo | Wirkleistung in kW | Leuchtmelder | Datentyp |
|---|---|---|---|
| Trafo 1 | 20 | H1_Trafo_1 | BOOL |
| Trafo 2 | 50 | H1_Trafo_2 | BOOL |
| Trafo 3 | 70 | H1_Trafo_3 | BOOL |

Quelle: B. Alferink

**Bild 8.20** Zuordnung der Leistungen zu den Betriebsmitteln

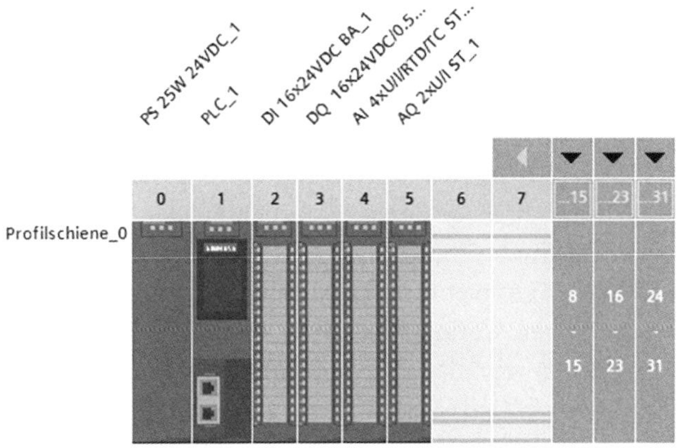


Quellen: Firma Siemens

**Bild 8.21** Komplette Gerätekonfiguration mit einer CPU 1511 aus dem TIA-Portal

Eigenschaften bezüglich ihrer Messart und ihres Messbereichs eingestellt werden. Hier werden die Messart „Spannung“ und der Messbereich „+/– 10 V“ eingestellt. Adressiert sind die Analogeingänge von 0 … 7 unter E-Adressen, wie in **Bild 8.22** der Geräteübersicht zu sehen.

Die Adressierung von 0 … 7 bedeutet, dass jeder Analogeingang ein Wort, also 16 Bit, entsprechend 2 Byte umfasst. Bezogen auf die Beispielaufgabe Trafoüberwachung wird je ein Leistungsmessgerät mit einem Analogeingang der projektierten SPS verbunden. Die gemessenen Leistungswerte der einzelnen Trafos kommen also über die Analogeingänge AI0, AI2 und AI4 zur weiteren Verarbeitung in die Prozessabbilder der SPS. Die „Zweierabstände“ sind nötig, da sie wortweise verarbeitet werden, in der E-Adresse jedoch die Byte-Nummern 0 … 7 ausgewiesen sind.

So ergeben sich letztlich die in **Bild 8.23** genannten Adressen für die Analogwerte der einzelnen Trafos.

Geräteübersicht

| Modul | Baugr... | Steck... | E-Adresse | A-Adres... | Typ | Artikel-Nr. | Firmware |
|---|---|---|---|---|---|---|---|
| PS 25W 24VDC_1 | 0 | 0 | | | PS 25W 24VDC | 6ES7 505-0KA00-0AB0 | V1.0 |
| ▾ PLC_1 | 0 | 1 | | | CPU 1511-1 PN | 6ES7 511-1AK00-0AB0 | V1.8 |
| ▸ PROFINET-Schnittstelle_1 | 0 | 1 X1 | | | PROFINET-Schnittst... | | |
| DI 16x24VDC BA_1 | 0 | 2 | 20...21 | | DI 16x24VDC BA | 6ES7 521-1BH10-0AA0 | V1.0 |
| DQ 16x24VDC/0.5A BA_1 | 0 | 3 | | 20...21 | DQ 16x24VDC/0.5... | 6ES7 522-1BH10-0AA0 | V1.0 |
| AI 4xU/I/RTD/TC ST_1 | 0 | 4 | 0...7 | | AI 4xU/I/RTD/TC ST | 6ES7 531-7QD00-0AB0 | V1.0 |
| AQ 2xU/I ST_1 | 0 | 5 | | 0...3 | AQ 2xU/I ST | 6ES7 532-5NB00-0AB0 | V1.0 |

Quellen: Firma Siemens

**Bild 8.22** Geräteübersicht der projektierten SPS mit Adressen und Steckplätzen

| Trafo | Wirkleistung in kW | Adresse | Datentyp |
|---|---|---|---|
| Trafo 1 | 20 | „Trafo_1“ IW0 | INT |
| Trafo 2 | 50 | „Trafo_2“ IW2 | INT |
| Trafo 3 | 70 | „Trafo_3“ IW4 | INT |

Quelle: B. Alferink

**Bild 8.23** Zuordnung der Analogadressen zu den Betriebsmitteln

### 8.5.8 Programmierung der Trafoüberwachung mit FUP (Funktionsplan)

Der in der SPS-Programmierung vielfach verwendete Funktionsplan FUP bietet auch in den zunehmend komplexer werdenden Programmen der Wortverarbeitung eine allgemeinverständliche und einfache Darstellung der Zusammenhänge.

Zunächst erfolgen die Vergleiche der Wirkleistungen der einzelnen Trafos im Datentyp INTEGER mit den Festwerten 20 KW, 50 KW und 70 KW. Bei Überschreiten dieser Werte wird dies über die binären Ausgänge durch die Leuchtmelder „H1_Trafo_1“ (Q 6.0), „H2_Trafo_2“ (Q 6.1) und „H3_Trafo_3“ (Q 6.2) angezeigt (**Bild 8.24**).

In Netzwerk 4 (**Bild 8.25**) erfolgt dann die Addition der drei Wirkleistungen der Trafos; das Ergebnis wird dann in den Wortoperanden „P_Summe“ (MW0) transferiert.

In Netzwerk 5 (**Bild 8.26**) wird der Wert „P_Summe“ (MW0) mit dem Festwert 100 auf Überschreitung verglichen. In UND-Verknüpfung mit dem „Taktmerker“ (M10.0) wird bei Überschreiten der Gesamtleistung der drei Trafos von 100 kW der Leuchtmelder „H4_Gesamt“ (Q6.3) im Blinktakt zur Anzeige gebracht.

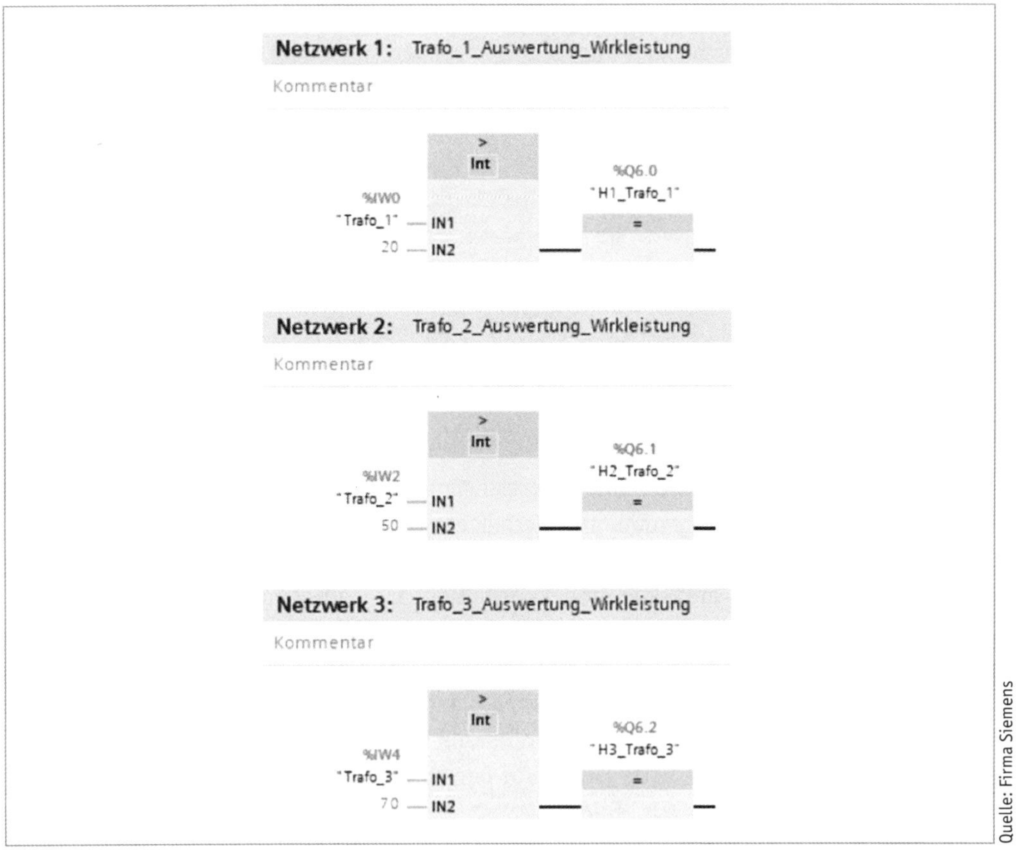


**Bild 8.24** Auswertung der einzelnen Trafoleistungen

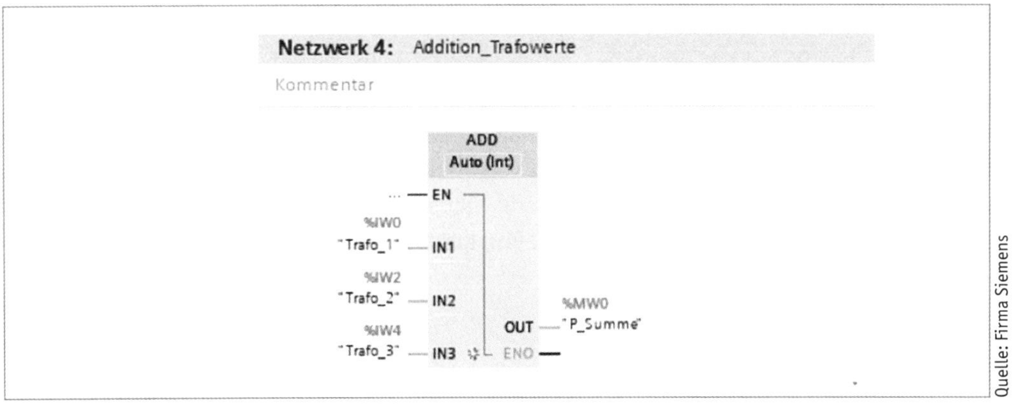


**Bild 8.25** Darstellung der Addition der Trafoleistungen

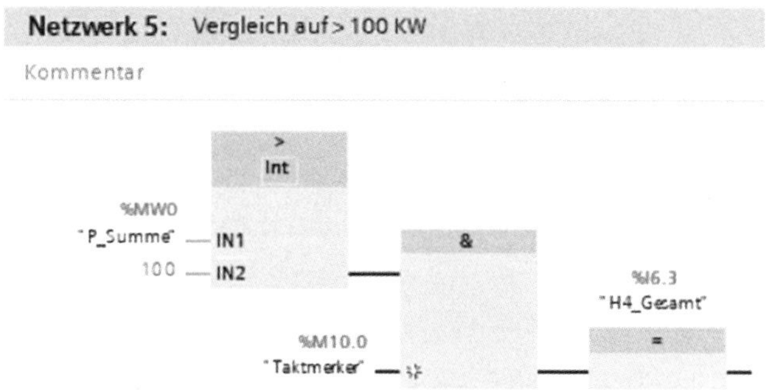


Quelle: Firma Siemens

**Bild 8.26** Vergleich der Gesamtleistungen und Ansteuerung der Meldeleuchte H4

## 8.5.9 Programmierung der Trafoüberwachung mit SCL

In der Projektierung von Rechen- und Vergleichsfunktionen bietet sich neben den bekannten und etablierten SPS-Programmierdarstellungen FUP und AWL die hochsprachenorientierte Programmiersprache SCL (**S**tructured **C**ontrol **L**anguage) an. Hier ist die Handhabung der Wortverknüpfungen einfacher und übersichtlicher, insbesondere bei umfangreichen Programmen mit vielen Wortanweisungen oder bei Berechnungen.

Im Folgenden wird das SCL-Programm „Trafoüberwachung" einmal exemplarisch dargestellt und erklärt. Zunächst wird für das Kernprogramm ein Funktionsbaustein FB angelegt, in dessen Deklarationsteil die Formaloperanden mit Namen und entsprechendem Datentyp deklariert werden. Die Messwerte der Trafos liegen im Datentyp INTEGER vor, alle anderen Variablen im Datentyp BOOL (**Bild 8.27**).

Im Anweisungsteil des FB (**Bild 8.28**) wird nun das Programm in der Programmiersprache SCL erstellt, die zuvor bei der Bausteinerstellung ausgewählt wurde. Hier sind alle aus den Hochsprachen bekannte Befehle verwendbar. In Zeile 1, 6 und 11 werden die Leistungswerte der Trafos mit einer IF...THEN...ELSE...END_IF Funktion abgefragt und die entsprechenden binären Ausgänge zugewiesen. In Zeile 16 erfolgt dann die einfache Addition der Trafowerte mit dem direkt folgenden Vergleich > 100 und der Zuweisung der Blinkleuchte. Auf symbolische Funktionen wie Addierer oder Vergleicher und deren Parametrierung wie in der FUP-Programmierung braucht hier nicht zurückgegriffen werden. Dies ist als entscheidender Vorteil der SCL-Programmierung zu sehen.

**Trafowerte_P**

| | Name | Datentyp | Defaultwert |
|---|---|---|---|
| 1 | ▾ Input | | |
| 2 | Trafo_1 | Int | 0 |
| 3 | Trafo_2 | Int | 0 |
| 4 | Trafo_3 | Int | 0 |
| 5 | Blinker | Bool | false |
| 6 | ▾ Output | | |
| 7 | H1_Trafo_1 | Bool | false |
| 8 | H2_Trafo_2 | Bool | false |
| 9 | H3_Trafo_3 | Bool | false |
| 10 | H4_Gesamt | Bool | false |

Quelle: Firma Siemens

**Bild 8.27** Deklaration der Formaloperanden

Im MAIN (OB1) erfolgt dann die Verbindung des FB mit den Aktualoperanden. Die aktuellen Werte sind im Instanz-Datenbaustein „Trafowerte_P_Daten“ (DB1) abgelegt (**Bild 8.29**).

Durch die Projektierung der Trafoüberwachung als FB wird das Programm uneingeschränkt bibliotheksfähig.

```
IF...  CASE... OF...  FOR... TO DO...  WHILE.. DO...  (*...*)  REGION

IF #Trafo_1 > 20 THEN
    #H1_Trafo_1 := TRUE;
ELSE
    #H1_Trafo_1 := FALSE;
END_IF;
IF #Trafo_2 > 50 THEN
    #H2_Trafo_2 := TRUE;
    ELSE
    #H2_Trafo_2 := FALSE;
END_IF;
IF #Trafo_3 > 70 THEN
    #H3_Trafo_3 := TRUE;
    ELSE
    #H3_Trafo_3 := FALSE;
END_IF;
IF #Trafo_1 + #Trafo_2 + #Trafo_3 >100 AND #Blinker = TRUE THEN
    #H4_Gesamt := TRUE;
ELSE
    #H4_Gesamt:= FALSE;
    END_IF;
```

Quelle: Firma Siemens

**Bild 8.28** Programm zur Trafoüberwachung mit SCL

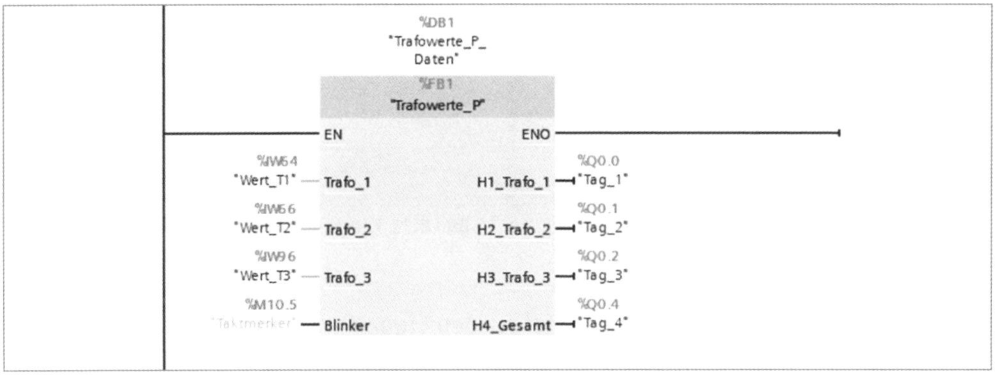


Quelle: Firma Siemens

**Bild 8.29** Aufruf und Parametrierung des FB1

## 8.6 Digitale Wortverknüpfungen

In den Grundlagenkapiteln wurden bereits die logischen Grundverknüpfungen UND und ODER sowie die Exklusiv-Oder-Verknüpfung XOR behandelt. Hier ging es jedoch ausschließlich um Bit-Verknüpfungen. Im Bereich der Wortverarbeitung sind diese Verknüpfungen auch möglich, sowohl im Wortformat (16 Bit) als auch im Doppelwortformat (32 Bit). In **Bild 8.30** ist die wortweise UND-Verknüpfung dargestellt.

Jetzt werden die beiden AKKU-Inhalte „Bit für Bit“ UND verknüpft und die Ergebnisse werden an den Wortoperanden „W-Ergebnis“ (MW14) transferiert.

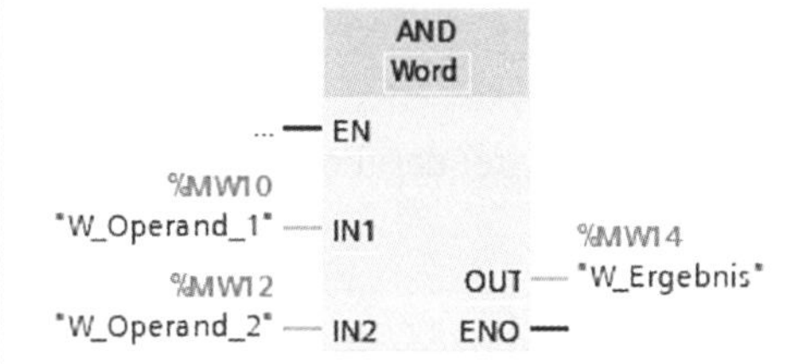


Der Wortoperand „W_Operand_1“ (MW0) an IN1 wird in den AKKU1 der CPU geladen. Der zweite Wortoperand an IN2 „W_Operand_2“ (MW2) wird ebenfalls in den AKKU1 geladen, jedoch wird der vorherige Inhalt, also „W_Operand_1“ in den AKKU2 verschoben.

Quelle: Firma Siemens

**Bild 8.30** Funktion wortweise UND-Verknüpfung

Ähnlich wie bei der wortweisen UND-Verknüpfung AND verhält es sich mit der wortweisen ODER-Verknüpfung OR (**Bild 8.31**).

Jetzt werden die beiden AKKU-Inhalte „Bit für Bit“ ODER verknüpft und die Ergebnisse werden an den Wortoperanden „W-Ergebnis“ (MW14) transferiert. Auch mit der wortweisen Exklusiv-Oder-Verknüpfung verhält es sich so (**Bild 8.32**).

Wie in den vorhergehenden Wortverknüpfungen werden die Wortoperanden „W_Operand_1“ (MW0) an IN1 „W_Operand_2“ (MW2) an IN2 in die AKKUs der CPU geladen und verschoben. Anschließend werden die beiden AKKU-Inhalte „Bit für Bit“ XOR verknüpft und die Ergebnisse werden an den Wortoperanden „W-Ergebnis“ (MW14) transferiert.

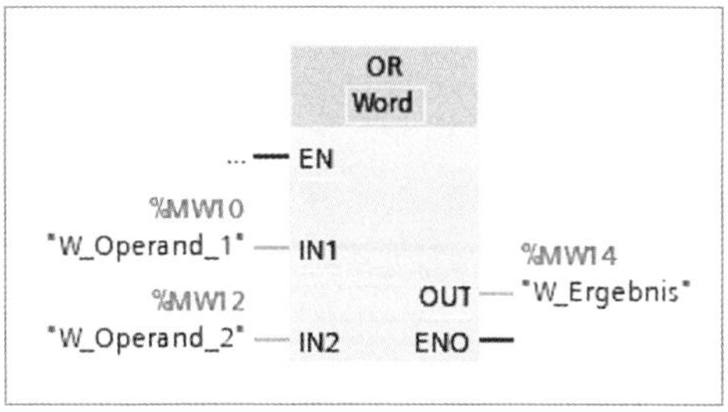


**Bild 8.31** Funktion wortweise ODER-Verknüpfung

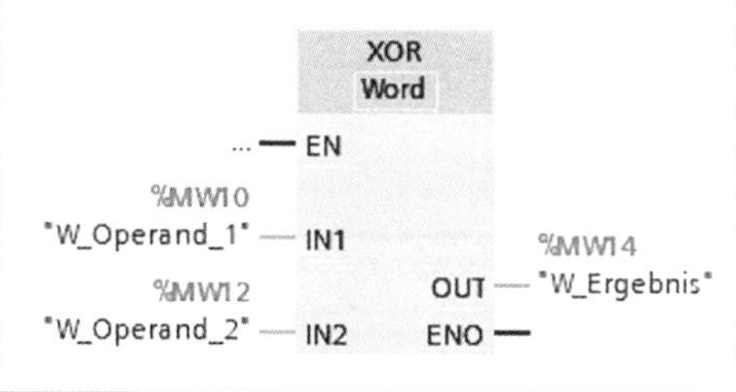


**Bild 8.32** Funktion wortweise EXOR-Verknüpfung

### 8.6.1 Digitale Auswertung von ansteigenden Signalflanken in FUP

Eine klassische Anwendung für digitale Wortverknüpfungen ist die „digitale Flankenauswertung“. Im folgenden Programmbeispiel wird gezeigt, wie eine komplette digitale Eingangskarte mit 16 binären Eingängen (DI16) mit wenigen Wortbefehlen komplett auf eine positive bzw. ansteigende Signalflanke ausgewertet wird. Eine Einzelabfrage auf „positive Flanke“ zum sicheren Einschalten eines Antriebs ist dann nicht mehr erforderlich.

Die wortweise XOR-Funktion ist in **Bild 8.33** dargestellt, in **Bild 8.34** ist die Verschiebung zum Merkerwort 0 und in **Bild 8.35 die UND-Verknüpfung** dargestellt. **Bild 8.36** zeigt die Ansteuerung der Flankenmerker.

In Netzwerk 5 ist das sichere Einschalten des Motors M1 über den binären Flankenmerker M4.0 aus dem MW4 „Flankenmerker-Byte“ dargestellt (**Bild 8.37**). Der Flankenmerker M4.0 hat über das Wortprogramm aus den Netzwerken 1 bis 4 die ansteigende Signalflanke des binären Eingangs I0.0 aus dem Eingangswort IW0 registriert und ist somit nur

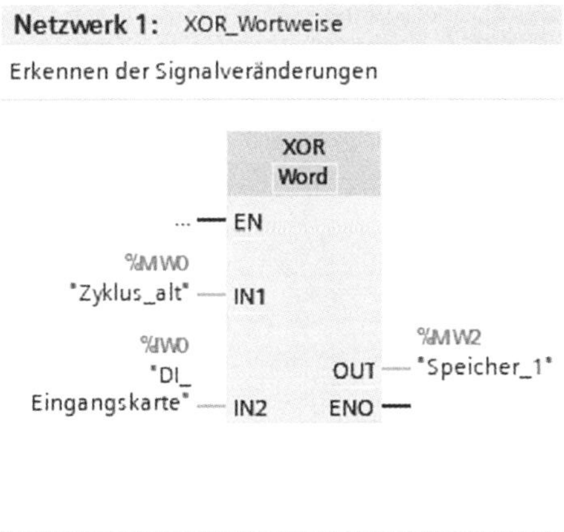


Der Wortoperand „Zyklus_alt" (MW0) an IN1 wird in den AKKU1 der CPU geladen. Der zweite Wortoperand an IN2 „DI_Eingangskarte" (MW2) wird ebenfalls in den AKKU1 geladen, jedoch wird der vorherige Inhalt, also „Zyklus_alt" in den AKKU2 verschoben.

In „Zyklus_alt" (MW0) steckt das Prozessabbild der Eingangssignale von IW0 des vorhergehenden Zyklus. Mit dem Laden an IN2 des IW0 kommen jetzt die Eingangssignale des aktuellen Programmzyklus in den AKKU1.

Mit der wortweisen XOR-Verknüpfung werden nun alle veränderten Signale erfasst, also sowohl Signalzustandsänderungen von 0 auf 1 (steigende Flanken) als auch von 1 auf 0 (fallende Flanken).

Quelle: Firma Siemens

**Bild 8.33** Darstellung der wortweisen XOR-Funktion

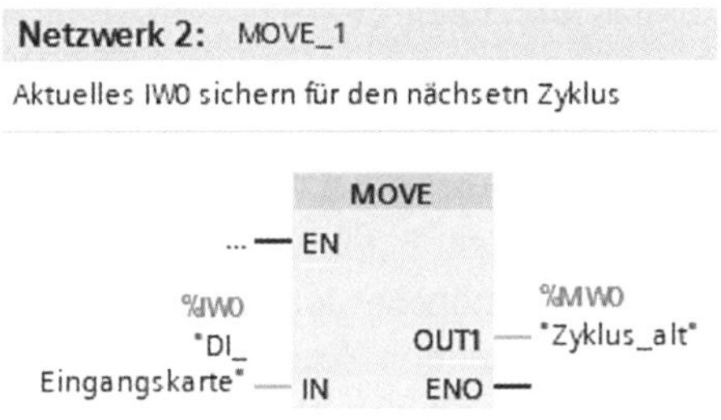


Mit dem MOVE-Befehl in Netzwerk 2 wird das aktuelle Prozessabbild von „DI_Eingangskarte" (IW0) in „Zyklus_alt" (MW0) transferiert und für den nächsten Programmzyklus gespeichert.

Quelle: Firma Siemens

**Bild 8.34** Darstellung des Verschiebens zum Merkerwort 0

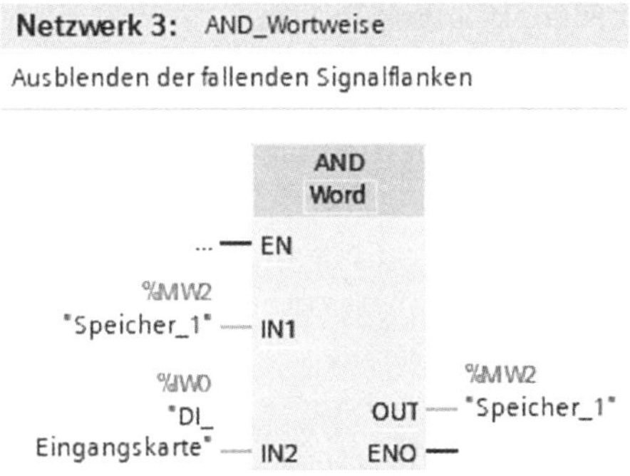


Mit der wortweisen UND-Verknüpfung in Netzwerk 3 werden die fallenden Signalflanken ausgeblendet. Der Wortoperand „Speicher_1" (MW2) enthält alle veränderten Signale der beiden aufeinanderfolgenden Programmzyklen. Mit der UND-Verknüpfung mit dem aktuellen Prozessabbild von „DI_Eingangskarte" (IW0) werden nun ausschließlich die positiven Flanken erfasst und als Ergebnis an „Speicher_1" (MW2) transferiert.

Quelle: Firma Siemens

**Bild 8.35** Darstellung der wortweisen AND-Funktion im Programm zur digitalen Flankenauswertung

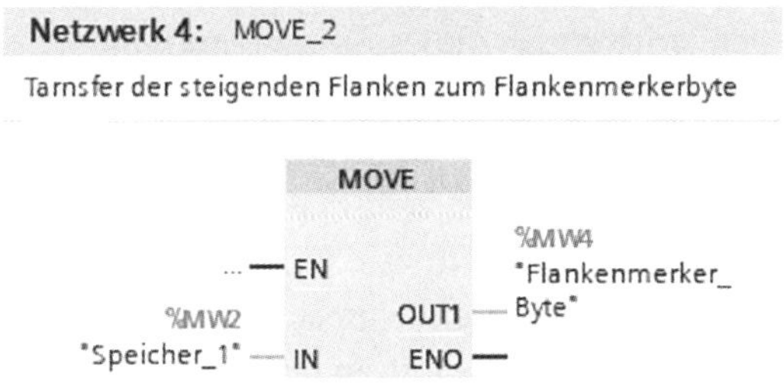


Durch den MOVE-Befehl in Netzwerk 4 werden die ausgewerteten positiven bzw. ansteigenden Signalflanken am IN aus MW2 in den AKKU1 geladen und an das „Flankenmerker-Byte" (MW4) transferiert und gespeichert. In MW4 sind jetzt die einzelnen Flankenmerker zum sicheren Einschalten der Antriebe durch die binären Eingänge des IW0 abzufragen (Bild 8.37).

Quelle: Firma Siemens

**Bild 8.36** Ansteuerung der Flankenmerker

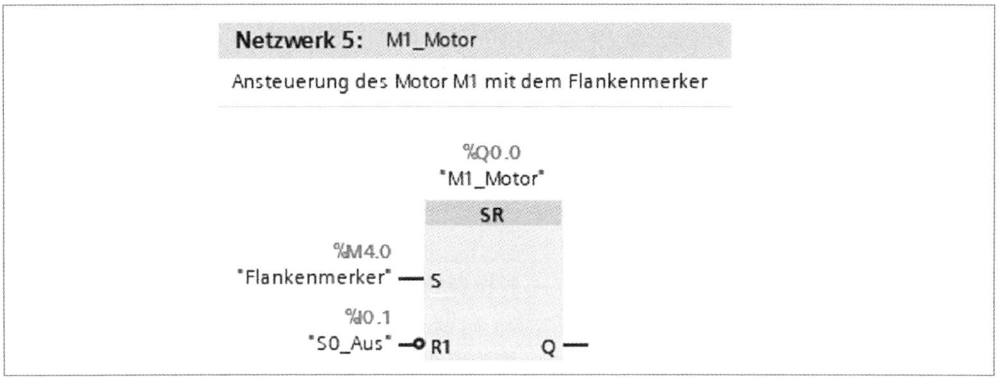


**Bild 8.37** Sichere Ansteuerung des Motors M1

einen Programmzyklus auf Signalzustand 1, stellvertretend für den binären Eingang I0.0. Selbst wenn der Eingangssignalgeber I0.0 „klemmt“ oder manipuliert wird, ist der Antrieb M1 sicher eingeschaltet und kann nach dem Ausschalten über „S0_Aus“ (I0.1) nicht selbsttätig wieder anlaufen.

Auf diese Weise können alle Merker des Wortoperanden „Flankenmerker-Byte“ (MW4) als einzelne Flankenmerker für die Auswertung einer ansteigenden Signalflanke der binären Eingänge der Eingangskarte (16 Bit) des IW0 genutzt werden. Ein bitweises Auswerten ist somit nicht mehr erforderlich. Das gesamte Projekt wird rationeller und übersichtlicher, insbesondere dann, wenn in einem größeren Projekt das Programm „Digitale Flankenauswertung“ in einem separaten FC abgearbeitet wird.

## 8.6.2 Digitale Auswertung von ansteigenden Signalflanken in AWL

Die Programmierung der digitalen Flankenauswertung lässt sich in der Programmierdarstellung AWL noch besser darstellen und ist in der Praxis besonders häufig vorzufinden. Die Funktionsweise der digitalen Wortverknüpfungen ist in AWL unter vergleichender Betrachtung der Vorgänge in den AKKUs 1 und 2 besonders einfach zu erkennen. Schwerpunkt der digitalen Flankenauswertung ist der Vergleich eines Eingangsworts (in unserem Beispiel IW0) aus zwei aufeinanderfolgenden Programmzyklen. Daraus soll erkannt werden, welcher Signalgeber seinen Signalzustand von 0 auf 1 oder von 1 auf 0 verändert hat. In der ersten Zeile unseres Programms steht L MW0, dieses MW0 enthält das Bitmuster des „alten“ IW0, also des Eingangsworts IW0 aus dem vorhergehenden Programmzyklus. In der zweiten Zeile wird dann das aktuelle Bitmuster des IW0 aus dem PAE (**P**rozess**a**bbild der **E**ingänge) in den AKKU1 geladen. In Zeile 3 wird genau dieses Bitmuster des aktuellen IW0 in das MW0 transferiert, und zwar für den nächsten Vergleich, der im darauffolgenden Programmzyklus stattfindet.

Zu bedenken ist, dass beim erneuten Laden des IW0 in der Zeile 5 des Programms das Bitmuster identisch mit dem Bitmuster aus dem Laden des IW0 aus Zeile 2 ist, da es sich um denselben Programmzyklus handelt. Hintergrund ist, dass ein einmal erzeugtes Prozessabbild – in diesem Fall das Prozessabbild der Eingänge (PAE) – nur einmal zu Beginn eines Programmzyklus erzeugt wird.

Anhand der fett gesetzten Signalzustände in **Tabelle 8.6** ist das Auswerten der ansteigenden Signalflanken aus dem „alten" Programmzyklus in Programmzeile 1 im Vergleich mit dem aktuellen Prozessabbild des IW0 in Programmzeile 2 zu erkennen.

Zur Vereinfachung sind jeweils nur acht Bit (Low Byte) der DI16 dargestellt. Der AKKU1 arbeitet grundsätzlich als „Bezugs-AKKU", da hier die Verknüpfungen gebildet werden und hier auch die Ergebnisse stehen. Der AKKU2 dient lediglich als Zwischenspeicher für AKKU1, beispielsweise, wenn beim Aufeinanderfolgen von zwei Ladevorgängen ein Wert in AKKU2 geschoben werden muss.

| Nr. | Anweisung | AKKU 1 | AKKU 2 | Erklärung |
|---|---|---|---|---|
| 1 | L MW0 | **0**1 01 11 **0**0<br>↓ ↓ | | Laden des MW0 in AKKU1, das ist das IW0 aus dem vorherigen Zyklus. |
| 2 | L IW0 | **1**1 00 10 **1**0 | 01 01 11 00 | Laden des aktuellen IW0 vom PAE in AKKU 1, verschieben des MW0 in AKKU 2. |
| 3 | T MW0 | **1**1 00 10 **1**0 | 01 01 11 00 | Transferieren des aktuellen IW0 in das MW0 für den nächsten Zyklus. |
| 4 | XOW | **1**0 01 01 **1**0 | 01 01 11 00 | Erfassen aller veränderten Signale. Alle steigenden als auch abfallenden Flanken zwischen beiden Programmzyklen. |
| 5 | L IW0 | **1**1 00 10 **1**0 | 10 01 01 10 | Erneutes Laden des aktuellen IW0 vom PAE in den AKKU 1. |
| 6 | UW | **1**0 00 00 **1**0 | 10 01 01 10 | Ausblenden der abfallenden Signalflanken und herausfiltern der steigenden Signalflanken. |
| 7 | T MW2 | **1**0 00 00 **1**0 | 10 01 01 10 | Flankenmerkerwort. Aus diesem Wort werden die einzelnen Flankenmerker (also bitweise) den Eingängen zugeordnet. |

Quelle: B. Alferink

**Tabelle 8.6** Funktion der digitalen Flankenauswertung

## 8.7 Sprungfunktionen in der SPS-Programmierung

Zur Projektierung komplexer Steuerungsprogramme werden Anweisungen aus der Rubrik „Programmsteuerung" benötigt. Dies sind insbesondere die Sprungbefehle, sowohl als absoluter Sprung als auch als Sprung unter definierten Bedingungen.

Sprungfunktionen sollten allerdings mit Bedacht eingesetzt werden, da sie in der Praxis häufig zu unübersichtlichen Programmabläufen führen.

In **Bild 8.38** ist die Ausführung des Sprungbefehls JMP erklärt.

Ist am binären Eingang der Sprungfunktion kein Operand gegeben, wird der Sprung immer ausgeführt. Somit wird dieser Sprung unabhängig vom Verknüpfungsergebnis VKE und wird auch als absoluter Sprung bezeichnet. Den Sprungbefehl gibt es auch in der Ausführung JMPN, hier erfolgt der Sprung bei einem Verknüpfungsergebnis VKE = 0.

Ebenso relevant im Bereich der Programmsteuerung ist der Befehl RET, der einen Rücksprung in den aufrufenden, also übergeordneten Baustein ausführt (**Bild 8.39**).

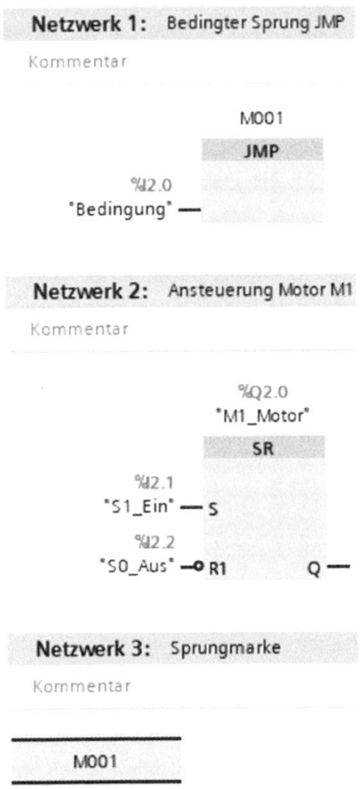


Führt der binäre Signalgeber „Bedingung" (I2.0) den Signalzustand 0, wird der Sprung nicht ausgeführt und das SR-Flip-Flop zur Steuerung des Motors M1 in Netzwerk 2 wird bearbeitet.

Führt der binäre Signalgeber „Bedingung" (I2.0) den Signalzustand 1, wird der Sprung JMP ausgeführt und das Programm wird nach der Sprungmarke M001 in Netzwerk 3 fortgeführt. Das SR-Flip-Flop zur Steuerung des Motors M1 in Netzwerk 2 wird nicht mehr bearbeitet, wird also übersprungen. Wichtig in diesem Zusammenhang ist, dass auch die Prozessabbilder der übersprungenen Operanden nicht mehr bearbeitet werden. Das bedeutet, dass ein gesetzter binärer Ausgang „M1_Motor" (Q2.0) mit dem Signalzustand 1 im Prozessabbild der Ausgänge PAA auf diesem Signalzustand beim Überspringen verbleibt, selbst wenn der Austaster „S0_Aus" (I2.2) betätigt wird. Dieser Konsequenz sollten sich Programmierende in der Praxis bewusst sein.

In Netzwerk 3 ist das Label, also die Sprungmarke zu sehen. Sie kennzeichnet die Stelle der Fortführung des Programms nach einem ausgeführten Sprung.

Quelle: Firma Siemens

**Bild 8.38** Darstellung eines bedingten Sprungbefehls

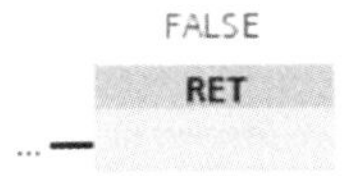


Dieser Befehl wird in der Projektierung häufig nach einer ausgeführten Sprungfunktion genutzt, um einen Programmteil zu beenden, ohne dass die nachfolgenden Programmteile bearbeitet werden.

Quelle: Firma Siemens

**Bild 8.39** Rücksprung mit dem Befehl RET

## 8.8 Entwicklung einer komplexen Steuerung: Der Spindelantrieb

Das Modell Spindelantrieb stellt einen motorgetriebenen Positionierantrieb dar, der aus einem auf einer Spindel mit einem Fahrbereich von 500 LE (Längeneinheiten) befindlichen Schlitten besteht. Der Antriebsmotor kann im Linkslauf (M1) oder Rechtslauf (M2) betrieben werden; außerdem kann er über einen Steuereingang (M3) in einen Schleichgang versetzt werden. Die Bewegung des Schlittens wird über einen zweispurigen Winkelschrittgeber erfasst, dessen erste Spur (S5) jeweils einen Zählimpuls/LE liefert, während die zweite Spur (S6) je Umdrehung (10 LE) einen Feinsynchronimpuls liefert. Dieser kann zusammen mit dem Grobsignal S7 eines berührungslosen Markierungsgebers bei 250 LE zur Synchronisation der Positionserfassung herangezogen werden. An den Enden des Fahrbereichs befinden sich zwei Endschalter (S8/S9), die ein Überfahren verhindern.

Nach dem Einschalten der Anlage über den Schalter S1 muss der Schlitten zur Synchronisation zunächst durch Betätigung der Tipptasten S2 und S3 einmal am Markengeber S7 vorbeigefahren werden. Nach Überfahren des Markengebers wird auf das Eintreffen des Feinsynchronisierimpulses S6 gewartet und dann der Positionswert von 250 LE in die Anzeige A übernommen. Anschließend befindet sich die Steuerung im Automatikbetrieb (**Bild 8.40**).

Nunmehr kann über den Einsteller P ein Positionssollwert vorgegeben werden, der dann angefahren wird. Beträgt der Abstand zwischen Soll- und Istposition dabei weniger als 10 LE, wird auf Schleichgang umgeschaltet, um ein Überfahren der Sollposition zu verhindern. Das Erreichen des Sollwerts wird über eine zusätzliche Leuchte (H4) angezeigt (**Bild 8.41**).

Aufgrund des hohen Programmierumfangs ist es sinnvoll, das gesamte Programm auf zwei Funktionen FC aufzuteilen, einen FC für den digitalen Teil der Steuerung und einen FC für die binären Ausgangszuweisungen.

Die zentrale Frage ist jedoch, wie man sich möglichst strukturiert und planvoll an eine mögliche Lösung „herantastet". Es bietet sich an, zunächst die Überlegungen „freigrafisch" zu dokumentieren. Das bedeutet für die Programmierpraxis, dass man mit „Zettel und Bleistift" mögliche Lösungsansätze skizziert. Funktionell gesetzt ist, dass ein Zählbaustein in Kombination mit einer Differenzbildung zwischen Soll- und Istwert im Mittelpunkt steht. Hier können für die praktische Umsetzung zunächst die Fahrwege der Spindel mit den Beispielen für Position 100 und 400, jeweils ausgehend von Referenzwert 250, betrachtet werden (**Bild 8.42**).

Hier bietet es sich an, für die einzelnen Beziehungen zwischen den Soll- und Istwerten entsprechende Unterprogramme zu erstellen. Die möglichen Beziehungen zwischen Sollwert und Istwert sind „Sollwert = Istwert", „Sollwert > Istwert" und „Sollwert < Istwert".

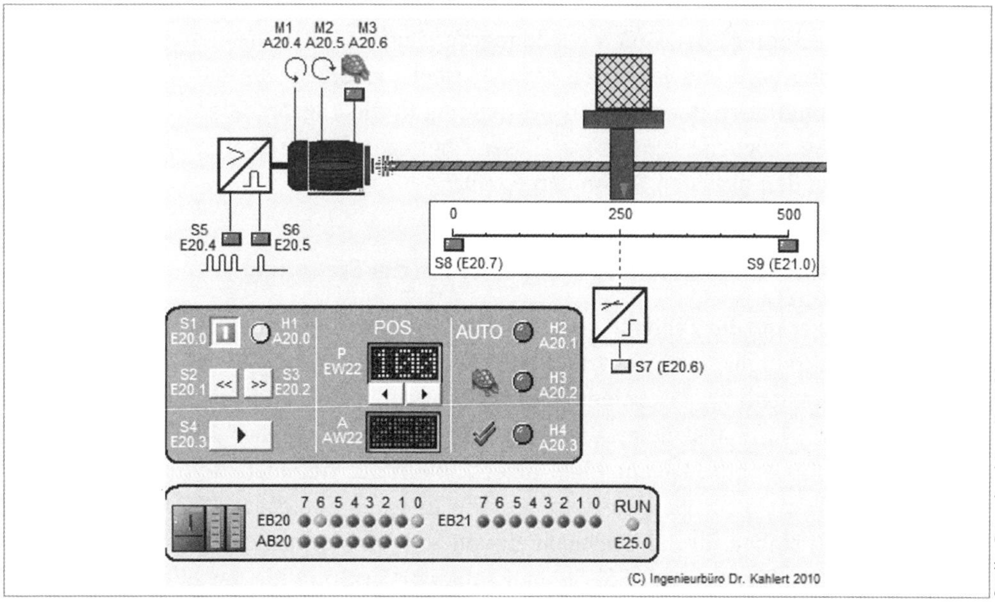


Quelle: Ingenieurbüros Dr. Kahlert

**Bild 8.40** Steuerung eines Spindelantriebs als Modell

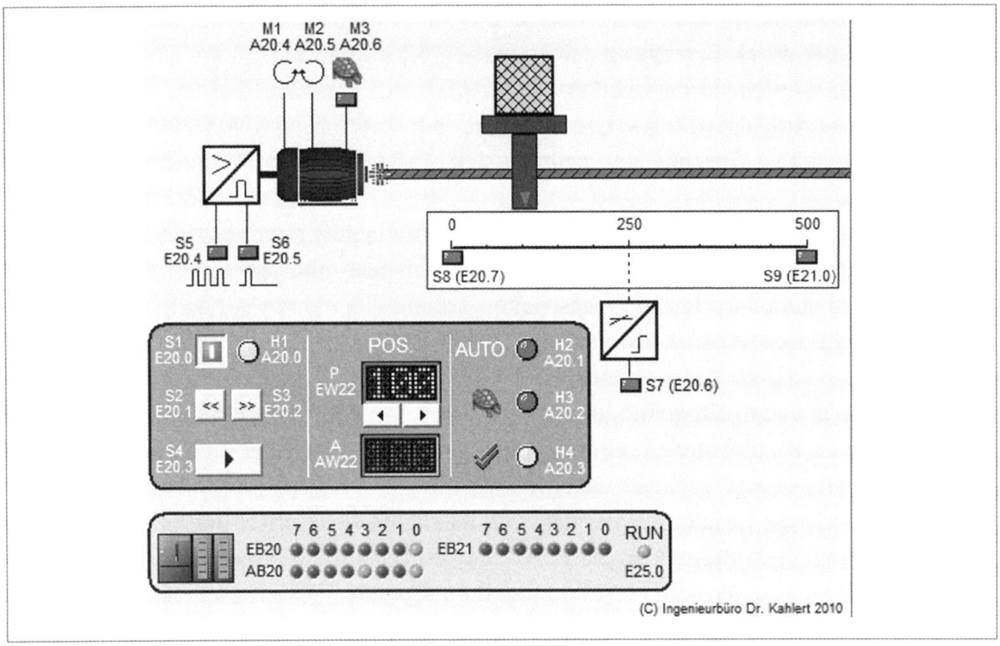


Quelle: Ingenieurbüros Dr. Kahlert

**Bild 8.41** Spindelantrieb beim Erreichen der eingestellten Soll-Position

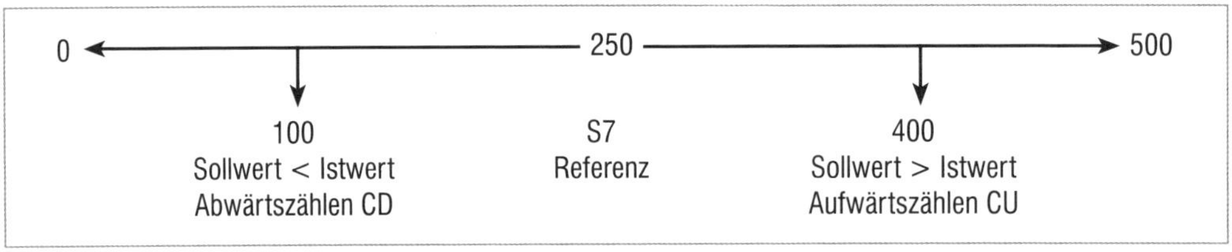


Quelle: B. Alferink

**Bild 8.42** Freigrafische Darstellung des Lösungsansatzes

Nun werden „hinter" der Differenzbildung Vergleicher zur Feststellung der Beziehungen zwischen den Soll- und Istwerten gesetzt. Über die Ergebnisse der Vergleicher wird mittels Sprungfunktionen zur weiteren Bearbeitung in die zugeordneten Unterprogramme gesprungen. Eine mögliche Umsetzung dieser Überlegungen in ein funktionsfähiges SPS-Programm ist auf den nächsten Seiten dargestellt.

## 8.8.1 Der Programmbaustein FC1: digitaler Teil der Steuerung

### Netzwerk 1: Steuerung des Zählers

Als zentraler Mittelpunkt der Steuerung wird zunächst der Zählbaustein CUD betrachtet, der je nach Drehrichtung des Spindelantriebs „vorwärts CU" und „rückwärts CD" zählt (**Bild 8.43**). Die Zählimpulse liefert der binäre Signalgeber „S5_Geber_Zählimpuls" (I20.4), der einen Zählimpuls pro Längeneinheit liefert, sofern der Automatikbetrieb eingeschaltet ist und der Sollwert nicht gleich Istwert ist. Die internen Speicher „SRO_3" (M0.3) und „SRO_2" (M0.2) stehen für die Ungleichheit von Soll- und Istwert und geben in UND-Verknüpfung mit dem Signalgeber „S5_Geber_Zählimpuls" (I20.4) die jeweiligen Zähleingänge (CU und CD) frei.

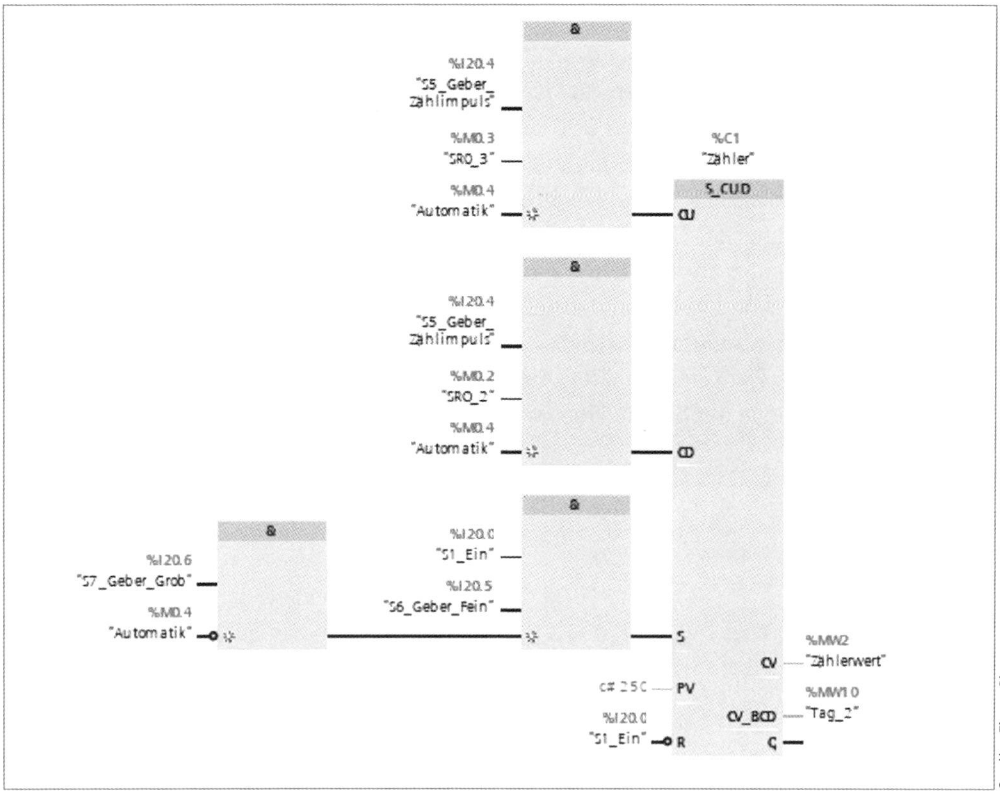


Bild 8.43 Darstellung des parametrierten Zählerbausteins

Quelle: Firma Siemens

Der Zählbaustein S_CUD wird auf den Referenzwert 250 (PV) gesetzt, wenn der Anschlag einmal den Grobsynchronimpulsgeber „S7_Geber_Grob“ (I20.6) überfahren hat und der Feinsynchronimpulsgeber „S6_Geber_Fein“ (I20.5) einen 1-Impuls gegeben hat. Zusätzlich darf der Automatikbetrieb „Automatik“ (M0.4) nicht eingeschaltet sein und der Hauptschalter „S1_Ein“ (I20.0) muss eingeschaltet sein.

Von zentraler Bedeutung für die Steuerung ist der Wortoperand „Zählerwert“ (MW2) am Ausgang CV des Zählers. Dieser Wert im Datentyp INTEGER bildet fortan den aktuellen Zählerstand und somit auch den Istwert der Spindel.

**Netzwerk 2: Differenzbildung**

Der Istwert der Spindel „Zählerwert“ (MW2) an IN1 des Subtrahierers SUB bildet mit dem Sollwert an IN2 „Position_Einsteller“ (IW22) die Differenz zwischen Soll- und Istwert und damit den Fahrweg und auch die Fahrtrichtung der Spindel. Die Differenz wird ausgewiesen als Wortoperand „Diff-Soll-Ist“ (MW4) im Datentyp INTEGER am Ausgang OUT des Subtrahierers (**Bild 8.44**).

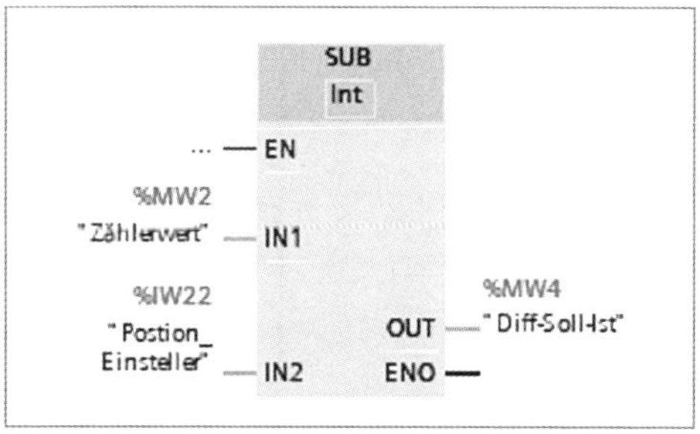


Bild 8.44 Darstellung der Funktion „Subtrahieren“

Quelle: Firma Siemens

### Netzwerk 3: Einschalten des Automatikbetriebs

Bevor es an die Weiterverarbeitung des Differenzwerts „Diff-Soll-ist“ (MW4) geht, müssen zunächst die Einschaltbedingungen für den Automatikbetrieb definiert werden. Erst nach Übernahme des Positionswerts von 250 darf der Automatikbetrieb eingeschaltet werden. Mit einem SR-Flip-Flop und einem binären Merker „Automatik“ (M0.4) ist dieser Teil der Steuerung einfach realisierbar. Die Synchronisierung mit „S7_Geber_Grob“ (I20.6) erfolgt über ein vorgeschaltetes SR-Flip-Flop und dem binären Merker „Merker_S7_Grob“ (M0.6), welcher in Kombination an der UND-Verknüpfung mit „S4_Übernahme_Sollwert“ (I20.3) als Setzbedingung für den Automatikbetrieb gilt (**Bild 8.45**).

Das Rücksetzen des Automatikbetriebs erfolgt, sobald die Soll-Position erreicht ist. Hierfür wird die positive Flanke des binären Ausgangs „H4_Soll_erreicht“ (Q20.3) genutzt. Auf beide Rücksetzeingänge der SR-Flip-Flops wird der Hauptschalter „S1_Ein“ (I20.0) genutzt.

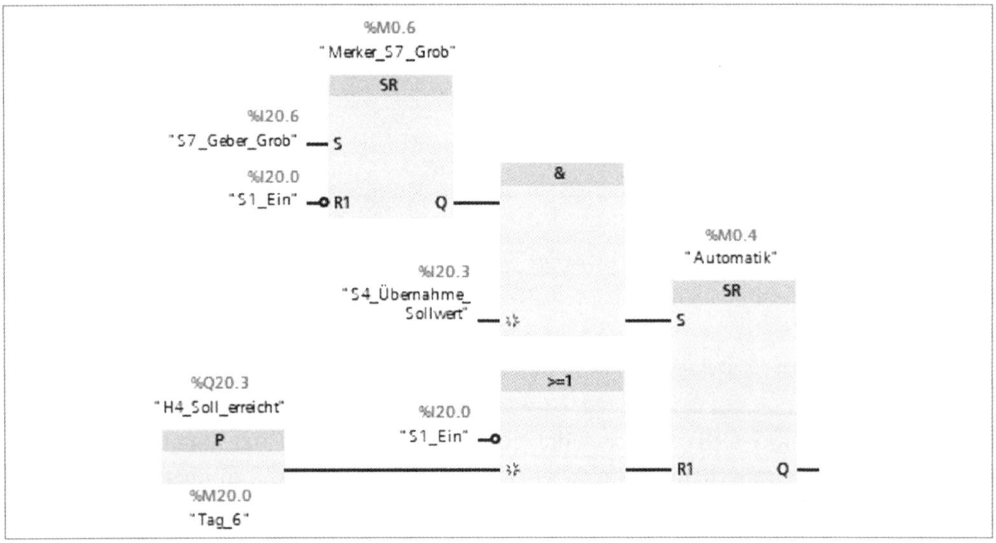


Quelle: Firma Siemens

**Bild 8.45** Darstellung des Automatikbetriebs

### Netzwerk 4: Rücksetzen der internen binären Speicher

Die Rücksetzbefehle für binäre Speicher zeigt **Bild 8.46**.

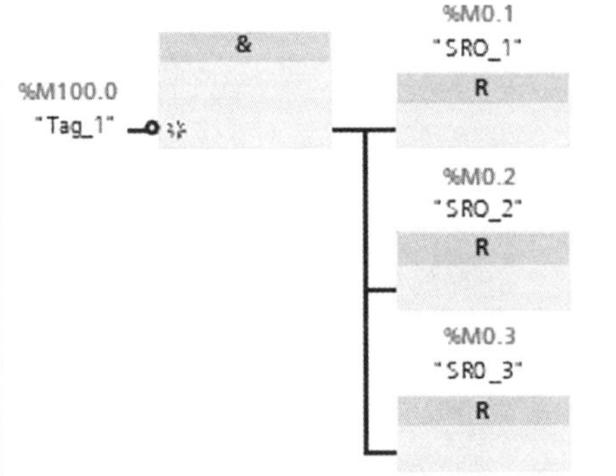


Hier erfolgt unter Beachtung der Reihenfolge der zyklischen Programmbearbeitung das Rücksetzen der internen Speicherglieder „SRO_1“, „SRO_2“ und „SRO_3“ noch bevor es über die ausgeführten Vergleiche in die entsprechenden Unterprogramme geht. Die internen Speicher werden benötigt, um nach dem Vergleich das Erreichen des entsprechenden Unterprogramms mit einem binären Signal 1-Signal zu kennzeichnen. Das Rücksetzen erfolgt auf einfache Weise mit einem beliebigen nichtremanenten Merker über eine negierte Abfrage.

Quelle: Firma Siemens

**Bild 8.46** Darstellung der Rücksetzbefehle für binäre Speicher

### Netzwerk 5: Vergleich auf Sollwert = Istwert

Der Vergleicher springt bei der Differenz 0 zwischen Soll- und Istwert zur Sprungmarke M001. Konkret bedeutet das am Vergleicher, dass der Sollwert gleich dem Istwert ist, da der Vergleich mit der Integerzahl 0 an IN2 erfüllt ist (**Bild 8.47**). In diesem Zustand hat die Spindel die am „Position_Einsteller" (IW22) eingestellte Soll-Position erreicht und die Bausteinbearbeitung kann beendet werden.

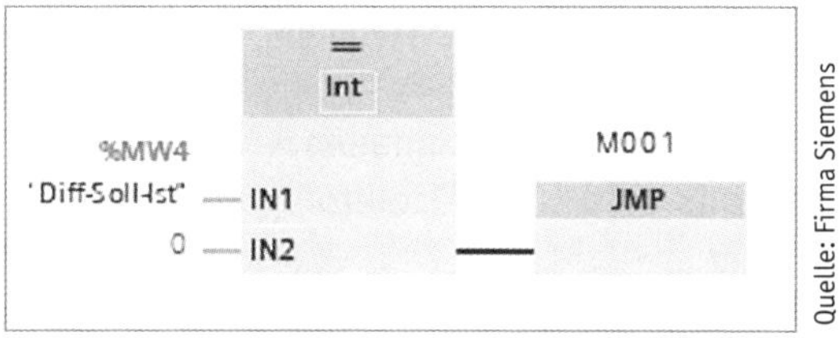


**Bild 8.47** Darstellung der Vergleichsfunktion auf „gleich"

### Netzwerk 6: Vergleich auf größer 0

Der Vergleicher erfüllt die Bedingung für den Sprung zur Sprungmarke M002, wenn das Ergebnis der Subtraktion SUB größer ist als die Integerzahl 0 (**Bild 8.48**). In diesem Zustand bewegt sich die Spindel zur Zahl, die am „Position_Einsteller" (IW22) eingestellt ist, in Fahrtrichtung links vom Grobsignalgeber S7 und dem Referenzwert 250 aus gesehen.

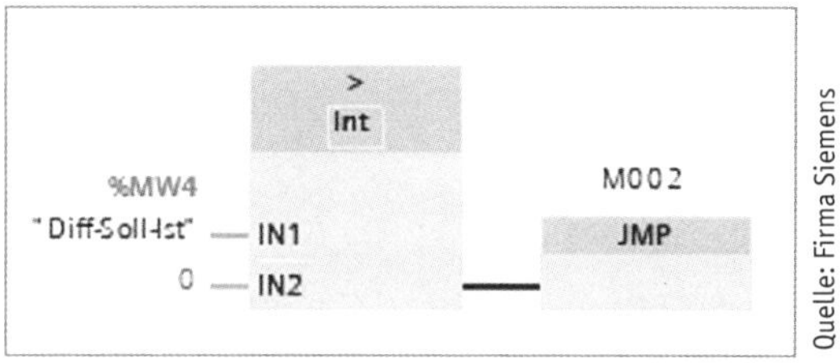


**Bild 8.48** Darstellung des Sprungbefehls

Eine Beispielrechnung soll dem besseren Verständnis dienen: Die Spindel steht im Mittelanschlag am Grobsignalgeber S7 und der Referenzwert von 250 wird in den Zählbaustein geladen. Die Sollposition der Spindel ist über den „Position_Einsteller" (IW22) auf den Wert 100 eingestellt. In der Differenz IN1–IN2 ergibt sich ein Wert von 150 im Wortoperanden „Diff-Soll-Ist" (MW4). Der Vergleich „> Integer" als 0 ist erfüllt und somit erfolgt der unbedingte Sprung zur Sprungmarke M002.

### Netzwerk 6: Vergleich auf kleiner 0

Der Vergleich erfüllt die Bedingung für den Sprung zur Sprungmarke M003, wenn das Ergebnis der Subtraktion kleiner ist als die Integerzahl 0 (**Bild 8.49**). In diesem Zustand bewegt sich die Spindel, die am „Position_Einsteller" (IW22) eingestellt ist, in Fahrtrichtung rechts von dem Grobsignalgeber S7 und dem Referenzwert von 250 aus gesehen.

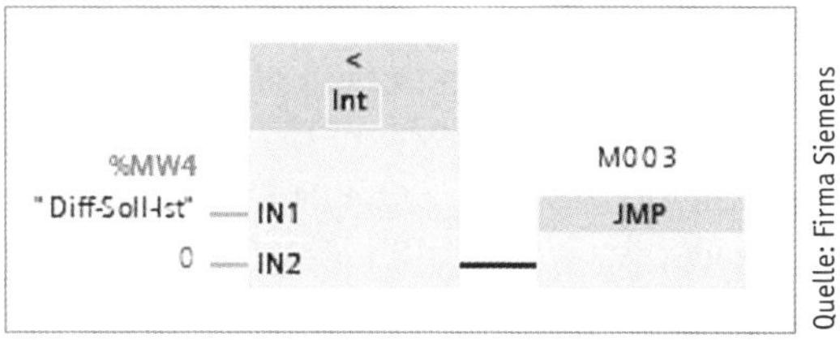


**Bild 8.49** Darstellung der Vergleichsfunktion auf „kleiner"

Auch hier soll eine Beispielrechnung zum besseren Verständnis dienen: Die Spindel steht im Mittelanschlag am Grobsignalgeber S7 und der Referenzwert von 250 wird in den Zählbaustein geladen. Die Sollposition der Spindel ist über den „Position_Einsteller" (IW22) auf den Wert 400 eingestellt. In der Differenz IN1–IN2 ergibt sich ein negativer

Wert von –150 im Wortoperanden „Diff-Soll-Ist“ (MW4). Der Vergleich „< Integer“ als 0 ist erfüllt und somit erfolgt der unbedingte Sprung zur Sprungmarke M003.

### Netzwerk 7: Unterprogramm M001

in **Bild 8.50** ist das Unterprogramm der Sprungmarke, in **Bild 8.51** der Rücksprung dargestellt.

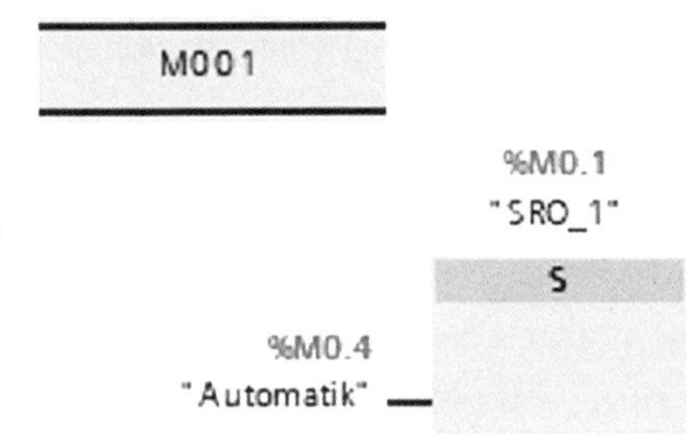


Das Unterprogramm der Sprungmarke M001 setzt das interne Speicherglied „SRO_1“ (M0.1) auf Signalzustand 1, das im weiteren Programmverlauf für die Gleichheit von Sollwert und Istwert steht.

Quelle: Firma Siemens

**Bild 8.50** Darstellung des Sprungbefehls

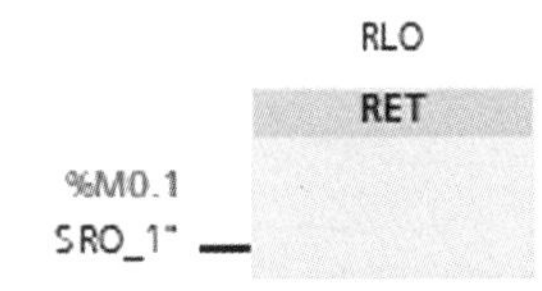


Unter der Voraussetzung, dass der Automatikbetrieb eingeschaltet ist, wird das „SRO_1“ gesetzt. In der nächsten Anweisung erfolgt über den Signalzustand 1 des „SRO_1“ mit der Anweisung RET der Rücksprung in den übergeordneten Baustein, hier der MAIN (OB1). Die aktuelle Bausteinbearbeitung ist beendet, da die Spindel den eingestellten Sollwert erreicht hat.

Quelle: Firma Siemens

**Bild 8.51** Rücksprung durch den Befehl RET

### Netzwerk 8: Unterprogramm M002

Das Unterprogramm der Sprungmarke M002 (**Bild 8.52**) setzt das interne Speicherglied „SRO_2“ (M0.2) auf Signalzustand 1, das im weiteren Programmverlauf für die Fahrt der Spindel vom größeren Istwert „Zählerwert“ (MW2) zum kleineren Sollwert „Position_ Einsteller“ (IW22) steht. Die Differenzbildung am Subtrahierer ergibt eine Integerzahl mit positivem Vorzeichen. Unter der Voraussetzung, dass der Automatikbetrieb eingeschaltet ist, wird das Bit „SRO_2“ gesetzt. In der nächsten Anweisung (**Bild 8.53**) erfolgt über den Signalzustand 1 des „SRO_2“ mit der Sprunganweisung das „Überspringen“ des nächsten Unterprogramms in die Sprungmarke M004. Das Speicherglied „SRO_2“ gibt auch den Rückwärtszähleingang CD am Zähler frei, um die gewünschte Soll-Position anzufahren.

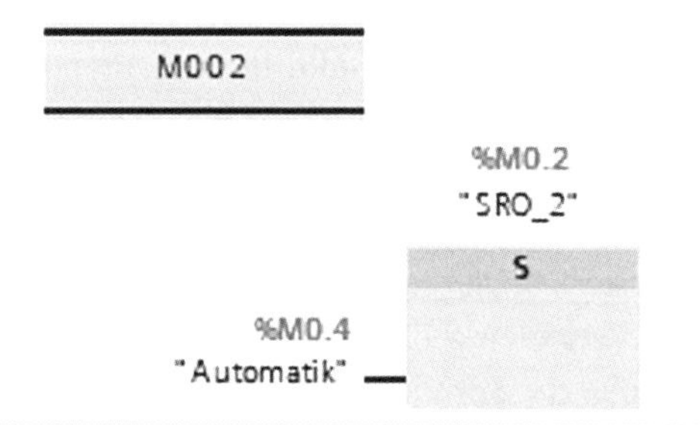


Quelle: Firma Siemens

**Bild 8.52** Unterprogramm der Sprungmarke M002

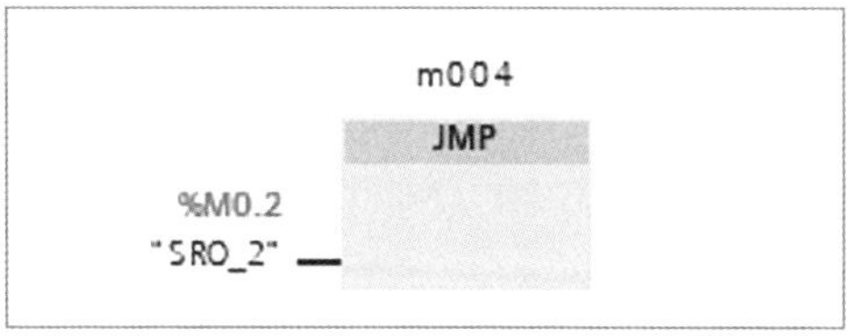


Quelle: Firma Siemens

**Bild 8.53** Bedingter Sprung in die Marke M004

### Netzwerk 9: Unterprogramm M003

Das Unterprogramm der Sprungmarke M003 (**Bild 8.54**) setzt das interne Speicherglied „SRO_3“ (M0.3) auf Signalzustand 1, das im weiteren Programmverlauf für die Fahrt der Spindel vom größeren Istwert „Zählerwert“ (MW2) zum kleineren Sollwert „Position_ Einsteller“ (IW22) steht. Das bedeutet auch, dass die Differenzbildung am Subtrahierer eine Integerzahl mit negativem Vorzeichen ist. Unter der Voraussetzung, dass der Automatikbetrieb eingeschaltet ist, wird das Bit „SRO_3“ gesetzt.

Das Speicherglied „SRO_3“ gibt auch den Vorwärtszähleingang CU am Zähler frei, um die gewünschte Soll-Position anzufahren.

In der nächsten Anweisung (**Bild 8.55**) wird die Integerzahl „Diff-Soll-Ist“ (MW4) mit dem negativen Vorzeichen über die Wortfunktion NEG in eine betragsgleiche positive Zahl „Diff_Negativ“ (MW6) gewandelt.

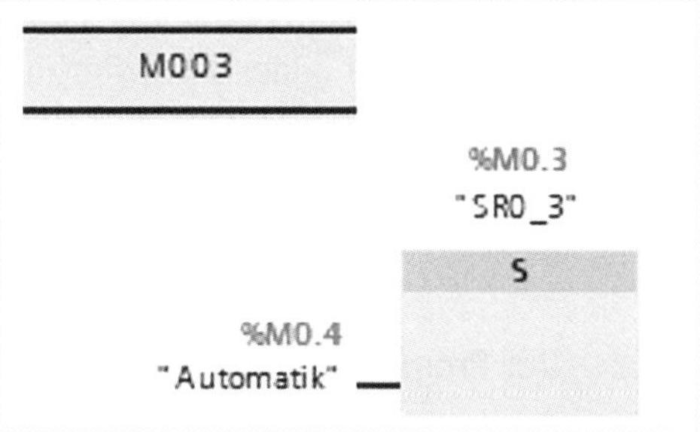


Quelle: Firma Siemens

**Bild 8.54** Unterprogramm der Sprungmarke M003

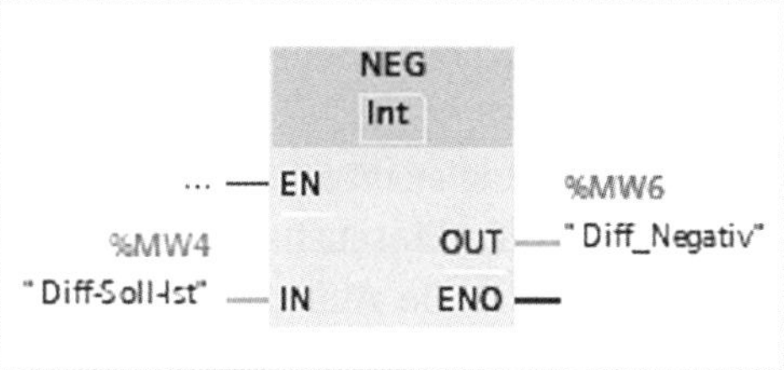


Quelle: Firma Siemens

**Bild 8.55** Darstellung des Befehls NEG

### Netzwerk 10: Unterprogramm M004 Selektieren

Die Bearbeitung des Selektors zeigt **Bild 8.86**.

Das bedeutet konkret, wenn der interne Speicher „SRO_2“ (M0.2) auf Signalzustand 1 steht, dann wird der Wert „Diff-Soll-Ist“ (MW4) aus dem Unterprogramm M002 zum Wortoperanden „SEL_Ergebnis“ (MW8) am OUT des Selektors SEL transferiert.

Steht der interne Speicher „SRO_2“ (M0.2) dagegen auf Signalzustand 0, ist folglich das Unterprogramm M003 aktiv und der Wert „Diff_Negativ“ (MW6) wird zum Wortoperanden „SEL_Ergebnis“ (MW8) am OUT des Selektors SEL transferiert.

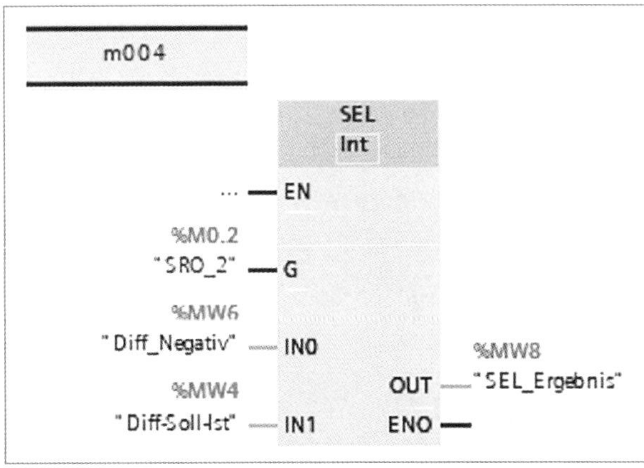


Hier wird der sogenannte Selektor (Selektieren) bearbeitet, der als Kanalumschalter zwischen den Werten an IN0 und IN1 arbeitet. Ist das Verknüpfungsergebnis VKE am binären Eingang G gleich 1, dann wird der Wortoperand „Diff-Soll-Ist“ (MW4) an IN1 zum Wortoperanden „SEL_Ergebnis“ (MW8) transferiert. Ist der Signalzustand am binären Eingang G = 0, dann wird der Wortoperand „Diff-Negativ“ an IN0 zum Wortoperanden „SEL_Ergebnis“ (MW8) transferiert.

Quelle: Firma Siemens

**Bild 8.56** Sprungmarke 4 und Darstellung des Selektors

Der anschließende Vergleich (**Bild 8.57**) des Wortoperanden „SEL_Ergebnis“ (MW8) auf kleiner 10 bildet das Kriterium für den Schleichgang „Merker_Schleichgang“ (M0.5).

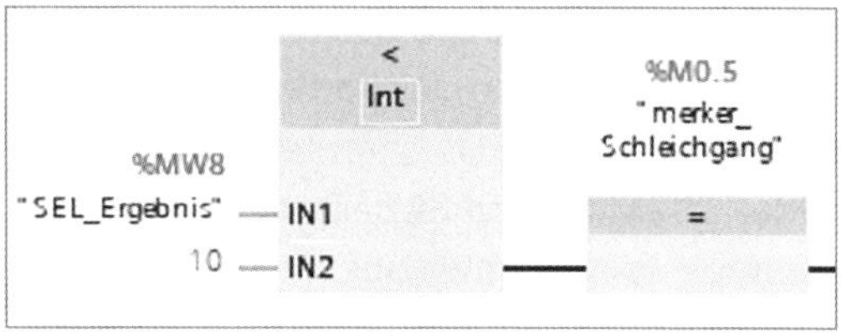


Quelle: Firma Siemens

**Bild 8.57** Ansteuerung des Schleichgangs

## 8.8.2 Der Programmbaustein FC2: Binärer Teil der Steuerung

Im binären Teil des Steuerungsprogramms wird die konkrete Ansteuerung der Ausgänge realisiert. Die Aufteilung in zwei oder mehrere Bausteine FC macht das Projekt insgesamt übersichtlicher, insbesondere den komplexen digitalen Teil in FC1.

### Netzwerk 1: Meldeleuchte H1

Hier wird nur die Einschaltkontrollleuchte H1 (Q20.0) über die Abfrage des binären Einschalters „S1_Ein“ (I20.0) zugewiesen (**Bild 8.58**).

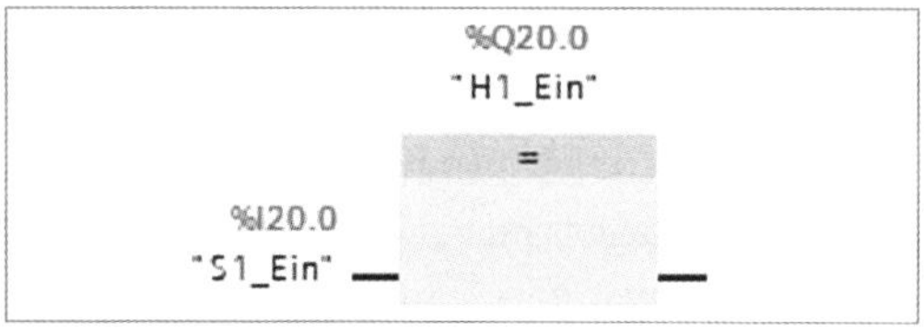


Quelle: Firma Siemens

**Bild 8.58** Ansteuerung der Meldeleuchte H1

### Netzwerk 2: M1_Linkslauf

Der Linkslauf der Spindel „M1_Linkslauf“ (Q20.4) wird im Wesentlichen durch den internen Signalspeicher „SRO_2“ (M0.2) freigegeben (**Bild 8.59**). Jetzt läuft die gesamte Steuerung der Spindel im Automatikbetrieb. Der binäre Taster „S2_Links_Hand“ (I20.1) wird

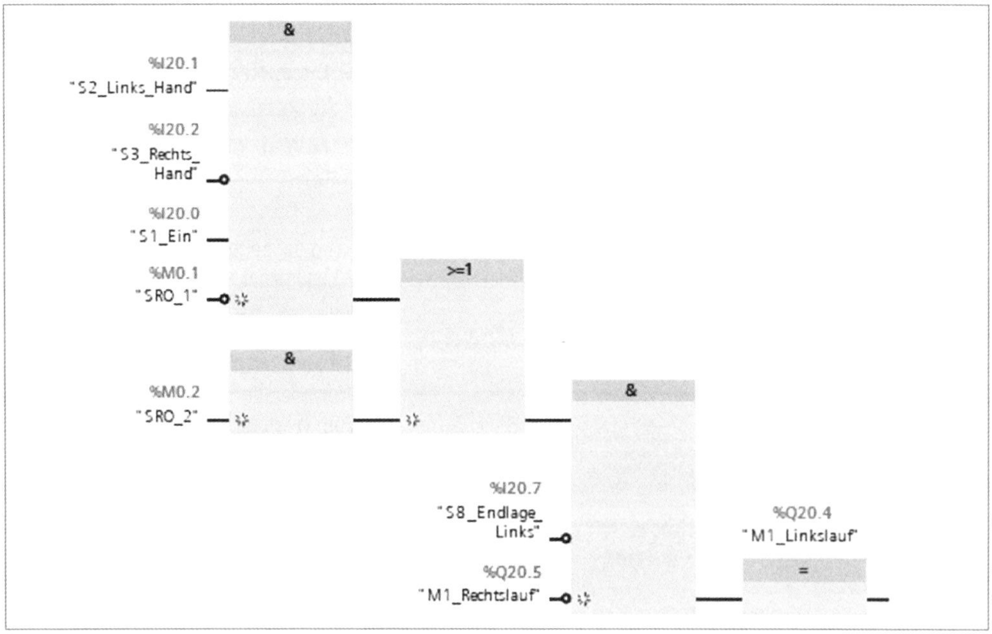


Quelle: Firma Siemens

**Bild 8.59** Ansteuerung des Linkslaufs für Motor M1

benötigt, um die Spindel einmalig im Handbetrieb über die Grobsignalmarke zu fahren. Die restlichen Abfragen sind Verriegelungen und Endlagen wie „S8_Endlage_Links" (I20.7).

### Netzwerk 3: M1_Rechtslauf

Der Rechtslauf der Spindel „M1_Rechtslauf" (Q20.5) wird im Wesentlichen durch den internen Signalspeicher „SRO_3" (M0.3) freigegeben (**Bild 8.60**). Jetzt läuft die gesamte Steuerung der Spindel im Automatikbetrieb. Der binäre Taster „S3_Rechts_Hand" (I20.2) wird benötigt, um die Spindel einmalig im Handbetrieb über die Grobsignalmarke zu fahren. Die restlichen Abfragen bestehen aus Verriegelungen und Endlagen wie „S9_Endlage_Rechts" (I21.0).

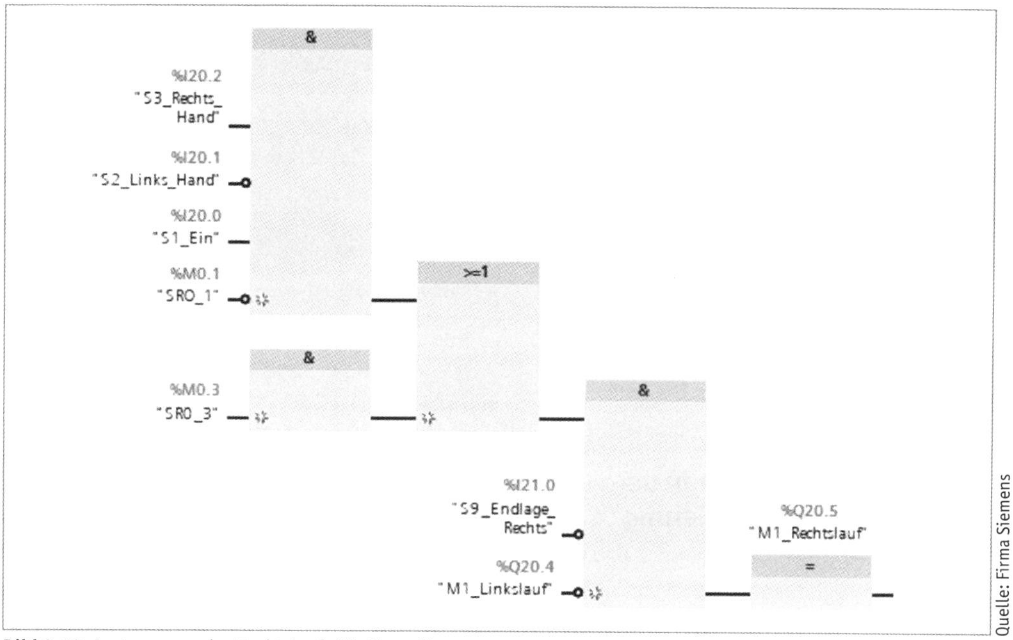


**Bild 8.60** Ansteuerung des Rechtslaufs für Motor M1

### Netzwerk 3: Schleichgang

Der Schleichgang setzt unabhängig von der Fahrtrichtung jeweils 10 Längeneinheiten vor Erreichen der Zielposition ein (**Bild 8.61**). Der binäre Speicher „Merker_Schleichgang" (M0.5) aus dem digitalen der Steuerung schaltet den Schleichgang ein, sofern der interne Speicher „SRO_1" (M0.1) nicht den Signalzustand 1 führt. Letzteres bedeutet, dass die gewünschte Position noch nicht erreicht ist.

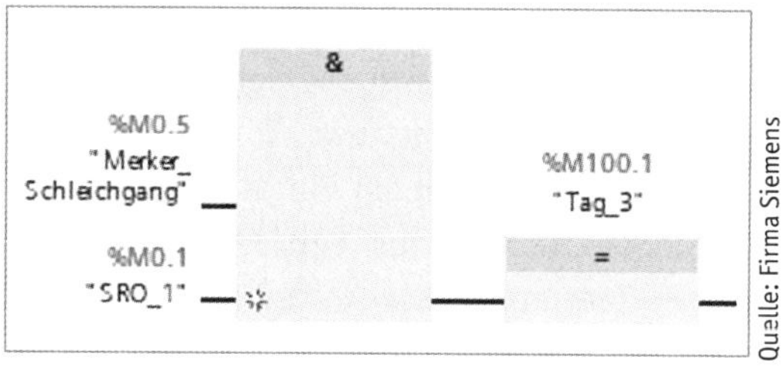


**Bild 8.61** Ansteuerung des Schleichgangs für Motor M1

**Netzwerk 4: Meldeleuchte H2**

Hier wird die Kontrollleuchte H2 (Q20.1) für den Automatikbetrieb über die Abfrage des binären Speichers „Automatik“ (M0.4) zugewiesen (**Bild 8.62**).

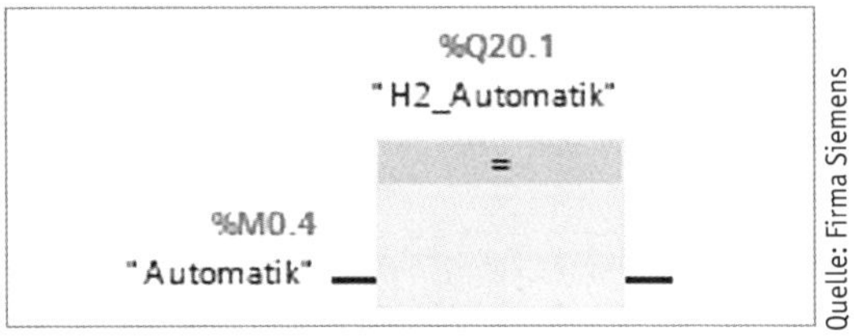


**Bild 8.62** Ansteuerung der Meldeleuchte H2

**Netzwerk 5: Digitale Anzeige der Position**

Hier wird der aktuelle Zählerwert „Zählerwert“ (MW2) an das Ausgangswort digitale QW22 transferiert, um die aktuelle Position der Spindel anzuzeigen (**Bild 8.63**).

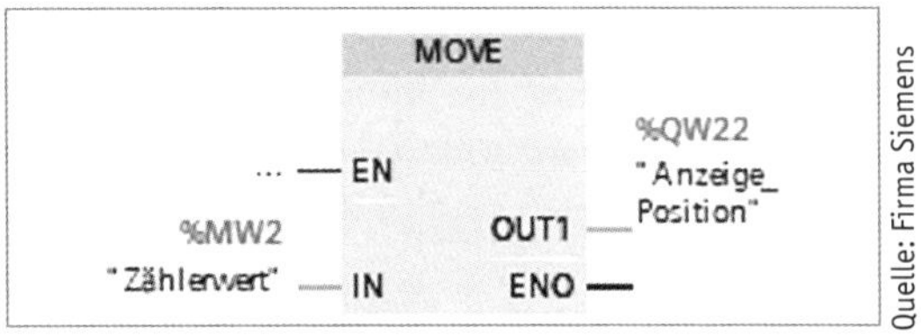


**Bild 8.63** Ansteuerung der Digitalanzeige

**Netzwerk 6: Meldeleuchte H4**

Hier wird die Kontrollleuchte H4 (Q20.3) zugewiesen, um zu signalisieren, dass der eingestellte Sollwert erreicht ist (**Bild 8.64**).

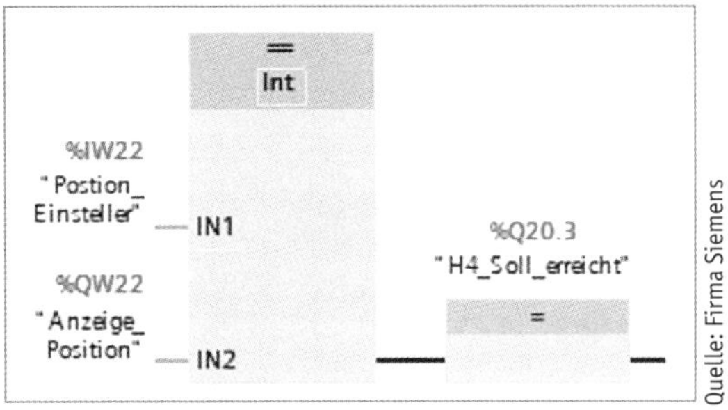


**Bild 8.64** Ansteuerung der Meldeleuchte H4

## 8.9 Schieberegister in der SPS-Programmierung

Mit Schieberegistern können im AKKU1 der CPU die Bits eines Wort- oder Doppelwortoperanden um eine bestimmte Stellenzahl nach rechts oder links verschoben werden, wobei die Stellenzahl vom Programmierenden festgelegt wird.

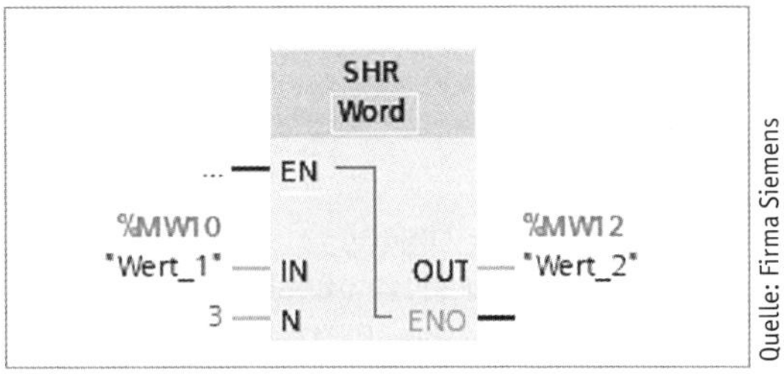


**Bild 8.65** Funktion SHR (Schieben rechts) aus dem Siemens TIA-Portal

In **Bild 8.65** ist ein Schieberegister SHR dargestellt, dass die Bits des Wortoperanden „Wert_1“ (MW10) am Eingang IN um drei Stellen nach rechts verschiebt und das Ergebnis zum Wortoperanden „Wert_2“ (MW12) transferiert. Die Anzahl der Stellen, um die geschoben werden soll, wird am Eingang N der Funktion festgelegt. Die freiwerdenden Stellen werden nach dem Schiebevorgang mit Nullen aufgefüllt.

Anders verhält es sich der Funktion Rotieren ROR, bei deren Ausführung die freiwerdenden Stellen nicht mit Nullen aufgefüllt werden; stattdessen rotiert das Bitmuster kreisförmig um drei Stellen nach rechts (**Bild 8.66**).

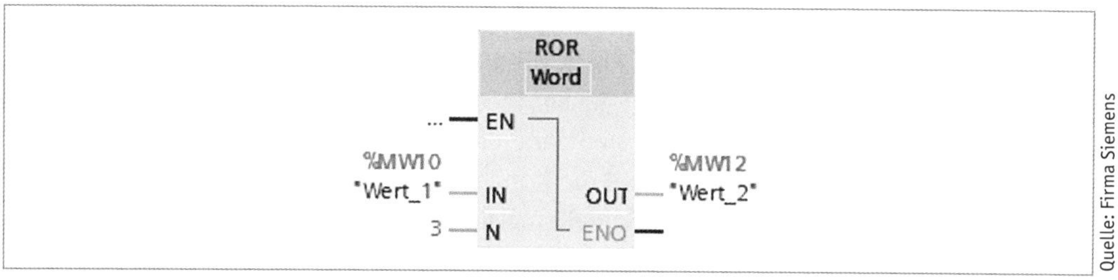


**Bild 8.66** Funktion ROR (Rotieren rechts) aus dem Siemens TIA-Portal

Entsprechende Erkenntnisse lassen sich auf die Schiebefunktionen SHL (Schieben links) und ROL (Rotieren links) übertragen.

## 8.9.1 Steuerung einer Kompensationsanlage mit Schieberegister

Schieberegister stehen nicht nur in den leistungsfähigen SPS-Systemen zur Verfügung, sondern auch in programmierbaren Kleinsteuerungen. Bei der Verwendung einer programmierbaren Kleinsteuerung bestehen im Vergleich zur „großen" SPS-Steuerung neben der einfachen Projektierung die Vorteile, dass kein aufwendiges Softwarepaket angeschafft werden muss und auch die einfache und selbsterklärende Programmierung von vielen Fachkräften angewendet werden kann. Darüber hinaus sind die einzelnen Komponenten der Kleinsteuerung preislich deutlich günstiger.

Die Möglichkeiten im Bereich der Wortverarbeitung sind hier im Vergleich zum TIA-Portal deutlich reduziert, jedoch kann am Beispiel der Steuerung einer Kompensationsanlage (**Bild 8.67**) mit vier Kondensatorgruppen die Funktion eines Schieberegisters mit der programmierbaren Kleinsteuerung LOGO realisiert werden.

Funktionell wird bei jeder Tasterbetätigung von S1 eine Kondensatorgruppe (C1 bis C4) über Schütze (K1 bis K4) zugeschaltet und über jede Tasterbetätigung von S2 eine Kondensatorgruppe „zurückgeschaltet".

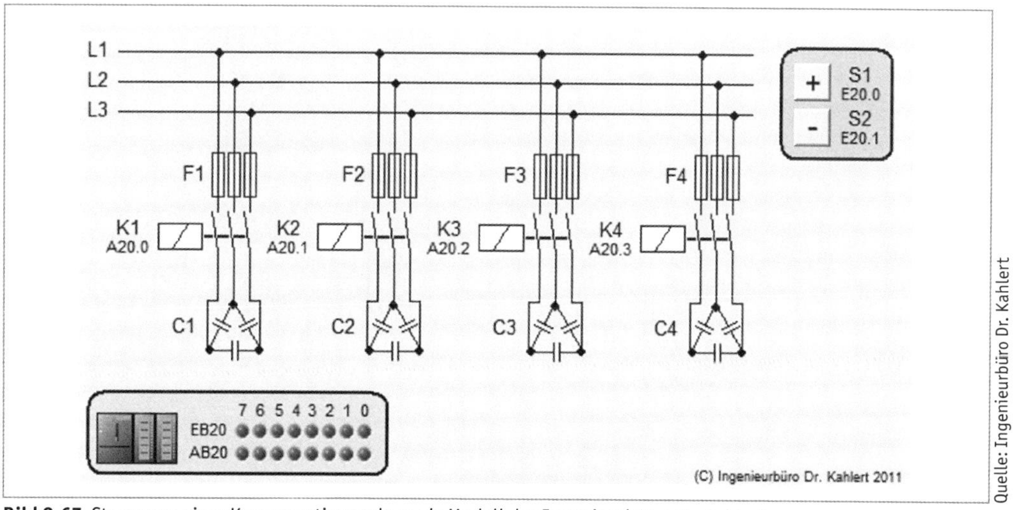


**Bild 8.67** Steuerung einer Kompensationsanlage als Modell des Ingenieurbüros Dr. Kahlert

Die Funktion „Schieberegister“ wird in der Projektierungssoftware Siemens-LOGO-Soft mit dem Bauteil B001 des folgenden Plans (**Bild 8.68**). Dieser Funktion Schieberegister sind einzelne Bits (Schieberegisterbits) zugeordnet, im Projekt Kompensationsanlage sind dies die Bits S1.1 bis S1.4. Diesen Bits sind dann die binären Ausgänge Q1 bis Q4 zugeordnet, die dann über die Schütze K1 bis K4 die Kondensatorgruppen C1 bis C4 schalten.

Um ein Weiterschieben über das Schieberegisterbit S1.4 hinaus zu verhindern, wird beim „Hochschieben“ von K1_C1 bis auf K4_C4 der Eintaster S1 an der UND-Verknüpfung B002 mit einer negierten Abfrage des binären Ausgangs Q4 verriegelt. So ist sichergestellt, dass nur bis zum Schieberegisterbit S1.4 geschoben wird.

Entsprechendes gilt für den Taster S2, der für das Zurückschalten der Kondensatorbaugruppen bis zum Schieberegisterbit S1.1 steht. Auch hier wird mit einer negierten Abfrage des binären Ausgangs Q1 an der UND-Verknüpfung B003 das Weiterschieben verhindert.

Würde man diese einfache Steuerung im Vergleich zur programmierbaren Kleinsteuerung mit einer konventionellen Schützsteuerung realisieren, dann wäre allein für die Tastersteuerung von S1 und S2 eine aufwendige Impulsschaltung erforderlich, die mit mehreren Hilfsschützen und aufwendiger Verdrahtung den Kostenrahmen sprengen würde.

Eine komplette SPS-Steuerung dagegen wäre für diesen einfachen Zweck überdimensioniert. Es bleibt allerdings für die Programmierpraxis die Feststellung, dass eine SPS-Steuerung aus dem Siemens TIA-Portal speziell im Bereich der Wortverarbeitung erheblich mehr Möglichkeiten bietet als eine programmierbare Kleinsteuerung.

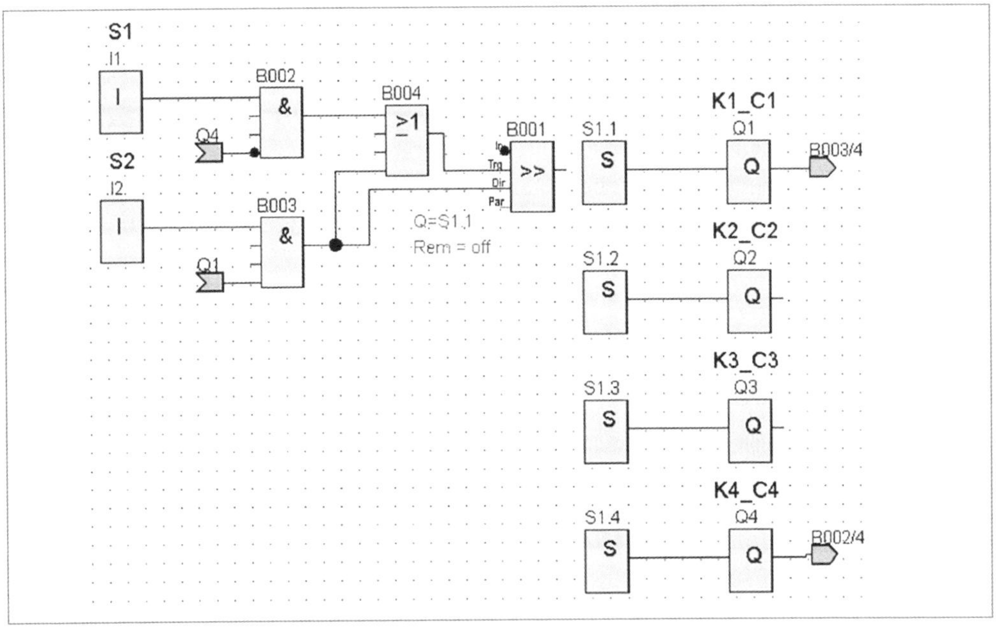


Quelle: Firma Siemens

**Bild 8.68** Projekt Kompensationsanlage mit LOGO-Soft

# 9 Analogwertverarbeitung

Die Analogwertverarbeitung ist ein breites Einsatzgebiet in der SPS-Projektierung, sowohl im Bereich der programmierbaren Kleinsteuerungen als auch von SPS-Systemen der mittleren und höheren Leistungskategorien. Analoge Messwerte liefern grundlegende Daten für alle Regelungsprozesse eines digitalen SPS-Reglers oder sie liefern Daten für einfache Vergleichsbildungen an eine programmierbare Kleinsteuerung.

## 9.1 Analoge Sensoren

Zur grundlegenden Betrachtung gehört es, dass es neben den binären Sensoren in der Automatisierungstechnik auch analoge Sensoren gibt, die in der Praxis auch Messwertgeber oder Messumformer genannt werden. Diese analogen Messwertgeber werden an eine Analogeingangsbaugruppe AI (**A**nalog **I**nput) der SPS angeschlossen und liefern Werte für nichtelektrische physikalische Größen wie beispielsweise Temperatur, Kraft, Drehzahl oder Druck zur weiteren Verarbeitung in die SPS.

In **Bild 9.1** ist ein Widerstandsthermometer der Firma Siemens als typischer analoger Messwertgeber dargestellt. Der Temperatursensor PT 100 aus der Reihe SITRANS TS100 ist für viele praktische Anwendungen zur zuverlässigen Temperaturerfassung geeignet. Er ist für einen Temperaturbereich von –30 °C bis zu 400 °C einsetzbar.

Die einfachste Form der Auswertung von Temperaturen in der Analogwertverarbeitung – auch ohne SPS-System – wird mit sogenannten Temperaturüberwachungsrelais ermöglicht (**Bild 9.2**). Insbesondere bei der Überwachung von Grenztemperaturen von Moto-

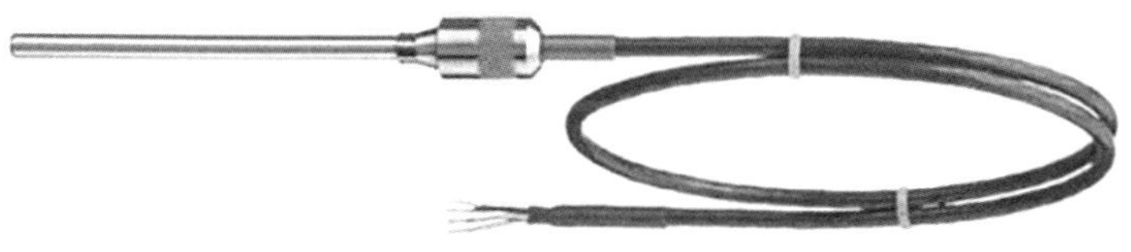

Quelle: Firma Siemens

**Bild 9.1** PT 100 Temperatursensor SITRANS TS100 der Firma Siemens

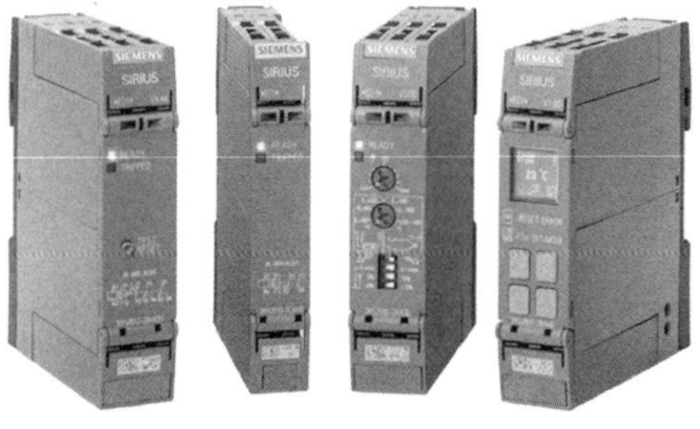

Quelle: Firma Siemens

**Bild 9.2** Temperaturüberwachungsrelais der Reihe SIRIUS der Firma Siemens

wicklungen oder einer Schaltschranktemperatur kommen diese einfach zu projektierenden Komponenten zum Einsatz. Der Anschluss und die Auswertung von bis zu drei Messumformern vom Typ PT 100 ist realisierbar und über einfache Schließer- und Öffnerkontakte auszuwerten.

Mit diesen Temperaturüberwachungsrelais sind aber nur einfache Vergleiche von Werten möglich, wie beispielsweise das Erreichen oder Überschreiten einer Maximaltemperatur und eine damit verbundene Reaktion eines Relaisschaltkontakts.
Sollen die analogen Messwerte Prozesse regeln oder in anderer Weise verarbeitet werden, dann ist ein SPS-System mit projektierten Analogbaugruppen nötig. Analogbaugruppen gibt es in verschiedenen Ausführungen, sowohl separat als AI (**A**nalog **I**nput) oder AO (**A**nalog **O**utput) mit vier bis acht Kanälen oder auch als kombinierte AI/AO-Baugruppe in der häufigen Ausführung mit vier oder fünf Analogeingängen und zwei Analogausgängen.

In **Bild 9.3** ist eine Kompakt-CPU vom Typ 1512C der Firma Siemens zu sehen.

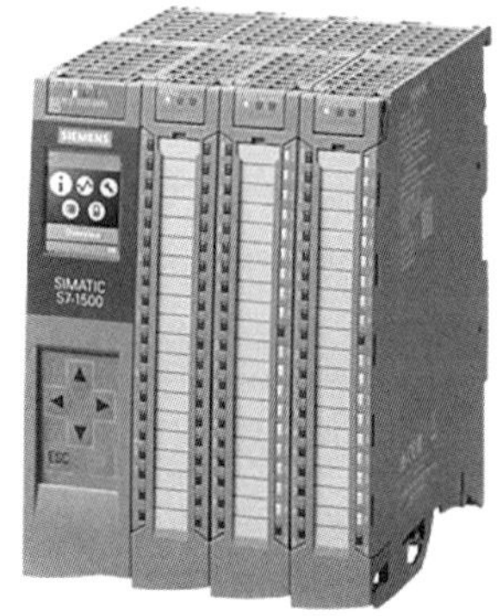


Neben 32 digitalen Eingängen und 32 digitalen Ausgängen verfügt sie auch über fünf analoge Eingänge und zwei analoge Ausgänge.

Quellen: Firma Siemens

**Bild 9.3** SPS-System mit der CPU 1512C PN der Firma Siemens

## 9.1.1 Anschluss eines analogen Sensors an die SPS

In **Bild 9.4** ist der Anschluss eines Widerstandsthermometers (PT 100) im zeitgemäßen Drei-Leiter-Anschluss an die Analogeingangsbaugruppe einer SPS dargestellt.

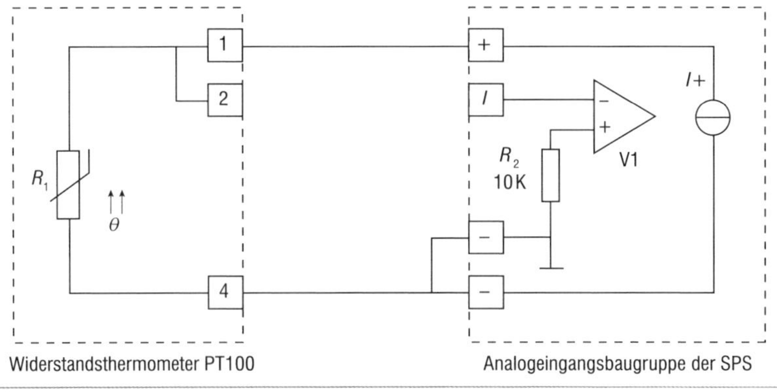


Quelle: B. Alferink

**Bild 9.4** Anschluss eines PT 100 an die SPS

Über die Klemmen + und – der Analogeingangsbaugruppe der SPS fließt ein konstanter Gleichstrom über den temperaturabhängigen Widerstand $R_1$ des PT 100. Dieser liefert nun über die Klemmen 2 und 4 temperaturabhängige Widerstandswerte an den Operationsverstärker V1 in der Analogeingangsbaugruppe der SPS. Die Rückleiter der Stromquelle I+ und des Operationsverstärkers V1 sind gemeinsam geschaltet, daher die Bezeichnung „Drei-Leiter-Anschluss".

Prinzipiell kann der PT 100 auch im einfachen Zwei-Leiter-Anschluss an die SPS angeschlossen werden, jedoch liefert der PT 100 im Drei-Leiter-Anschluss genauere Messwerte, da die Verluste der Messleitung kompensiert werden. Begründung dafür ist, dass im Drei-Leiter-Anschluss eine zusätzliche Leitung zum Fühler gezogen wird. (Bild 9.4)

Funktionell erfolgt in diesem Schaltungsbeispiel mit der Umwandlung der physikalischen Größe Temperatur in ein analoges elektrisches Signal der erste wichtige Arbeitsschritt bei der Verarbeitung von Analogwerten, die in physikalisch-nichtelektrischer Form vorliegen.

## 9.1.2 Wandlung des digitalen Signals in eine Integerzahl

Ist die nichtelektrische-physikalische Größe in der Analogeingangsbaugruppe der SPS in ein elektrisches Signal (Spannung 0 V bis 10 V DC oder Strom 4 mA bis 20 mA) gewandelt, erfolgt die zweite Wandlung des analogen elektrischen Signals in ein äquivalentes digitales Signal. Diese Wandlung erfolgt in der Baugruppe „Analog-Digital-Wandler" (kurz: AD-Wandler, ADU oder auch AD-Konverter) innerhalb der Analogeingangsbaugruppe der SPS. Das Prinzip einer Analog-Digital-Wandlung zeigt **Bild 9.5**.

Bei einer Analogeingangsbaugruppe mit der Auflösung 16 Bit stehen 15 Bit für die Auflösung des analogen Messwerts zur Verfügung, das 16. Bit ist das sogenannte Vorzeichen-Bit. Bei der Auflösung von $2^{15}$ stehen somit theoretisch 32.768 Inkremente (Treppenstufen) mit einem Spannungspotenzial von je 0,3 mV zur Verfügung. Die 0,3 mV je Inkrement sind somit die kleinsten darstellbaren Werte in dieser Berechnung.

In den Analogbaugruppen der Siemens-SPS ist der kleinste darstellbare Wert jedoch nur 0,3617 mV, was bei einem analogen Spannungssignal der Baugruppe von 10 V nur noch 27.648 Inkremente für die Auflösung des Messwerts ergibt.

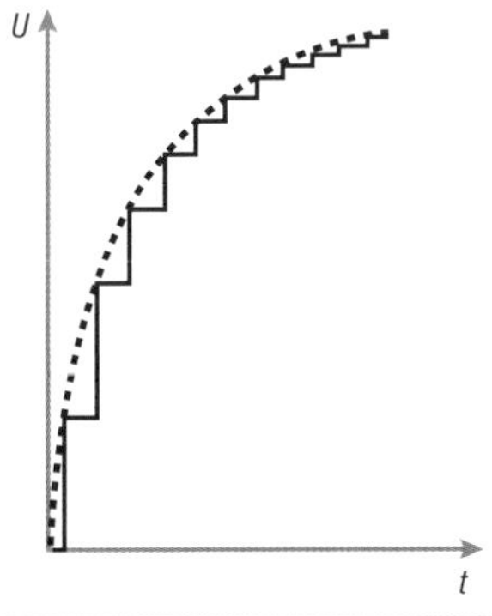


Die gestrichelte Linie ist das analoge Spannungssignal, die treppenförmige Linie ist die Linie der digitalen Abtastungen und der vergleichsweisen Zuordnung von digitalen Werten zur Höhe der analogen Spannung. Durch diese digitalen Abtastungen wird eine 16-Bit-Zahl im Datentyp INTEGER gebildet, die dann zur weiteren Verarbeitung innerhalb der SPS zur Verfügung steht. Je kleiner die Treppenstufen sind, desto höher ist die Auflösung der Baugruppe, da das digitalisierte Signal in Form der Treppe dem Verlauf des analogen Signals weitgehend angepasst wird.

Quelle: B. Alferink

**Bild 9.5** Prinzip einer Analog-Digital-Wandlung

Berechnung: 27.648 Inkremente · 0,3617 V = 10,0 V (Baugruppenspannung)

Alle Zahlen innerhalb des Bereichs von 0 bis 27.648 oder auch von 0 bis –27.648 werden als Nennbereich der Baugruppe deklariert.

Die Bereiche oberhalb von 27.648 bis zur maximalen Anzahl von 32.768 Inkrementen sind für die Übersteuerung der Baugruppe (bis 32.511) und für den Überlauf (bis 32.767) reserviert. Entsprechendes gilt für die negative Richtung. Im Bereich der Übersteuerung signalisiert die Baugruppe noch keinen Fehler, was für das „Einschwingen“ von Reglern wichtig ist. Dieses „Einschwingen“ bewirkt durchaus ein kurzzeitiges Verlassen des Nennbereichs, was aber für die Gesamtfunktion irrelevant ist. Erst im Bereich des Überlaufs wird ein Fehler diagnostiziert.

## 9.2 Projektierungsbeispiel Höhenmessung von Werkstücken

In einer metalltechnischen Produktionsanlage soll die Höhe von Werkstücken mit dem Wegesensor B3 (**Bild 9.6**) ermittelt werden. Der Sensor B3 ist an einer Analogeingangsbaugruppe AI der SPS angeschlossen und liefert ein analoges Spannungssignal von 0 V bis 10 V DC in das IW22, wobei der einstellbare Messbereich (Werkstückhöhe) der Werkstücke von 20 mm bis 30 mm reicht. Mittels der Auswertungen des Wegesensors B3 sollen jetzt Werkstücke, die höher als 27 mm und niedriger als 23 mm sind, ausgesondert werden.

Funktionell läuft die Messung durch B3 so ab, dass mit Betätigung des Starttasters S1 das Werkstück mittels Hebewinkel durch den Zylinder aus der Ruhelage (B1 betätigt) in die Messposition (B2 betätigt) gefahren wird und anschließend nach einer Verzögerungszeit von $T$ = 1 s der Messvorgang gestartet wird. Befindet sich das Werkstück im geforderten Toleranzbereich – in diesem Beispiel 25 mm – wird das durch die Signalleuchte P1 (grün) angezeigt (**Bild 9.7**). Mit der digitalen Anzeige P3 wird der ermittelte Messwert auch in 1/10-mm-Genauigkeit angezeigt.

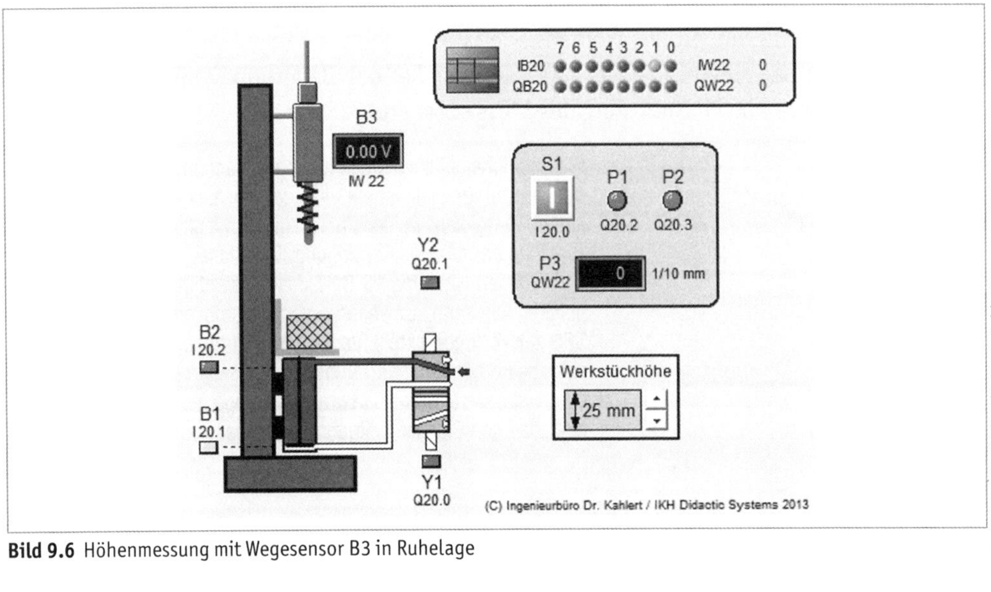


Quelle: Ingenieurbüro Dr. Kahlert

**Bild 9.6** Höhenmessung mit Wegesensor B3 in Ruhelage

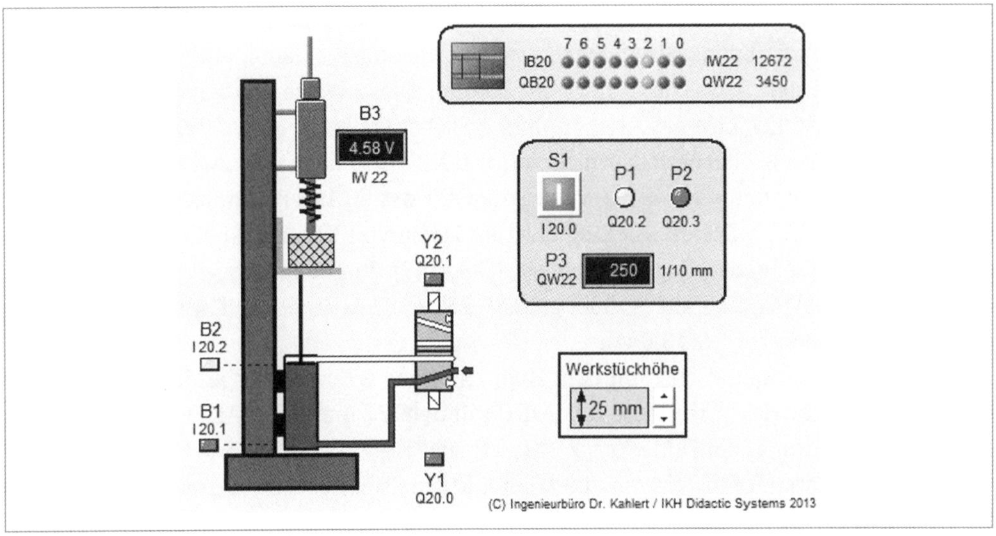


Quelle: Ingenieurbüro Dr. Kahlert

**Bild 9.7** Aktive Höhenmessung mit Wegesensor B3

Sollte der Messwert des Werkstücks außerhalb des Toleranzbereichs liegen, wird dies durch die Signalleuchte P2 (rot) angezeigt.

*Hinweis:* Das Anwenderprogramm ist nur auszugsweise dargestellt.

Die Analogeingangsbaugruppe AI in diesem Beispiel arbeitet mit der Spannung von 0 V bis 10 V DC. Der zugeordnete Wertebereich im Datentyp INTEGER liegt nach der Analog-Digital-Wandlung im Bereich von 0 bis 27.648. Dieser Zahlenbereich ist in der praktischen Anwendung umständlich zu händeln, da diese Werte bei jedem Ereignis oder bei jeder Verknüpfung durch Umrechnung an die Prozessgrößen angepasst werden müssen.

## 9.2.1 Skalieren eines Analogwerts am Beispiel der Höhenmessung

Hier bietet sich der sogenannte Skalierungsbaustein SCALE an (**Bild 9.8**), der in den Siemens-CPU-Typen S7-300/400 und S7-1500 nutzbar ist. Im gezeigten Anwendungsbeispiel „Höhenmessung" kommt der Messwert des Wegesensors B3 über das IW22 in das Anwenderprogramm mit einem Wertebereich von 0 bis 27648 (Integer), wobei die digitale 0 im Datentyp INTEGER für 0 V DC und die 27.648 für 10 V DC auf der Analogeingangsbaugruppe der SPS stehen. Folglich steht die digitale Integerzahl 13.824 für 5 V DC.

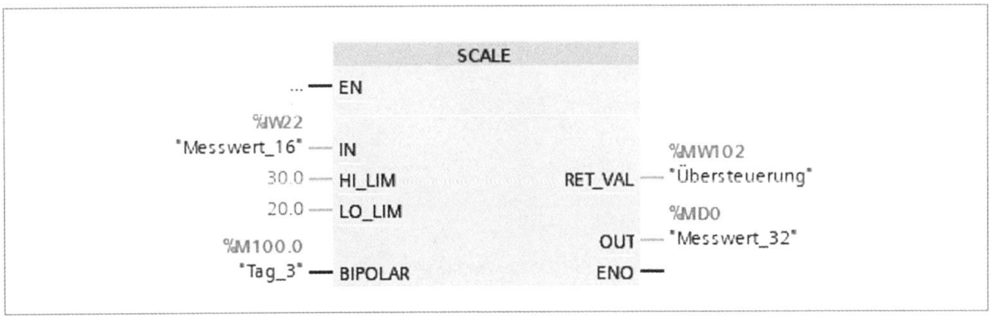


Quelle: Firma Siemens

**Bild 9.8** Darstellung des SCALE-Bausteins im Siemens TIA-Portal

Dieser Datenbereich des Messwerts wird nun durch den SCALE-Baustein an die Prozessgrößen der Produktionsanlage angepasst. Das maximale „High-Limit" der Werkstücke liegt bei 30 mm, das „Low-Limit" liegt bei 20 mm. Diese Werte werden jetzt an die Eingänge HI_LIM und LO_LIM geschrieben, hier aber bereits im Datentyp REAL. Die gesamte Auflösung der Analogeingangsbaugruppe von 0 bis 27.648 liegt jetzt zwischen den Limits 20 mm und 30 mm und wird auch am Ausgang OUT des SCALE-Bausteins ausgegeben. Die Zahl „Messwert_32" MD0 am Ausgang Q ist im Datentyp REAL und somit schon vorbereitet für den anschließenden Regelungsprozess (**Bild 9.9**). In einem Vergleicher im Datentyp RAEL erfolgt der Vergleich auf „größer-gleich" 23 mm (low limit) und weist das Ergebnis dem binären „Merker_1" M10.0 zu.

Entsprechend verhält es sich mit dem High-Limit von 27 mm. Hier erfolgt der Vergleich auf „kleiner-gleich" des „Messwert_32" MD0 mit dem 27 mm im REAL-Format, wobei das Ergebnis im Bit-Format dem „Merker_2" M10.2 zugewiesen wird (**Bild 9.10**).

In der UND-Verknüpfung werden die beiden Ergebnismerker der Vergleicher auf das SR-Flip-Flop geführt und setzen die Anzeige „P1_Anzeige_grün" Q20.2 auf Signalzustand 1, sofern der Messwert innerhalb des Toleranzbereichs liegt. Bei Erreichen der unteren Endlage „B1_Endlage_unten" I20.1 erlischt die grüne Anzeigenleuchte P1 (**Bild 9.11**).

In diesem Programm wird exemplarisch die Auswertung eines Analogwerts innerhalb einer SPS und die Anpassung an die realen Prozessgrößen mit dem Skalierungsbaustein SCALE gezeigt. Anschließend wird mit Vergleichsfunktionen die Stellgröße gebildet. Dieses Verfahren der Analogwertverarbeitung wird in der Praxis sehr häufig angewendet.

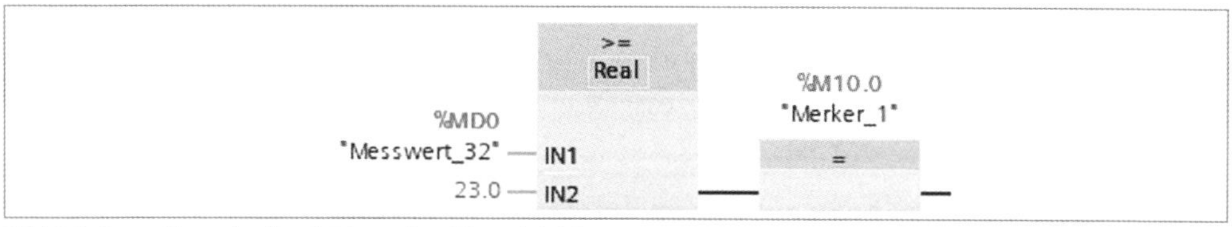

Quelle: Firma Siemens

**Bild 9.9** Darstellung des Vergleichs auf „größer-gleich"

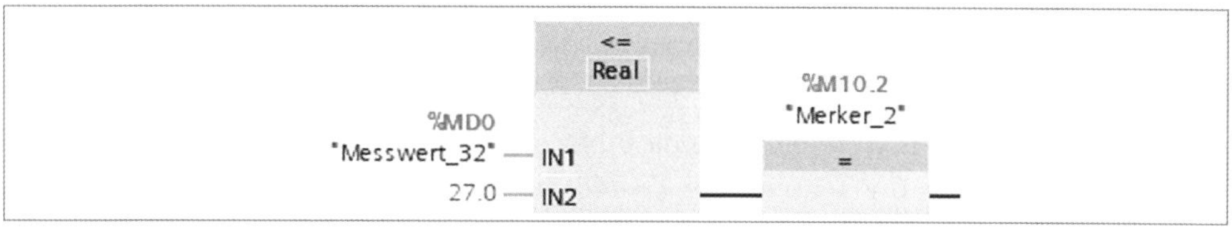

Quelle: Firma Siemens

**Bild 9.10** Darstellung des Vergleichs auf „kleiner-gleich"

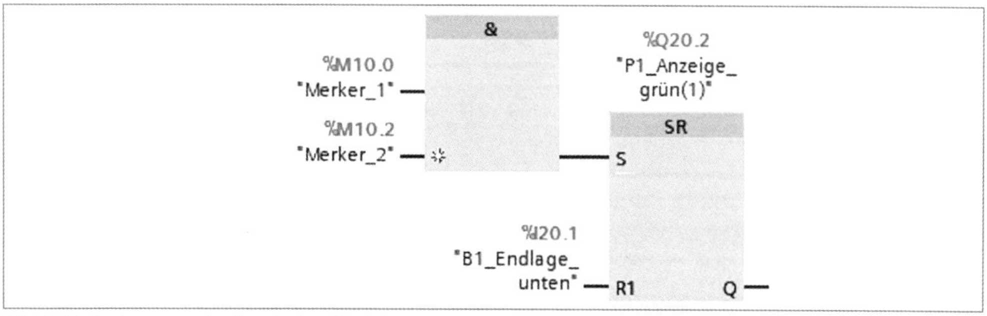

Quelle: Firma Siemens

**Bild 9.11** Ansteuerung der Anzeigeleuchte P1

## 9.3 Unterschiede bei der Verarbeitung von Analogwerten in unterschiedlichen CPU-Typen

Die Analogwerte werden in den CPU-Typen der SIMATIC-Produktfamilie unterschiedlich bearbeitet. Während die CPU-Typen S7-1500, ET200SP und S7-300/400 die Analogeingänge direkt von der Peripherie zum Prozessor leiten und damit Verarbeitungszeit durch Umgehung von Bustransfers einsparen, werden die Analogeingänge des CPU-Typs S7-1200 über das PAE (Prozessabbild der Eingänge) geführt. Folglich kann der analoge Messwert hier nicht direkt über den SCALE-Baustein (siehe Abschnitt 9.2.1) skaliert werden. Die Auflösung der Analogeingangsbaugruppe von 0 bis 27.648 wird hier zunächst normiert und vom Datentyp Integer auf den Datentyp REAL gewandelt. Der analoge „Messwert_16“ (IW22) bewegt sich also im Datentyp Integer zwischen den Werten 0 und 27648, während er am Ausgang OUT der Funktion NORM_X als „Speicher_1“ (MD0) im Datentyp REAL auf den Eingang VALUE der Funktion SCALE_X geführt wird. Hier erfolgt jetzt die Anpassung an die Prozessgrößen der Höhenmessung an den Eingängen MIN und MAX mit 20,0 mm und 30,0 mm. Am Ausgang OUT der Funktion SCALE_X liegt der angepasste Wert „Messwert_32“ (MD4) im Datentyp REAL zur Weiterverarbeitung im nachfolgenden Reglerprogramm (**Bild 9.12**).

Die Adressierung der Analogeingangsbaugruppen der CPU-Typen S7-300/400 unterscheidet sich von der Adressierung der Analogeingangsbaugruppen der CPU-Typen S7-1200 und S7-1500. Während bei den CPU-Typen S7-1200 und S7-1500 üblicherweise bei der Hardwarekonfiguration die Adressen IW0 und IW2 bei zweikanaligen Baugruppen vergeben werden, werden bei den CPU-Typen S7-300/400 die Adressen IW256 und IW258 vergeben. Dies erklärt sich daraus, dass der Bereich der Adressierung in diesen CPU-Typen oberhalb der Zahl 200 grundsätzlich außerhalb des PAE erfolgt. Dies bedeutet auch, dass die Analogwerte ohne „Umweg“ über das PAE direkt von der Peripherie zum Prozessor geführt werden. In älteren Anlagen findet man noch häufig die Adresse PEW 256 und PEW 258, wobei der Buchstabe P für Peripherie steht.

Das hier Gesagte zur Skalierung von analogen Eingangssignalen gilt analog auch für die Deskalierung von analogen Ausgangssignalen. Eine Erklärung zur Arbeit mit Analogausgangsbaugruppen befindet sich in Abschnitt 9.8.

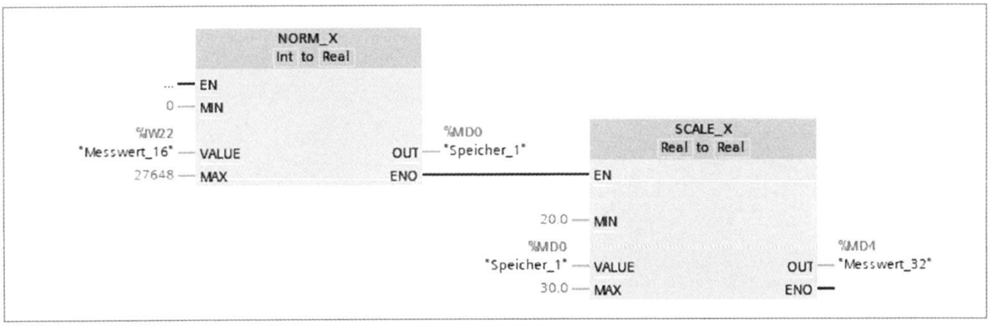


Quelle: Firma Siemens

**Bild 9.12** Bearbeitung von Analogeingängen im CPU-Typ S7-1200 der Firma Siemens

## 9.4 Projektierungsbeispiel Temperaturüberwachung mit Siemens LOGO

Im folgenden Projektierungsbeispiel wird die Temperaturüberwachung eines Drehstrommotors für eine Abwasserpumpe (siehe Abschnitt 5.1) mit einem Motorvollschutz realisiert. Die Auswertung des analogen Messwerts – in diesem Fall die Motortemperatur – sowie die Bildung der Stellgröße werden mit einer LOGO-Steuerung realisiert.

Das Widerstandsthermometer PT 100 (Flächenmontage) liefert eine lineares Temperatur-Widerstandssignal an die Analog-Eingangsbaugruppe der LOGO-Steuerung (**Bild 9.13**). Innerhalb des LOGO-Programms werden die Analogwerte mit „analogen Schwellwertschaltern" verknüpft und anschließend wird dann prozessabhängig die Stellgröße gebildet.

Konkret wird folgende Funktion erfüllt: Überschreitet die Temperatur am Motorgehäuse den Wert von 50 °C, wird dies durch die Kontrollleuchte H1 angezeigt. An der LOGO, die sich im Schaltschrank befindet, wird der Meldetext „M1 TEMP Hoch" angezeigt, sodass das Fachpersonal die mögliche Fehlerquelle schnell lokalisieren kann.

Wird die Temperatur am Motorgehäuse größer als 60 °C, so wird dies durch Blinken der Kontrollleuchte H2 angezeigt und der Motor wird sofort abgeschaltet. Erst nach Quittierung der Störung kann der Motor wieder eingeschaltet werden.

Mittels Taster „S1_Ein" I1 wird der Pumpenmotor eingeschaltet, mit Taster „S0_Aus" I2 wird der Motor im störungsfreien Betriebsfall ausgeschaltet.

Für den Motorvollschutz wird die analoge Messgröße „Temperatur" an einem Analogeingang AI1 mit der eingestellten Auflösung von 0 ... 100 ausgewertet. Die beiden analogen Schwellwertschalter B001 und B004 geben jeweils binäre Signale als Stellgrößen für die Temperaturschwellen von größer 50 °C (B004) und größer 60 °C (B001) aus (**Bild 9.14**).

Tritt der Fall einer Temperaturerhöhung von größer als 50 °C am Pumpenmotor ein, so wird zur Signalisierung die Meldeleuchte H1 und der Meldetext B006 angesteuert. Steigt die Temperatur am Motor weiter auf über 60 °C, so wird er über den einsetzenden Taktgenerator B005 und die blinkende Meldeleuchte H2 durch das Setzen des Selbsthalterelais B007 und das anschließende Rücksetzen des Selbsthalterelais B002 ausgeschaltet.

Erst bei Abkühlung von unter 40°C kann das Selbsthalterelais B007 mit dem Quittiertaster I3 wieder zurückgesetzt werden. Jetzt kann der Pumpenmotor mit Betätigung von S1_Ein wieder gestartet werden (**Bild 9.15**).

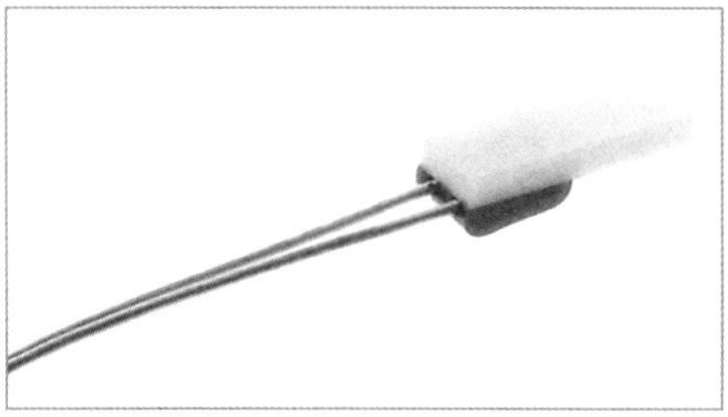

**Bild 9.13** Widerstandsthermometer PT 100 für Flächenmontage

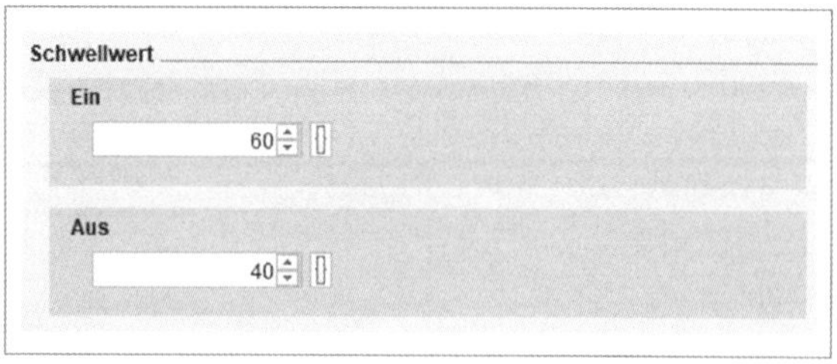


**Bild 9.14** Eingestellter Schwellwert von 60 °C am analogen Schwellwertschalter B001

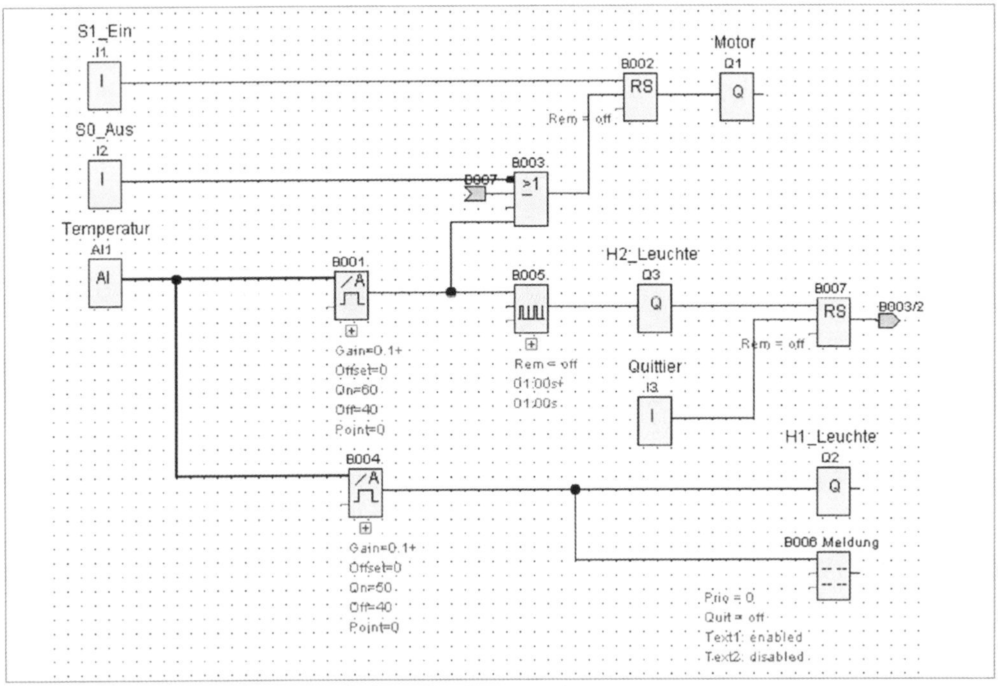


Quelle: Firma Siemens

**Bild 9.15** LOGO-Programm zum Motorvollschutz eines Pumpenmotors

## 9.5 Skalierung der Werte eines Widerstandsthermometers PT 100

Widerstandsthermometer PT 100 (Bilder 9.1 und 9.13) sind aus Platin (PT = Platin) hergestellt und weisen für den gesamten Temperatureinsatzbereich eine lineare Temperatur-Widerstandskennlinie auf, wobei die Genauigkeit in der Norm DIN EN 60571 (Norm für die Betriebsbedingungen elektronischer Bauteile und Betriebsmittel) festgelegt ist **(Bild 9.16)**.

Soll eine Temperatur über ein Widerstandsthermometer PT 100 erfasst und über eine Analogeingangsbaugruppe AI der SPS ausgewertet werden, so ist darauf zu achten, dass die Analogeingangsbaugruppe die Bezeichnung RTD (**R**esistance **T**emperature **D**etector) enthält. (Beispiel: AI 4xU/I/RTD) Der Anschluss des PT 100 ist in der Analogeingangsbaugruppe einzustellen, wie beispielsweise der „Thermowiderstand" im 3-Leiter-Anschluss.

Die Messwerte des PT 100 werden üblicherweise in 1/10°-Schritten im Datentyp INTEGER, ausgegeben, sodass eine Nutzung des SCALE-Bausteins hier nicht unbedingt erforderlich ist.

*Beispiel:* 100 °C werden als Integerzahl 1000 im SPS-Anwenderprogramm dargestellt. Die Skalierung besteht hier nur aus der Division der Zahl 1000 durch die Zahl 10, und die Prozessgröße 100 °C ist betragsmäßig identisch mit der im Anwenderprogramm verwendeten Zahl 100.

Bei Kommazahlen wird entsprechend gerundet, beispielsweise mit der Anweisung ROUND.

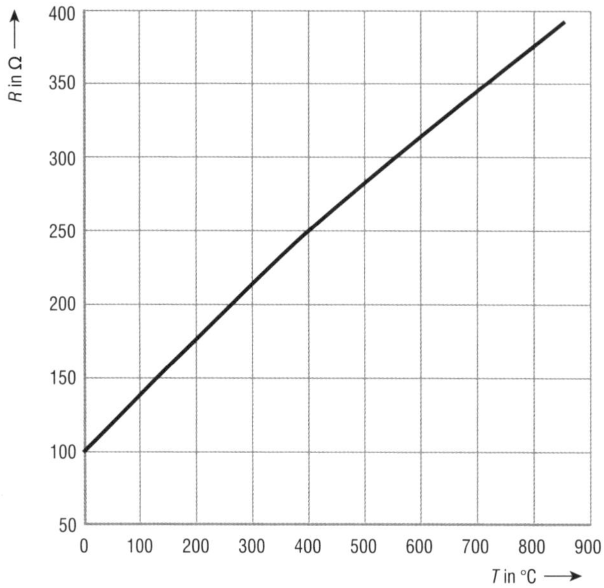


**Bild 9.16** Temperatur-Widerstandskennlinie PT 100

Quelle: Firma Siemens

## 9.6 Grundbegriffe der Regelungstechnik

Um die Analogwertverarbeitung in der SPS-Projektierung umfassend einsetzen zu können, müssen die Grundbegriffe der Regelungstechnik erklärt werden, um die SPS als digitalen Regler möglichst effektiv einsetzen zu können.

Bei einer Regelung findet im Gegensatz zur Steuerung grundsätzlich ein Vergleich des Sollwerts mit dem Istwert statt. Bei Auftreten einer Differenz zwischen Soll- und Istwert sorgt eine Regelfunktion für das Ausgleichen dieser Differenz. Bezogen auf die SPS besteht die Regelfunktion aus einem individuell erstellten Programm oder aus einem der vorkonfigurierten Reglerbausteine der SPS wie beispielsweise dem PID-Kompakt-Regler.

Als erstes Anwendungsbeispiel wird im Abschnitt 9.7 der Zweipunktregler einer Füllstandregelung für einen Flüssigkeitsbehälter betrachtet. Der Füllstand des Behälters ist als Regelstrecke zu sehen, da er die zu regelnde physikalische Größe (Regelgröße) enthält.

In **Bild 9.17** ist die SPS als digitaler Regler schematisch dargestellt. Statt des analogen Ausgangs AQ, wie er bei einer stetigen (kontinuierlichen) Regelung eingesetzt wird, reicht bei einem Zweipunktregler ein digitaler Schaltausgang zum Ausgleich der Regeldifferenz.

Der Sollwert *w* bildet als Eingangsgröße des Regelkreises die Führungsgröße der Regelung. Am Punkt des Soll-Istwert-Vergleichs fließt über den Analogeingang AI der SPS und der Anpassung der Prozessgröße über den SCALE-Baustein der erfasste Istwert der Regelgröße *x* als Rückführgröße mit ein. Die auftretende Regeldifferenz *e* wird in der Regelfunktion „bearbeitet" und bildet daraus die Stellgröße *y*. Die Stellgröße *y* wird über einen Analogausgang AQ oder auch über einen binären Schaltausgang DQ zum Stellglied geführt, sodass die Regelgröße zum Ausgleich der Regeldifferenz *e* beeinflusst wird.

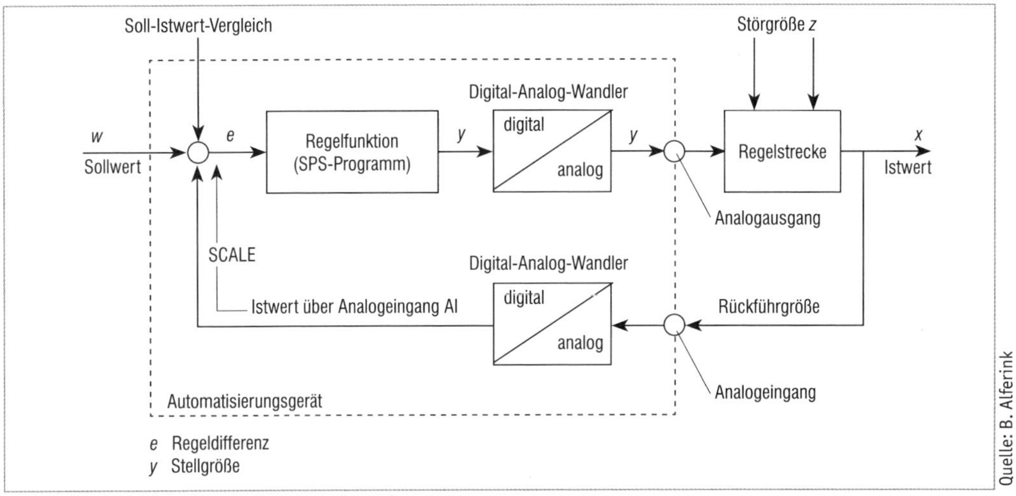


**Bild 9.17** Grundbegriffe der Regelungstechnik mit SPS

## 9.7 Projektierungsbeispiel Füllstandregelung mit Zweipunktregler

Ein typisches Anwendungsbeispiel für einen unstetigen Regler ist die Füllstandregelung von Flüssigkeitsbehältern. Die zu projektierende Füllstandregelung besteht aus einem Tank, der durch das Öffnen des Magnetventils „V1_Ventil" mit Flüssigkeit befüllt wird. Das Zulaufventil V1 wird mit dem binären Ausgang „V1_Ventil" (Q 0.0) gesteuert. Ist der eingestellte Sollwert erreicht, schließt das Ventil V1. Wird durch den Einfluss der Störgröße Ventil V2 Flüssigkeit abgelassen und der eingestellte Sollwert unterschritten, so schaltet das Zulaufventil V1 wieder ein und es fließt so lange Flüssigkeit zu, bis der Sollwert wieder erreicht ist. Der Sollwert wird mit einem zweistelligen BCD-Stellschalter eingestellt.

Der Flüssigkeitsstand im Behälter – als Istwert der Regelung – wird über den Ultraschallsensor B1 erfasst und der Analogeingangsbaugruppe AI der SPS zugeführt. Da bei einem unstetigen Regler die Regelgröße um den Sollwert pendelt, ist programmtechnisch eine angemessene Hysterese vorzusehen. Die Hysterese verhindert auch ein ständiges Schalten des Zulaufventils V1 beim Einpendeln und Ausgleichen der Soll-Istwert-Differenz.

In **Bild 9.18** ist das prinzipielle Technologieschema zu sehen.

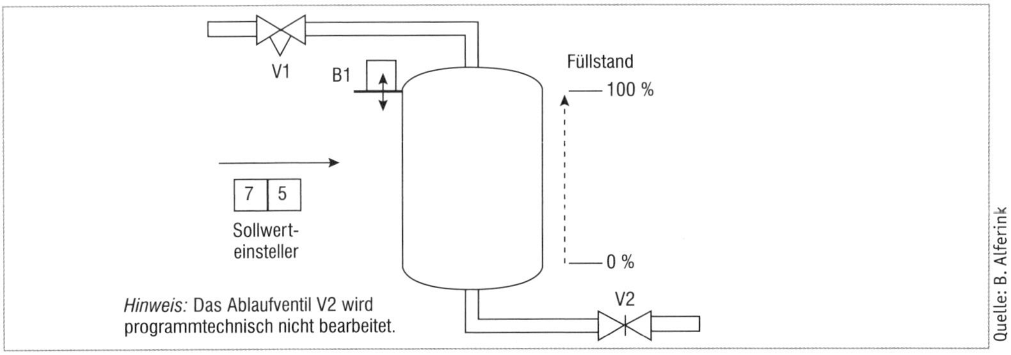


**Bild 9.18** Füllstandsregelung

### 9.7.1 Hardwarekonfiguration der Füllstandregelung mit Zweipunktregler

Zunächst ist eine entsprechende Hardware – wie in **Bild 9.19** dargestellt – zu projektieren. Auf der Profilschiene befindet sich das gesamte Automatisierungssystem mit der Stromversorgung auf Steckplatz 0, der CPU vom Typ S7-1511-PN auf Steckplatz 1, den binären Peripheriebaugruppen DI 16x24 V und DQ 16x24 V auf Steckplatz 2 und 3, sowie die Analogeingangsbaugruppe AI 4xU auf Steckplatz 4. An die Analogeingangsbaugruppe können also vier analoge Sensoren angeschlossen werden.

Die Adressierung der Baugruppen ist in **Bild 9.20** zu sehen. Die Eingangs- und Ausgangsadressen für die binären Ein- und Ausgänge (DI und DQ) sind jeweils mit den Adressen 0 ... 1 versehen.

Die Analogeingangsbaugruppe AI 4xU belegt die Eingangsadressen 2 ... 9. Pro Analogeingang ist immer mit einem Wort (16 Bit) zu rechnen, sodass die vier analogen Eingänge mit den Adressen IW2, IW4, IW6 und IW8 belegt sind.

Bezogen auf die Aufgabe Füllstandregelung bedeutet das, dass der zweistellige BCD-Sollwerteinsteller seine Werte über das Eingangswort IW0 in das PAE der CPU liefert. Der Ultraschallsensor B1 liefert seine analogen Messwerte über das analoge Eingangswort IW2 direkt zur Verarbeitung zur CPU und nicht in das PAE.

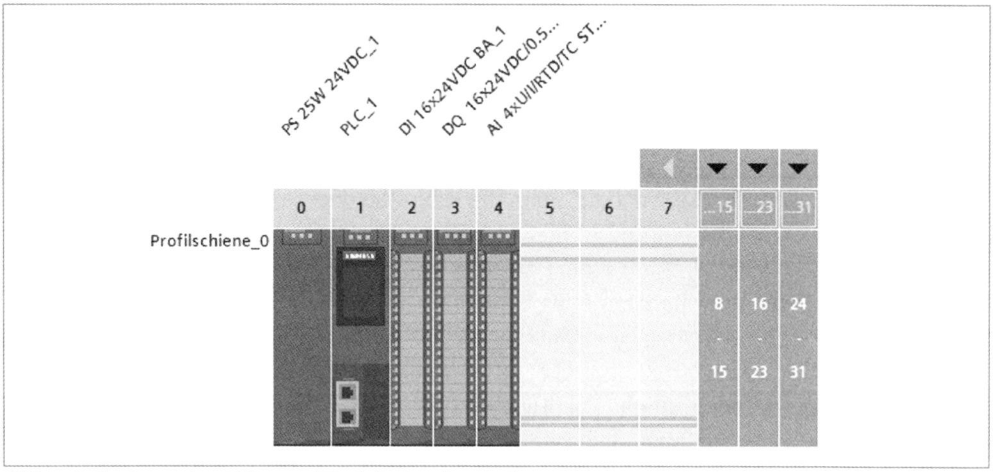


Quelle: Firma Siemens

**Bild 9.19** Hardware einer CPU-1511-PN mit Analogeingangsbaugruppe

| Modul | Baugr... | Steck... | E-Adresse | A-Adres... | Typ |
|---|---|---|---|---|---|
| PS 25W 24VDC_1 | 0 | 0 | | | PS 25W 24VDC |
| ▾ PLC_1 | 0 | 1 | | | CPU 1511-1 PN |
| ▸ PROFINET-Schnittstelle_1 | 0 | 1 X1 | | | PROFINET-Schnittst... |
| DI 16x24VDC BA_1 | 0 | 2 | 0...1 | | DI 16x24VDC BA |
| DQ 16x24VDC/0.5A BA_1 | 0 | 3 | | 0...1 | DQ 16x24VDC/0.5... |
| AI 4xU/I/RTD/TC ST_1 | 0 | 4 | 2...9 | | AI 4xU/I/RTD/TC ST |
| | 0 | 5 | | | |

Quelle: Firma Siemens

**Bild 9.20** Geräteübersicht CPU-1511_PN mit Analogeingangsbaugruppe

## 9.7.2 Programmentwurf des Zweipunktreglers

Ab **Bild 9.21** ist das SPS-Programm zur Regelung des Füllstands des Flüssigkeitsbehälters mit einem Zweipunktregler dargestellt. Da einige variable Daten zunächst erfasst und anschließend zwischengespeichert werden müssen, wird ein Global-DB „Daten_Regler_1“ angelegt, sodass die Programmierung weitgehend mit symbolischen Operanden erfolgt. Die alternative Verwendung von Merkern würde hier unnötige Fehlerquellen in Form von Überschneidungen und Verwechselungen verursachen.

Zunächst muss im Programm der zweistellige BCD-Wert des Sollwerts für die Verarbeitung im Regler vorbereitet werden. Dazu muss er mit der Anweisung CONV von BCD_16 in den Datentyp INTEGER gewandelt werden, anschließend erfolgt in Netzwerk 2 eine weitere Wandlung vom Datentyp INTEGER in den Datentyp REAL (**Bild 9.22**).

In **Bild 9.23** erfolgt die Skalierung des Istwerts IW2 „Istwert_Int“, der vom Sensor B1 über die Analogeingangsbaugruppe AI im Datentyp INTEGER in das SPS-Programm kommt.

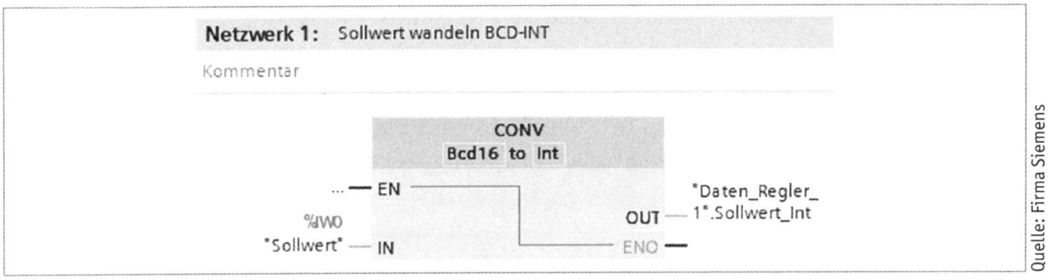


**Bild 9.21** Darstellung des Wandlers von BCD zu INTEGER

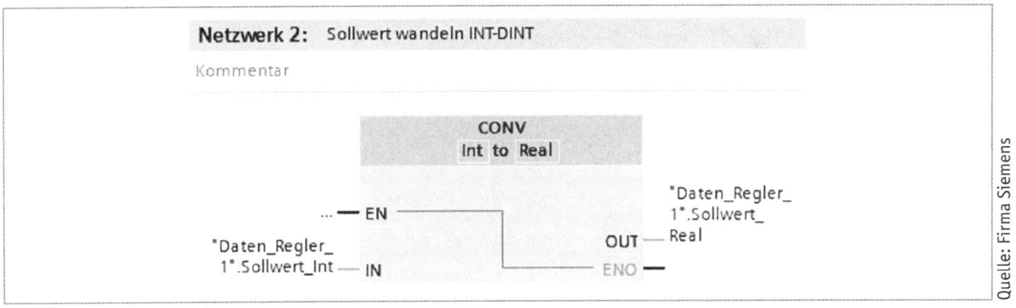


**Bild 9.22** Darstellung des Wandlers von INTEGER zu REAL

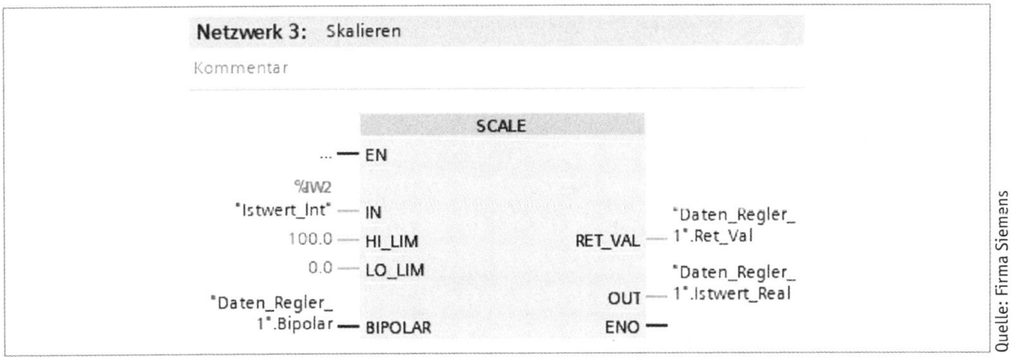


**Bild 9.23** Darstellung des SCALE-Bausteins

Im Baustein SCALE wird der Istwert, der zwischen 0 und 27.648 im Datentyp INTEGER vorliegt, an die Prozessgrößen der Füllstandregelung angepasst. Diese liegen zwischen „Behälter voll“ bei 100.0 HI_LIM und „Behälter leer“ bei 0.0 LO_LIM.

Am Ausgang OUT des SCALE liegt der Istwert an die Prozessgrößen angepasst im Datentyp REAL „Daten_Regler_1“ (Istwert_Real) zur weiteren Verarbeitung vor.

Um ein ständiges Ein- und Ausschalten des Zulaufventils V1 zu vermeiden, wird eine geeignete Hysterese programmtechnisch vorgesehen, die einfach mit der Addition (**Bild 9.24**) eines Festwerts zur oberen Grenze und mit einer Subtraktion (**Bild 9.25**) eines Festwerts vom Sollwert zur unteren Grenze zu realisieren ist.

In diesem Beispiel ist der Festwert 5.0 gewählt, was auf die Aufgabe bezogen bedeutet, dass bei einem eingestellten Sollwert des Füllstands von 75 %, erst beim Erreichen des Füllstands von 80 % das Zulaufventil V1 abschaltet.

Bei einem Füllstand von 70 % schaltet das Zulaufventil V1 ein, sodass Flüssigkeit nachläuft. Der Füllstand pendelt hier um den Sollwert 75 % zwischen den Grenzen 70 % und 80 %. Die Festwerte können natürlich auch kleiner gewählt werden.

Um das Ein- und Ausschalten des Zulaufventils V1 zu realisieren, werden jetzt die Hysteresen mit dem skalierten Istwert vergleichen. Der Vergleicher „größer-gleich“ in **Bild 9.26** schaltet über die Zuweisung „V1_Ventil_Zu“ das Zulaufventil V1 ab, während in **Bild 9.27** der Vergleicher „kleiner-gleich“ das Zulaufventil V1 über die Zuweisung „V1_Ventil_auf“ öffnet.

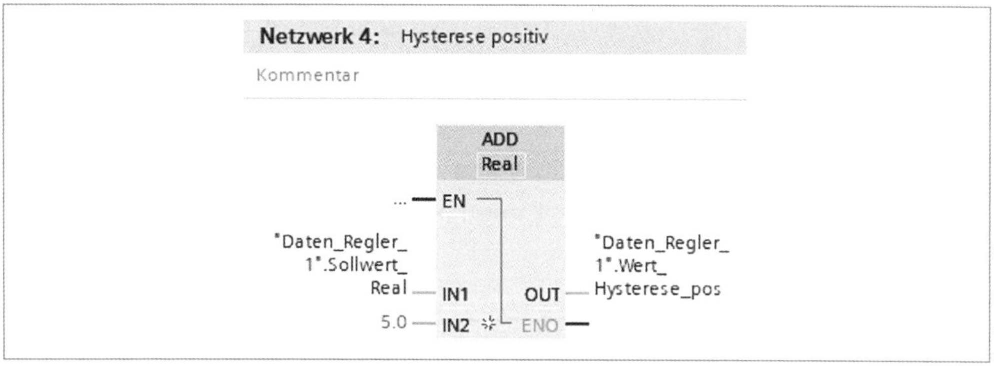


Quelle: Firma Siemens

**Bild 9.24** Darstellung des Addierers im Datentyp REAL

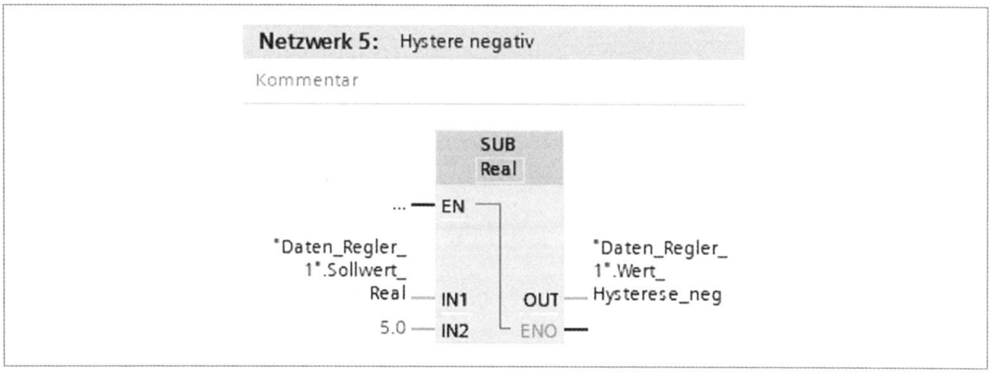


Quelle: Firma Siemens

**Bild 9.25** Darstellung des Subtrahierers im Datentyp REAL

In **Bild 9.28** ist die Steuerung des Zulaufventils über den binären Ausgang „V1_Zulaufventil" (Q0.0) zu sehen. Die Ergebnisse der Vergleicher aus Netzwerk 6 und 7 schalten das SR-Flip-Flop entweder ein über den Setzeingang oder aus über den Rücksetzeingang.

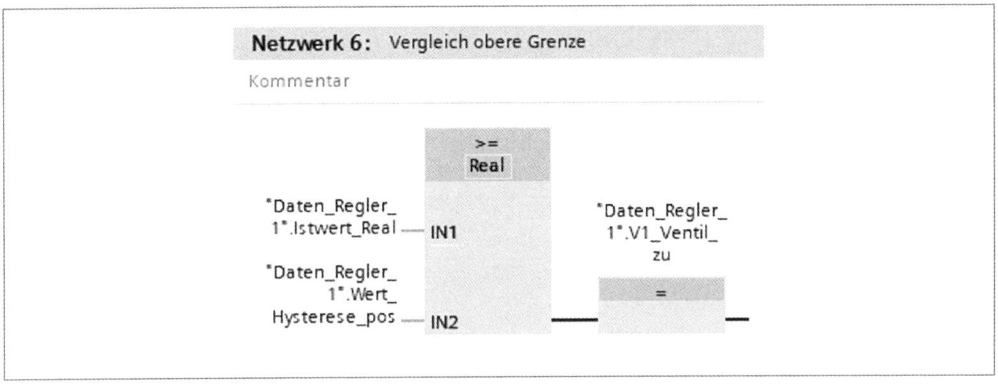


Quelle: Firma Siemens

**Bild 9.26** Darstellung des Vergleichs auf „größer-gleich"

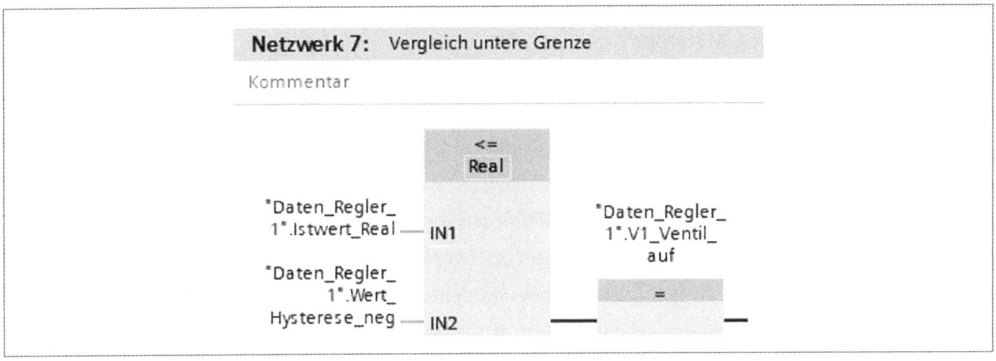


Quelle: Firma Siemens

**Bild 9.27** Darstellung des Vergleichs auf „kleiner-gleich"

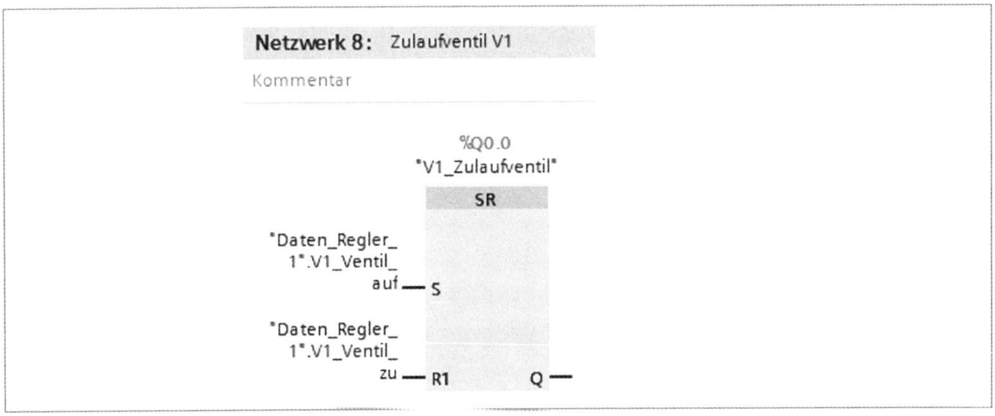


Quelle: Firma Siemens

**Bild 9.28** Ansteuerung des Zulaufventils V1

### 9.7.3 Projektierungsbeispiel Füllstandregelung mit Mehrpunktregler

Die Füllstandregelung des Flüssigkeitsbehälters aus Bild 9.18 soll in eine Mehrpunktregelung umgebaut werden. Das bedeutet, dass nicht nur die vom Zweipunktregler bekannten zwei Schaltzustände des Magnetventils „V1_Ventil_Auf“ und „V1_Ventil_Zu“ den Füllstand des Behälters regeln, sondern mehrere Schaltpunkte projektiert werden müssen. Die Sollwerte und Ventilstellungen der Füllstandregelung sind nach **Tabelle 9.1** fest vorgegeben. Das Befüllen des Behälters erfolgt nach den in Tabelle 9.1 aufgeführten Kriterien.

| Sollwert | | Flüssigkeitsstand | Ventilöffnung |
|---|---|---|---|
| 1 | 20 % | unter 20 % | 100 % |
| 2 | 50 % | zwischen 20 % und 50 % | 70 % |
| 3 | 70 % | zwischen 50 % und 70 % | 30 % |

Quelle: B. Alferink

**Tabelle 9.1** Einteilung der Ventilstellungen

### 9.7.4 Programmentwurf des Mehrpunktreglers

Zur Hardware wird auf Steckplatz 5 eine Analogausgangsbaugruppe hinzugefügt, die mit den Adressen 0...3 versehen ist. Das bedeutet, dass die beiden analogen Ausgänge (16 Bit) mit den Adressen QW0 und QW2 beschrieben werden (**Bild 9.29**).

Das Reglerprogramm ist in einem FC „Regler_1“ geschrieben, wobei die Daten in einem Global-DB „Daten_Regler_1“ gespeichert werden. So sind alle variablen Daten symbolisch ausgeführt und man wirkt der häufigen Fehlerquelle der Überschneidungen und möglichen Mehrfachnutzungen bei der Verwendung von Merkern entgegen. Nachteilig in der FUP-Programmierung ist die häufige Zwischenablage von Daten, wobei mit der Verwendung eines Global-DB auch hier eine übersichtliche und nachvollziehbare Struktur des Programms geschaffen werden kann.

Im Anwenderprogramm erfolgt zunächst die Skalierung des Istwerts, der vom Sensor B1 über den Analogeingang „Istwert_B1_16“ (IW2) im Datentyp INTEGER in den SCALE-Baustein kommt (**Bild 9.30**).

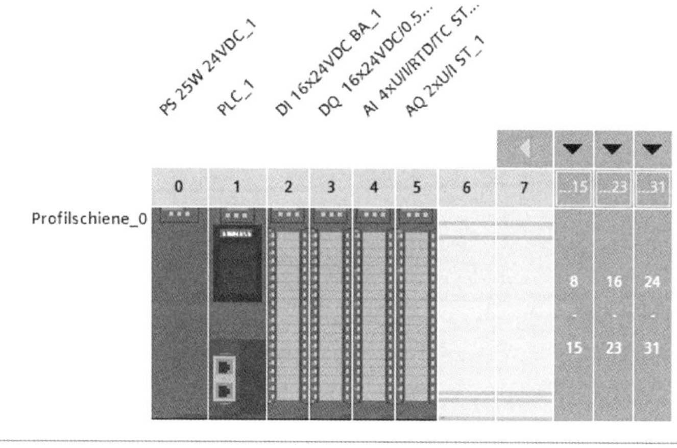


Quelle: Firma Siemens

**Bild 9.29** Hardwarekonfiguration zur Realisierung des Mehrpunktreglers

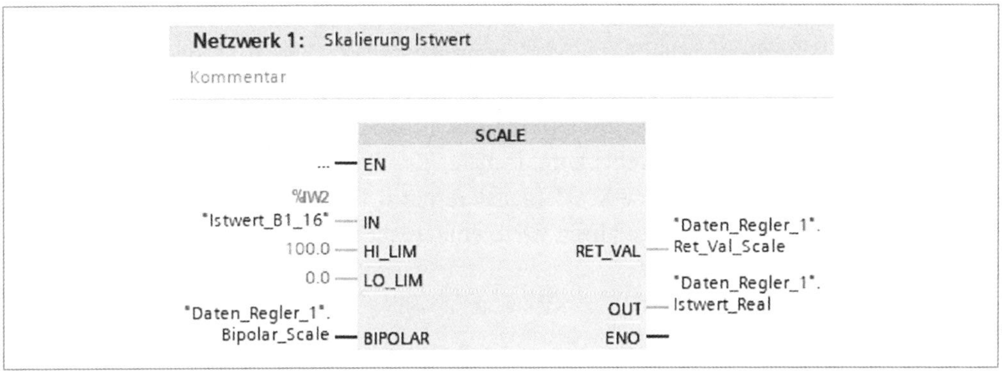

Quelle: Firma Siemens

**Bild 9.30** Darstellung des SCALE-Bausteins

Im SCALE-Baustein erfolgt dann die Anpassung an die Prozessgrößen der Füllstandregelung. Diese liegen zwischen „Behälter voll" bei 100.0 HI_LIM und „Behälter leer" bei 0.0 LO_LIM, unverändert im Vergleich zum Zweipunktregler in Abschnitt 9.7.2. Das bedeutet auch, dass die Integerzahl zwischen 0 und 27.648 des Sensorsignals „Istwert_B1_16" (IW2) in einen Datentyp REAL gewandelt wird.

Am Ausgang OUT des SCALE liegt der Istwert an die Prozessgrößen angepasst dann im Datentyp REAL zur weiteren Verarbeitung vor.

Wenn der Füllstand im Behälter kleiner als 20 % ist (**Bild 9.31**), soll das Zulaufventil ganz geöffnet werden, sodass über den MOVE-Befehl in **Bild 9.32** die Realzahl 100.0 an die „Stellgröße_Real" transferiert wird. Die „Stellgröße_Real" wird über den Baustein UNSCALE in Bild 9.41 in den angegebenen Limits in eine Integerzahl umgewandelt und anschließend über den Analogausgang „Stellgröße_Int" (QW0) und über den Digital-Analog-Wandler in ein Spannungssignal von 0 V bis 10 V gewandelt und als Stellgröße auf das Zulaufventil V1 gegeben.

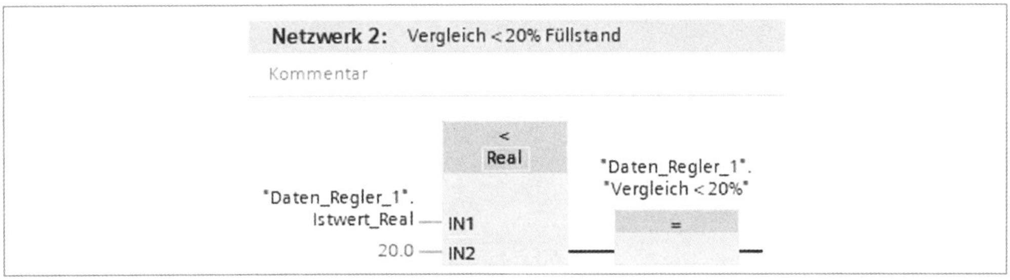

Quelle: Firma Siemens

**Bild 9.31** Darstellung des Vergleichs auf „kleiner 20 %"

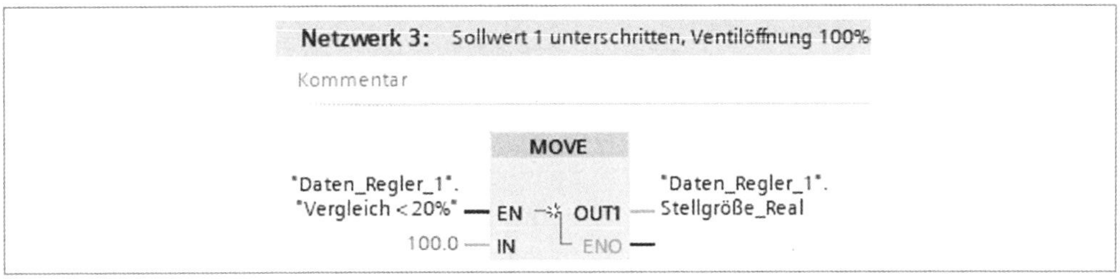

Quelle: Firma Siemens

**Bild 9.32** Verschieben der Daten zur Stellgröße

Die nächstfolgende Forderung an den Regler ist, dass bei einem Füllstand zwischen < 70 % und > 50 % die Ventilöffnung 30 % betragen soll. In **Bild 9.33** und **9.34** erfolgen die Vergleiche auf < 70 % und > 50 %, deren Ergebnisse auf Zuweisungen geführt werden.

In **Bild 9.35** erfolgt die UND-Verknüpfung der beiden Vergleichsergebnisse und damit die Freischaltung des MOVE-Befehls zum Transfer der Realzahl 30.0 am Eingang IN zum Ausgang OUT1 an die „Stellgröße-Real" realisiert wird. Die „Stellgröße-Real" sorgt dafür, dass die Ventilöffnung auf 30 % gefahren wird, entsprechend der Realzahl 30.0

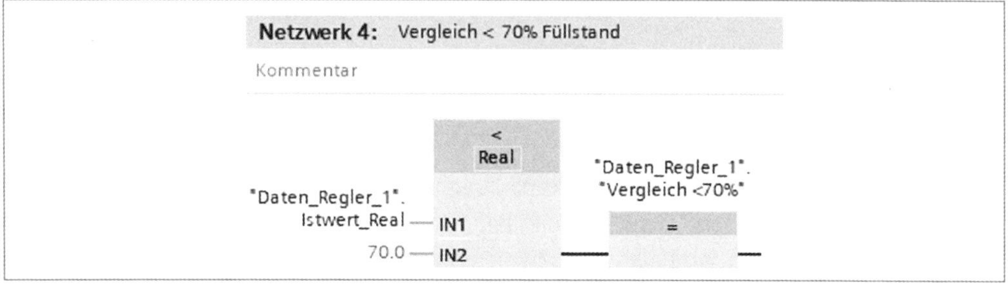


Quelle: Firma Siemens

**Bild 9.33** Darstellung des Vergleichs auf „kleiner 70 %"

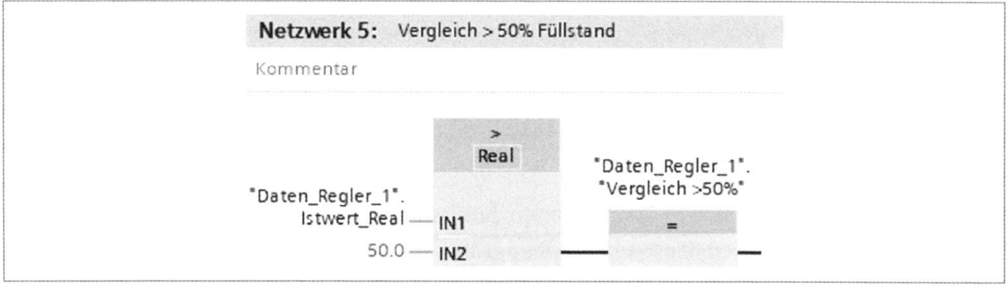


Quelle: Firma Siemens

**Bild 9.34** Darstellung des Vergleichs auf „größer 50 %"

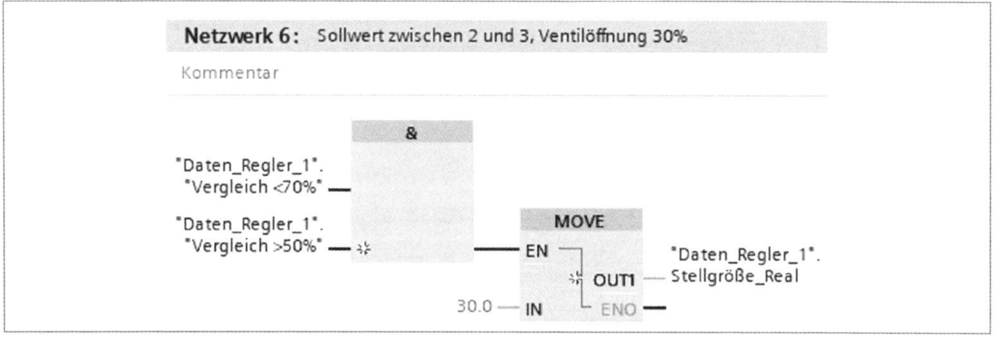


Quelle: Firma Siemens

**Bild 9.35** Verschieben der Daten zur Stellgröße

In Netzwerk 7, 8 und 9 (**Bilder 9.36, 9.37** und **9.38**) erfolgt das gleiche Procedere wie in den Netzwerken 4, 5 und 6 (Bilder 9.33, 9.34 und 9.35). Wenn der Füllstand kleiner als 50 % ist (Bild 9.36) oder höher ist als 20 % (Bild 9.37), dann wird über den freigeschalteten MOVE-Befehl in Bild 9.38 die Realzahl 70.0 über den Ausgang OUT1 an die „Stellgröße_Real" transferiert. Die „Stellgröße_Real" sorgt dafür, dass die Ventilöffnung auf 70 % gefahren wird, entsprechend der Realzahl 70.0.

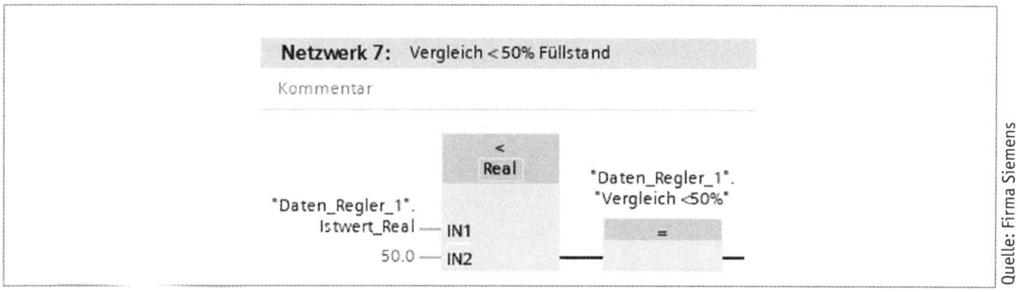


**Bild 9.36** Darstellung des Vergleichs auf „kleiner 50 %"

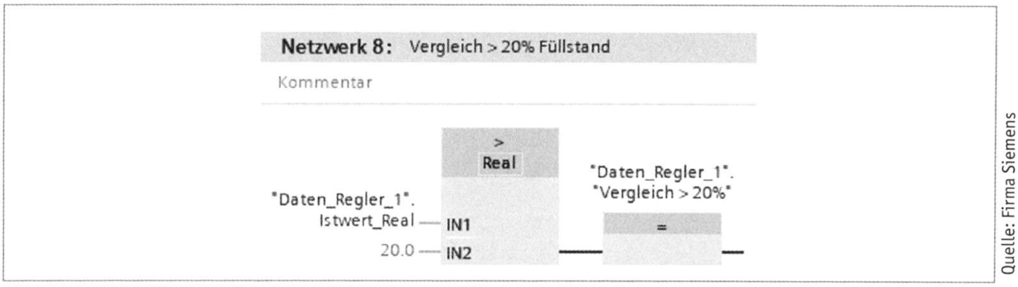


**Bild 9.37** Darstellung des Vergleichs auf „größer 20 %"

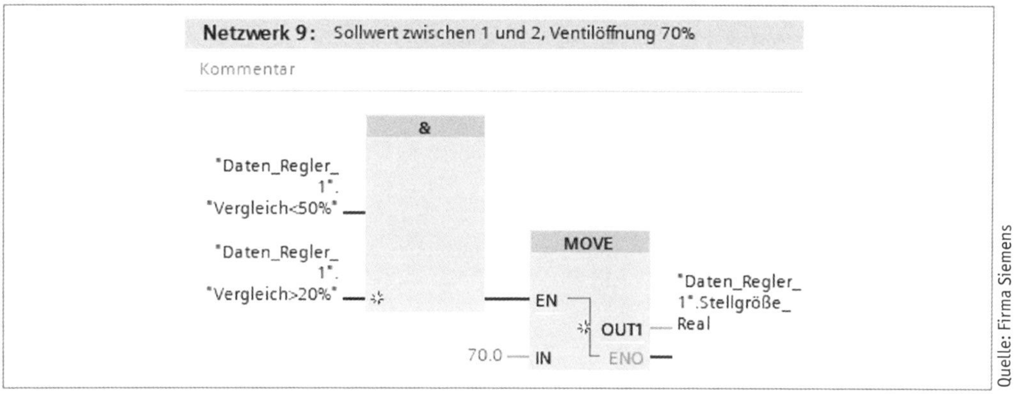


**Bild 9.38** Verschieben der Daten zur Stellgröße

In den **Bildern 9.39** und **9.40** erfolgt der Vergleich auf „größer-gleich" 70 % des Behälterfüllstands und ein Schließen des Zulaufventils V1 durch den Transfer der Real-Zahl 0.0 zur „Stellgröße_Real".

In **Bild 9.41** ist die Parametrierung des Bausteins UNSCALE zu sehen. An den Eingang IN kommt hier die Stellgröße Y (Stellgröße_Real) aus dem Regelungsprogramm im Datentyp REAL (32 Bit). Die Grenzen sind wie beim SCALE mit 100.0 als HI_LIM und 0.0 als LO_LIM ausgelegt, könnten aber auch auf andere Werte festgelegt werden. Am Ausgang OUT liegt jetzt die Stellgröße Y im Datentyp INTEGER (Stellgröße_Int) im Wertebereich von 0 bis 27648 vor. Die „Stellgröße_Int" wird über die Digital-Analog-Wandlung gewandelt und im Spannungsbereich 0 V bis 10 V über den analogen Ausgang AQ an das Stellglied übertragen.

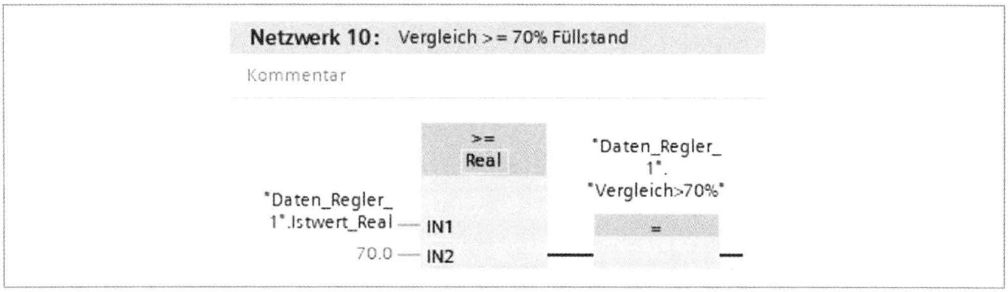


**Bild 9.39** Darstellung des Vergleichs auf „größer-gleich 70 %"

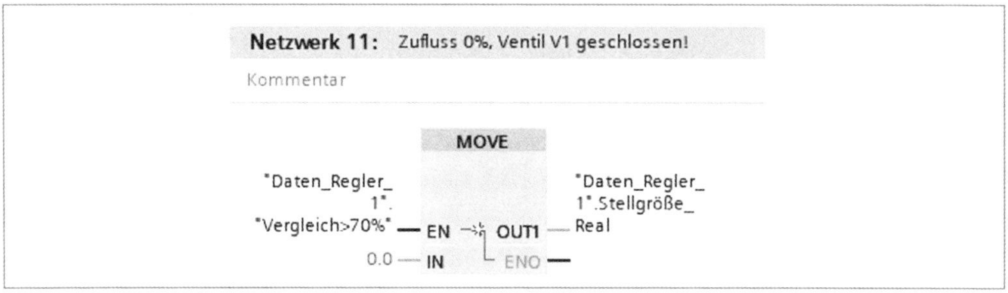


**Bild 9.40** Verschieben der Daten zur Stellgröße

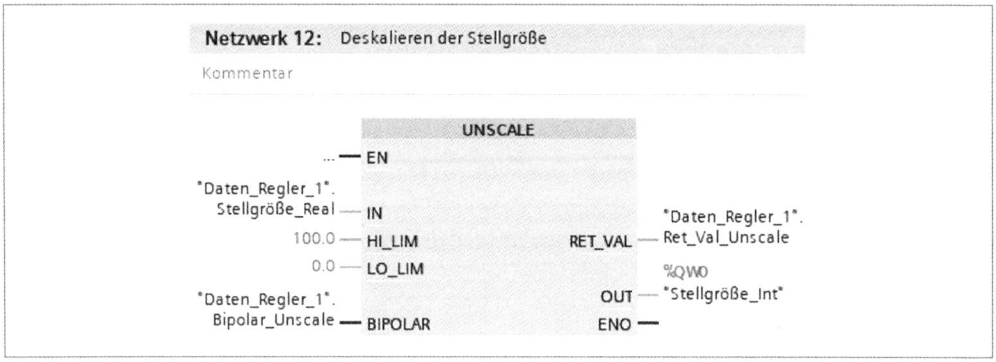


**Bild 9.41** Darstellung des UNSCALE-Bausteins

Zusammengefasst lässt sich über den gesamten Regelprozess sagen:
Der analoge Istwert vom analogen Eingang AI im Datentyp INTEGER wird skaliert, in den Datentyp REAL gewandelt und verglichen mit den drei vorgegebenen Sollwerten. Über den Regler in den Netzwerken 2 bis 11 (Bilder 9.31 bis 9.40) wird die Regeldifferenz ausgeglichen und die Stellgröße gebildet.

Hier Bild 4.41 wird die aus dem Regler kommende Stellgröße vom Datentyp REAL in den Datentyp INTEGER „zurückgewandelt", sodass jetzt über die Digital-Analog-Wandlung der Analogausgangsbaugruppe AQ ein analoger Spannungswert im Spannungsbereich 0 V bis 10 V gebildet und an das Stellglied übertragen wird.

## 9.8 Arbeiten mit analogen Ausgängen der SPS

Die Erkenntnisse aus Abschnitt 9.3 über die Eingabe von analogen Signalen kann sinngemäß auf die Ausgabe von Analogwerten übertragen werden, nur in umgekehrter Reihenfolge.

Wie im Abschnitt 9.7.4 in Netzwerk 12 (Bild 9.41) zu sehen, ist dort die Deskalierung einer Stellgröße dargestellt und erklärt. Dieses Verfahren ist nur in den CPU-Typen S7-1500 und S7-300/400 anwendbar, da hier die deskalierte Stellgröße direkt von der CPU zur Peripheriebaugruppe AQ geführt wird.

Bei der Verwendung einer CPU vom Typ S7-1200 ist zu berücksichtigen, dass hier der Weg der Stellgröße über das Prozessabbild (= PAA) der Ausgänge zum analogen Ausgang AQ von 0 V bis 10 V führt.

Daher ist hier das Verfahren NORM_X und anschließend SCALE_X anzuwenden **(Bild 9.42)**

Die „Stellgröße_Real" am Eingang VALUE des Baustein NORM_X wird hier zunächst normiert und zwar zwischen den Limits 0.0 MIN und 100.0 MAX, was den Prozessgrößen „Behälter leer" und „Behälter voll" entspricht. Am Ausgang OUT des Bausteins NORM_X muss dieser Wert im Datentyp REAL zwischengespeichert werden. Hier sollte unbedingt eine Speicherung in einem Global-DB erfolgen, da es bei der alternativen Verwendung eines Merker-Doppelworts zu Überschneidungen und Mehrfachnutzungen von Merkern kommen könnte, die letztendlich zu unnötigen Fehlern führen.

Der zwischengespeicherte Wert der „Stellgröße_Real" wird jetzt auf den Eingang VALUE des Bausteins SCALE_X geführt und hier zwischen den angegebenen Limits 0 MIN und 27648 MAX skaliert. Am Ausgang OUT des Bausteins SCALE_X steht dann die „Stellgröße_Integer" im Wertebereich von 0 bis 27.648 und wird nach der erfolgten Digital-Analog-Wandlung an den Analogausgang QWO in einem Spannungsbereich von 0 V bis 10 V ausgegeben.

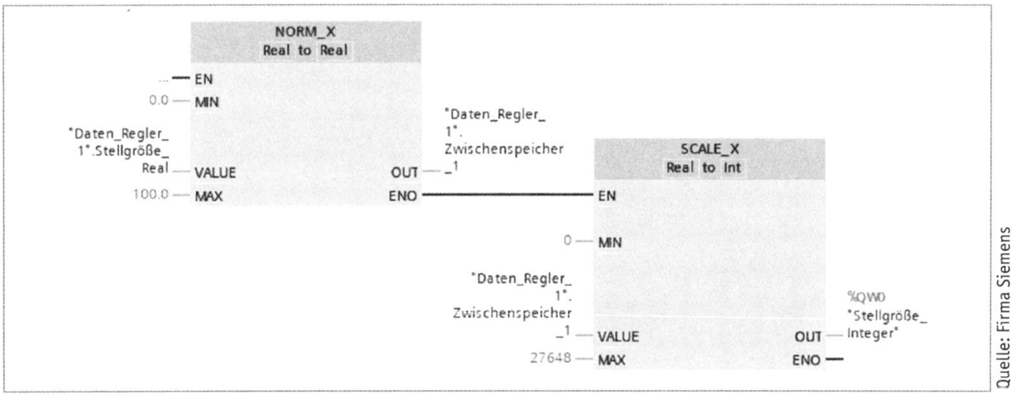


**Bild 9.42** Darstellung des Verfahrens NORM_X und SCALE_X

## 9.9 Projektierungsbeispiel Füllstandregelung mit PID-Kompakt-Regler

Soll in der Füllstandregelung statt eines unstetigen Reglers in Form eines Zweipunkt- oder Mehrpunktreglers ein stetiger Regler zum Einsatz kommen, dann ist der kontinuierliche Regler „PID-Compact" eine sehr komfortable Art, Regelungsprozesse zu realisieren (**Bild 9.43**).

Er ist ein stetiger digitaler Regler in Form eines Funktionsbausteins FB mit Instanz-DB und ist in den CPU-Typen S7-1200, ET 200SP und S7-1500 verfügbar.

Auf der Eingangsseite wird unter „Setpoint" der Sollwert im Datentyp REAL eingegeben. Im Beispiel der Füllstandregelung ist der Sollwert hier 75 % des maximalen Behälterfüllstands. Unter „Input" wird der Istwert im Datentyp REAL parametriert, sofern er als Variable aus dem Anwenderprogramm kommt. Kommt der Istwert direkt von der Peripherie über einen Analogeingang AI, so wird er unter „Input_PER" im Datentyp INTEGER parametriert.

Ähnlich verhält es sich auf der Ausgangsseite mit dem „Output_PER". Hier kann direkt die analoge Ausgangsbaugruppe QW im Datentyp INTEGER angesteuert werden. Somit kann die Stellgröße im Wertebereich von 0 bis 27.648 über die Digital-Analog-Wandlung mit der Spannung von 0 V bis 10 V auf das Stellglied wirken.

In **Bild 9.44** sind diese Zusammenhänge dargestellt. Der Sollwert (Setpoint) und der Istwert (Input_PER analog) liefern die mögliche Regeldifferenz und der PID-Regler (Symbol in der Bildmitte) regelt diese aus und bildet die Stellgröße, die am Output anliegt.

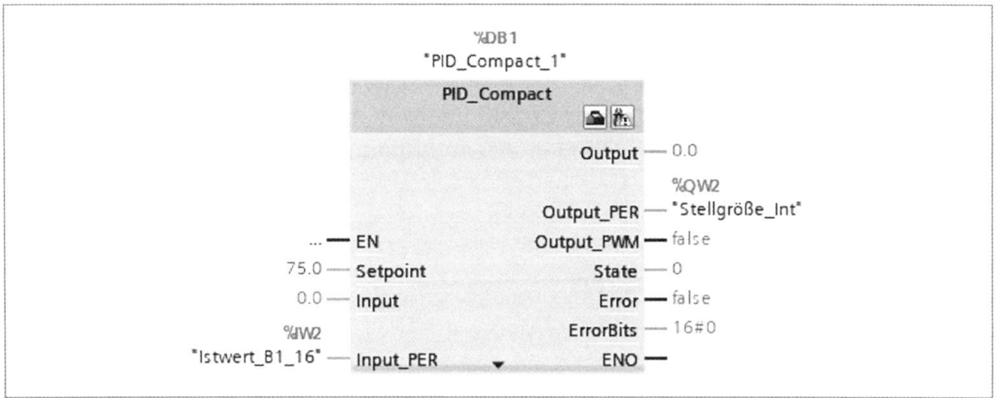


Quelle: Firma Siemens

**Bild 9.43** PID_Compact Regler im Siemens TIA-Portal

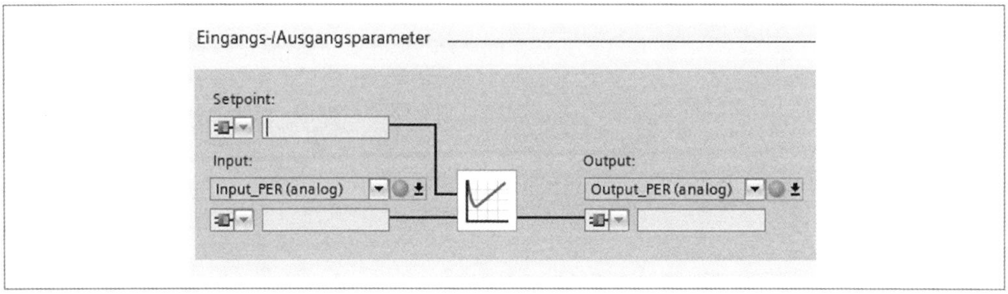


Quelle: Firma Siemens

**Bild 9.44** Online-Ansicht der Ein- und Ausgangsparameter

Unter dem Ausgang „Output“ liegt die Stellgröße im Datentyp REAL vor. Das ist vor allem dann von Bedeutung, wenn sie im Anwenderprogramm noch weiterbearbeitet werden soll. Der Ausgang „Output_PWM“ ist im Datentyp BOOL ausgelegt und liefert einen binären, pulsweitenmodulierten Ausgangswert mit variablen Ein- und Ausschaltzeiten.

Alle drei Ausgänge können auch parallel genutzt werden.

Am Ausgang „State“ wird die aktuelle Betriebsart des Reglers angezeigt. Bei State = 0 ist der Regler inaktiv. Bei State = 1 befindet er sich in der Erstoptimierung, bei State = 2 in der Nachoptimierung. Mit der Erst- und Nachoptimierung wird der Regler automatisch eingestellt, indem auf einen Sprung des Ausgangswerts und die damit verbundene Änderung des Istwerts die Prozessantwort ermittelt wird. Aus den Werten der Prozessantwort werden nun die PID-Anteile der Regelung berechnet. Nach der erfolgreichen Erstoptimierung schaltet der Regler in den Automatikbetrieb (State = 3) und erfüllt nun seine Funktion im Regelungsprozess.

Wie in **Bild 9.45** zu sehen, ist bei einem Behälterfüllstand von 0 % an „Istwert_B1_16“ (IW2) an Input_PER der Ausgang „Stellgröße_Int“ (QW2) am Output_PER mit 27648 maximal geöffnet und die Stellgröße wirkt mit der maximalen Ausgangsspannung der analogen Ausgangbaugruppe auf das Stellglied.

Es wirkt jetzt insbesondere der P-Anteil (**P**roportional) des Reglers mit einer Sprungantwort, sofern ein PI-Regler eingestellt ist. Bei einem PID-Regler würde in diesem Fall auch der D-Anteil (**D**ifferential) zur Geltung kommen, was bei einer Füllstandregelung nicht unbedingt nötig ist oder auch technisch-praktisch nur schwer realisierbar ist.

Aus diesem Grund ist für diesen Anwendungsfall „Füllstandregelung“ der PI-Regler passend.

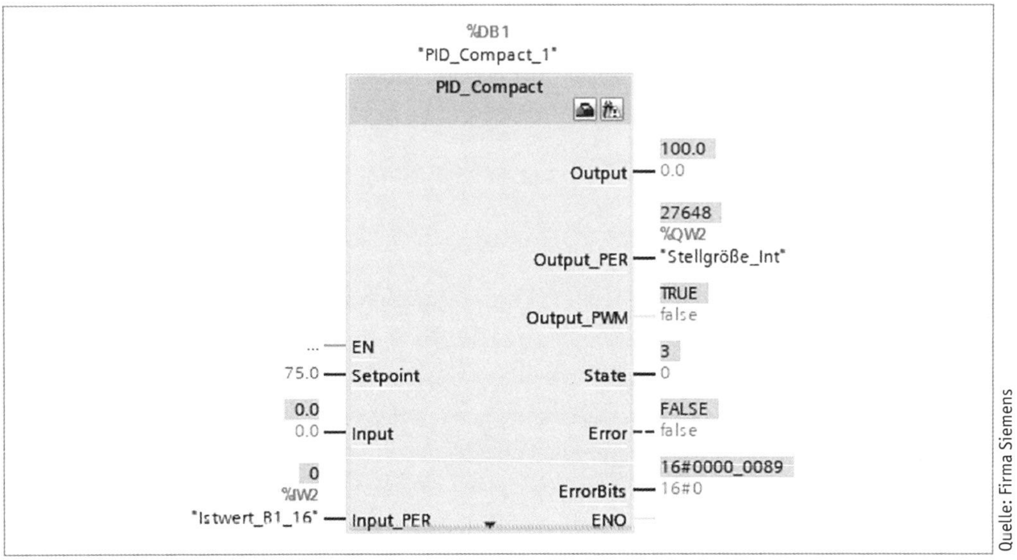


**Bild 9.45** PID_compact bei Istwert = 0

### 9.9.1 Visualisierung des Reglerverhaltens

Mit einer langen Abtastzeit von $t = 1\,s$ lässt sich anhand der aufgezeichneten Messung das Reglerverhalten gut nachvollziehen. Die schwarze Linie stellt den Sollwert von 75 % dar. Wird jetzt der Istwert von 0 auf 25.600 angehoben (grüne Linie), so reagiert der Ausgang (rote Linie) zunächst mit einer Sprungantwort durch den P-Anteil und anschließend regelt er die durch den I-Anteil die verbleibende Differenz aus (**Bild 9.46**).

In diesem Beispiel „überschwingt" der Istwert den Sollwert mit der Absicht, dem Regler eine sichtbare Reaktion zu entlocken. Im Beobachtungsmodus in **Bild 9.47** ist die Reaktion am Ausgang Output_PER deutlich zu sehen.

Der hohe Istwert von 25.600 lässt die Stellgröße „Stellgröße_Int" an QW2 komplett zufahren und die Spannung an der analogen Ausgangsbaugruppe beträgt 0 V, sodass jetzt keine Flüssigkeit mehr nachläuft.

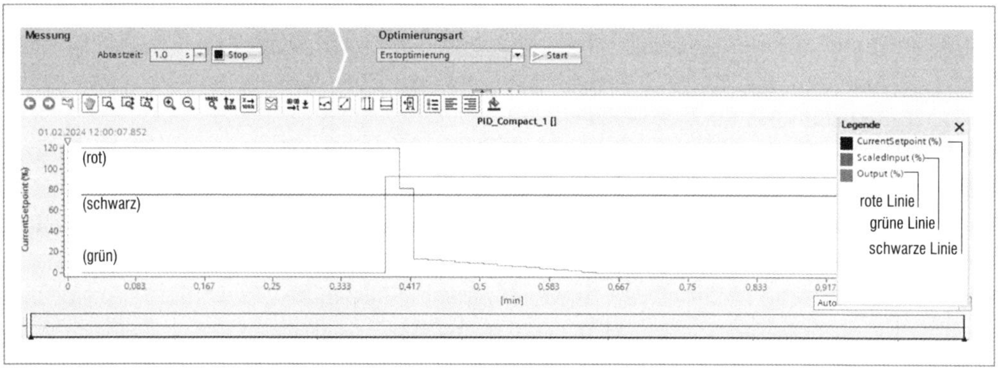


Quelle: Firma Siemens

**Bild 9.46** Kennlinienschreiber des Reglers

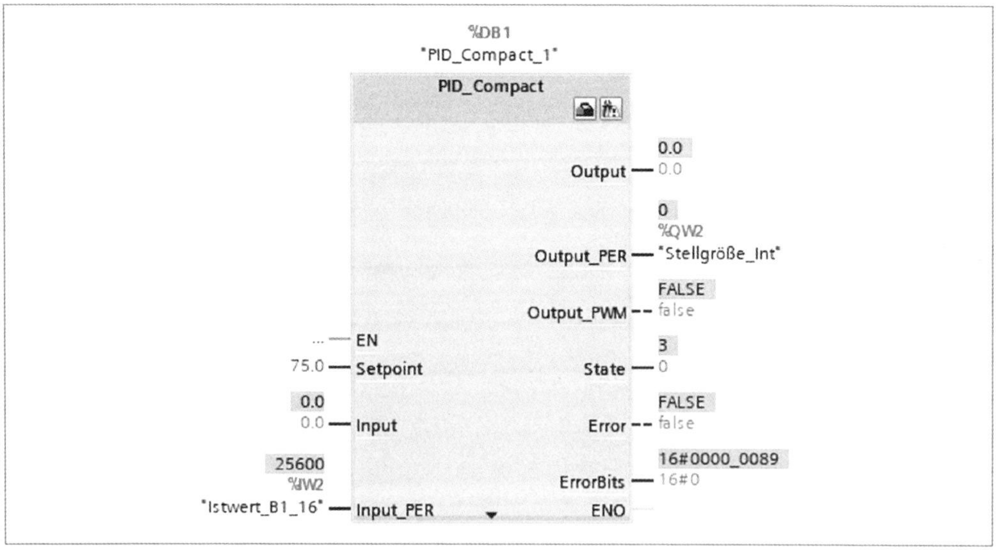


Quelle: Firma Siemens

**Bild 9.47** PID_compact bei Istwert = 25.600

# 10 Ablaufsteuerungen

In der elektrischen Steuerungstechnik gibt es mehrere Möglichkeiten, Lösungen für Aufgaben nach einer vorgegebenen Struktur zu entwickeln und zu beschreiben. Dies gilt insbesondere für Automatisierungslösungen, die komplex und umfangreich sind, sodass eine systematische Vorgehensweise bei der Lösungsentwicklung erforderlich ist.

## 10.1 Grundsätzliche Betrachtungen

Einfache Steuerungs- und Automatisierungsaufgaben sind grundsätzlich mit Verknüpfungssteuerungen lösbar, also ohne vorgegebene Systematik. Einzige Bedingungen sind die korrekte Funktion, die richtige Auswahl der Betriebsmittel und die Betriebssicherheit der zu steuernden Anlage. Als Beispiele wären hier einfache Steuerungen wie elektrisch betriebene Förderbänder, Torsteuerungen oder Anlasssteuerungen von elektrischen Maschinen zu nennen. Dies löst man in der Praxis üblicherweise mit einer programmierbaren Kleinsteuerung vom Typ Siemens Logo oder Eaton Easy oder auch mit einer speicherprogrammierbaren Steuerung vom Typ Siemens S7-300 oder S7-1200.

Werden die Automatisierungsaufgaben umfangreicher, arbeitet man in der Bitverarbeitung mit Ablaufsteuerungen auf Basis der Normen IEC 6-1131-3 oder DIN EN 60848, die auch als GRAFCET bekannt ist. Die Anwendung beider Normen wird in den folgenden Projektierungsbeispielen gezeigt.

Kennzeichnend für Ablaufsteuerungen ist die zwangsweise Abfolge und Weiterschaltung von Arbeitsschritten der zu steuernden Anlage. Daher stammt auch der in der Praxis übliche Begriff „Schrittketten". Die Vorgehensweise bei der systematischen Projektierung gestaltet sich so, dass man die Aufgabe zunächst in funktionell zusammenhörige Schritte gliedert und in Form eines normkonformen Ablauf-Funktionsplans (kurz Ablaufplan) beschreibt. Die Schritte folgen zwangsweise aufeinander und werden mit Sensoren oder auch mit Zeitgliedern aus dem Prozess weiter geschaltet. So entstehen – zunächst als Planung auf dem Papier – prozessgeführte oder zeitgeführte Ablaufsteuerungen; oder auch eine Kombination aus beiden.

Auf der Basis dieses erstellten Ablaufplans gestaltet man anschließend die konkrete Umsetzung in ein SPS-Programm. Diese Art der Beschreibung der Anlage hat den Vorteil, dass der Ablaufplan allgemein gültig ist und somit auch allgemein verständlich ist. Folgender Auszug aus der ausführlichen Darstellung eines Ablaufplans auf der Basis der IEC 61131-3 soll dies verdeutlichen (**Bild 10.1**).

Auf der linken Seite befinden sich die Ein- und Weiterschaltbedingungen (auch Transitionen genannt); in diesem Beispiel der Signalgeber „S1_Start" als Einschaltbedingung für den ersten Arbeitsschritt S_1 der Ablaufsteuerung. Die Auswirkung der Ausführung dieses Arbeitsschritts S_1 ist auf der rechten Seite zu sehen. Der Ausgang „Y1_ein" wird nicht speichernd „angesteuert" und ist nur so lange aktiv, wie der Arbeitsschritt S_1 aktiv ist.

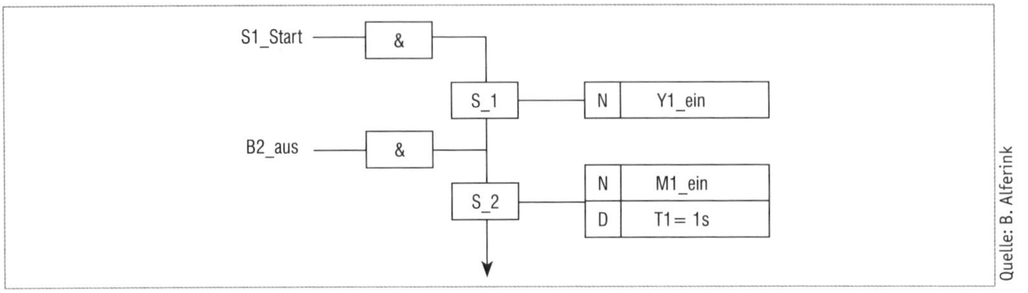


**Bild 10.1** Auszug eines Ablaufplans

Der Ausgang „Y1_ein" führt also im nächstfolgenden Arbeitsschritt S_2 wieder Signalzustand 0, da er dort nicht mehr aufgerufen wird. Die Verknüpfung des Ausgangs mit dem Arbeitsschritt wird Aktion oder auch Befehlsausgabe genannt, die gesamte grafische Darstellung auf der rechten Seite kennzeichnet den Aktionsblock (**Bild 10.2**).

In dem kleinen Feld rechts im Aktionsblock steht der Buchstabe N für „nicht speichernd", das bedeutet, dass der binäre Ausgang „Y1_ein" in einem separaten FC für alle Ausgangssignale mit einer Zuweisung bearbeitet wird. Soll ein binärer Ausgang, wie beispielsweise der „Y1_ein", speichernd bearbeitet werden, dann steht im rechten Feld der Buchstabe S (Setzen) für die speichernde Aktion. Im weiteren Verlauf der Schrittkette kann das Speichern dann in einem Aktionsblock mit dem Buchstaben R (Rücksetzen) aufgehoben werden.

Der Aktionsblock kann als Auswirkung eines Arbeitsschritts auch zwei oder mehrere Aktionen enthalten, wie in **Bild 10.3** dargestellt. Der binäre Ausgang „M1_ein" mit einer Zuweisung wird nicht speichernd bearbeitet und zusätzlich wird eine Zeitfunktion für den Zeitablauf von einer Sekunde gestartet. Das D steht hier für „Delay = verzögernd".

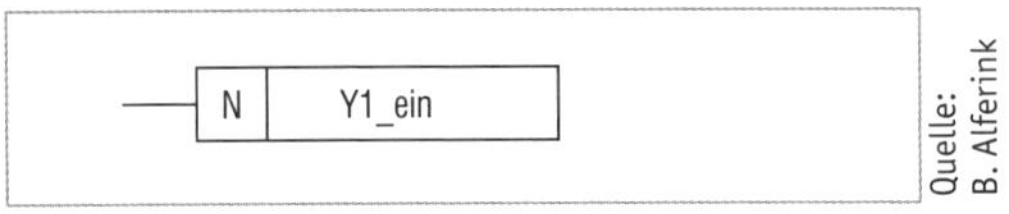


**Bild 10.2** Auszug eines Ablaufplans

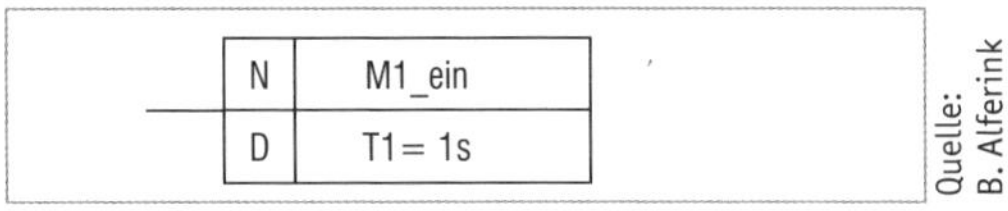


**Bild 10.3** Auszug eines Ablaufplans

Durch die senkrechte Wirkungslinie von S_1 bis S_2 (Bild 10.1) wird die zwangsweise Abfolge der einzelnen Arbeitsschritte der Ablaufsteuerung deutlich. Es ist immer nur ein Arbeitsschritt der Schrittkette aktiv, sodass auch nur die zugeordneten Aktionen dieses Schritts aktiv sind. Der aktive Arbeitsschritt bereitet als Abfrage das Setzen des nächstfolgenden Arbeitsschritts vor und setzt den vorhergehenden Arbeitsschritt zurück. Auf diese Weise wird der Ablauf der Schrittkette programmtechnisch realisiert.

Der Ablaufplan dient einerseits als Übersicht des Funktionsablaufs der Automatisierungsanlage und andererseits als Basis zur Erstellung des Anwenderprogramms. Den Ablaufplan bezeichnet man auch als Grobstruktur der Anlagenbeschreibung, da hier die Funktion „grob" in einzelne funktionelle Schritte gegliedert ist. Die konkrete programmtechnische Umsetzung des Ablaufplans in ein SPS-Anwenderprogramm bezeichnet man als Feinstruktur.

In der Programmierpraxis wird eine funktionelle Aufteilung des Anwenderprogramms auf unterschiedliche Programmbausteine vorgenommen. In der einfachen Form sind das Funktionen (FC), also Bausteine ohne Gedächtnis in Form eines Instanz-Datenbausteins. In einem FC wird die Schrittkette mit der Weiterschaltung der Arbeitsschritte beschrieben, wobei jeder Schritt einen separaten Merker erhält. In einem weiteren FC werden dann die entsprechenden binären Ausgänge durch Abfrage der entsprechenden Merker zugewiesen. Für die Meldeleuchten oder auch für die Hand-Automatik-Umschaltungen werden separate Funktionen FC angelegt.

## 10.2 Projektierung einer Bohrvorrichtung als Ablaufsteuerung

Im folgenden Anwendungsbeispiel „Bohrvorrichtung" soll die komplette Projektierung einer Ablaufsteuerung nach IEC 61131-3 dargestellt und erklärt werden. In **Bild 10.4** ist das Technologieschema zu sehen.

Der Zylinder A wirkt als Spannvorrichtung für das Werkstück, der Zylinder B fährt die Bohrmaschine M1 auf und ab. Beide Zylinder werden über 5/2-Wegeventile mit Impuls über die Magnetventile Y1/Y2 (Spannvorrichtung) und Y3/Y4 (Bohrmaschine M1) gesteuert.

Wird der Starttaster S1 betätigt, wird das Magnetventil Y1 angesteuert und das 5/2-Wegeventil verändert die Stellung, sodass der Zylinder A ausgefahren wird bis der Reedkontakt B2 betätigt ist. Das Werkstück ist jetzt gespannt (**Bild 10.5**).

Der Bohrmaschinenmotor M1 wird eingeschaltet und nach einem Zeitablauf von 1 s wird der Zylinder B über das Magnetventil Y3 abwärtsgefahren, bis der Reedkontakt B4 die Endlage erkennt und abschaltet. Jetzt wird für die Dauer von 2 s die Bohrung von M1 am eingespannten Werkstück vorgenommen (**Bild 10.6**).

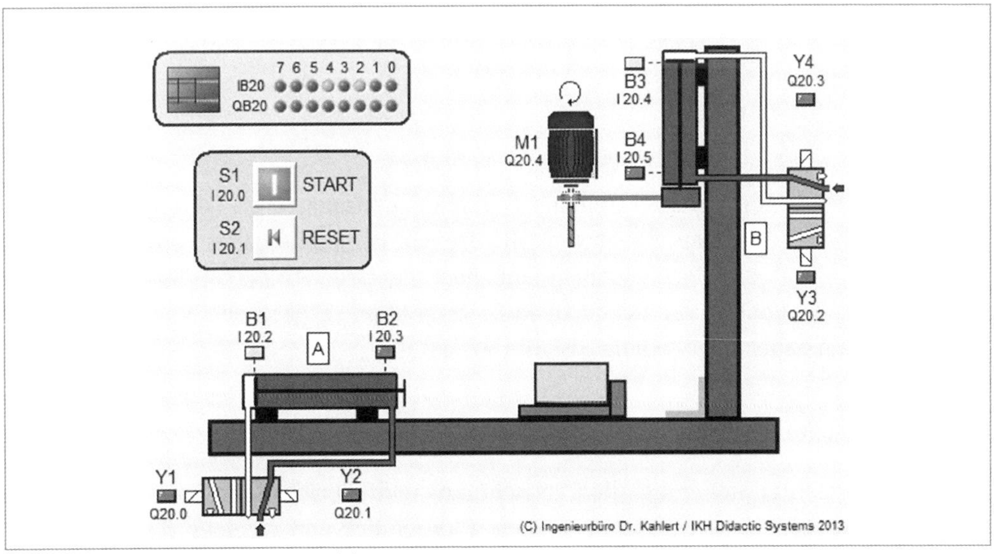


Quelle: Ingenieurbüro Dr. Kahlert

**Bild 10.4** Technologieschema Bohrvorrichtung

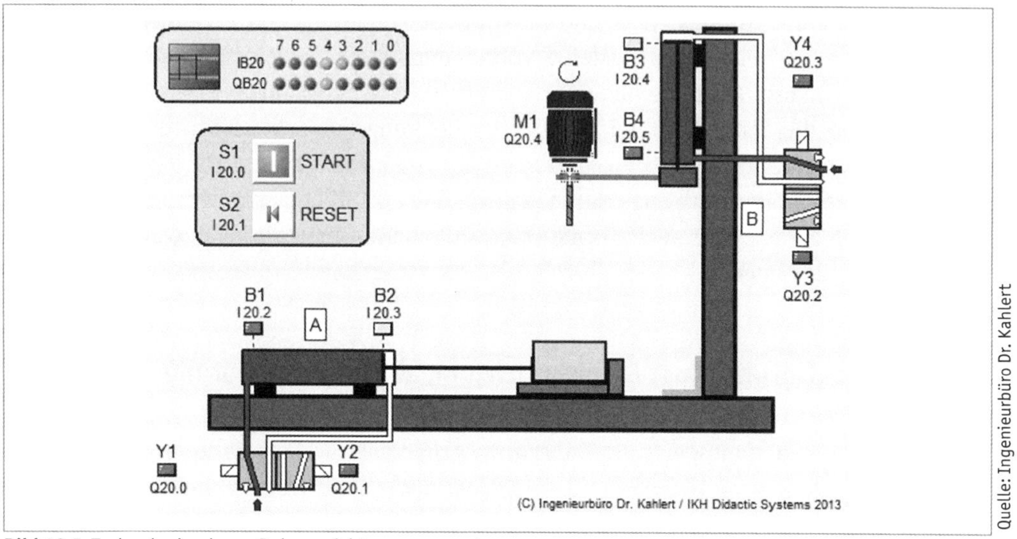


**Bild 10.5** Technologieschema Bohrvorrichtung gespannt

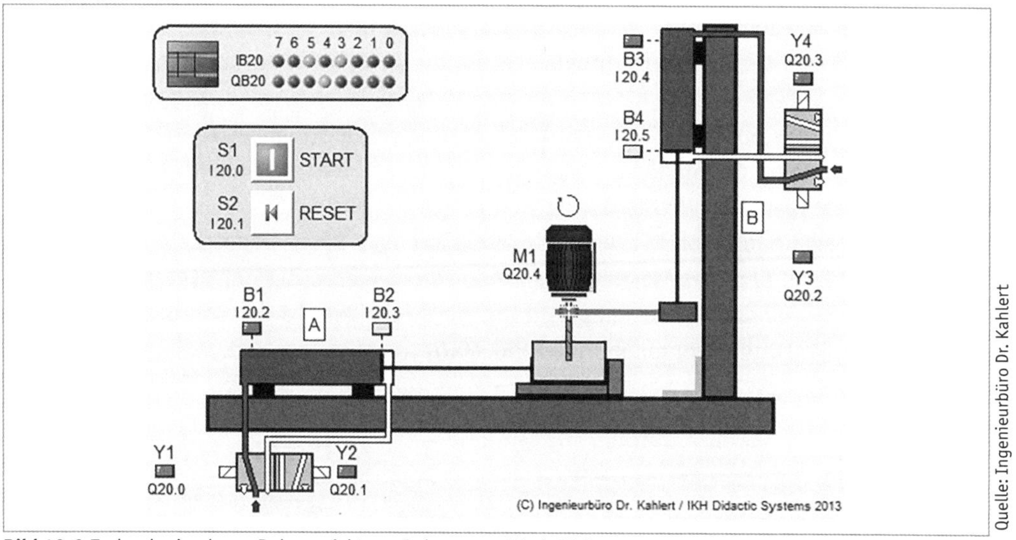


**Bild 10.6** Technologieschema Bohrvorrichtung Bohrung am Werkstück

Nach Ablauf der Zeit wird der Zylinder B durch das Magnetventil Y4 wieder eingefahren, bis die obere Endlage am Reedkontakt B3 erreicht ist. Jetzt schaltet auch der Bohrmaschinenmotor M1 ab und der Zylinder A fährt über die Ansteuerung von Magnetventil Y2 wieder ein, bis die Endlage von Reedkontakt B1 erkannt und abgeschaltet wird.

Jetzt kann ein neuer Bohrvorgang gestartet werden.

### 10.2.1 Entwicklung des Funktionsplans der Ablaufsteuerung

Zur Projektierung der Steuerung „Bohrvorrichtung“ wird zunächst der Funktionsplan entwickelt, der die funktionalen Zusammenhänge übersichtlich und allgemeinverständlich abbildet.

In der Mitte des Ablaufplans sind die einzelnen Schritte (hier von S_0 bis S_7) dargestellt, die aufeinanderfolgend ablaufen und somit die Schrittkette der Bohrvorrichtung bilden. Es ist immer nur ein Schritt der Schrittkette aktiv. Das zwangsweise Aufeinanderfolgen der Schritte ist im Programm mit Schrittmerkern realisiert. Im folgenden Programmbaustein „Schrittkette" (FC1) werden die Details erklärt. Linksseitig im Funktionsplan sind die Weiterschaltbedingungen oder auch Transitionen zu sehen, die den funktionellen Ablauf der Schritte bestimmen.

Rechtsseitig von den Schritten gesehen befinden sich die Aktionsblöcke oder auch Befehlsausgaben, was mit den Auswirkungen der einzelnen Schritte auf die physikalischen Aktoren der Steuerung zu erklären ist. Das „N" steht bekanntlich für „nicht speichernd", also für die Zuweisung eines binären Ausgangs. Das „D" steht für „delay", also für eine Zeitverzögerung, die im Programm mit Timern realisiert wird.

## 10.2.2 Funktionsplan/Ablaufplan der Ablaufsteuerung nach IEC 61131-3

Man erkennt in diesem Funktionsplan (**Bild 10.7**) deutlich den funktionalen Ablauf der Bohrvorrichtung in einer klar strukturierten grafischen Darstellung. Ebenso strukturiert ist jetzt die Vorgehensweise bei der Entwicklung des Anwenderprogramms.

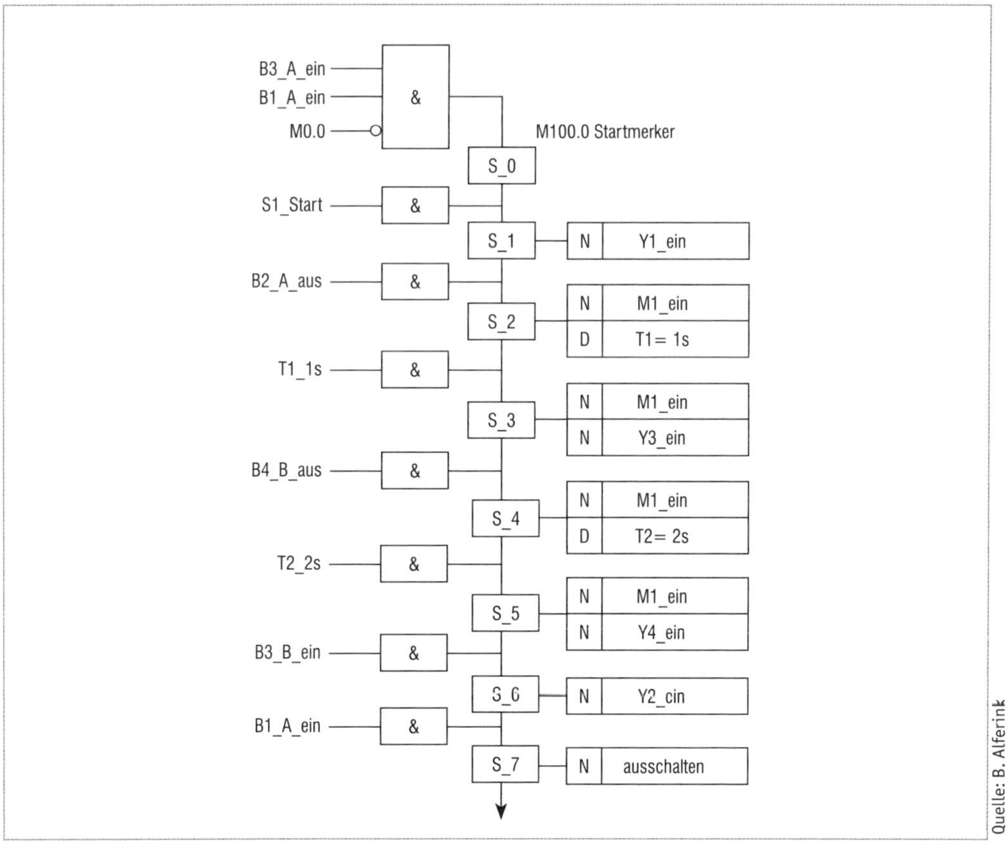


**Bild 10.7** Ablaufplan der Bohrvorrichtung

### 10.2.3 Belegung und Verwendung von Speicherstellen

Bei der Projektierung von Ablaufsteuerungen mit SPS ist es sinnvoll, für wiederkehrende Funktionen immer die gleichen Speicherstellen (Merker oder symbolische Operanden eines globalen Datenbausteins) zu verwenden. Dies ist in der Praxis übersichtlicher und auch effizienter bei Erweiterungen, Änderungen oder auch bei der Fehlersuche. Das gilt insbesondere für Produktionsbetriebe mit einem hohen Automatisierungsgrad.

Folgende funktionale Merkerbelegung hat sich in der Projektierungspraxis von Ablaufsteuerungen bewährt (**Tabelle 10.1**).

*Anmerkung:* Im Abschnitt 10.4 ist die komplette Projektierung einer Ablaufsteuerung „Fußgängerampel" mit symbolischen Operanden eines Global-DB dargestellt. Die Verwendung symbolischer Operanden anstelle von Merkern schützt vor unnötigen Fehlern aus Mehrfachbelegungen und Überschneidungen. Zudem erfolgt der Zugriff auf die Datenelemente des Global-DB schneller im Vergleich zum Zugriff auf die Datenelemente des physikalischen Merkerspeichers.

| Merkeradresse | Bezeichnung | Funktion |
|---|---|---|
| M 0.0 (remanent) | Betriebsmerker | Verhindert den erneuten Start einer laufenden Schrittkette durch Verriegelung der Start- und Grundstellungsbedingungen. Wird mit dem ersten Arbeitsschritt gesetzt und mit dem Löschmerker zurückgesetzt. Wird negiert abgefragt im Initialisierungsschritt. |
| M 0.1 (remanent) | Blockiermerker | Blockiert die Ausgänge bei Betätigung der STOPP- oder Not-Halt-Einrichtungen. In der einfachsten Form wird die Schrittkette nicht beeinflusst. Nach Beheben der Störung oder Abschaltung kann die Schrittkette an der Abbruchstelle fortgesetzt werden. |
| M 0.2 (remanent) | Löschmerker | Er ist der letzte Schritt einer linearen Schrittkette und setzt den letzten Arbeitsschritt und den Betriebsmerker zurück. Er wird nur zugewiesen, nicht gespeichert. |
| ab M 0.3 fortlaufend (remanent) | Schrittmerker/Arbeitsmerker | Das sind die Merker für die einzelnen Arbeitsschritte der Schrittkette. Sie werden jeweils mit einem SR-Flip-Flop bearbeitet. |
| M 100.0 (nicht remanent) | Start- und Grundstellungsmerker als Initialisierungsschritt | Beinhaltet alle Start- und Grundstellungsbedingungen als Voraussetzung zum Einschalten des Ablaufs der Schrittkette. Er wird auch als Initialisierungsschritt bezeichnet. Er sollte auf keinen Fall gespeichert werden, sondern muss zugewiesen werden. Häufig wird dieser Schritt auch in einem Anlauf-OB programmiert. |

Quelle: B. Alferink

**Tabelle 10.1** Merkerbelegung einer Ablaufsteuerung

### 10.2.4 Umsetzung des Ablaufplans in ein SPS-Programm

Im Folgenden wird das SPS-Programm zur Realisierung der Bohrvorrichtung dargestellt und erläutert. Es bietet sich an, das gesamte Projekt auf mehrere Bausteine (FC1, FC2 und FC3) aufzuteilen (**Bild 10.8**).

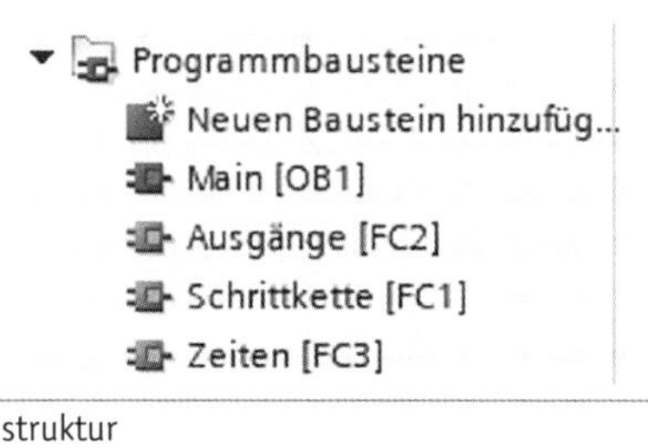


Quelle: Firma Siemens

**Bild 10.8** Darstellung der Programmstruktur

Begonnen wird mit dem FC1 „Schrittkette“:

**FC1: Schrittkette der Bohrvorrichtung**
Im ersten Netzwerk (**Bild 10.9**) wird üblicherweise der Initialisierungsschritt mit den Start- und Grundstellungsbedingungen bearbeitet. Konkret werden die beiden Sensoren „B1_ZA_ein“ (I20.3) und „B3_ZB_ein“ (I20.4) abgefragt, ob beide Zylinder eingefahren sind. Zusätzlich wird der binäre Ausgang „M1_Bohrmotor“ (Q20.4) negiert abgefragt und somit sichergestellt, dass der Bohrmotor noch nicht eingeschaltet ist. Eine negierte Abfrage des Betriebsmerkers M0.0 stellt sicher, dass sich die Anlage noch nicht im Lauf befindet.

Der Betriebsmerker (**Bild 10.10**) wird mit dem ersten Arbeitsschritt der Schrittkette gesetzt und verhindert durch seine Verriegelung des Startmerkers M100.0 einen erneuten Start der laufenden Schrittkette. Mit dem letzten Merker der Schrittkette wird der Betriebsmerker zurückgesetzt.

Mit dem 1-Impuls von „S1_Start“ (I20.0) und bei Vorliegen der Start- und Grundstellungsbedingungen wird der erste Schrittmerker (M0.3) auf Signalzustand 1 gesetzt. Dieser Zustand steht für das Ausfahren des Zylinders A, jedoch wird sich dieser Vorgang an dieser Stelle nur „gemerkt“, nicht physikalisch ausgeführt (**Bild 10.11**).

Typisches Kennzeichen der Ablaufsteuerung ist das zwangsweise Aufeinanderfolgen von Arbeitsschritten, was hier deutlich am Rücksetzen des ersten Schrittmerkers M0.3 durch den nächstfolgenden Schrittmerker M0.4 zu sehen ist. Der Schrittmerker M0.3 gilt wiederum als Setzbedingung für den Schrittmerker M0.4, in Kombination mit der Weiterschaltbedingung des Sensors „B2_ZA_aus“ (I 20.3). Der Schrittmerker M0.4 steht für die Aktionen „M1_Bohrmotor_ein“ und für den Zeitablauf T1.

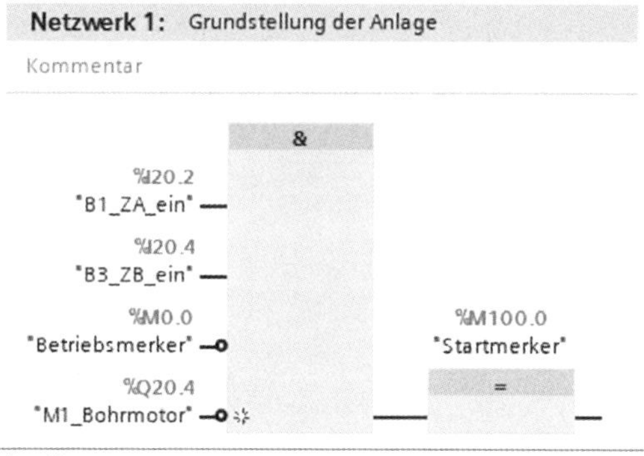


Quelle: Firma Siemens

**Bild 10.9** Darstellung der Grundstellung

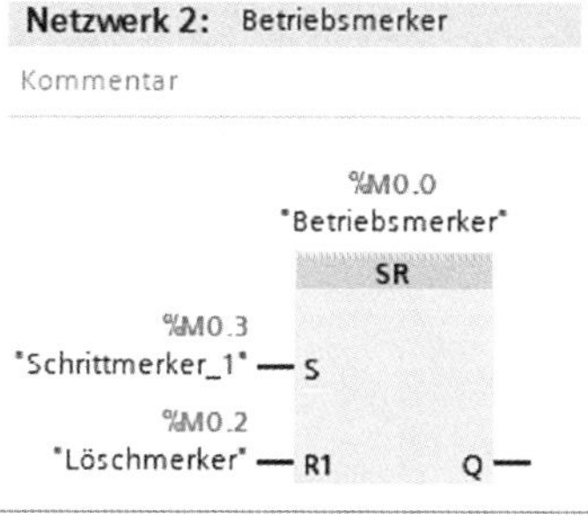


Quelle: Firma Siemens

**Bild 10.10** Darstellung des Betriebsmerkers

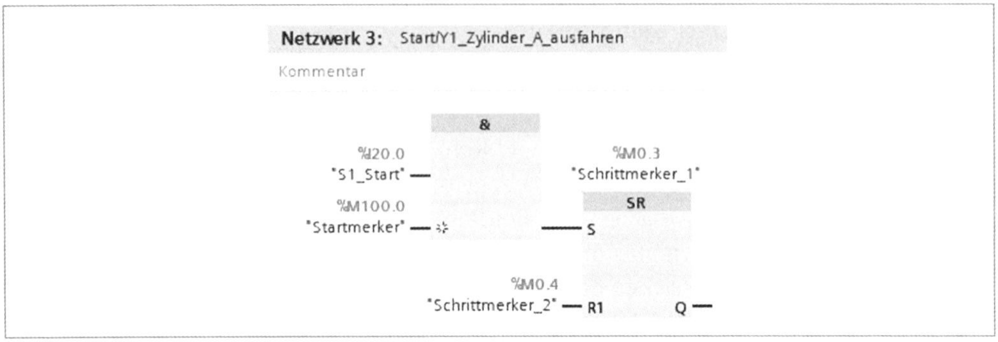


Quelle: Firma Siemens

**Bild 10.11** Darstellung des ersten Arbeitsschritts

Dieser Ablauf setzt sich jetzt durch alle Arbeitsschritte fort. Der dritte Schrittmerker M0.5 kann erst gesetzt werden, wenn der zweite Schrittmerker M0.4 bereits aktiv ist. In Kombination mit dem 1-Signal des Timers T1 wird der Schrittmerker M0.5 gesetzt und mit der Abfrage dieses Schrittmerkers wird der zweite Schrittmerker M0.4 in Netzwerk 4 (**Bild 10.12**) zurückgesetzt.

Wenn Schrittmerker M0.5 aktiv ist und das Sensorsignal von „B4_ZA_auf" (I20.5) kommt, wird der vierte Schrittmerker M0.6 gesetzt. Dieser wiederum setzt in Netzwerk 5 (**Bild 10.13**) den dritten Schrittmerker M0.5 zurück.

Wenn der vierte Schrittmerker M0.6 aktiv ist und das 1-Signal von Timer T2 kommt, wird der fünfte Schrittmerker M0.7 gesetzt (**Bild 10.15**). Dieser wiederum setzt in Netzwerk 6 (**Bild 10.14**) den dritten Schrittmerker M0.6 zurück. Dieser Arbeitsschritt speichert die Aktionen für das Einfahren des Zylinders B.

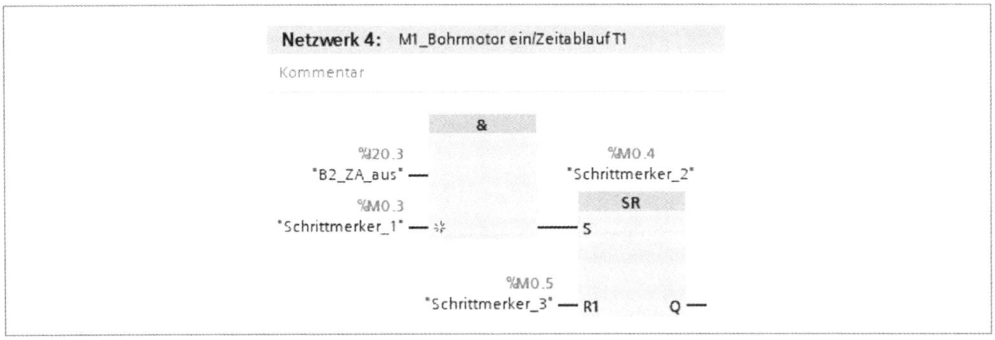


Quelle: Firma Siemens

**Bild 10.12** Darstellung des zweiten Arbeitsschritts

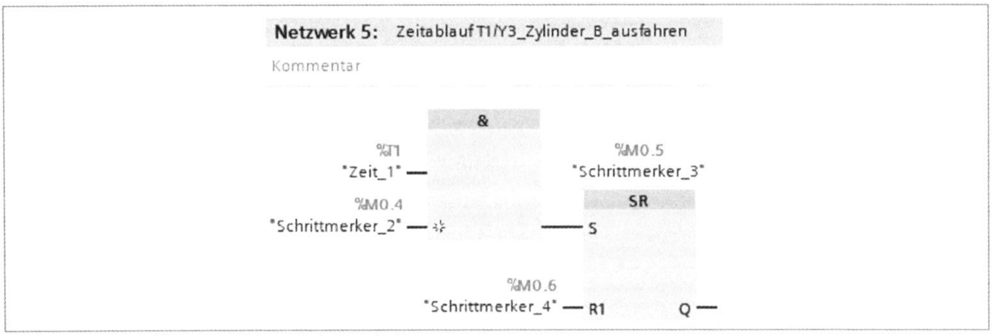


Quelle: Firma Siemens

**Bild 10.13** Darstellung des dritten Arbeitsschritts

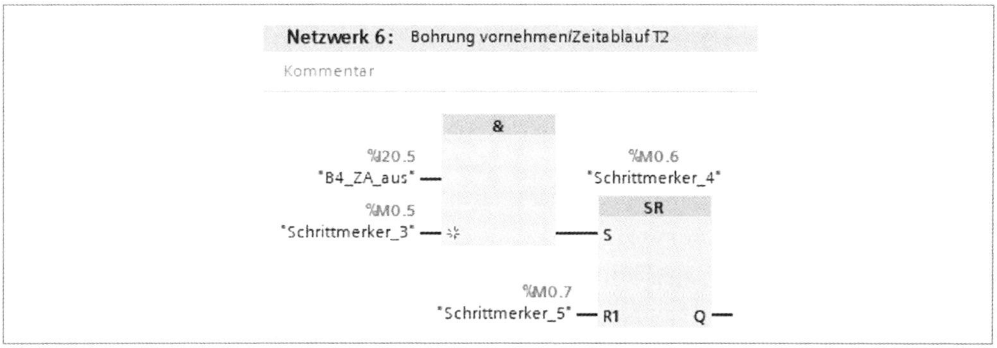


Quelle: Firma Siemens

**Bild 10.14** Darstellung des vierten Arbeitsschritts

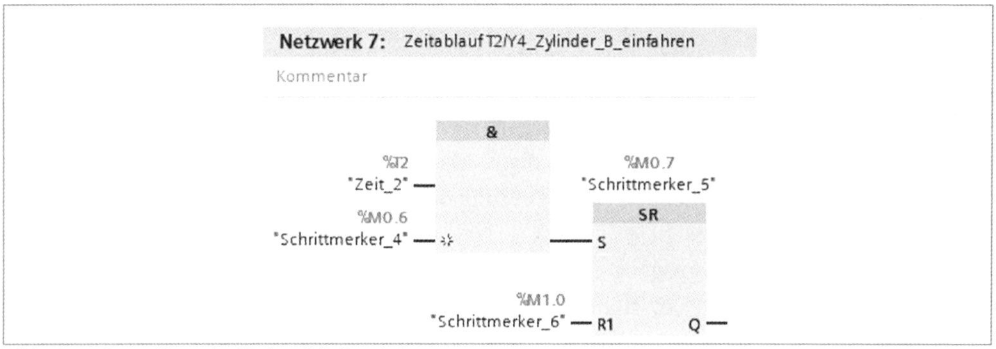


Quelle: Firma Siemens

**Bild 10.15** Darstellung des fünften Arbeitsschritts

Der letzte Arbeitsschritt wird durch den Schrittmerker M1.0 gebildet. Wenn das Sensorsignal von „B3_ZB_ein" (I20.4) anliegt und der vorhergehende Schrittmerker M0.7 aktiv ist, dann wird M1.0 gesetzt. Das Rücksetzen erfolgt hier durch den sogenannten Löschmerker M0.2, der in **Bild 10.17** dargestellt ist.

Der Löschmerker M0.2 hat die besondere Funktion, dass er den letzten Arbeitsschritt der Ablaufsteuerung in Form des „Schrittmerker_6" (M1.0) zurücksetzt (**Bild 10.16**). Der Löschmerker M0.2 wird nur zugewiesen, nimmt sich quasi nach dem Zurücksetzen des M1.0 selbst die Einschaltbedingung an der UND-Verknüpfung.

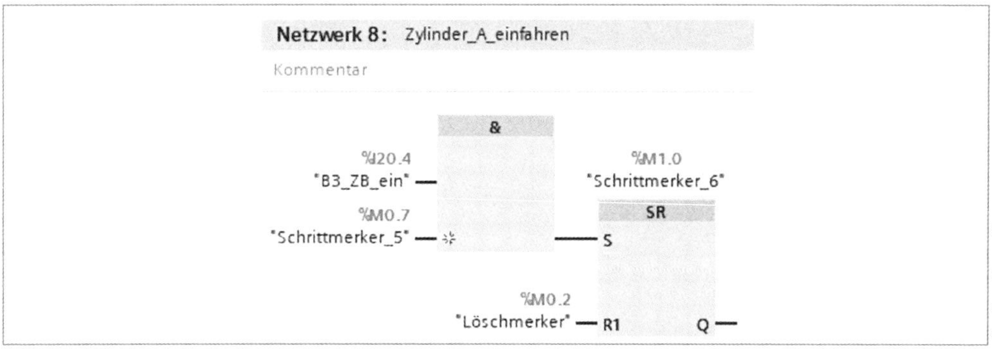


Quelle: Firma Siemens

**Bild 10.16** Darstellung des sechsten Arbeitsschritts

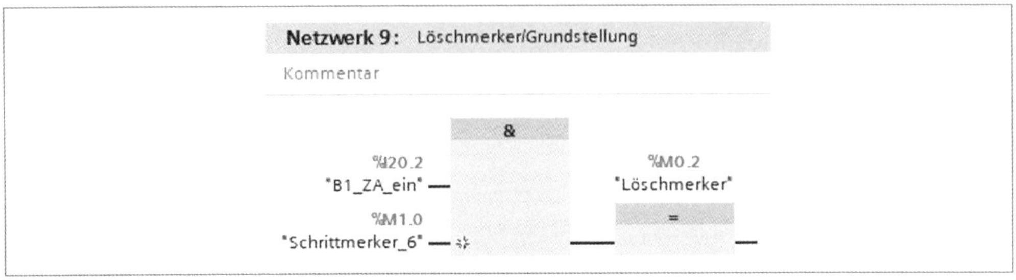


Quelle: Firma Siemens

**Bild 10.17** Darstellung des Löschmerkers

### FC2: Zuweisung der Ausgänge der Bohrvorrichtung

In diesem FC werden die physikalischen Ausgänge der Bohrvorrichtung zugewiesen. Die Schrittmerker aus FC1 werden abgefragt und liefern die Einschaltbedingungen für die einzelnen Ausgänge.

Vorteilhaft an diesem „Ausgangs-FC" ist, dass sich hier unabhängig von der Schrittkette Verknüpfungen für die physikalischen Ausgänge erstellen lassen. Dies sind beispielsweise Verriegelungen der Ausgänge bei gegenläufigen Maschinenbewegungen oder das Einbauen eines Blockierschritts zum Stoppen der Steuerung oder zum Stillsetzen von Antrieben ohne die Schrittkette zu beeinflussen.

In Netzwerk 1 wird der Ausgang „M1_Bohrmotor" (Q20.4) bearbeitet (**Bild 10.18**). Alle Schrittmerker, unter denen der Bohrmotor aktiviert werden in ODER-Funktion abgefragt und über die UND-Verknüpfung mit dem Blockiermerker (M0.1) dem Ausgang zugewiesen.

In den Netzwerken 2 bis 5 (**Bild 10.19**) werden die beiden Zylinder ZA und ZB über die Steuerung der Magnetventile bearbeitet. Die jeweiligen Schrittmerker werden abgefragt und den Magnetventilen Y1 bis Y4 zugewiesen.

Der Blockierschritt „Blockiermerker" (M0.1) wird durch die Betätigung der Stopptaste „S2_Stopp" (I20.1) gesetzt und er „blockiert" in Netzwerk 1 des FC2 den Bohrmotor „M1_Bohrmotor" (Q20.4) ohne die Schrittkette zu beeinflussen (**Bild 10.20**).

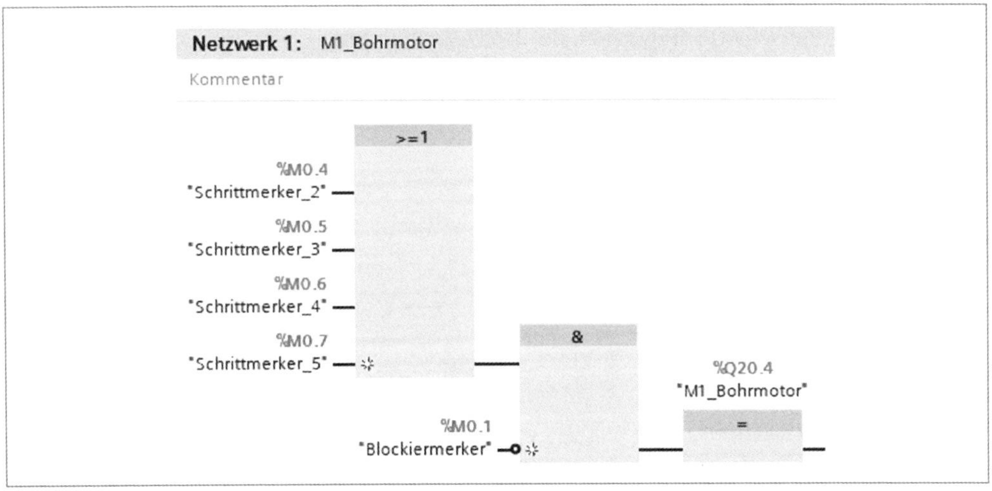


Quelle: Firma Siemens

**Bild 10.18** Ansteuerung des Bohrmotors M1

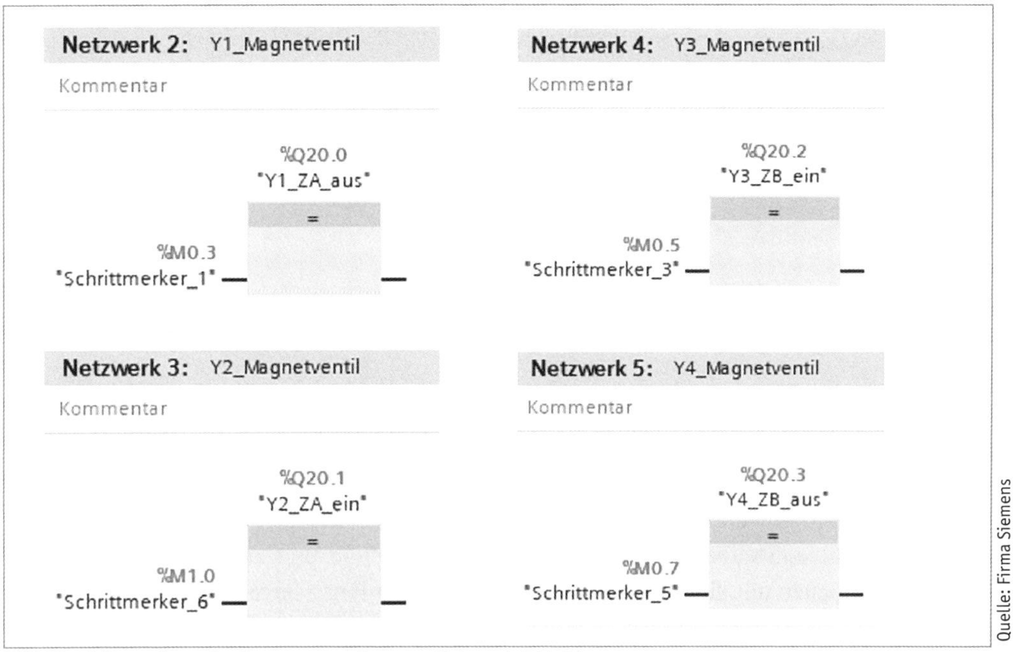


**Bild 10.19** Darstellung der Ausgangszuweisungen (Netzwerk 2 bis 5)

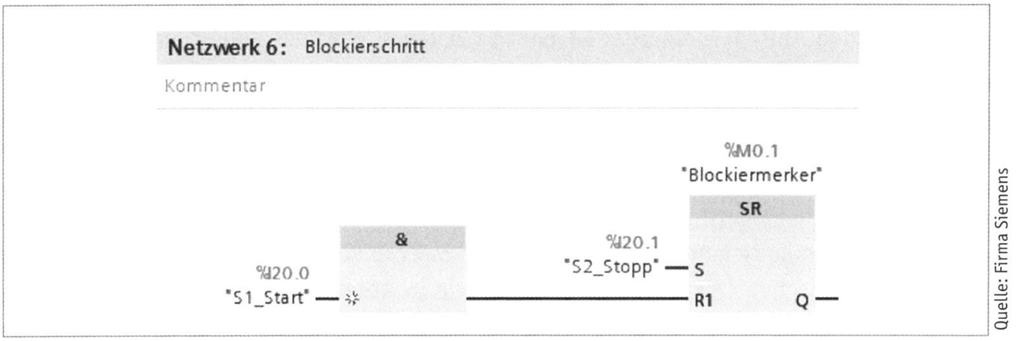


**Bild 10.20** Darstellung des Blockierschritts

Durch Betätigung der Starttaste „S1_Start" (I20.0) wird der Blockiermerker zurückgesetzt, sobald die Störung behoben ist. Der Lauf der Schrittkette wird an der Abbruchstelle fortgesetzt.

**FC3: Zeitfunktionen der Bohrvorrichtung**

In diesem FC werden die beiden Zeitfunktionen der Steuerung bearbeitet. Ein separater FC für die Ablaufsteuerung der Bohrvorrichtung bietet den Vorteil, dass Veränderungen an dem Timern wie – beispielsweise Zeitwerte – schnell und einfach durchzuführen sind.

In Netzwerk 1 (**Bild 10.21**) wird die Verzögerungszeit von $t$ = 1 s für die Abwärtsfahrt des Bohrmotors bearbeitet.

In Netzwerk 2 (**Bild 10.22**) wird die Dauer der Bohrung von $t$ = 2 s bearbeitet.

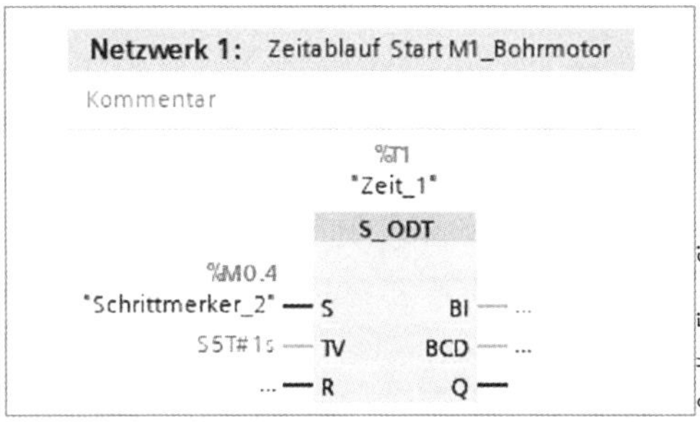


Quelle: Firma Siemens

**Bild 10.21** Darstellung der Zeitfunktion für die Abwärtsfahrt

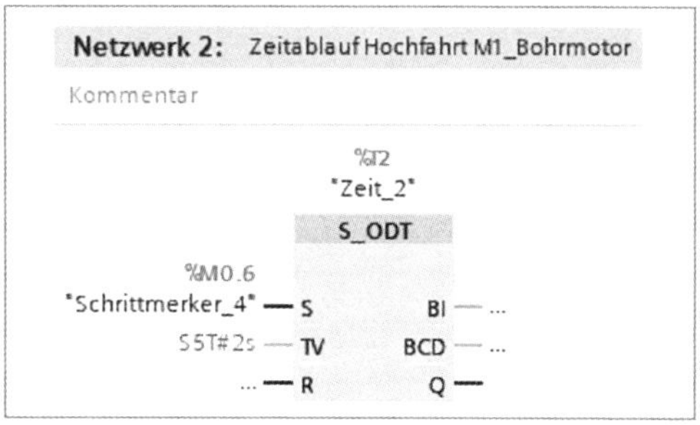


Quelle: Firma Siemens

**Bild 10.22** Darstellung der Zeitfunktion für die Bohrung

## 10.3 Projektierung einer Fußgängerampel als zeitgeführte Ablaufsteuerung

In der folgenden Anwendung „Fußgängerampel" soll die komplette Projektierung einer zeitgeführten Ablaufsteuerung nach IEC 61131-3 dargestellt und erklärt werden. Projektiert wird das Ganze mit einer CPU vom Typ S7-1500 der Firma Siemens.

In **Bild 10.23** ist das Technologieschema zu sehen.

Mit dem Einschalter S3 wird die gesamte Ampelanlage eingeschaltet, sodass als Grundstellung die Lichtsignale „Auto_grün" und „Fußgänger_rot" eingeschaltet sind. Wird jetzt einer der beiden Anforderungstaster S1 oder S2 betätigt, wird nach einer kurzen Verzögerungszeit der zeitgeführte Ablauf der Fußgängerampel gestartet. Der konkrete Ablauf ist im Funktionsplan/Ablaufplan der Ablaufsteuerung nach IEC 61131-3 (**Bild 10.24**) zu sehen.

Jedem Schritt ist ein Ereignis in Form von Ausgangszuweisungen zugeordnet. Während in der Projektierung der Bohrvorrichtung in Abschnitt 10.2 Merker für die Speicherung der einzelnen Arbeitsschritte verwendet wurden, soll in diesem Projektierungsbeispiel ein Global-DB mit symbolischen Operanden für diese Zwecke verwendet werden. Die Bezeichnung der symbolischen Operanden soll dabei – wie in Abschnitt 10.2.2 festgelegt – beibehalten werden.

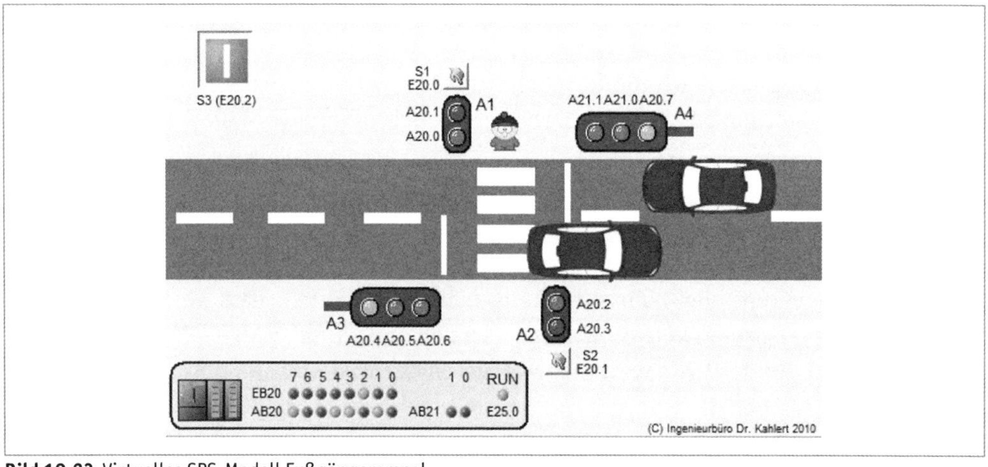


Quelle: Ingenieurbüros Dr. Kahlert

**Bild 10.23** Virtuelles SPS-Modell Fußgängerampel

Da es sich hier um eine zeitgeführte Ablaufsteuerung handelt, bietet es sich an, für die Timer einen separaten FC anzulegen.

Um die Steuerung aus einer definierten Position heraus starten zu können, wird für die Startphase ein Anlauf-OB erstellt, der die negierte Abfrage aller Schrittmerker und die Abfrage des Einschalters S3 enthält. Nur bei kompletter Abschaltung der Fußgängerampel kann diese Bedingung erfüllt sein und somit in den ersten Arbeitsschritt gestartet werden.

### 10.3.1 Funktionsplan/Ablaufplan der Ablaufsteuerung nach IEC 61131-3

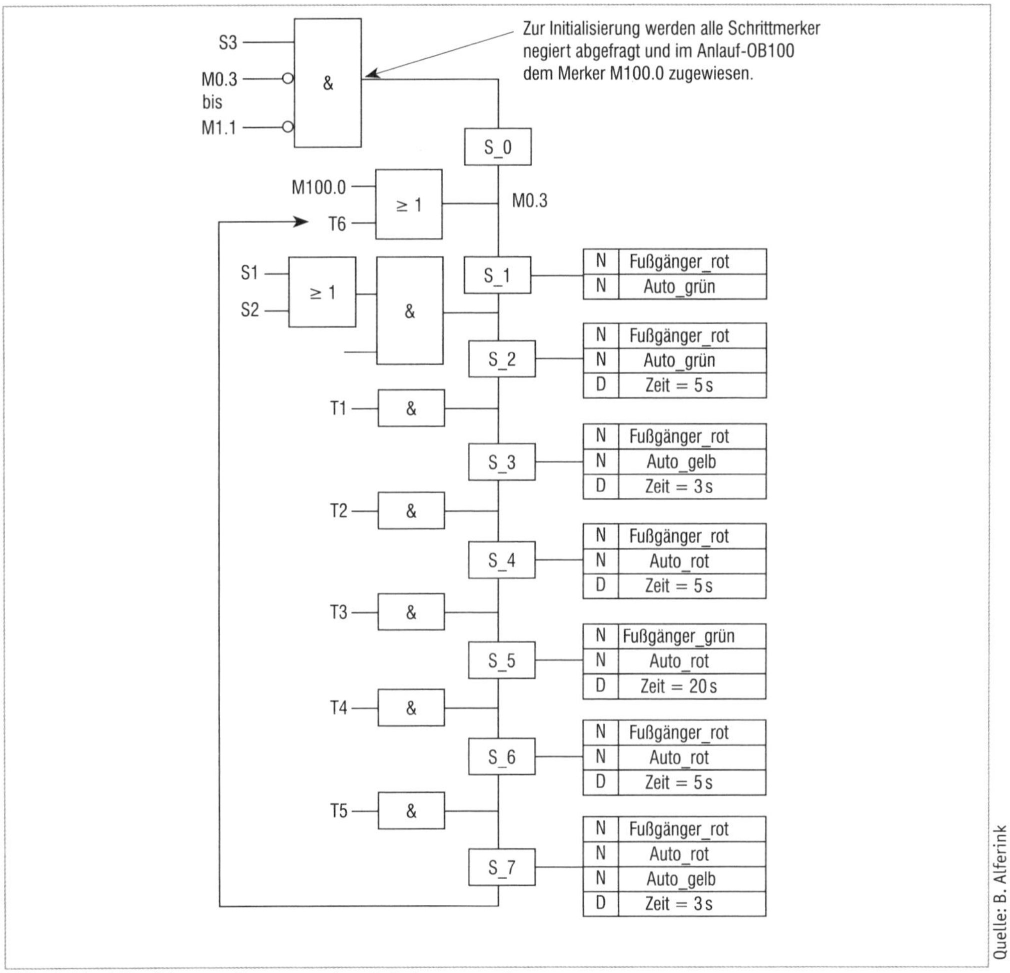


**Bild 10.24** Ablaufplan zur Steuerung einer Fußgängerampel

### 10.3.2 Aufbau und Struktur des Anwenderprogramms

Die Aufteilung des Projekts erfolgt in drei FC für die Programmierung der gesamten Ablaufsteuerung. Der FC1 enthält das Programm für die Schrittkette, der FC2 enthält die Zuweisungen der Ausgänge und der FC3 wird für die Zeitfunktionen erstellt (**Bild 10.25**).

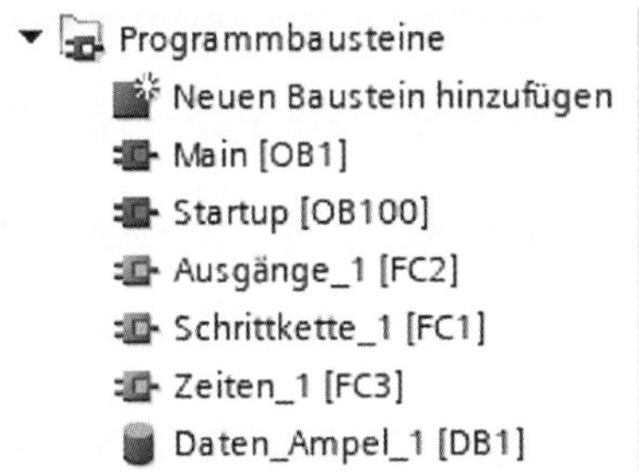


Der Startup (OB100) ist der Anlauf-OB für die Startphase der Steuerung. Im globalen Datenbaustein sind alle Daten als symbolische Operanden enthalten.
Im MAIN (OB1) werden die FC zur Organisation der zyklischen Abarbeitung des Anwenderprogramms zusammengeführt. Der Startup (OB100) wird nicht im MAIN OB1 aufgerufen, da sein Aufruf ereignisgesteuert erfolgt. Der verwendete Merker zur Initialisierung muss im zyklischen Programm rückgesetzt werden.

Quelle: Firma Siemens

**Bild 10.25** Darstellung der Programmstruktur

## 10.3.3 Programm der definierten Startposition

In **Bild 10.26** erfolgt die negierte Abfrage aller Schrittmerker und die Abfrage des Hauptschalters „S3_Haupt" (I20.2) in UND-Verknüpfung mit einer Zuweisung auf den Initialisierungsschritt.

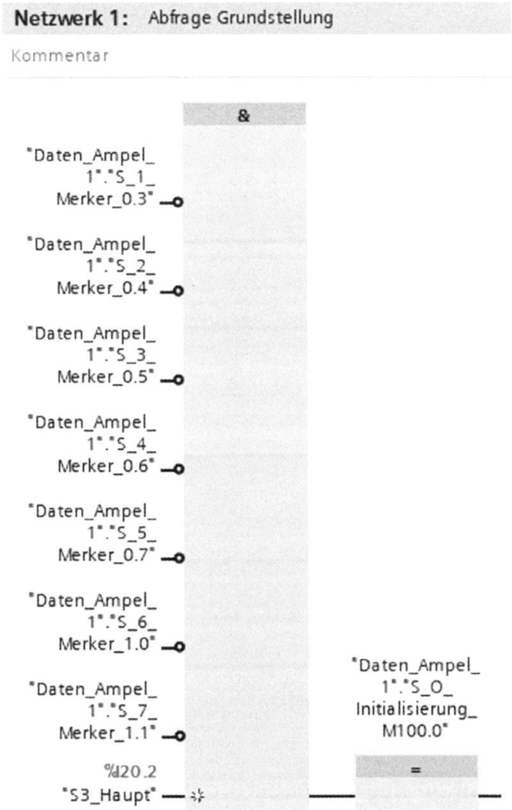


Quelle: Firma Siemens

**Bild 10.26** Darstellung der Grundstellung

### 10.3.4 Symbolische Operanden der Schritte im Global-DB

Um die Nutzung der Merker als hardwareabhängige Speicher zu vermeiden, wird ein globaler Datenbaustein mit dem Namen „Daten_Ampel_1“ angelegt. Hier werden für die „Schrittmerker“ symbolische Operanden im Datentyp BOOL vergeben (**Bild 10.27**). Die Namen der symbolischen Operanden können denen der Hardware-Schrittmerker (siehe Abschnitt 10.2.2) durchaus ähneln, wie beispielweise „S_1_Merker_0.3“ für den ersten Arbeitsschritt.

Überschneidungen von Speicherstellen oder auch deren Mehrfachbelegungen können bei der konsequenten Nutzung von symbolischen Operanden aus globalen Datenbausteinen nicht mehr auftreten. Zudem ist der interne Zugriff auf die Datenelemente des globalen Datenbausteins zeitlich kürzer als der Zugriff auf die Daten eines physikalischen Merkerspeichers. Das alles macht das projektierte SPS-System effizienter, übersichtlicher und weniger störanfällig.

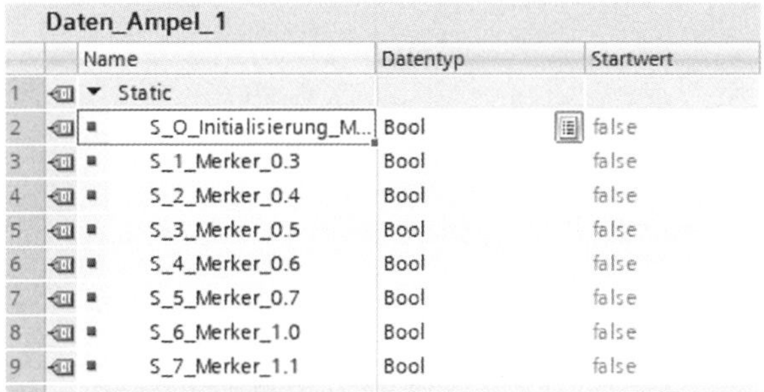

Daten_Ampel_1

| | Name | Datentyp | Startwert |
|---|---|---|---|
| 1 | ▼ Static | | |
| 2 | S_O_Initialisierung_M... | Bool | false |
| 3 | S_1_Merker_0.3 | Bool | false |
| 4 | S_2_Merker_0.4 | Bool | false |
| 5 | S_3_Merker_0.5 | Bool | false |
| 6 | S_4_Merker_0.6 | Bool | false |
| 7 | S_5_Merker_0.7 | Bool | false |
| 8 | S_6_Merker_1.0 | Bool | false |
| 9 | S_7_Merker_1.1 | Bool | false |

Quelle: Firma Siemens

**Bild 10.27** Liste der symbolischen Operanden im Global-DB

### 10.3.5 Das Anwenderprogramm zur Steuerung der Fußgängerampel

#### Programm des FC1 – Schrittkette

Genau wie in Abschnitt 10.2.3 bei der Projektierung der Bohrvorrichtung beschrieben, erfolgt jetzt die Umsetzung des Ablaufplans in eine Schrittkette. In Netzwerk 1 (**Bild 10.28**) wird über die ODER-Verknüpfung des Initialisierungsschritts M100.0 und dem IEC_Timer_6 aus dem letzten Arbeitsschritt die Grundstellung der Ampelanlage eingestellt. Das bedeutet, dass die Lichtzeichen „Fußgänger rot“ und „Auto grün“ signalisieren.

In Netzwerk 2 (**Bild 10.29**) kann über die ODER-Verknüpfung der Anforderungstaster „S1_Taster“ (I20.0) oder „S2_Taster“ (I20.1) der zeitgeführte Ablauf der Fußgängerampel gestartet werden. Bedingung ist natürlich, dass die Ampelanlage sich in der Grundstellung (S_1_Merker_0.3 = true) befindet.

In den Netzwerken 3 und 4 (**Bilder 10.30** und **10.31**) läuft die Schrittkette automatisch und zeitgesteuert ab, wobei jede Ampelphase in Form eines Arbeitsschritts in einem SR-Flip Flop gespeichert ist. Typisches Merkmal auch dieser zweitgeführten Ablaufsteuerung ist das zwangsweise Aufeinanderfolgen der Arbeitsschritte. Jedes Setzen eines Arbeitsschritts wird nur in UND-Verknüpfung durch die Abfragen des vorhergehenden Arbeitsschritts und der Weiterschaltbedingung möglich. Konkret sind das hier das 1-Signal des IEC_Timer_1 und der Signalzustand 1 des Arbeitsschritts „S_2_Merker_0.4“.

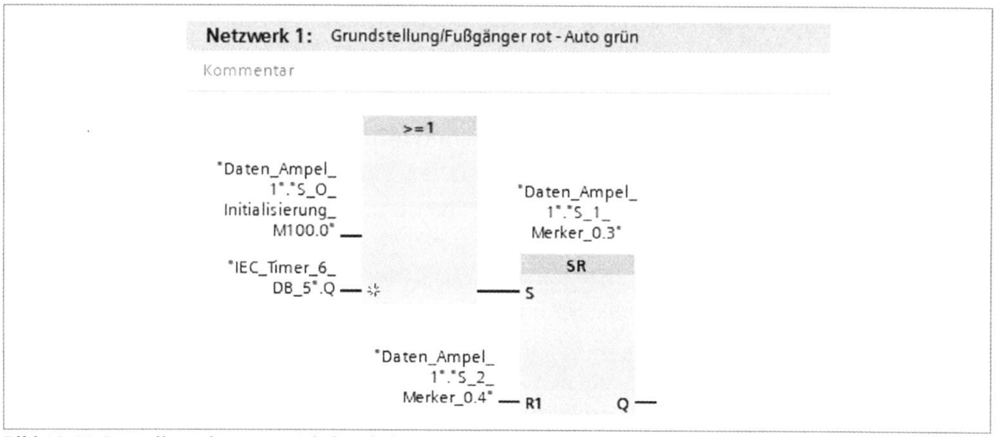


Bild 10.28 Darstellung des ersten Arbeitsschritts

Quelle: Firma Siemens

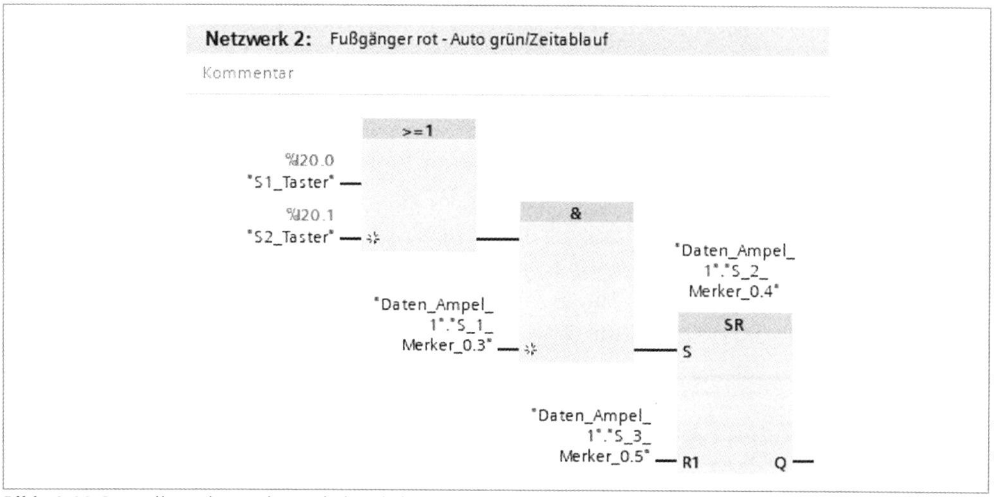


Bild 10.29 Darstellung des zweiten Arbeitsschritts

Quelle: Firma Siemens

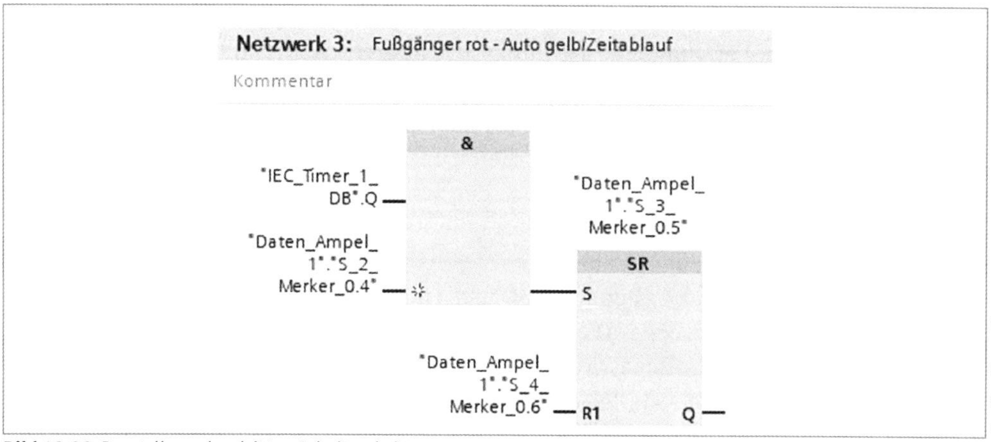


Bild 10.30 Darstellung des dritten Arbeitsschritts

Quelle: Firma Siemens

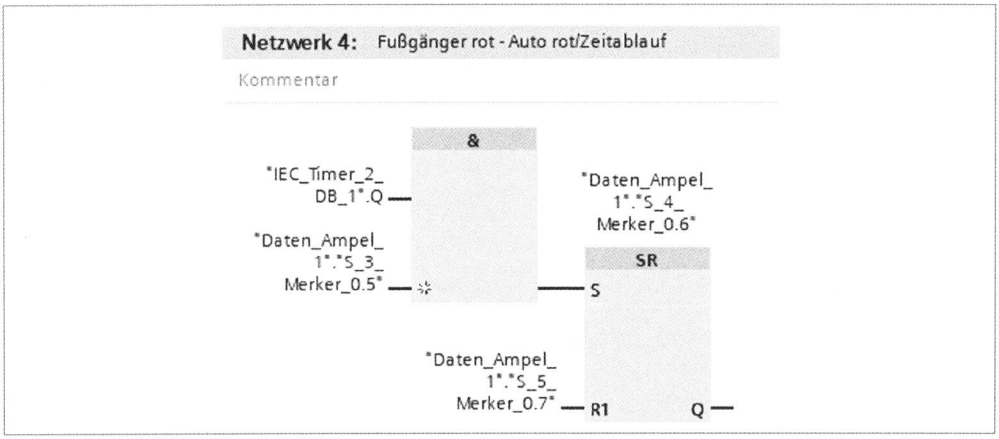


Quelle: Firma Siemens

**Bild 10.31** Darstellung des vierten Arbeitsschritts

Das Rücksetzen der Arbeitsschritte erfolgt grundsätzlich durch das 1-Signal des nächstfolgenden Arbeitsschritts. So ist das zwangsweise Aufeinanderfolgen der einzelnen Arbeitsschritte in ihrer Gesamtheit als funktionierende Ablaufsteuerung möglich.

Strukturell und auch funktionell sind die Netzwerke 5 und 6 (**Bilder 10.32** und **10.33**) genauso aufgebaut, wie die vorhergehen Netzwerke.

In Netzwerk 7 (**Bild 10.34**) befindet sich der letzte Schritt der Ablaufsteuerung. Das Rücksetzen des letzten Arbeitsschritts „S7_Merker_1.1" erfolgt durch den ersten Schritt, also durch die Grundstellung der Fußgängerampel.

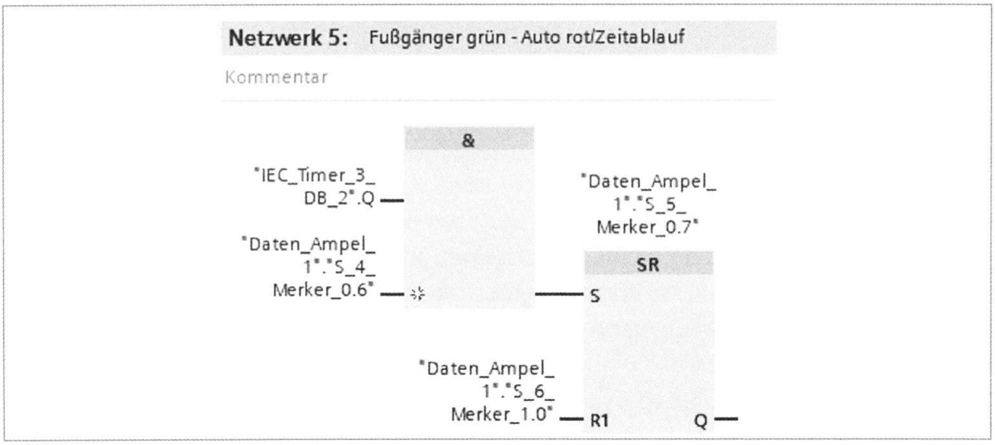


Quelle: Firma Siemens

**Bild 10.32** Darstellung des fünften Arbeitsschritts

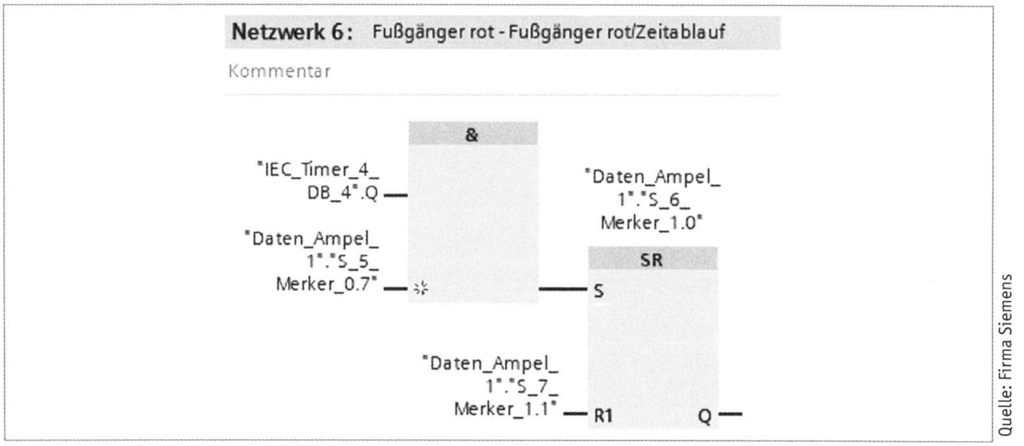


**Bild 10.33** Darstellung des sechsten Arbeitsschritts

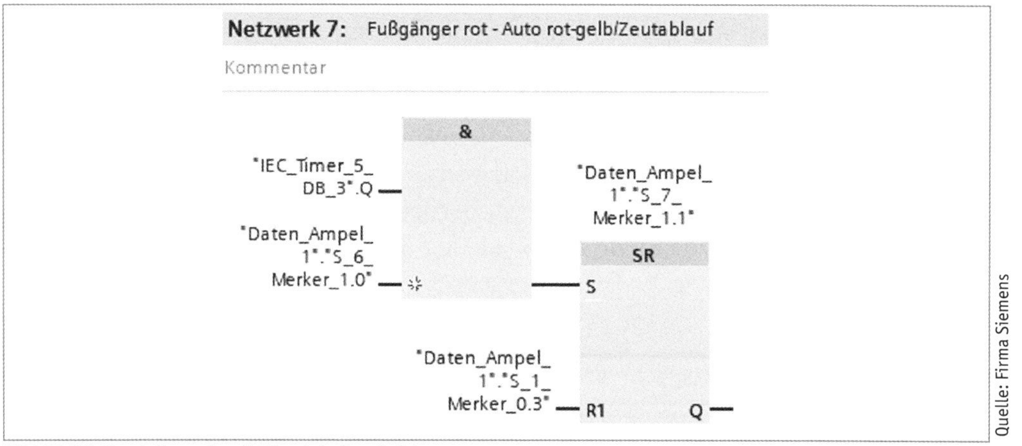


**Bild 10.34** Darstellung des siebten Arbeitsschritts

## Programm des FC2 – Ausgänge

In diesem FC erfolgt die Zuordnung die einzelnen Arbeitsschritte zu den entsprechenden binären Ausgängen, die durch diese Arbeitsschritte zugewiesen werden. In Netzwerk 1 (**Bild 10.35**) ist die Zuordnung der Arbeitsschritte in ODER-Verknüpfung zu sehen, die die Aktionen „Auto rot" auslösen.

Entsprechendes gilt für die Aktionen „Auto gelb" in Netzwerk 2 (**Bild 10.36**) und „Auto grün" in Netzwerk 3 (**Bild 10.37**), die auf die binären Ausgänge Q 20.5 und Q 21.0 für „Auto gelb" sowie auf Q 20.4 und Q 20.7 für „Auto grün" wirken.

In den Netzwerken 4 und 5 (**Bilder 10.38** und **10.39**) sind die Aktionen „Fußgänger rot" und „Fußgänger grün" in den Zuweisungen der binären Ausgänge Q 20.1 und Q 21.3 für „Fußgänger rot" sowie Q 20.0 und Q 20.2 für „Fußgänger grün".

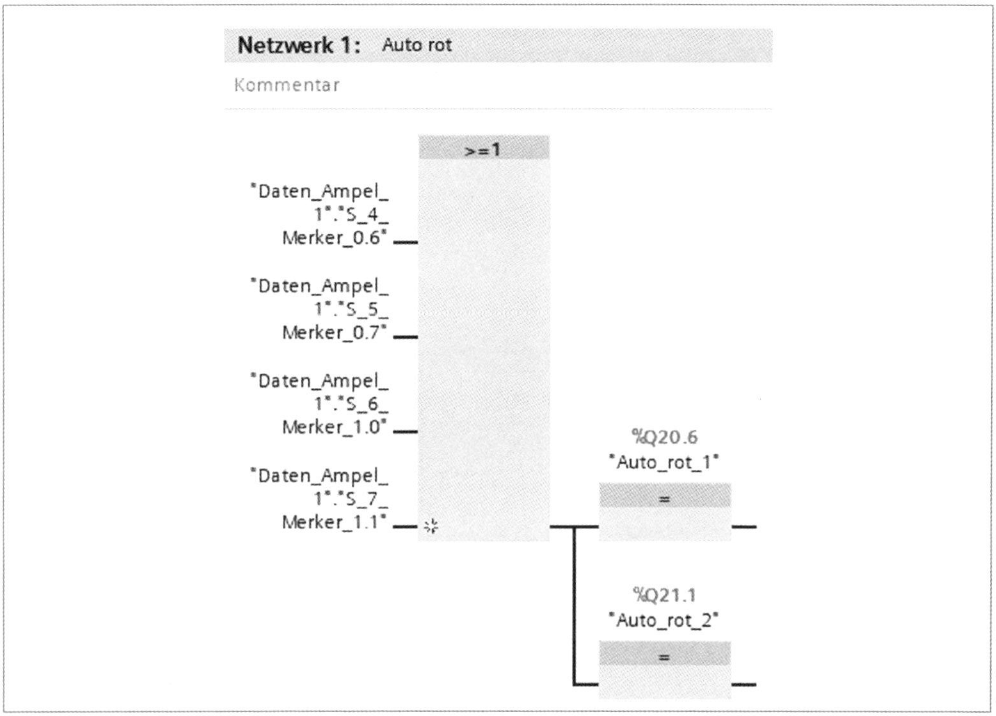


Quelle: Firma Siemens

**Bild 10.35** Darstellung der Ausgangszuweisungen für den Zustand „Auto rot"

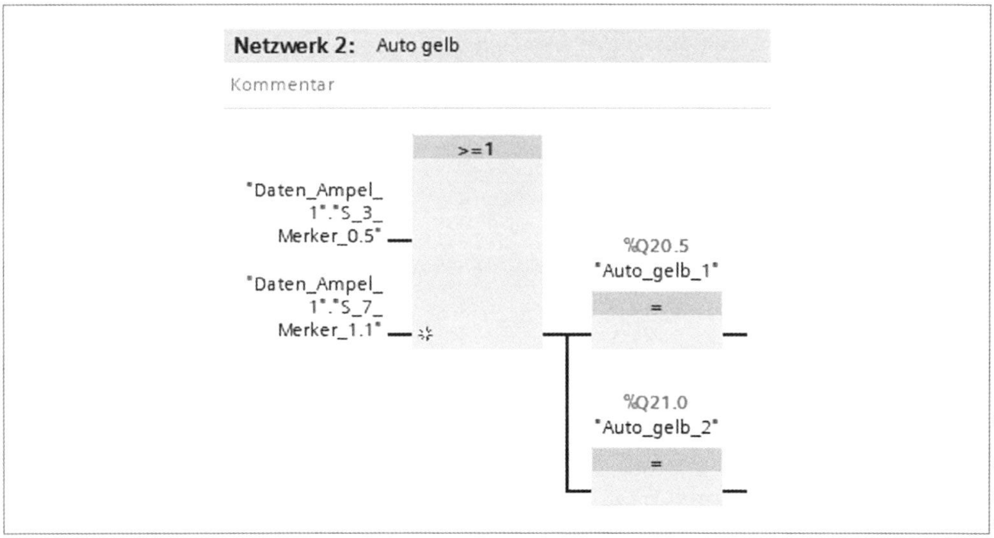


Quelle: Firma Siemens

**Bild 10.36** Darstellung der Ausgangszuweisungen für den Zustand „Auto gelb"

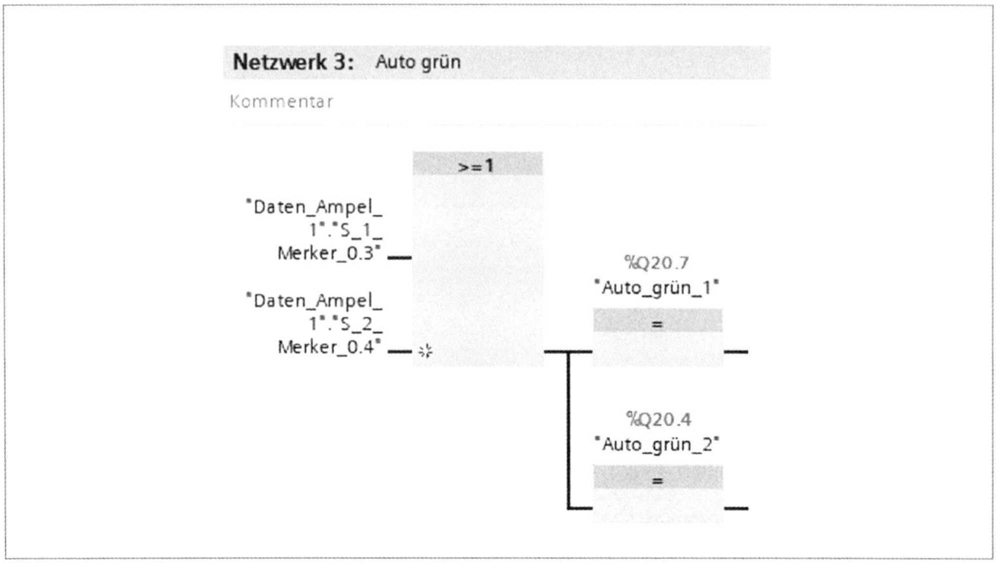


Quelle: Firma Siemens

**Bild 10.37** Darstellung der Ausgangszuweisungen für den Zustand „Auto grün"

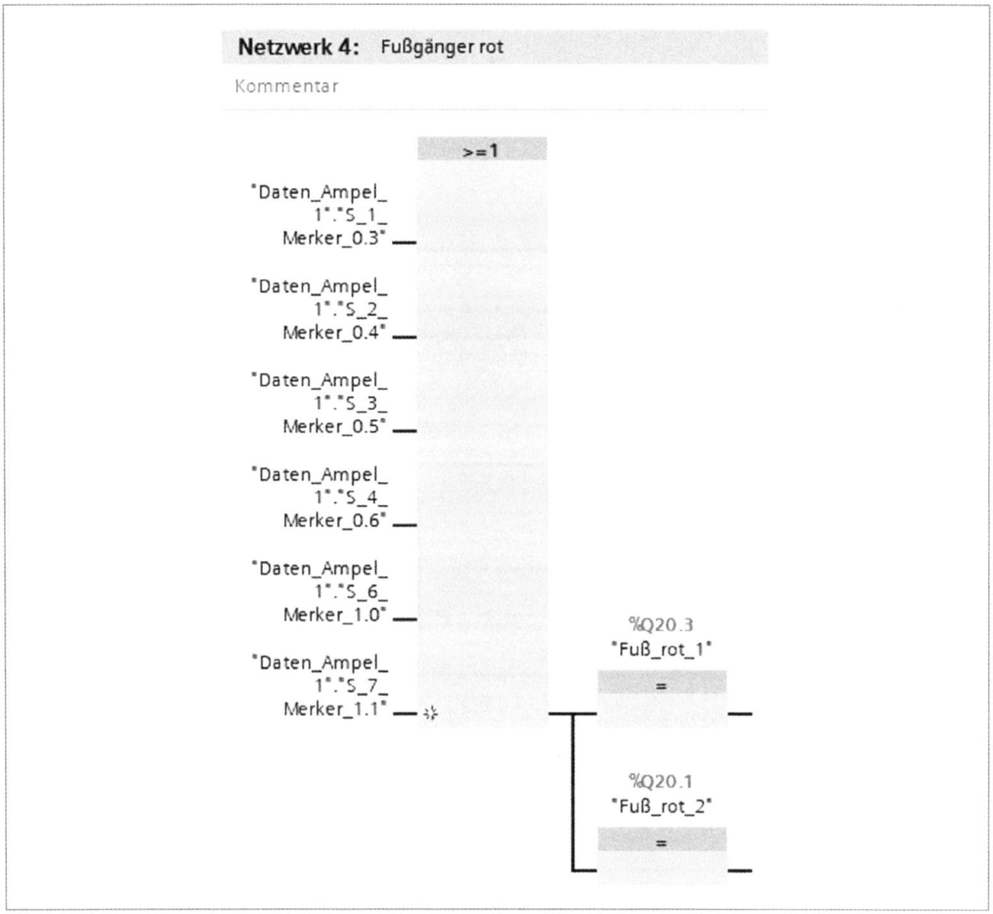


Quelle: Firma Siemens

**Bild 10.38** Darstellung der Ausgangszuweisungen für den Zustand „Fußgänger rot"

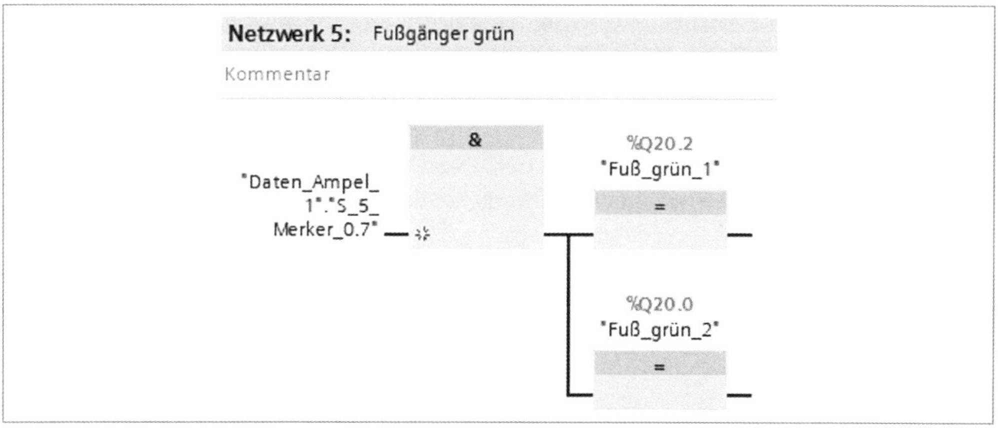


Quelle: Firma Siemens

**Bild 10.39** Darstellung der Ausgangszuweisungen für den Zustand „Fußgänger grün"

### Programm des FC3 – Zeiten

Zu besseren Übersicht des gesamten Programms bietet es sich an, für die Zeitfunktionen der Ablaufsteuerung einen separaten FC zu erstellen (**Bild 10.40**). Dieser FC enthält die sechs TON-Timer nach IEC-Standard mit den einzelnen Verzögerungszeiten der Ampelphasen. Bei gewünschten Veränderungen der Zeiten ist es besonders einfach, die Veränderungen vorzunehmen.

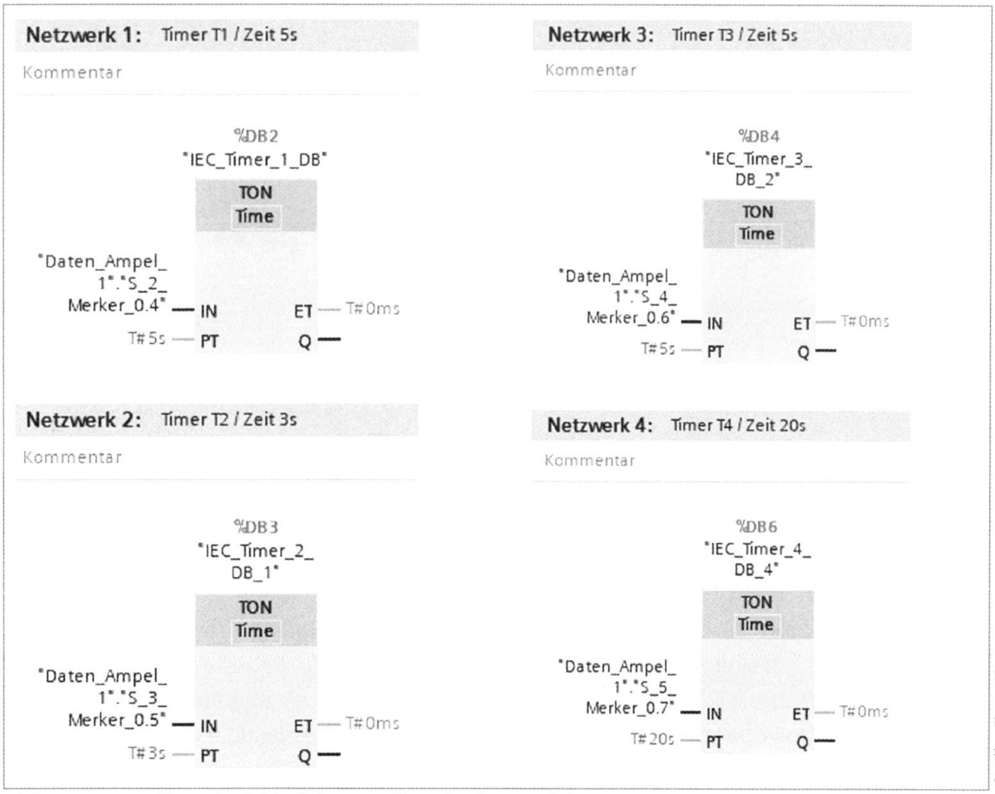


Quelle: Firma Siemens

**Bild 10.40** Darstellung der Zeitfunktionen T1 bis T4 für die Ampelphasen

Die einzelnen Timer werden jeweils an den binären Eingängen IN mit den Abfragen der SR-Flip-Flops der Schrittkette gestartet und Ablauf der unter PT eingestellten Zeit wird dem binären Ausgang Q des Timers der Signalzustand 1 zugewiesen. Diese Signalzustände dienen dann als Weiterschaltung/Transition der Schrittkette in FC1.

Netzwerk 5 und 6 (**Bilder 10.41** und **10.42**) sind genauso aufgebaut und bezüglich der Zeitfunktionen parametriert wie in den vorhergehenden Netzwerken des FC3.

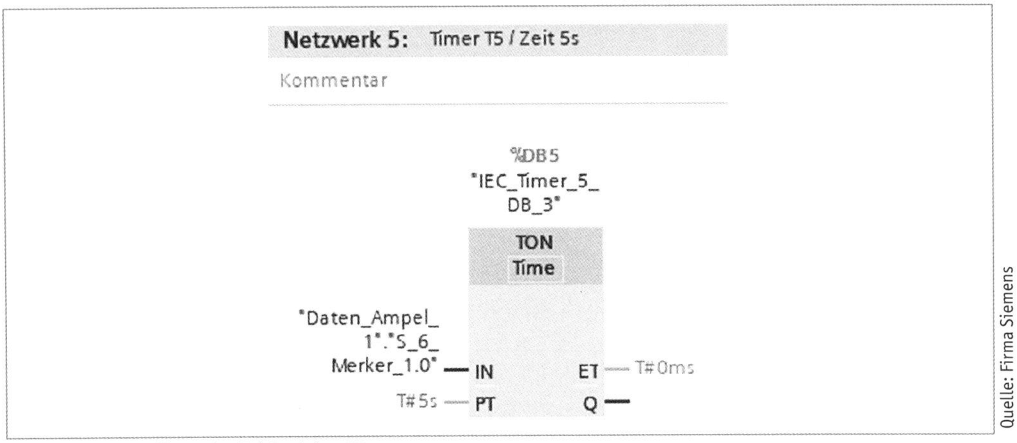


**Bild 10.41** Darstellung der Zeitfunktion T5

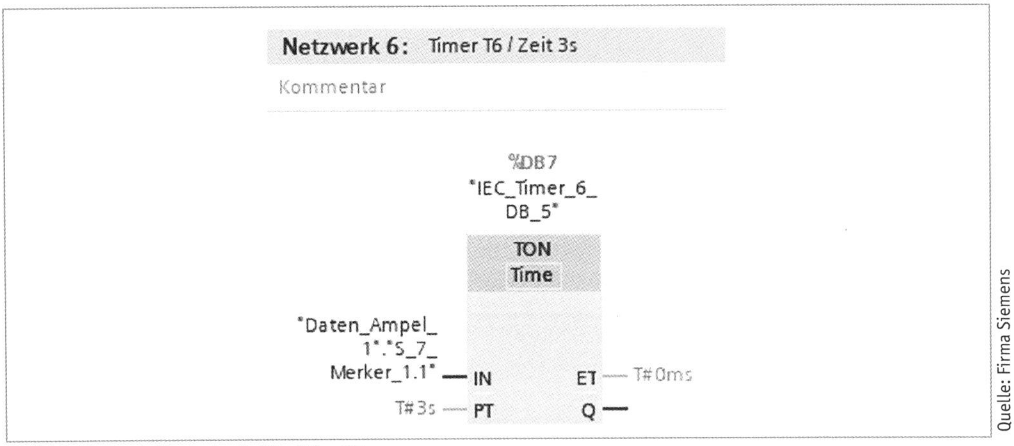


**Bild 10.42** Darstellung der Zeitfunktion T6

## Zusammenfassung

Der dargestellte Lösungsvorschlag der Steuerung einer Fußgängerampel als lineare Ablaufsteuerung ist einfach und schnell zu projektieren. Mit einer Projektierung als Ablaufsteuerung auf der Basis der IEC 61131-3 ist die Struktur der Steuerung und auch die Vorgehensweise bei der Projektierung bei allen Ablaufsteuerungen nahezu identisch, unabhängig vom zu steuernden Prozess. Auch die Fehlersuche sowie Erweiterungen und Ergänzungen sind einfach durchzuführen, da die IEC 61131-3 in der Fachwelt weithin bekannt ist. Speziell bei dieser Steuerung erfüllt die konsequente Anwendung und Nutzung der symbolischen Operanden eines Global-DB ein weiteres Kriterium für die Steuerungssicherheit.

## 10.4 Projektierung einer Bohrvorrichtung als Ablaufsteuerung in S7-Graph

Neben den bekannten SPS-Programmierdarstellungen AWL, FUP, KOP und SCL gibt es im Siemens TIA-Portal zusätzlich noch die Programmierdarstellung S7-Graph zur einfachen Programmierung von Ablaufsteuerungen. S7-Graph wird auf Basis der Norm IEC 61131-3 (Programmiersprachen) auch als Ablaufsprache bezeichnet.

Vergleichend zur Projektierung der Bohrvorrichtung auf Basis der IEC-Norm 61131-3 soll die gleiche Anlage im Folgenden mit S7-Graph projektiert werden.

### 10.4.1 Grundsätzliches zum Kontext von S7-Graph und GRAFCET

S7-Graph basiert funktionell gesehen auf der Norm DIN EN 60848 „GRAFCET" und ist nur bei der Programmierung von Funktionsbausteinen FB verfügbar. Bei der Bohrvorrichtung (**Bild 10.43**) handelt sich zwar um die gleiche zu projektierende Anlage, jedoch ist die Vorgehensweise bei der Projektierung von S7-Graph grundsätzlich anders als bei der Projektierung einer Ablaufsteuerung in Abschnitt 10.2.

Beiden Projektierungsformen gemeinsam ist die Schrittkette, die auch bei der S7-Graph-Programmierung im Mittelpunkt steht. Auch auf Basis von GRAFCET wird mit Schritten, Transitionen (Weiterschaltbedingungen) und verbindenden Wirklinien zur grafischen Darstellung einer Ablaufsteuerung gearbeitet.

Auf Basis der Norm DIN EN 60848 erhält die grafische Darstellung der Bohrvorrichtung eine Gliederung in Struktur und Wirkungsteil wie in Bild 10.46 dargestellt. Dort ist exemplarisch die Transition T1 in UND-Verknüpfung zum Start des Bohrablaufs mit #S1_Start.

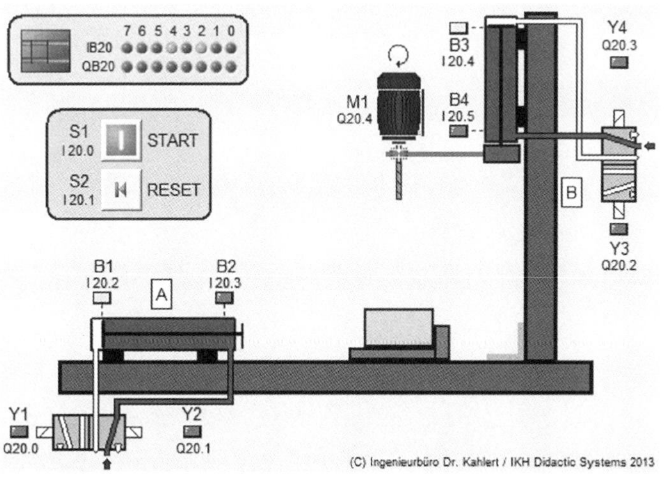


Quelle: Ingenieurbüro Dr. Kahlert

**Bild 10.43** Technologieschema Bohrvorrichtung

Die Aktionen, also die praktischen Auswirkungen der einzelnen Schritte, sind Bild 10.47 dargestellt. Hier sind exemplarisch die Schritte S3 und S4 mit ihren Aktionen dargestellt und erläutert.

### 10.4.2 Ablauf der praktischen Projektierung mit S7-Graph

In diesem Beispiel wird die grundlegende Vorgehensweise bei der Projektierung von Ablaufsteuerungen mit S7-Graph angelegt. Auf die Darstellung von Details wurde aufgrund der vielen Möglichkeiten und Variationen von S7-Graph an dieser Stelle verzichtet.

Zunächst wird ein Funktionsbaustein FB mit dem Namen „Bohrvorrichtung_1" in der Erstellsprache S7-Graph angelegt (**Bild 10.44**). Die Erstellsprache GRAPH ist ausschließlich in Funktionsbausteinen möglich.

Im Funktionsbaustein FB werden zunächst im Deklarationsteil die Parameter aus dem Prozess der Bohrvorrichtung mit Namen und Datentyp deklariert (**Bild 10.45**). Es sind viele „vorgefertigte" Parameter in einem Graph-FB vorhanden, die bei Nichtnutzung entfernt werden können. Der FB wird somit übersichtlicher und die Schnittstellenparameter werden deutlich reduziert.

Unter den Eigenschaften des FB lässt sich die Erstellsprache für die Formulierung der Transitionen einstellen. Stellt man hier die Erstellsprache FUP ein, so kann die Weiterschaltungen der Schrittkette im Anweisungsteil des FB in den gewohnten Funktionsplansymbolen erstellt werden.

Bei der Deklaration werden alle Sensoren unter Input und alle Aktoren unter Output deklariert im Datentyp BOOL. Es handelt sich hier bekanntlich um Formaloperanden ohne physikalische Adresse. Die Namen der Formaloperanden sind identisch mit den Namen der Aktualoperanden beim späteren FB-Aufruf. Dies erleichtert die Zuordnung der Variablen.

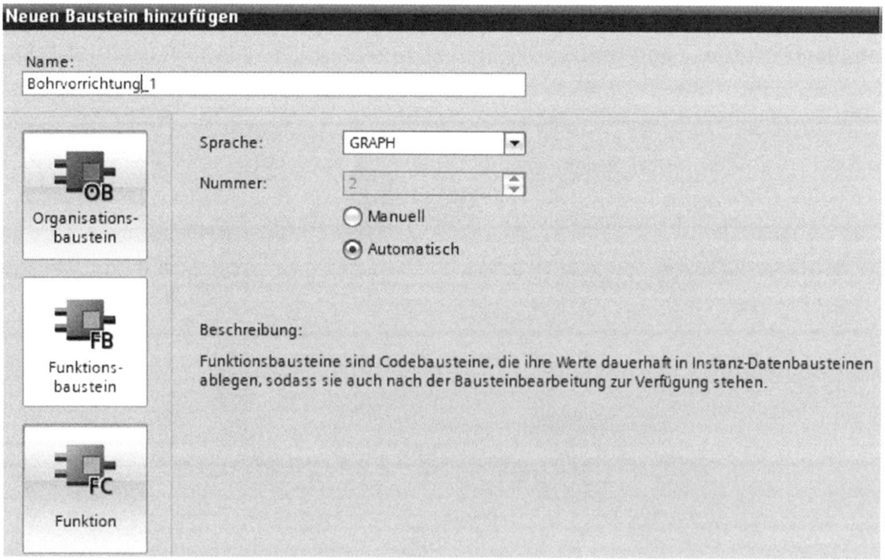


Quelle: Firma Siemens

**Bild 10.44** Anlegen eines FB in der Erstellsprache GRAPH

**Bohrvorrichtung_1**

| | Name | Datentyp | Defaultwert |
|---|---|---|---|
| 1 | ▼ Input | | |
| 2 | OFF_SQ | Bool | false |
| 3 | INIT_SQ | Bool | false |
| 4 | SW_AUTO | Bool | false |
| 5 | SW_MAN | Bool | false |
| 6 | ACK_EF | Bool | false |
| 7 | S1_Start | Bool | false |
| 8 | S2_Stopp | Bool | false |
| 9 | B1_ZA_ein | Bool | false |
| 10 | B2_ZA_aus | Bool | false |
| 11 | B3_ZB_ein | Bool | false |
| 12 | B4_ZB_aus | Bool | false |
| 13 | ▼ Output | | |
| 14 | S_NO | Int | 0 |
| 15 | AUTO_ON | Bool | false |
| 16 | MAN_ON | Bool | false |
| 17 | Y1_ZA_aus | Bool | false |
| 18 | Y2_ZA_ein | Bool | false |
| 19 | Y3_ZB_aus | Bool | false |
| 20 | Y4_ZB_ein | Bool | false |
| 21 | M1_Bohrmotor | Bool | false |

Quelle: Firma Siemens

**Bild 10.45** Deklarationsteil des FB „Bohrvorrichtung_1"

Üblicherweise formuliert man die Namen der Formaloperanden allgemeiner, also prozessübergreifend. Bei einem Graph-Projekt bietet es sich jedoch an, die Namen der Formaloperanden dem Prozess anzupassen, da ein erstellter Graph-Baustein häufig auf ein einziges Projekt bezogen ist.

Im Anweisungsteil des FB „Bohrvorrichtung_1" ist es nun relativ einfach, die Schrittkette zu programmieren. Beginnend mit dem Initialisierungsschritt „Step1" werden so viele Schritte und Transitionen (Weiterschaltbedingungen) angehängt, wie die Ablaufsteuerung „Bohrvorrichtung" auch Schritte enthält (**Bild 10.46**).

Auf der linken Seite der Schrittkette werden die Transitionen erstellt. Im Beispiel Bild 10.46 ist die Weiterschaltbedingungen „T1-Trans1" für den Arbeitsschritt „S2_Step2" zu sehen. Hier werden in UND-Verknüpfung die Parameter „#S1_Start", „#B1_ZA_ein" und „#B3_ZB_ein" auf den Signalzustand 1 abgefragt. Bei Erfüllen der Bedingungen wird in den zweiten Schritt „S2_Step2" geschaltet. So verläuft jetzt der gesamte Ablauf der Schrittkette mit den Transitionen und Arbeitsschritten.

Am Ende der Schrittkette folgt ein Verweis S1 auf den Initialisierungsschritt, damit die Bohrvorrichtung wieder mit einem neuen Arbeitszyklus gestartet werden kann.

In den einzelnen Arbeitsschritten werden die Ereignisse zugeordnet, die bei Erfüllen der Transition eintreten sollen. (**Bild 10.47**) Im Arbeitsschritt 3 „S3_Step3" ist es die Aktion „#M1_Bohrmaschine", die durch die Transition „T2_Trans2" ausgelöst wurde. Der Buchstabe N unter Kennung steht für „nicht-speichernd", die Aktion ist also nur so lange aktiv, wie der Schritt gesetzt ist.

Im Arbeitsschritt 4 „S4_Step4" sind es die Aktionen „Y3_ZB_aus" und „#M1_Bohrmaschine", die durch die Transition „T3_Trans3" ausgelöst wurden. Der Buchstabe N unter Kennung steht auch hier für „nicht-speichernd", die Aktionen sind also nur so lange aktiv, wie der Schritt „S4_Step4" gesetzt ist.

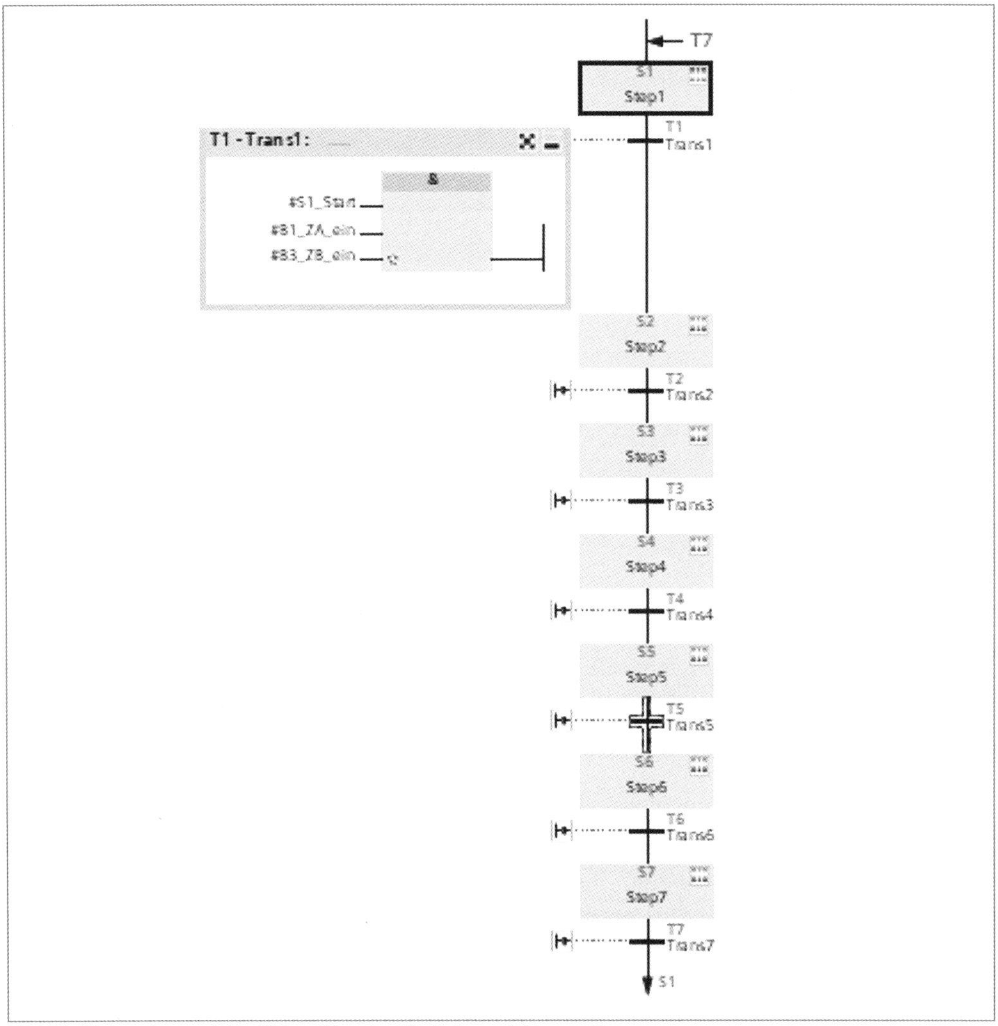


Quelle: Firma Siemens

**Bild 10.46** Anweisungssteil mit Transition des FB „Bohrvorrichtung_1"

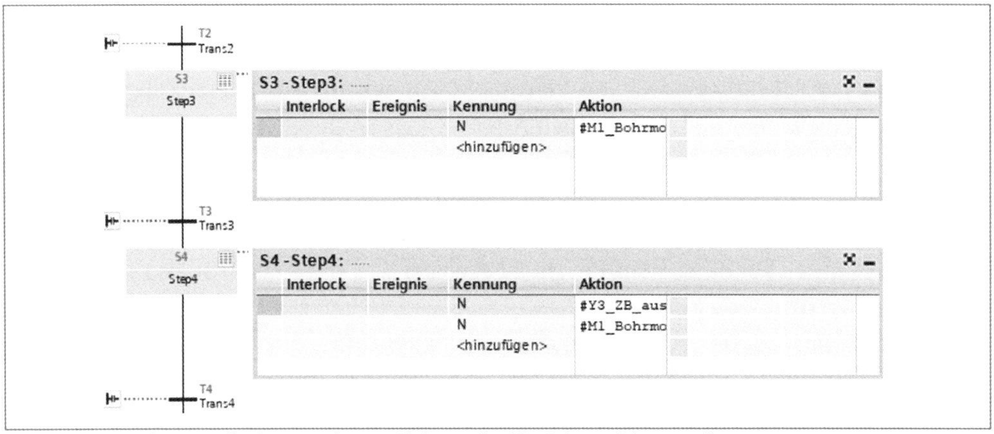


Quelle: Firma Siemens

**Bild 10.47** Anweisungssteil mit zugeordneten Aktionen des FB „Bohrvorrichtung_1"

Die angelegten Transitionen und Arbeitsschritte werden automatisch als statische Variablen dem Deklarationsteil des FB zugeordnet (**Bild 10.48**).

Die Zeitfunktionen der Bohrvorrichtung geben bei Erfüllen der Bedingung einen Signalzustand 1 im Datentyp BOOL, der als Weiterschaltbedingung für den nächsten Arbeitsschritt dient. Die Zeitfunktionen werden hier vorzugsweise in den „vorausgeschalteten permanenten Operationen“ programmiert, sodass der Zeitablauf „parallel“ zur Schrittkette läuft.

In **Bild 10.49** ist oben der Zeitablauf für den Bohrmotoranlauf programmiert, sobald der „#B2_ZA_aus“ den Signalzustand 1 führt. Im unteren Bild befindet sich der Timer für die Bohrungsdauer am Werkstück. Die einzelnen Zeiten unter PT können natürlich durch die Verwendung von Formaloperanden auch variabel erstellt werden.

Nach der kompletten Erstellung des Funktionsbausteins mit Deklarations- und Anweisungsteil kann der FB1 „Bohrvorrichtung_1“ nun im MAIN (OB1) aufgerufen und mit Aktualoperanden der Bohrvorrichtung parametriert werden (**Bild 10.50**).

Anschließend erfolgen der Test und die Inbetriebnahme.

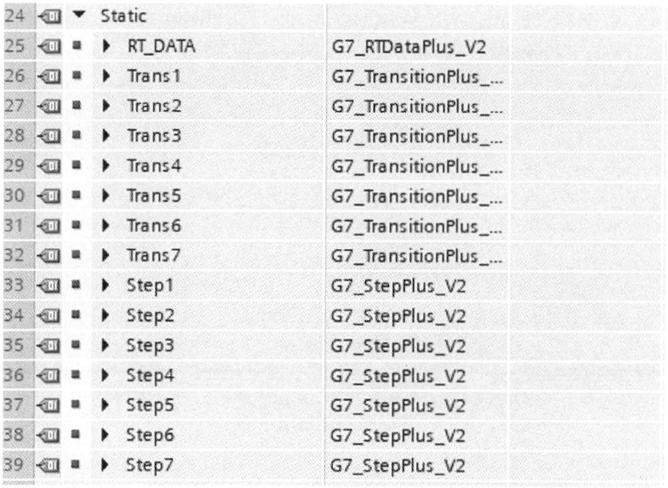

| | | |
|---|---|---|
| 24 | Static | |
| 25 | RT_DATA | G7_RTDataPlus_V2 |
| 26 | Trans1 | G7_TransitionPlus_... |
| 27 | Trans2 | G7_TransitionPlus_... |
| 28 | Trans3 | G7_TransitionPlus_... |
| 29 | Trans4 | G7_TransitionPlus_... |
| 30 | Trans5 | G7_TransitionPlus_... |
| 31 | Trans6 | G7_TransitionPlus_... |
| 32 | Trans7 | G7_TransitionPlus_... |
| 33 | Step1 | G7_StepPlus_V2 |
| 34 | Step2 | G7_StepPlus_V2 |
| 35 | Step3 | G7_StepPlus_V2 |
| 36 | Step4 | G7_StepPlus_V2 |
| 37 | Step5 | G7_StepPlus_V2 |
| 38 | Step6 | G7_StepPlus_V2 |
| 39 | Step7 | G7_StepPlus_V2 |

Quelle: Firma Siemens

**Bild 10.48** Deklarationsteil mit statischen Variablen des FB „Bohrvorrichtung_1“

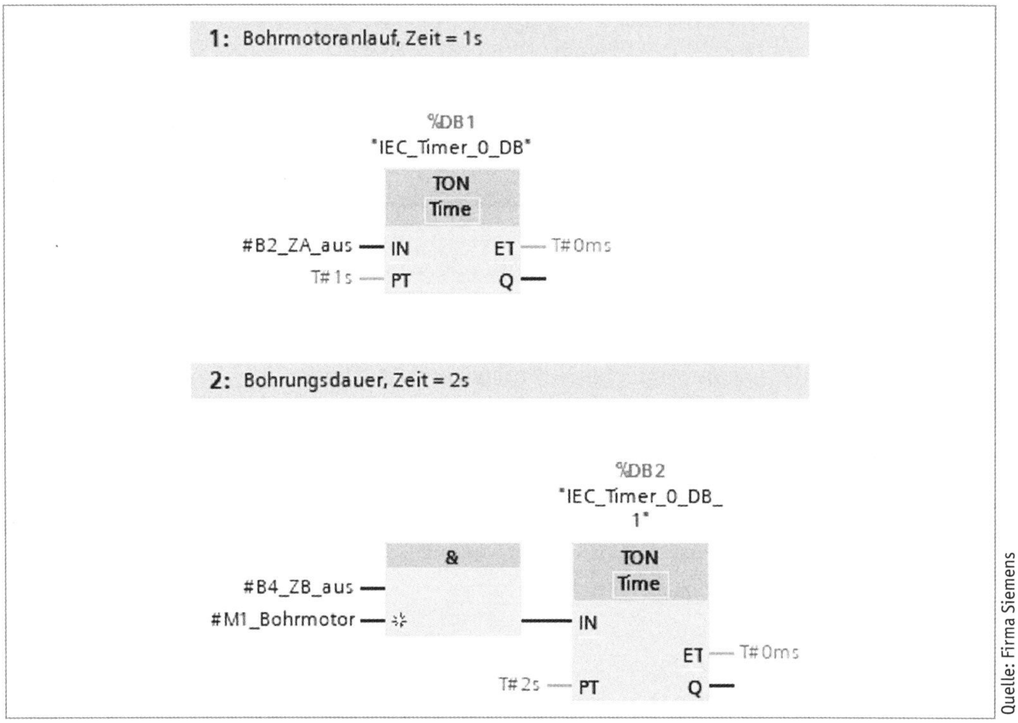


**Bild 10.49** Zeitfunktionen des FB „Bohrvorrichtung_1“

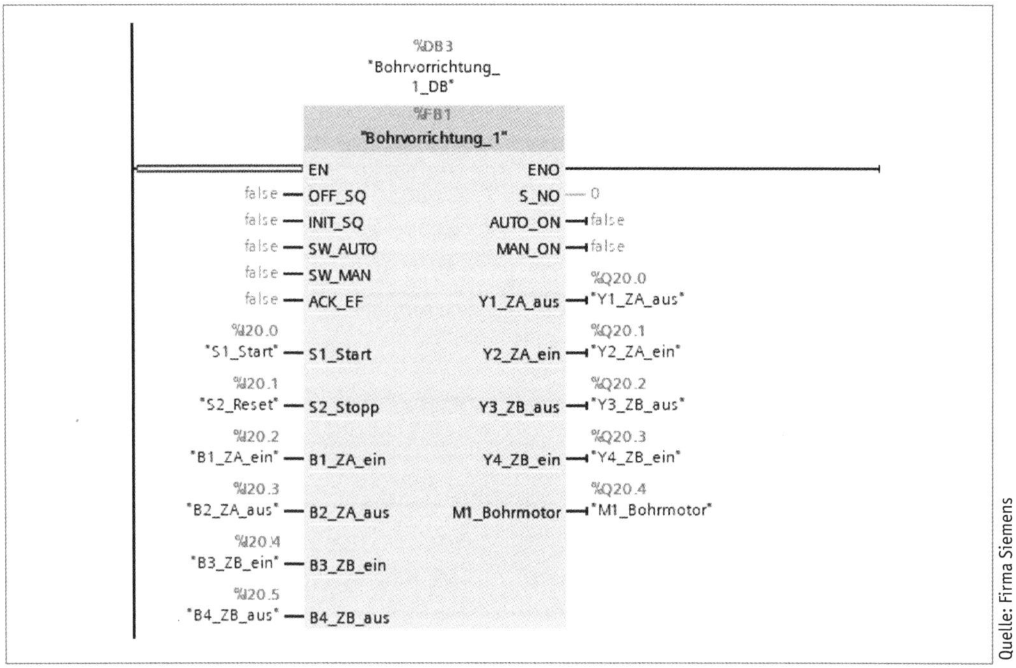


**Bild 10.50** Aufruf des FB „Bohrvorrichtung_1“

# 11 Sicherheit in elektrischen Steuerungsanlagen für die Praxis

Nach den praktischen Sicherheitsbetrachtungen in den einzelnen Kapiteln und insbesondere beim Steuern von Maschinen bietet es sich an, etwas tiefgreifender in die Materie der elektrischen Maschinensicherheit einzusteigen.

In Anbetracht der Komplexität der Materie und des sehr hohen Umfangs und Bestands an fachbezogenen Vorschriften, Normen und Richtlinien kann im Rahmen dieses Fachbuchs nur ein grundlegender Einstieg in die Materie erfolgen. Dieses Kapitel dient eher dazu, Interesse an einer Vertiefung des Themas zu wecken, es bietet jedoch keinen Anspruch auf Vollständigkeit der Darstellung aller relevanten Sicherheitsfunktionen.

## 11.1 Die Maschinenrichtlinie 2006/42/EG (ab dem Jahr 2027 Maschinenverordnung)

Die wichtigsten Schutzziele für die sichere, praktische Arbeit des Menschen mit Maschinen und Maschinenanlagen und deren elektrischer Ausrüstung sind auf europäischer Ebene in der Maschinenrichtlinie 2006/42/EG festgelegt. Die Maschinenrichtlinie ist als verbindliche EU-Richtlinie mit einem übergeordneten Gesetzesrahmen vergleichbar, der von allen EU-Staaten in nationales Recht umgesetzt werden muss.

Die ebenso einfache wie zentrale Hauptforderung der Maschinenrichtlinie ist, dass von einer Maschine keine Gefahr für das Bedienpersonal ausgehen darf. Durch unterschiedliche Maßnahmen zur Maschinensicherheit ist eine Gesamtsicherheit der Maschine anzustreben, die die Maschine unter Berücksichtigung vertretbarer Restrisiken als gefahrenfrei betreiben lässt. Insbesondere die Auslegung der funktionalen Sicherheit einer Maschine ist für den Konstrukteur und für den Elektrotechniker von elementarer Bedeutung.

Detaillierte Hilfen zur sicheren Auslegung einer Maschine gibt die europäische Norm EN ISO 12100 „Sicherheit von Maschinen – Grundbegriffe und allgemeine Gestaltungsgrundsätze“. Hier werden in einer strukturierten Vorgehensweise die möglichen Risiken, die von einer Maschine für das Betriebspersonal ausgehen können, identifiziert und anschließend durch entsprechende Maßnahmen auf ein vertretbares Restrisiko reduziert.

Die EN ISO 1200 gilt als Grundnorm der Kategorie Typ A und arbeitet bei der Umsetzung zur sicheren Auslegung von Maschinen grundsätzlich in drei Stufen (**Bild 11.1**).

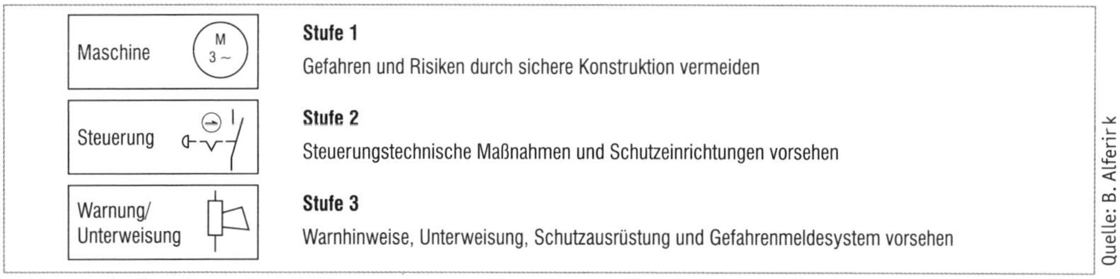


**Bild 11.1** Stufenschema der EN ISO 12100

Kann die geforderte Maschinensicherheit durch die Stufe 1 „Konstruktion der Maschine“ nicht erreicht werden, so werden zusätzliche Maßnahmen durch Stufe 2 angewendet. Dies betrifft dann auch die elektrischen Steuerungen und die elektrischen Schutzeinrichtungen. Um das Ganze auf ein vertretbares Restrisiko zu bringen, werden weitere Maßnahmen nach Stufe 3, wie beispielsweise die Unterweisung des Bedienpersonals oder die persönliche Schutzausrüstung, angewendet.

## 11.2 Risikobeurteilung nach EN ISO 12100

Grundlegend für die sichere Gestaltung einer Maschine für ihren Praxiseinsatz ist jedoch die strukturierte Vorgehensweise bei der Risikobeurteilung nach der EN ISO 12100 (**Bild 11.2**).

Konkreter in der Anwendung werden dann die sogenannten Gruppennormen nach der Kategorie Typ B. Dies sind insbesondere die EN IEC 62061 (VDE 0113-50) und die EN ISO 13849-1, die in den folgenden Abschnitten anhand konkreter Beispiele näher betrachtet werden.

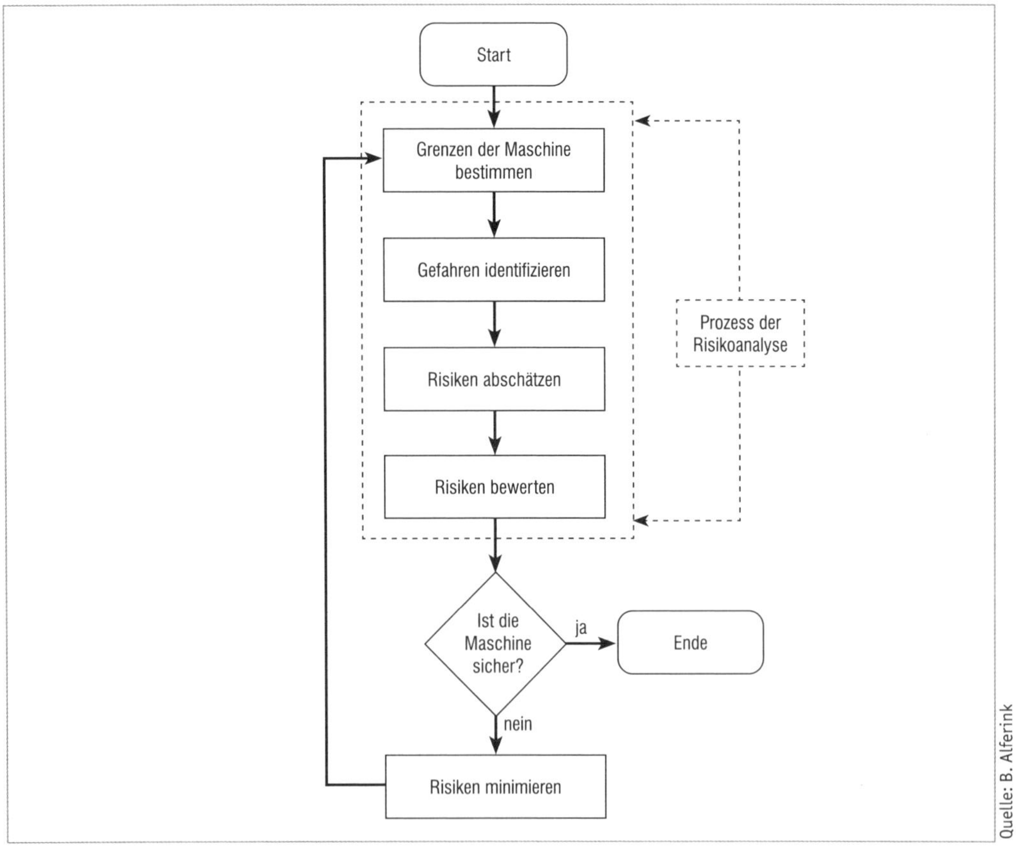


**Bild 11.2** Prozess der Risikobeurteilung nach der EN ISO 12100

## 11.3 Sicherheitstechnische Betrachtungen nach der DIN EN 60204-1 (VDE 0113-1)

Die Umsetzung der Schutzziele der Maschinenrichtlinie erfolgt in Deutschland über das Produktsicherheitsgesetz, damit Zuwiderhandlungen und Nichtbefolgen dieser Vorschriften als Gesetzesverstoß gewertet werden und somit einen Straftatbestand darstellen und entsprechend geahndet werden können. Durch die Verbindung der europäischen Maschinenrichtlinie EN (Europäische Norm; Ratifizierung durch ein EU-Komitee für Standardisierung) über das deutsche Produktsicherheitsgesetz erhält die daraus abgeleitete „Norm" EN 60204-1 (VDE 0113-1) *„Elektrische Ausrüstung von Maschinen und Maschinenanlagen"* in Deutschland Gesetzescharakter und ist somit für alle praktischen Steuerungsprojektierungen elementar wichtig und zwingend anzuwenden.

Für verantwortliche Fachleute in der praktischen Projektierung von elektrischen Steuerungssystemen für Maschinen und Maschinenanlagen sind fundierte Kenntnisse der EN 60204-1 (VDE 0113-1) erforderlich, insbesondere in der Umsetzung der allgemeinen Sicherheits- und Gesundheitsanforderungen der Maschinenrichtlinie in die konkreten Anforderungen für die elektrische Ausrüstung von Maschinen und Maschinenanlagen.

In **Tabelle 11.1** sind einige konkrete Umsetzungsbeispiele aufgeführt.

| **Forderung** | **Umsetzung** | |
|---|---|---|
| | **Maschinenrichtlinie 2006/42/EG** | **EN 60204-1 (VDE 0113)** |
| Sicherheit und Zuverlässigkeit von Steuerungen | Anhang I 1.2.1: Steuerungen müssen so ausgelegt und beschaffen sein, dass ein Defekt der Hardware oder der Software der Steuerung nicht zu einer Gefährdungssituation führt. | Anhang ZZA 5.4: Einrichtungen zur Unterbrechung der Energiezufuhr zur Verhinderung von unerwartetem Anlauf |
| normales Stillsetzen | Anhang I 1.2.4.1: Maschinen müssen mit einer Befehlseinrichtung zum sicheren Stillsetzen der gesamten Maschine ausgestattet sein. | Anhang ZZA 9.2.2: Kategorien der Stopp-Funktion |
| Stillsetzen im Notfall | Anhang I 1.2.4.3: Jede Maschine muss mit einem oder mehreren Not-Halt-Befehlsgeräten ausgerüstet sein, durch die eine unmittelbar drohende oder eintretende Gefahr vermieden werden kann. | Anhang ZZA 9.2.3.4.2: Not-Halt und Anhang ZZA 10.7: Geräte für Not-Halt |
| Warneinrichtungen | Anhang I 1.7.1.2: Wenn Sicherheit und Gesundheit der gefährdeten Personen durch Funktionsstörungen einer Maschine, deren Betrieb nicht überwacht wird, beeinträchtigt werden können, muss die Maschine mit einer entsprechenden akustischen oder optischen Warneinrichtung versehen sein. | Anhang ZZA 10.1.1: Bedienerschnittstellen und an der Maschine befestigte Steuergeräte und Anhang ZZA 10.3: Anzeigenleuchten und Anzeigen und Anhang ZZA 10.4: Leuchtdrucktaster und Anhang ZZA 16: Kennzeichnung und Warnschilder |

Quelle: VDE-Schriftenreihe Band 26; elektrische Ausrüstung von Maschinen und Maschinenanlagen

**Tabelle 11.1** Praktische Umsetzungsbeispiele der Maschinenrichtlinie

## 11.4 Verhinderung des selbsttätigen Anlaufs einer Maschine durch PELV

Ein konkretes Beispiel zur Umsetzung der Vorschrift DIN EN 60204-1 (VDE 0113-1) für die Praxis ist der Schutz gegen Fehlfunktionen in Steuerstromkreisen. So können in nicht geerdeten Steuerstromkreisen zwei auftretende Erdschlüsse (**Bild 11.3**) den Eintaster S1 einer Maschine über die Erdverbindung überbrücken und die Maschine würde in diesem Fall selbsttätig anlaufen.

Ohne sekundärseitige Erdung des Steuerstromkreises hätte der erste Erdschluss bezüglich der Abschaltung im Fehlerfall keine Auswirkung. Der zweite Erdschluss stellt eine leitende Verbindung zum ersten Erdschluss her, überbrückt den Eintaster S1 (Schließer), so-

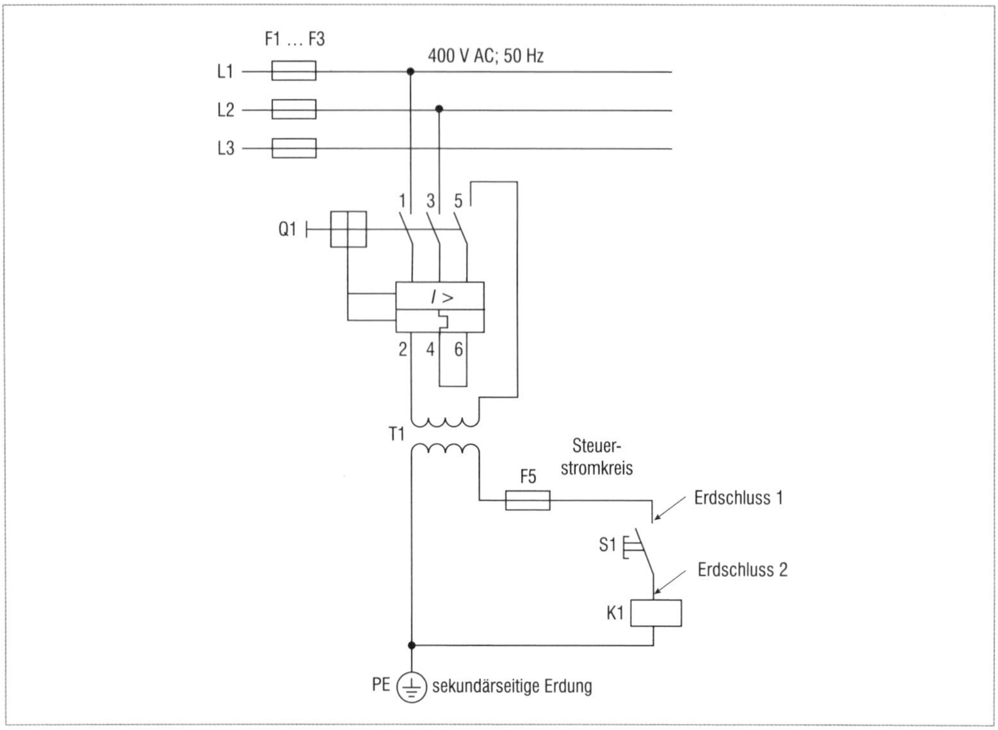


**Bild 11.3** Geerdeter Steuerstromkreis

dass das Schütz K1 anzieht und in dessen Hauptstromkreis einen Drehstrommotor einschaltet. Die vorhandene Steuersicherung F5 registriert diesen Vorgang nicht, löst folglich auch nicht aus.

Ist der Steuerstromkreis dagegen wie in Bild 11.3 am Transformator sekundärseitig geerdet, würde schon beim Auftreten des ersten Erdschlusses die Steuersicherung F5 auslösen, da sich über den Erdschluss 1 und der sekundärseitigen Erdung PE ein Kurzschluss bilden würde. Der selbsttätige Anlauf der Maschine ist somit ausgeschlossen.

In Steuerstromkreisen mit der Spannung 230 V AC übernimmt die Steuersicherung auch den Schutz gegen elektrischen Schlag nach VDE 0100-410.

Im Bereich der kleineren Steuerspannungen von 24 V AC wird die Schutzmaßnahme PELV (**P**rotected **E**xtra **L**ow **V**oltage) angewendet, da hier der Spannungspegel unter der maximal zulässigen Berührungsspannung von 50 V AC liegt. Die Schutzmaßnahme PELV unterscheidet sich von der Schutzmaßnahme SELV (**S**afety **E**xtra **L**ow **V**oltage; Schutzkleinspannung) nur durch die Erdung des Steuerstromkreises. So wird in der PELV der Schutzleiter PE gemeinsam im Steuerstromkreis 24 V AC und im Hauptstromkreis 400 V AC genutzt. Der Steuertransformator für die PELV sorgt für die galvanische Trennung zwischen Haupt- und Steuerstromkreis und muss als Sicherheitstransformator nach der IEC 61558-2-6 (Norm für die Sicherheit von Transformatoren, Drosseln und Netzgeräten) ausgeführt sein. Die Spannung im Sekundärstromkreis darf bei AC nicht größer als 25 V sein. Bei DC beträgt dieser Grenzwert 60 V.

## 11.5 Schaltgeräte zum Stillsetzen von Maschinen

Ein weiteres konkretes Beispiel zur Umsetzung der Vorschrift DIN EN 60204 (VDE 0113-1) „Elektrische Ausrüstung von Maschinen und Maschinenanlagen“ sind die unterschiedlichen Stopp-Kategorien (siehe Abschnitt 5.7) zum Stillsetzen einer Maschine. Hier wird definiert, wie und unter welchen Kriterien eine Maschine gestoppt oder „stillgesetzt“ wird. Das betrifft auch die Befehlsgeräte (Schaltgeräte), mit denen Schaltvorgänge ausgelöst werden. Die Befehlsgeräte für Not-Halt und Not-Aus müssen der Norm DIN EN 60947-5-5 (VDE 0660-210), der Norm für die Errichtung und Gestaltung von Niederspannungsschaltgeräten (hier Not-Halt-Geräte), entsprechen.

Es ist gefordert, dass Stopp- oder Ausschaltvorgänge grundsätzlich vorrangig vor Einschalt- und Startvorgängen zu realisieren sind. Dies erreicht man in der Praxis, indem Austaster, Stopp-Taster, Not-Halt-Taster oder Begrenzungstaster einer elektrischen Steuerung stets als Öffner NC ausgelegt werden. Auf diese Weise ist das Ausschalten eines Schützes und damit der Maschine grundsätzlich vorrangig und „drahtbruchsicher“. Es ist also funktionell gleich, ob der Stromweg zum Schütz durch Betätigung des Austasters als Öffner oder durch das „Abreißen“ des Drahts zum Austaster unterbrochen wird.

Für den Not-Halt-Befehl und für den Not-Aus-Befehl sind grundsätzlich rote Pilzdrucktaster auf gelbem Hintergrund zu verwenden (**Bild 11.4**). Diese Befehlsgeräte müssen gut sichtbar und einfach erreichbar für die Bediener der Maschine angebracht sein. Von unnötigen Beschriftungen der Befehlsgeräte ist abzusehen, da eine notwendige Auslösung seitens des Maschinenbedieners keineswegs kompliziert sein soll oder gar eine vorherige Überlegung zur Richtigkeit der Entscheidung erfolgen soll.

Die Zustände „Not-Aus“ und „Not-Halt“ sind grundsätzlich zu unterscheiden. Der „Not-Halt“ ist als Stoppen oder Stillsetzen einer Maschine oder einer Maschinenanlage in Gefahrensituationen zu sehen. Diese drei unterschiedlichen Stopp-Kategorien (0, 1 und 2) sind in der DIN EN 60204 (VDE 0113-1) definiert (siehe Tabelle 5.5 in Abschnitt 5.7).

Der Fall „Not-Aus“ ist eher als das unmittelbare Abwenden einer Gefahr für den Menschen zu sehen. Ist beispielsweise innerhalb einer elektrischen Betriebsstätte (Schaltraum) durch Nichteinhaltung des Sicherheitsabstands das Berühren einer Stromschiene möglich, so ist möglichst ein Not-Aus-Schaltgerät an der Eingangstür des Schaltraums anzubringen.

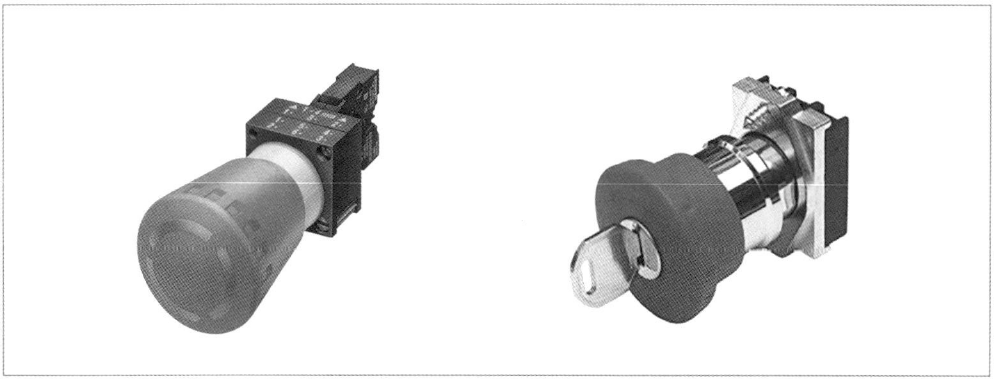

Quelle: Firma Siemens

**Bild 11.4** Not-Halt-Schaltelemente der Firma Siemens

## 11.6 Sichere Wartung und Reparatur einer Maschine

Bei Reparatur- und Wartungsarbeiten muss die Maschine sicher von der elektrischen Versorgung getrennt werden. Der Anlagenteil der Maschine muss allpolig freigeschaltet werden und das Wiedereinschalten muss verhindert werden, da das Einschalten der Spannung während der Arbeiten an der Maschine eine große Gefahr für das Instandhaltungspersonal bedeuten würde. Hier kommen sogenannte Hauptschalter und Not-Aus-Schalter zum Einsatz (**Bild 11.5**).

Diese Hauptschalter sind für das Schalten als handbetätigte Lasttrennschalter ausgelegt und sind auf Basis der Norm EN IEC 60947-3 (VDE 0660) konstruiert und zertifiziert und können nach der DIN EN 60204-1 (VDE 0113-1) als Ein-Aus-Schalter, Not-Aus-Schalter oder auch als Hauptschalter verwendet werden. Sie erfüllen die Forderung „Freischalten" vor Beginn der elektrischen Arbeiten an Maschinen und Maschinenanlagen nach der VDE 0105 (Norm für den Betrieb elektrischer Anlagen, hier Arbeiten an elektrischen Anlagen).

Die Aus-Position des Schalters kann mit einem Vorhängeschloss oder auf andere Weise verriegelt werden. Somit ist der geforderte Schutz vor Wiedereinschalten gegeben. Ein Hilfsschalterbaustein – wie in der Bild 11.4 rechtsseitig zu sehen – liefert Signale in die Steuerung beispielsweise für Kontrollleuchten zur Anzeige der Betriebszustände.

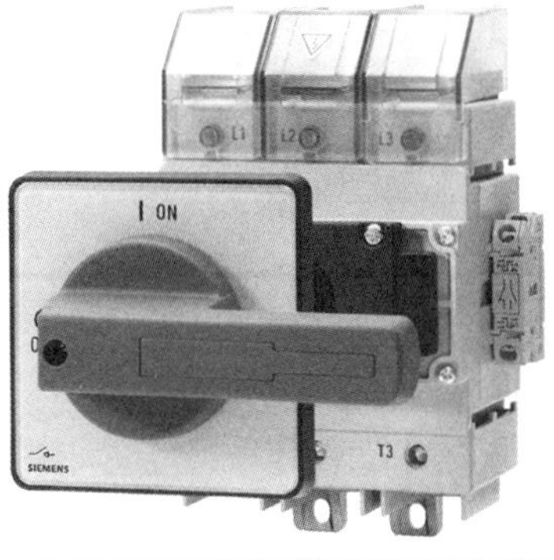


Quelle: Firma Siemens

**Bild 11.5** Hauptschalter vom Typ SENTRON 3LD20 der Firma Siemens

## 11.7 Das Sicherheitsschaltgerät in elektrischen Steuerungen

In der praktischen Steuerungstechnik werden zur sicheren Gestaltung der Steuerungsanlage häufig Sicherheitsschaltgeräte verwendet, die die Überwachung der Sensoren und Aktoren übernehmen und bei Erfordernis die Anlage auch sicherheitsgerichtet abschalten (**Bild 11.6**)

Je nach Ausführung und Ausstattung können sie die Schaltstellungen der Sensoren und die Sensorleitungen auf Drahtbruch überwachen. Auch die Aktoren oder kombinierte Motorstarter der Steuerung werden überwacht. Zudem überwacht sich das Sicherheitsschaltgerät selbst auf Fälle wie Spannungsunterbrechung, Querschlussverbindungen oder auf die korrekte Ausführung interner Funktionen.

Quelle: Firma Siemens

**Bild 11.6** Sicherheitsschaltgeräteaufbau SIRIUS 3SK1 der Firma Siemens

Mit diesen Sicherheitsschaltgeräten lassen sich hohe Sicherheitskategorien – insbesondere in Steuerungsanlagen kleineren Umfangs ohne sicherheitsgerichtetes Bussystem – erreichen. Diese Sicherheitskategorien sind in der europäischen Norm EN IEC 62061 „Sicherheit von Maschinen – Funktionale Sicherheit sicherheitsbezogener elektrischer, elektronischer und programmierbarer elektronischer Steuerungssysteme“ festgelegt und werden in den folgenden Abschnitten noch eingehend erläutert.

## 11.8 Die Sicherheitsfunktion in elektrischen Steuerungen

Allgemein beschreibt die Sicherheitsfunktion die Reaktion einer Maschine bei Eintritt einer Gefahrensituation. Ein konzipiertes Sicherheitssystem führt in dieser Gefahrensituation Funktionen aus, um diese Gefahrensituation abzuwenden oder zumindest zu reduzieren.

Dabei muss in einer elektrischen Steuerungsanlage die Gefahrensituation durch einen Sensor erfasst werden. Das Sensorsignal muss anschließend ausgewertet werden, um dann letztendlich eine Reaktion zur Abwendung der Gefahr folgen zu lassen.

In **Bild 11.7** liefert der Not-Halt-Taster das Sensorsignal aufgrund einer Gefahrensituation. Das Sicherheitsschaltgerät wertet dieses Signal aus und veranlasst das Schalten der

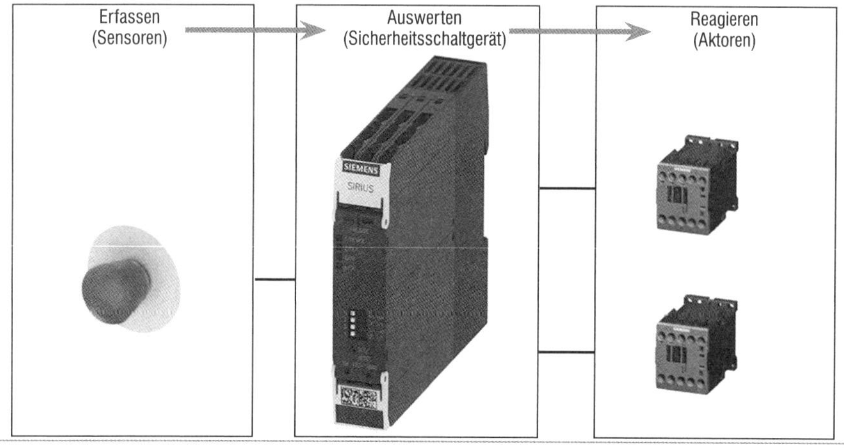


Quelle: Firma Siemens

**Bild 11.7** Grundsätzliche Struktur einer Sicherheitsfunktion

Aktoren – in diesem Beispiel Schütze – zur Abwendung der Gefahr. Das Sicherheitsschaltgerät ist im Normalfall (mindestens) zweikanalig ausgeführt, sodass bei Versagen eines Kreises die Sicherheitsfunktion weiterhin aktiv bleibt. Diesen Zustand nennt man „redundant“ (siehe Abschnitt 3.6.1).

Konkret bedeutet das, dass ein Not-Halt-Taster mit zwei Kontaktelementen ausgestattet ist, die jeweils als Öffner NC ausgeführt sind. Nur wenn beide Öffner des Not-Halt-Tasters in Ruhelage geschlossen sind, kann die Maschine über den Start-Taster eingeschaltet werden.

## 11.9 Schutztürüberwachung mit Sicherheitsschaltgerät

Eine Standardanwendung für das zweikanalige Sicherheitsschaltgerät 3SK1 der Firma Siemens (**Bild 11.8**) ist die Überwachung von Not-Halt oder Not-Aus-Anwendungen oder in der Überwachung von Positionsschaltern von Schutztüren. Das Gerät lässt sich bei Bedarf um weitere Funktionen und Baugruppen erweitern.

Der entscheidende Vorteil bei der Verwendung von Sicherheitsschaltgeräten ist, dass man sich bei der Projektierung im sicheren Feld der Einhaltung europäischer Normen, wie beispielsweise der EN IEC 62061 (VDE 0113-50), bewegt. In dieser IEC-Norm geht es um die „Funktionale Sicherheit von elektrischen, elektromischen und speicherprogrammierbaren Steuerungen von Maschinen“. Die Anwendung der IEC 62061 beim Entwurf einer sicherheitsgerichteten Steuerung kann auch als Nachweis zur CE-Konformität der projektierten Maschine verwendet werden.

In **Bild 11.9** ist exemplarisch die Steuerung eines Drehstrommotors mit Schutztürüberwachung über einen fehlersicheren Motorstarter (siehe Abschnitt 11.13) und einem Sicherheitsschaltgerät 3SK1 der Firma Siemens zu sehen:

Der mechanische Sicherheitsschalter 3SE51 und der Positionsschalter mit Schwenkhebel überwachen einerseits die Schutztür, aber andererseits liefern sie auch wichtige Signale für die Freigabe- und Rückführkreise des Sicherheitsschaltgeräts. Die Farbe Gelb der Komponenten macht kenntlich, dass es sich um ein Produkt des „Fehlersicheren Systems“ SIMATIC Safety der Firma Siemens handelt. Mit diesen Komponenten erreicht man in der

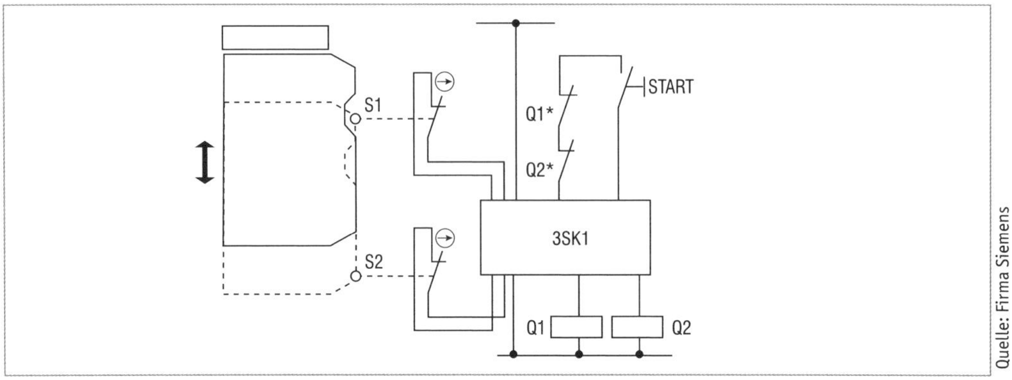


**Bild 11.8** Sicherheitsschaltgerät 3SK1 mit zweikanaligem Sensoranschluss

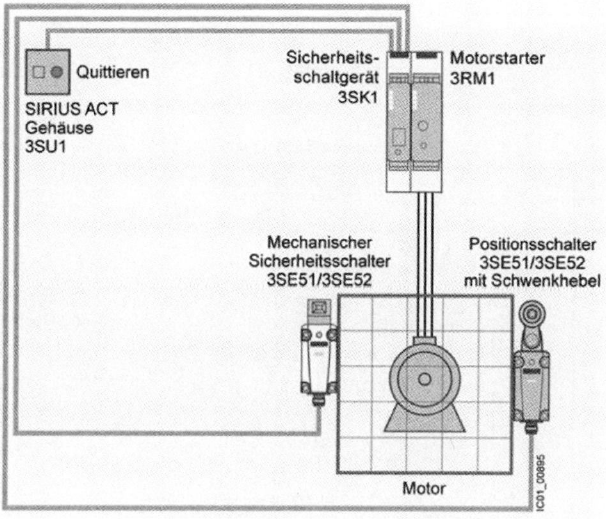


Quelle: Firma Siemens

**Bild 11.9** Schutztürüberwachung Motorstarter 3RM1 und Sicherheitsschaltgerät 3SK1

Praxis die höchsten Sicherheitsanforderungen bis SIL 3 nach der EN IEC 62061 (siehe Abschnitt 11.17.1) oder PL (e) nach EN ISO 13849-1 bei der Auslegung von Steuerungen.

In Abschnitt 11.10 wird die konkrete Planung eines Sicherheitskreises dargestellt und erklärt. Die SIL-Level der EN IEC 62061 werden außerdem in Abschnitt 11.17 näher betrachtet.

## 11.10 Konkrete Planung eines Sicherheitsrelais am Beispiel der Förderbandanlage

Um den Betrieb der drei Förderbänder aus Abschnitt 3.6 für das Bedienpersonal möglichst sicher zu gestalten, wird bei der Projektierung die europäische Norm EN IEC 62061 und die DIN EN 60204-1 (VDE 0113-1) zugrunde gelegt. In **Bild 11.10** ist der Entwurf eines kompletten Sicherheitsstromkreises aufgezeichnet. Im Mittelpunkt steht dabei das Sicherheitsrelais „PNOZ X3“ der Firma Pilz. Ein Sicherheitsrelais enthält grundsätzlich Freigabe- und Rückführkreise, die wiederum zwei intern vorhandene Relais (Klemmen 13-14 23-24 33-34) schalten. Da diese internen Relais in Reihe geschaltet sind, wird erst bei Vorliegen aller sicherheitstechnischen Vorkehrungen die Freigabe für das Einschalten der Motorsteuerung erteilt. Die Freigabe bedeutet hier konkret das Einschalten des Freigabeschützes Q1 an Klemme 14 des Sicherheitsrelais und das damit verbundene Schließen der Lastkontakte von Q1 im Hauptstromkreis. Erst jetzt können die Förderbandmotoren über die Motorschütze K1, K2 und K3 eingeschaltet werden.

Im oberen Bereich des Sicherheitsrelais ist das Not-Halt-Schaltgerät mit Zwangsöffnung in zweikanaliger und somit redundanter Ausführung zu sehen, dass über die Anschlüsse S11 und S22 die Freigaben erteilt.

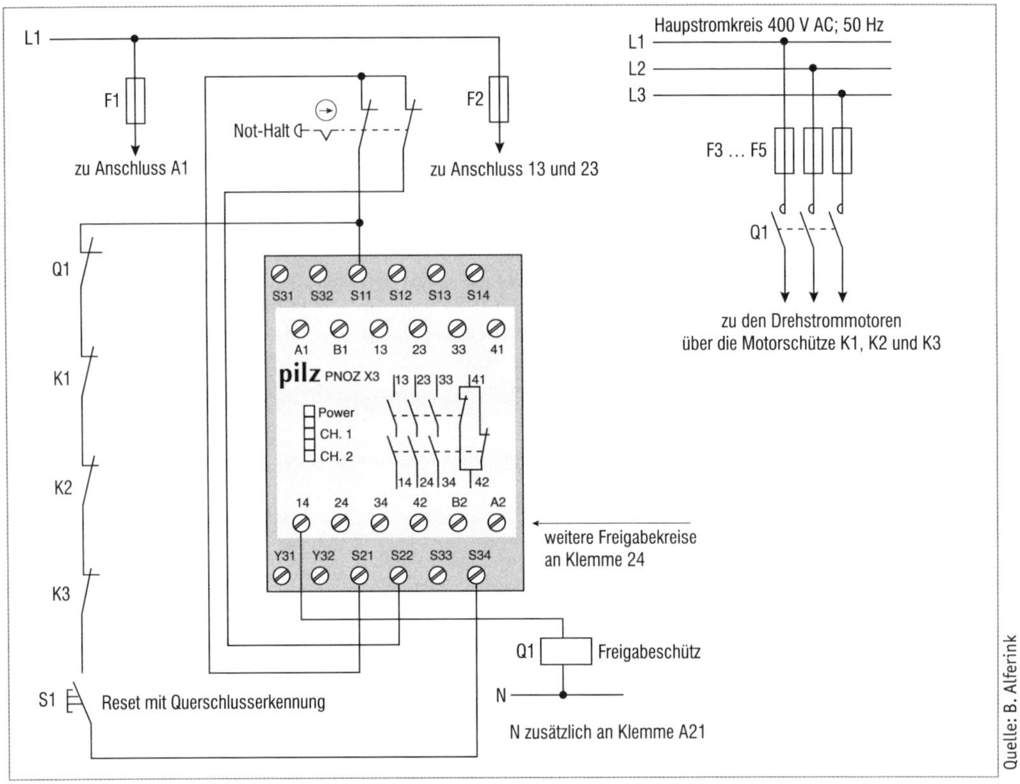


**Bild 11.10** Anschlussplan Sicherheitsrelais PNOZ X3 der Firma Pilz

Die Öffner der Motorschütze K1, K2 und K3 sowie der Öffner des Freigabeschützes Q1 sind in Reihe geschaltet und bilden gemeinsam mit dem Reset-Taster S2 den Rückführkreis des Sicherheitsrelais. Die Motorschütze müssen in dieser Anwendung als Schütze mit Spiegelkontakt nach der Norm IEC 60947-4-1 (Norm zur sicheren Ausführung von Schützen und Motorstartern, auch VDE 0660-102) ausgelegt sein (siehe Abschnitt 2.1.2). In **Bild 11.11** ist die Funktion eines Schützes mit Spiegelkontakt dargestellt.

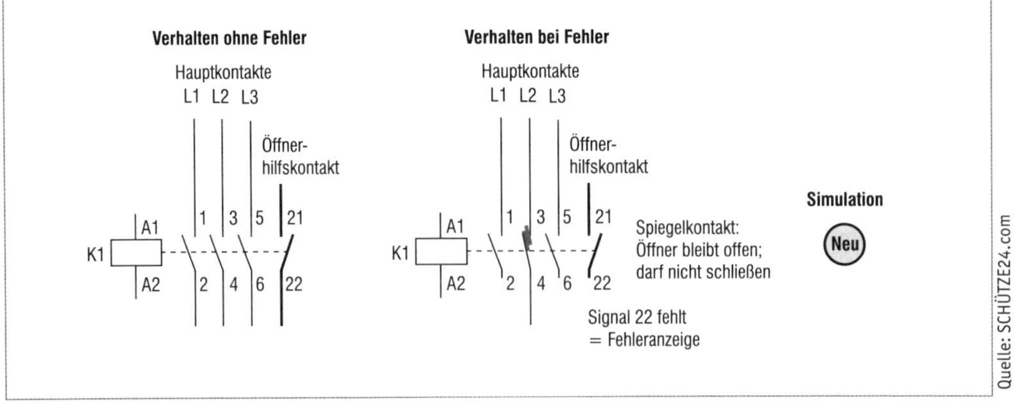


**Bild 11.11** Funktion eines Motorschützes mit Spiegelkontakt

Klemmt beim Abschalten eines Motorschützes K1 ein Schließerkontakt des Hauptstromkreises, so fällt der Öffnerhilfskontakt 21-22 nicht in die Ruhelage NC zurück, obwohl die Spule A1-A2 des Schützes K1 nicht mehr an Spannung liegt. Bezogen auf den Rückführkreis des Sicherheitsrelais bedeutet das, dass eine Freigabe infolge des offenen Öffners 21-22 von K1 nicht erfolgen kann. Gleiches gilt für die Schütze Q1, K2 und K3.

Die Auswertung des Schaltsignals des Reset-Tasters S1 ist im Sicherheitsrelais mit einer Querschlusserkennung ausgestattet. Das bedeutet, dass nur eine ansteigende Signalflanke von S2 eine Freischaltung des Rückführkreises bewirkt. Ein statischer Signalzustand 1 auf Taster S2 bewirkt somit keine Freigabe.

Eine weitere Möglichkeit, die Sicherheit für Anlagen unter rauen Betriebsbedingungen zu erhöhen, sind selbstüberwachende Schaltkontakte in den Not-Halt-Schaltgeräten (**Bild 11.12**).

Diese selbstüberwachenden Schaltkontakte werden in der Praxis auch SMC-Kontakte (**S**elf **M**onitoring **C**ontact) genannt und als Kontaktblock komplett mit dem Schaltgerät ausgeführt.

Mit diesen schaltungstechnischen Maßnahmen lässt sich die Sicherheit für das Bedienpersonal deutlich erhöhen.

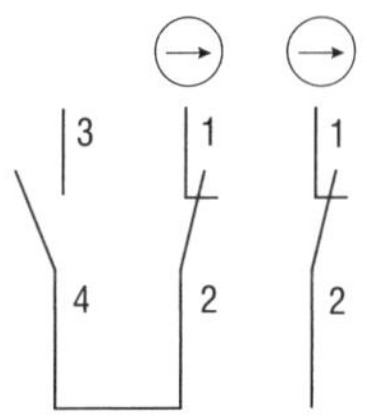


Der Schließer NO 3-4 wird beim Zusammenbau des Schaltgeräts geschlossen und hat schaltungstechnisch keine Funktion. Erst bei Beschädigung oder Zerstörung des Schaltgerätegehäuses öffnet er und trennt die Steuerung sofort vom Netz. Betriebsmäßig arbeiten die beiden Öffner NC 1-2 in zweikanaliger Ausführung in der Not-Halt-Funktion, was durch die beiden Richtungspfeile angedeutet wird.

Quelle: B. Alferink

**Bild 11.12** Aufbau eines selbstüberwachenden Schaltkontakts

## 11.11 Berührungslose Positionsschalter

Die Zuhaltung von beweglichen Schutztüren lassen sich neben herkömmlichen mechanischen Kontaktschaltern vorteilhaft und sicherer mit berührungslosen Sicherheitsschaltern überwachen, die den höchsten Sicherheitsanforderungen nach SIL 3 nach der EN IEC 62061 genügen (**Bild 11.13**).

Die Sicherheitszuhaltung bewirkt, dass eine Schutztür oder eine sonstige verschiebbare Schutzabdeckung wie beispielsweise Schutzhauben oder Schutzgitter erst dann geöffnet werden können, wenn keine Gefahr mehr durch rotierende Maschinen und deren Nachlaufbewegungen besteht.

Mit integrierten RFID-Sensoren (**R**adio **F**requency **Id**entification), die mit einem Sender-Empfänger-System ausgestattet sind, überwachen sie die exakte Position und damit die exakte Ruhelage der Schutztür. Somit bieten sie auch Schutz vor gefährlichen Nachlaufbewegungen der Tür beim Schließen.

Quelle: Firma Siemens

**Bild 11.13** Berührungsloser Sicherheitsschalter SIRIUS 3SE6 der Firma Siemens

## 11.12 Schutztürüberwachung mit RFID-Sicherheitsschalter

In **Bild 11.14** ist die Schutztürüberwachung mit einem RFID-Sicherheitsschalter mit Zuhaltung zu sehen. Die Schütze zum Schalten des Motors werden über die F-CPU (siehe Abschnitt 11.15) gesteuert; zunächst das Freigabeschütz und in Reihe dahinter das Motorschütz.

Diese Schutztürüberwachung erreicht die Sicherheitsanforderungen bis SIL 3 nach der EN IEC 62061 und vergleichbar den Performance Level der Kategorie PL (e) nach der EN ISO 13849-1.

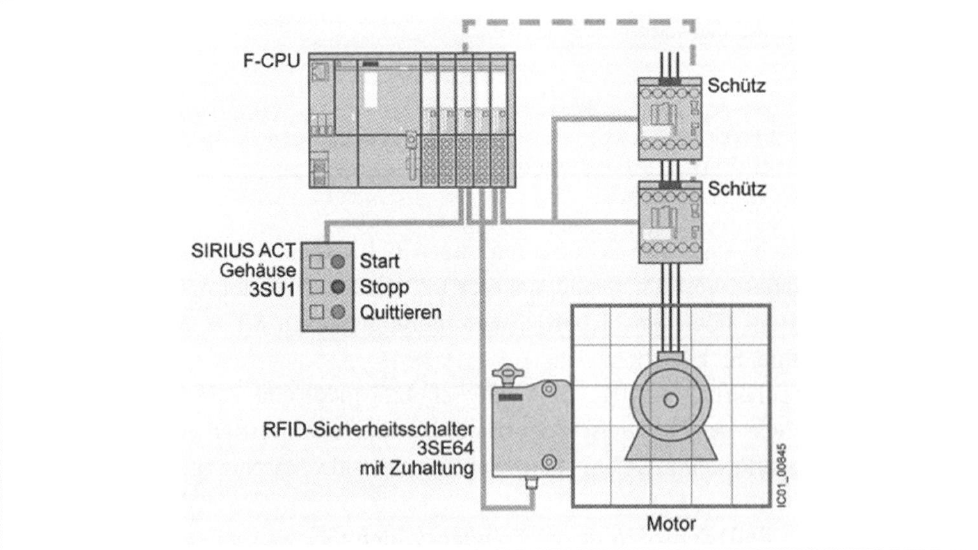


Quelle: Firma Siemens

**Bild 11.14** Schutztürüberwachung mit RFID-Sicherheitsschalter 3SE64

## 11.13 Motorstarter mit Safety-Funktion

Eine häufig verwendete Safety-Variante für kleinere Elektromotoren mit bis zu 3 kW Bemessungsleistung ist die Kombination aus Sicherheitsschaltgerät 3SK3 und Safety-Motorstarter 3RM1 der Firma Siemens (Bild 11.9).

Praktische Einsatzmöglichkeiten für diese Kombination bestehen in der Fördertechnik oder auch in der Steuerung von Werkzeugmaschinen.

In **Bild 11.15** ist diese Variante aus Leistungsschalter, Sicherheitsrelais und drei Motorstartern im sogenannten Gruppenaufbau im praktischen Einbau auf Hutschiene zu sehen:

Der Leistungsschalter überwacht dabei alle drei Motoren. Über ein spezielles Verdrahtungssystem werden die drei Leiter des Hauptstromkreises unten am Anschluss des Motorstarters nur einmal aufgelegt und dann über die 3-Leiter-Sammelschiene verteilt. Dabei wird eine große Platzersparnis im Vergleich zum konventionellen Aufbau mit Schützen erreicht.

Der Motorstarter vereinigt in seiner kompakten Bauweise funktional das Schütz und die Motorschutzeinrichtung in einem Gerät. Der Bemessungsstrom des Motors ist vorn am Gerät einstellbar.

Diese Variante des Motorstarters mit Safety-Funktion für das sicherheitsgerichtete Abschalten des Antriebs erreicht die Sicherheitsanforderungen bis SIL 3 nach der EN IEC 62061 und den Performance Level der Kategorie PL (e) nach der EN ISO 13849-1.

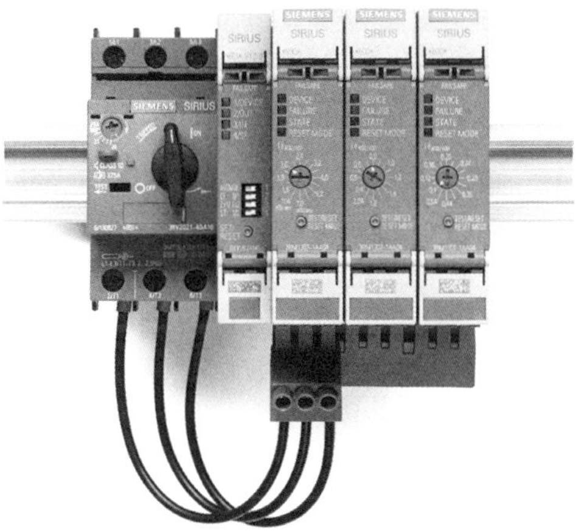

Quelle: Firma Siemens

**Bild 11.15** Gruppenaufbau Motorstarter Siemens Sirius mit Safety-Funktion

## 11.14 Sicherung von Gefahrbereichen mit Lichtvorhängen

Mit Sicherheitslichtvorhängen (**Bild 11.16**) lassen sich Gefahrbereiche von Maschinen oder Maschinenanlagen berührungslos zweidimensional überwachen. Der Lichtvorhang als berührungslos wirkende Schutzeinrichtung bietet sowohl Zugangsschutz zur laufenden Maschine als auch Berührungsschutz für Hand und Finger.

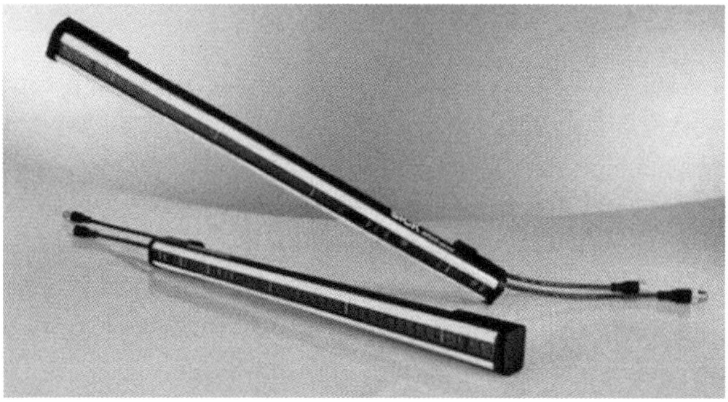

Quelle: Firma SICK Sensor Intelligence

**Bild 11.16** Sicherheitslichtvorhänge

Lichtvorhänge bestehen aus einem Sender und einem Empfänger. Dazwischen liegt das Schutzfeld, also das überwachte zweidimensionale Feld des Lichtvorhangs (**Bild 11.17**).

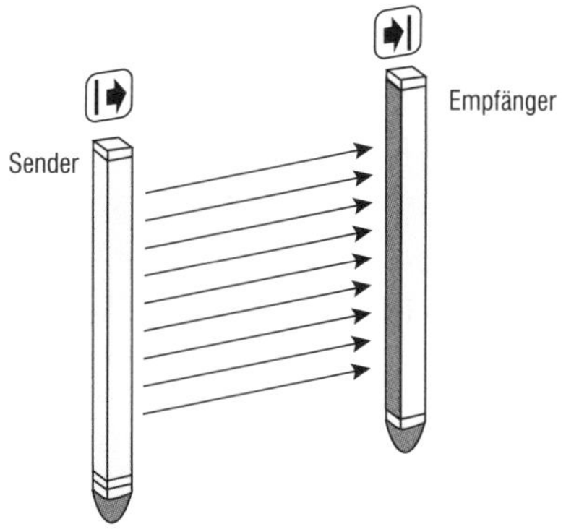


Quelle: Firma Siemens

**Bild 11.17** Schematische Funktion eines Lichtvorhangs

Bei Verletzung des Schutzfelds liefert der Empfänger binäre Signale an zwei fehlersichere Schaltausgänge der SPS. Diese Ausgänge sind sogenannte OSSD-Ausgänge (**O**utput **S**witching **S**ignal **D**evice, auch Sicherheitsausgänge genannt) und sind funktional zusammenhängend, werden aber getrennt voneinander ausgewertet. Bei Verletzungen des Schutzfelds schalten beide OSSD-Ausgänge ab und befinden sich im Signalzustand 0. Die beiden ausgeschalteten Ausgänge liefern ein Rückkopplungssignal auf die fehlersichere digitale Eingangsbaugruppe F-DI und über die Auswertung im PAE wird programmtechnisch die Maschine abgeschaltet.

OSSD-Schaltausgänge als Teil der berührungslos wirkenden Schutzeinrichtung müssen den Anforderungen der Norm EN IEC 61496-1 (Norm für die Sicherheit von Maschinen, hier berührungslos wirkende Schutzeinrichtungen) entsprechen.

Sicherheitsvorhänge werden an einer F-CPU mit fehlersicheren Peripheriebaugruppen betrieben und bieten die höchsten Sicherheitsanforderungen bis SIL 3 nach der EN IEC 62061.

## 11.15 Die fehlersichere CPU

Eine fehlersichere CPU ist in ihrer Bezeichnung durch die Endung F für „Failsafe" zu erkennen, beispielsweise CPU Typ S7-1516F der Firma Siemens (**Bild 11.18**). An ihrer gelben Markierung ist die F-CPU im Schaltschrank gut zu erkennen, gleiches gilt für die Peripheriebaugruppen. Die Besonderheit einer F-CPU im Vergleich zu einer herkömmlichen

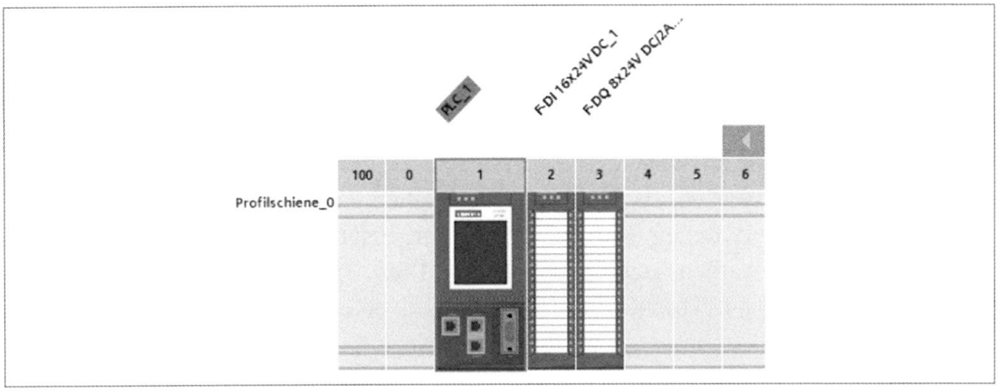


Quelle: Firma Siemens

**Bild 11.18** Hardwarekonfiguration eines F-Systems mit einer CPU vom Typ S7-1516F-3

CPU ist der redundante Aufbau. Im Prinzip enthält eine F-CPU zwei Prozessoren, die sich im gegenseitigen Betrieb ergänzen und überwachen. Durch die Koexistenz dieser zwei Prozessoren in der F-CPU ist es möglich, die grundlegende Steuerung der Anlage und das sicherheitstechnische Programm in einer CPU unterzubringen. In den früheren Jahren mussten für diese Zwecke zwei getrennte Systeme projektiert werden, die anschließend über einen Gateaway gekoppelt wurden. Aufwendige und komplexe Projektierungen sowie hohe Kosten waren die Folge. Das spezielle Bussystem für die Kommunikation der Safety-Komponenten ist das ProfiSafe, statt wie sonst üblich Profinet oder Profibus. Die F-CPU kann nur als fehlersichere CPU arbeiten, wenn auch das Softwaretool STEP 7 Safety installiert und lizensiert ist. Ansonsten kann sie nur als Standard CPU projektiert werden, trotz der fehlersicheren Ausführung.

Bei der Projektierung der F-CPU ist es möglich, dass Standard-Anwenderprogramm und das Sicherheitsprogramm (F-Programm) unabhängig voneinander laufen zu lassen. Zur Unterscheidung werden alle Teile des Sicherheitsprogramms gelb hinterlegt. Die F-Fähigkeit der F-CPU muss in der Bereichsnavigation unter „Fehlersicherheit" aktiviert werden. Mit der Aktivierung unter „F-Aktivierung einschalten" arbeitet die CPU jetzt als F-CPU. Die PROFI-Safe-Adressen der F-CPU können im Adressbereich „F-Parameters" festgelegt werden und müssen von den Standardadressparametern deutlich zu unterscheiden sein (**Bild 11.19**).

In den F-DI-Baugruppen muss die Diskrepanzzeit eingestellt werden. Wird hier beispielsweise ein Zeitwert von 100 ms vorgegeben, dann erfolgt die Reaktion der F-Baugrup-

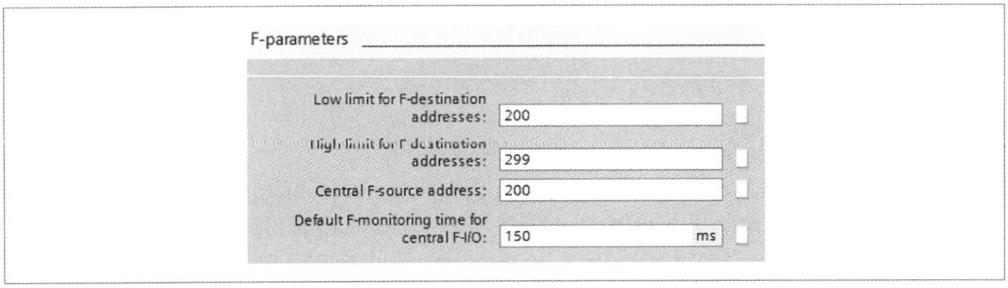


Quelle: Firma Siemens

**Bild 11.19** Adressierung eines F-Systems

pe auf veränderte Signale spätestens nach Ablauf dieser Zeit. Bei Überschreitung der eingestellten Diskrepanzzeit oder bei einem Zeitversatz einer zweikanaligen Baugruppe geht die Baugruppe mit einem „Diskrepanzfehler“ auf Störung.

Die Programmierung im Funktionsplan FUP ist auch im Sicherheitsprogramm möglich, allerdings sollte auf die Verwendung von Zeiten (TON, TP, TOF) oder Sprungfunktionen möglichst verzichtet werden, da diese mit zusätzlichen Absicherungen verbunden sind. Beim Datenaustausch zwischen Standard- und Sicherheitsprogramm sollten globale Datenbausteine verwendet werden, keine Merker (**Bild 11.20**). Zum Schutz vor unbefugtem Zugriff auf die Daten der F-CPU sollte diese unbedingt mit einem Passwort geschützt werden.

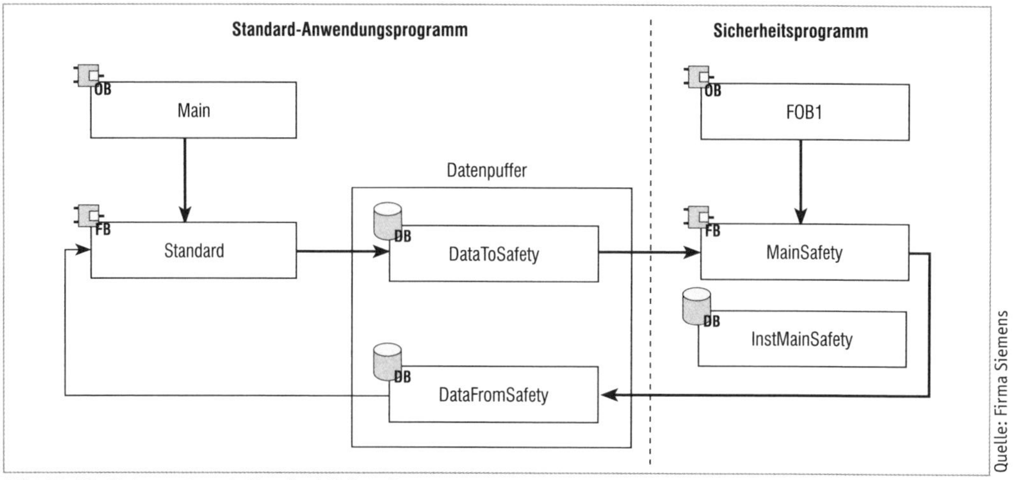


**Bild 11.20** Datenaustausch Standard-Safety-Programm

## 11.16 Sichere Stromversorgung mit Selektivitätsmodul

In Steuerungs- und Automatisierungsanlagen werden zum Leitungsschutz häufig konventionelle Leitungsschutzschalter (LS-Schalter) eingesetzt. Da LS-Schalter im Fehlerfall für die Auslösung kurzzeitig ein Mehrfaches des Nennstroms benötigen, ist eine sichere Abschaltung im Zusammenspiel mit geregelten Netzteilen nicht immer gewährleistet. Geregelte Netzteile begrenzen bei Überlastung ihren Ausgangsstrom, sodass einerseits der LS-Schalter nicht zur Auslösung kommt und andererseits die Spannungsversorgung 24 V DC des Netzteils einbricht, was eine Störung der SPS zur Folge haben könnte. Auch für den sicheren Betrieb empfindlicher Sensoren – speziell in sicherheitsgerichteten Anwendungen – ist dieses Strom-/Spannungsverhalten der Netzteile eher ungünstig.

Bei hohen Strömen im Bereich der Netzteile mit der Versorgungsspannung 24 V DC ist der Leitungswiderstand zu berücksichtigen, da er infolge des hohen Spannungsfalls an der Leitung ein sicheres Auslösen eines LS-Schalters verhindert.

Eine Möglichkeit der sicheren Stromversorgung einer Automatisierungsanlage ist der Einbau eines sogenannten Selektivitätsmoduls zwischen Netzteil und den Komponenten der Anlage. Wie in **Bild 11.21** zu sehen, verteilt das Selektivitätsmodul den Laststrom der „LOGO. Power“ auf vier Abzweige und überwacht diese auf Überlast und Kurzschluss.

Mit einem Selektivitätsmodul 24 V DC kann der Auslösestrom des zu versorgenden Abzweigs – wie beispielsweise für die LOGO-Steuerung in Bild 11.21 – individuell auf die Last des Abzweigs angepasst und eingestellt werden, sodass eine sichere Auslösung immer gewährleistet ist.

Das Anlaufverhalten mit zu erwartenden Stromspitzen beim Einschalten der Anlage kann auf bis zu 150 % des eingestellten Nennstroms eingestellt werden. Die Versorgungsspannung kann im Einschaltmoment auf bis zu 15 V DC absinken, ohne dass eine Abschaltung erfolgt. Bricht im Normalbetrieb die Versorgungsspannung infolge eines starken Stromanstieges auf unter 20 V DC ein, so erfolgt eine sofortige Abschaltung.

In **Bild 11.22** ist ein Selektivitätsmodul mit Anschlüssen und Verstellschrauben zum Einstellen der Ströme der einzelnen Zweige der Automatisierungsanlage zu sehen.

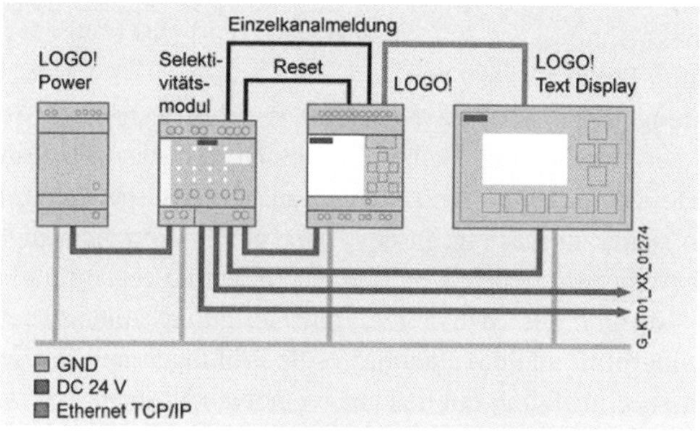


**Bild 11.21** Selektivitätsmodul zur sicheren Stromversorgung

Quelle: Firma Siemens

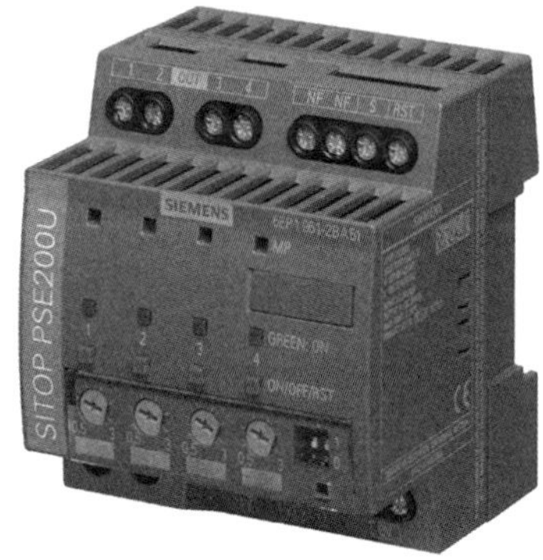


**Bild 11.22** Selektivitätsmodul 24 V DC vom Typ SITOP PSE200U der Firma Siemens

Quelle: Firma Siemens

## 11.17 Sicherheitsintegrität nach EN IEC 62061 (VDE 0113-50)

Auf Basis der europäischen Norm EN IEC 62061 (International Electrotechnical Commission; Globale Organisation zur Erarbeitung internationaler Standards im Bereich Elektrotechnik) lässt sich bei der Projektierung einer elektrisch gesteuerten Maschine ein hoher Sicherheitsstandard erreichen. Die Norm unterteilt die Sicherheitsstandards in drei Kategorien, von SIL 1 bis SIL 3, wobei SIL für „Safety Integrity Level" steht.

In diesem Zusammenhang sei erwähnt, dass die Norm EN ISO 13849 (**I**nternational **S**tandardization **O**rganisation; weltweiter Zusammenschluss von Normungsorganisationen mit dem Schwerpunkt auf elektrotechnische Technologien) auf der gleichen Ebene der Typ-B-Gruppennormen wie die EN IEC 62061 liegt und die Sicherheitsstandards in fünf Kategorien – sogenannte Performance Levels PL – einteilt. Diese reichen von PL (a) bis PL (e). Beide Normen definieren Anforderungen – sowohl funktional als auch sicherheitstechnisch – für sicherheitsrelevante Steuerungen.

In **Bild 11.23** wird sich jedoch auf die Umsetzung der EN IEC 62061 und damit auf die Ermittlung und Zuordnung des SIL-Levels beschränkt.

**Bild 11.23** Struktur der Vorgehensweise nach EN IEC 62061

Elementar wichtig bei der Vorgehensweise zur Errichtung einer sicheren Maschine ist eine festgelegte Struktur nach Bild 11.23. Basierend auf Normen und Richtlinien erfolgt zunächst die Risikobeurteilung. Es wird überprüft, wie die Maschine gestaltet und ausgerüstet sein muss, um ihren Betrieb für den Menschen sicher zu machen. In der Phase der Risikominderung werden konkrete technische Maßnahmen zum sicheren Betrieb der Maschine geplant und umgesetzt. In der Phase „Nachweis" werden alle Maßnahmen zur Gestaltung einer sicheren Maschine auf ihre Wirksamkeit überprüft und dokumentiert. Alle Prüfungen und Nachweise basieren auf die Konformität (hier: Einhaltung) mit den angewendeten Normen.

### 11.17.1 Vorgehensweise bei der Ermittlung des SIL-Levels

Die Klassifizierung K der einzelnen SIL erfolgt nach einer Risikobeurteilung und richtet sich nach der möglichen Schwere der Verletzung S eines Unfalls, nach der Häufigkeit und Dauer der Maschinenbedienung F und aufgrund der Wahrscheinlichkeit einer auftretenden Gefahr durch die Maschine W sowie nach den Möglichkeiten zur Vermeidung von Schäden P.

Die Klassifikationen F, W und P erhalten je nach ermitteltem Gefahrenlevel Punkte. Diese Punkte aus F, W und P werden addiert und einer möglich Schwere der Verletzung S zugeordnet (**Tabelle: 11.2**).

Aus der Summe der Punkte von F, W und P und der zugeordneten Schwere S der Verletzung wird dann der entsprechende SIL zugeordnet (**Bild 11.24**).

| **Auswirkung eines Unfalls** | **Schwere der Verletzung S / Gewichtung** |
|---|---|
| Tod, Verlust eines Auges oder Arms | 4 |
| Knochenbruch, Verlust eines Fingers | 3 |
| medizinische Behandlung / Arzt notwendig | 2 |
| Erste Hilfe erforderlich | 1 |

Quelle: B. Alferink

**Tabelle 11.2** Klassifizierung der Unfallschwere

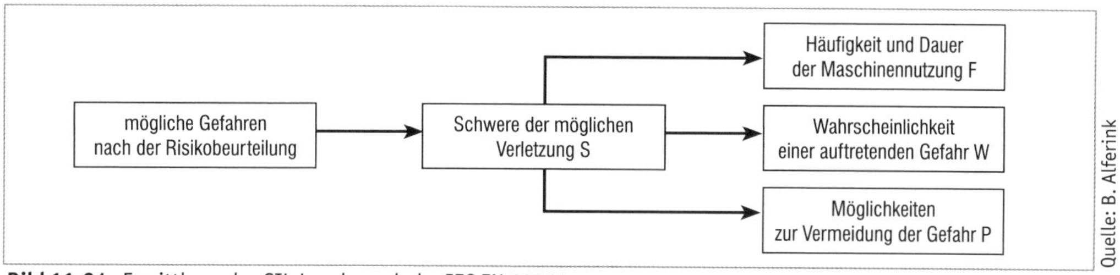


**Bild 11.24** Ermittlung des SIL-Levels nach der IEC EN 62061

Im Folgenden wird die Ermittlung des SIL-Levels detailliert dargestellt.

1. Ermitteln der Punkte für „Häufigkeit und Dauer der Maschinennutzung F" (**Tabelle 11.3**).

| F (Häufigkeit und Dauer) | Punkte |
|---|---|
| ≥ 1 Mal pro Stunde, ständige Nutzung | 5 |
| < 1 Mal pro Stunde, aber mindestens 1 Mal täglich | 5 |
| < 1 pro Tag bis mindestens 1 Mal 14-tägig | 4 |
| < 1 Mal 14-tägig bis mindestens 1 Mal pro Jahr | 3 |
| < 1 Mal pro Jahr, sehr seltene Nutzung | 2 |

Quelle: B. Alferink

**Tabelle 11.3** Klassifizierung von Häufigkeit und Dauer der Maschinennutzung

2. Ermitteln der Punkte für die „Wahrscheinlichkeit einer auftretenden Gefahr W" (**Tabelle 11.4**).

| W (Gefahrenwahrscheinlichkeit) | Punkte |
|---|---|
| häufiges Auftreten einer Gefährdung | 5 |
| wahrscheinliches Auftreten einer Gefährdung | 4 |
| mögliches Auftreten einer Gefährdung | 3 |
| seltenes Auftreten einer Gefährdung | 2 |
| vernachlässigbares Auftreten einer Gefährdung | 1 |

Quelle: B. Alferink

**Tabelle 11.4** Klassifizierung der Eintrittswahrscheinlichkeit

3. Ermitteln der Punkte für die „Vermeidung einer möglichen Gefahr P" (**Tabelle 11.5**).

| P (Möglichkeit zur Gefahrenvermeidung) | Punkte |
|---|---|
| unmöglich (Arbeit an der Maschine ist grundsätzlich gefährlich. Eingewiesenes und qualifiziertes Personal für die Maschinenbedienung zwingend erforderlich.) | 5 |
| möglich (durch Sicherheitsausrüstung an der Maschine) | 3 |
| wahrscheinlich (weitgehend sicherer Betrieb der Maschine möglich) | 1 |

Quelle: B. Alferink

**Tabelle 11.5** Klassifizierung der Gefahrvermeidung P

4. Ermitteln der Klassifizierung K.
   Die Summe der ermittelten Punkte aus F, W und P wird jetzt der möglichen Schwere der Verletzung (Schadenausmaß S) in **Tabelle 11.6** zugeordnet.

| S | Klassifizierung K | | | | |
|---|---|---|---|---|---|
| | 3 … 4 | 5 … 7 | 8 … 10 | 11 … 13 | 14 … 15 |
| 4 | SIL 2 | SIL 2 | SIL 2 | SIL 3 | SIL 3 |
| 3 | | | SIL 1 | SIL 2 | SIL 3 |
| 2 | | | | SIL 1 | SIL 2 |
| 1 | | | | | SIL 1 |

Quelle: B. Alferink

**Tabelle 11.6** Ermittlung und Klassifizierung der SIL-Level

*Beispiel:* Wird eine Maschine im Dauerbetrieb in der Produktion durch Menschen ständig bedient, so ergibt sich für F die Punktzahl 5. Ist eine Gefährdung des Menschen durch das Bedienen der Maschine möglich, so ergibt sich für W die Punktzahl 3. Sind die möglichen Gefährdungen des Menschen durch eine sichere Gestaltung und Ausstattung der Maschine möglich, so ergibt sich für P die Punktzahl 3.

Die Summe aus F, W und P ergibt die Zahl 11. Ist bei Auftreten eines Unfalls ein Knochenbruch des Maschinenbedieners als Schwere der Verletzung möglich, so ergibt sich für die Zahl 11 die Zuordnung zur Gewichtung 3 unter S und somit ein SIL 2 der Maschine nach der Klassifizierung K.

### 11.17.2 Beispiel einer sicheren Maschine nach EN IEC 62061

Nach der erfolgten Risikobeurteilung der Maschine und der damit verbundenen Ermittlung des SIL-Levels und der sicheren Gestaltung und Ausrüstung der Maschine könnte eine sichere Maschine in der Praxis wie in **Bild 11.25** aussehen.

Die Werkzeugmaschine ist mit ihren Antrieben, rotierenden Teilen und Werkzeugen komplett eingehaust. Das rotierende Teil der Maschine ist farblich (rot/weiß) deutlich gekennzeichnet. Die transparente Schutztür ist durch einen Türkontaktschalter gegen unbefugtes Öffnen geschützt. Beim Öffnen der Schutztür wird der Maschinenantrieb nach den Stopp-Kategorien der DIN EN 60204-1 (VDE 0113) sofort stillgesetzt.

Ein Not-Halt-Taster ist frei zugänglich und deutlich sichtbar in der Nähe der Schutztür der Maschine angeordnet. Auch im Not-Halt-Fall wird der Antrieb der Maschine sofort stillgesetzt.

Beim Berühren der produzierten Werkstücke sind mit dem Hinweis eines Gebotsschilds Schutzhandschuhe zu tragen.

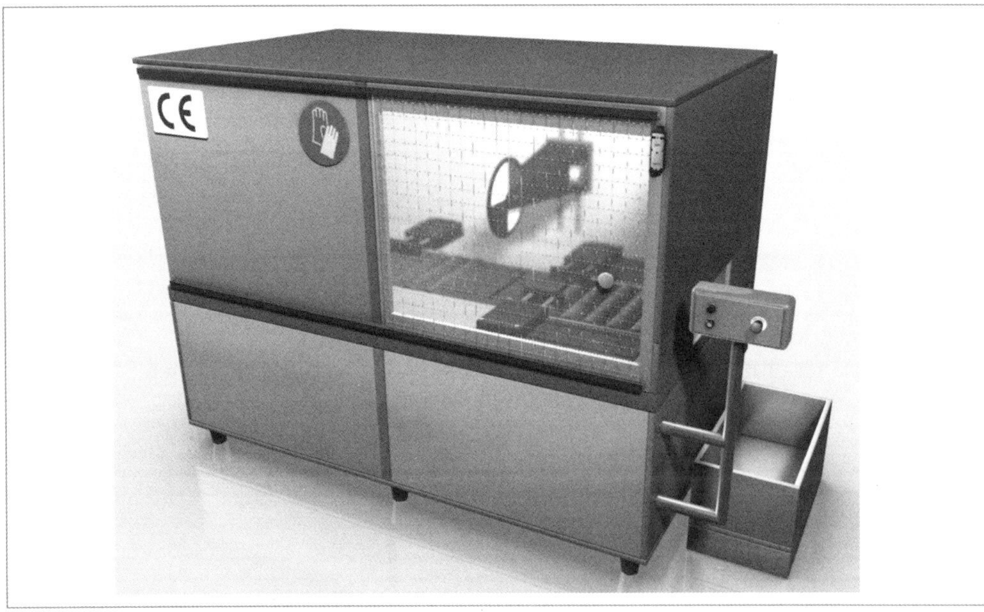


Quelle: Firma Siemens

**Bild 11.25** Sichere Maschine nach EN IEC 62061

Durch all diese Maßnahmen von der Risikobeurteilung bis zu den konkreten Maßnahmen zur Risikominderung ist die Maschine für den bestimmungsgemäßen täglichen Gebrauch ausreichend sicher. Die letzte Phase dieses Prozesses ist die Nachweisphase. Hier werden alle Maßnahmen auf ihre Konformität mit den geltenden Vorschriften zur Maschinensicherheit überprüft und dokumentiert. Die sogenannte Validierung liefert im Ergebnis, dass alle Sicherheitsanforderungen an die Maschine erfüllt sind. Die abschließende CE-Kennzeichnung (**C**onformité **E**uropéenne, Europäische Konformität) rundet das ganze Verfahren ab.

# Anhang

## Anhang 1 IP-Schutzarten zur Klassifizierung des Schutzes vor Festkörpern und Flüssigkeiten

Um elektrische Betriebsmittel bezüglich ihres Schutzes vor Festkörpern und Flüssigkeiten zu klassifizieren, ordnet man sie in der international gültigen **Tabelle A.1**.

| 1. Ziffer | Schutz vor Festkörpern | 2. Ziffer | Schutz vor Flüssigeiten |
|---|---|---|---|
| 0 | kein Schutz | 0 | kein Schutz |
| 1 | mit Durchmesser > 50 mm | 1 | senkrechtes Tropfwasser |
| 2 | mit Durchmesser > 12,5 mm | 2 | schräges Tropfwasser |
| 3 | mit Durchmesser > 2,5 mm | 3 | Sprühwasser |
| 4 | mit Durchmesser > 1,0 mm | 4 | Spritzwasser |
| 5 | Staub in schädigender Menge | 5 | Strahlwasser |
| 6 | staubdicht | 6 | starkes Strahlwasser/Überflutung |
| | | 7 | zeitweises Untertauchen |
| | | 8 | dauerndes Untertauchen |
| | | 9 | Hochdruck und Dampfstrahl |

Quelle: Siemens Industry-Bilddatenbank

**Tabelle A.1** IP-Schutzarten

### Anhang 1.1 Beispiele aus der Praxis

Der Schutz vor Flüssigkeiten wird in der DIN VDE 0100-737 explizit gefordert. So sind elektrische Betriebsmittel bei gelegentlichen Reinigungsvorgängen mit nicht direktem Abspritzen mindestens mit der Schutzart IP X4 (Spritzwasser) auszulegen. Werden diese Betriebsmittel zu Reinigungszwecken dagegen direkt abgespritzt, wie beispielsweise in Metzgereien, dann ist die Schutzart IP X5 (Strahlwasser) anzuwenden. Ein elektrisches Betriebsmittel mit der Schutzart IP68 ist beispielsweise eine Tauchpumpe, die in einem Pumpensumpf dauerhaft „untergetaucht" ihre Arbeit verrichtet.

In der Praxis ist auch die sogenannte „Fingersicherheit" bei der Auslegung von elektrischen Anlagen und Betriebsmitteln üblich. Dies entspricht der Schutzart IP 2X, sodass mit dem Finger kein Kontakt zu stromführenden Teilen hergestellt werden kann.

Darüber hinaus gibt es auch den Begriff „Handrückensicher", was der Schutzart IP1X entspricht und den Bediener des Betriebsmittels vor zufälligen Berührungen grob schützt. Die Schutzart IP3X bietet Schutz vor dem Eindringen von Werkzeugen und IP4X bietet Schutz vor dem Eindringen von Drähten.

In der Praxis der elektrischen Steuerungstechnik gibt es beispielsweise laut DIN EN 60204-1 (VDE 0113) die Forderung, dass Schaltgerätekombinationen auf Basis der Norm DIN EN IEC 61439 (Norm für Niederspannungsschaltgerätekombinationen, VDE 0660-600) mindestens in der Schutzart IP22 ausgeführt sein müssen.

## Anhang 2 Betriebsarten von elektrischen Maschinen

In der Norm DIN EN 60034-1 (Norm für „Drehende elektrische Maschinen") sind zehn unterschiedliche Betriebsarten (S1 bis S10) für elektrische Maschinen gelistet, die die Maschinen/Elektromotoren/Drehstrommotoren in ihren unterschiedlichen Belastungen im Betrieb differenzieren. Je nach Einsatzzweck des Motors spielt die passende Betriebsart eine wichtige Rolle bei der Auslegung des Antriebs (**Tabelle A2**).

| Betriebsart | Belastung des Elektromotors | thermisches Verhalten |
|---|---|---|
| S1 | Dauerbetrieb;<br>konstante Belastung von unbegrenzter Dauer; Beispiel: Abwasserpumpe aus Abschnitt 5.1 | Thermischer Beharrungszustand befindet sich auf Betriebstemperatur. |
| S2 | Kurzzeitbetrieb;<br>konstante Belastung mit nachfolgender Pause und Absinken der Motortemperatur;<br>Beispiel: Torsteuerungen | Thermischer Beharrungszustand wird infolge von Pausen nicht erreicht. |
| S3 | periodischer Aussetzbetrieb;<br>Abfolge von identischen Schaltspielen aus Belastung und Pause (Spieldauer 10 min);<br>Beispiel: Hebezeuge aus Abschnitt 5.8 | Thermischer Beharrungszustand wird infolge von Pausen nicht erreicht. |
| S4 | periodischer Aussetzbetrieb mit Einfluss des Anlaufvorgangs;<br>Wie S3, jedoch setzt sich das Spiel aus Anlauf-Belastung-Pause zusammen. | Thermischer Beharrungszustand wird infolge von Pausen nicht erreicht. |
| S5 | periodischer Aussetzbetrieb mit elektrischer Bremsung;<br>Wie S4, jedoch setzt sich das Spiel aus Anlauf-Belastung-Bremse-Pause zusammen. | Thermischer Beharrungszustand wird infolge von Pausen nicht erreicht. |
| S6 | ununterbrochener periodischer Betrieb;<br>Spiel setzt sich aus Anlauf-Belastung-Leerlauf zusammen, jedoch ohne Pause.<br>Beispiel: Positioniersteuerung | Thermischer Beharrungszustand wird infolge von Pausen nicht erreicht. |
| S7 | ununterbrochener periodischer Betrieb mit elektrischer Bremsung;<br>Spiel setzt sich aus Anlauf-Belastung-Bremse zusammen, jedoch ohne Pause. | Thermischer Beharrungszustand wird infolge von Pausen nicht erreicht. |
| S8 | ununterbrochener periodischer Betrieb mit Veränderungen der Last und der Drehzahl;<br>wechselnde Belastungen bei unterschiedlichen Drehzahlen | Thermischer Beharrungszustand wird infolge von Pausen nicht erreicht. |
| S9 | nichtperiodischer Betrieb mit Veränderungen der Last und der Drehzahl;<br>Beispiel: Windkraftgeneratoren | Thermischer Beharrungszustand wird erreicht. |
| S10 | Betrieb mit einzelnen konstanten Belastungen, jedoch dürfen Leerlauf und Pausen enthalten sein. | Thermischer Beharrungszustand wird erreicht. |

Quelle: B. Alferink

**Tabelle A.2** Betriebsarten elektrischer Maschinen

## Anhang 3 Leistungsschilder von Elektromotoren (Beispiele)

Leistungsschilder (oder auch Typenschilder genannt) enthalten die wichtigsten Daten zum Anschluss, zum Betrieb, zur Charakteristik und zur Art der Maschine.

### Anhang 3.1 Leistungsschild eines Drehstromasynchronmotors

In **Bild A1** ist ein Drehstromasynchronmotor mit der Wirkleistung $P$ = 55 kW dargestellt, der in Dreieckschaltung an das 400 V AC, 50 Hz-Netz angeschlossen werden kann. In dieser Schaltungsart fließt unter Nennbedingungen ein Bemessungsstrom von $I$ = 101 A. Am 690-V-Netz müsste er in Sternschaltung betrieben werden, wobei dann ein Bemessungsstrom von $I$ = 59 A fließt.

Die Nenndrehzahl beträgt 1.479 min$^{-1}$, es handelt sich also um einen vierpoligen Motor. Der Antrieb ist für den Betrieb in explosionsgeschützten Bereich geeignet.

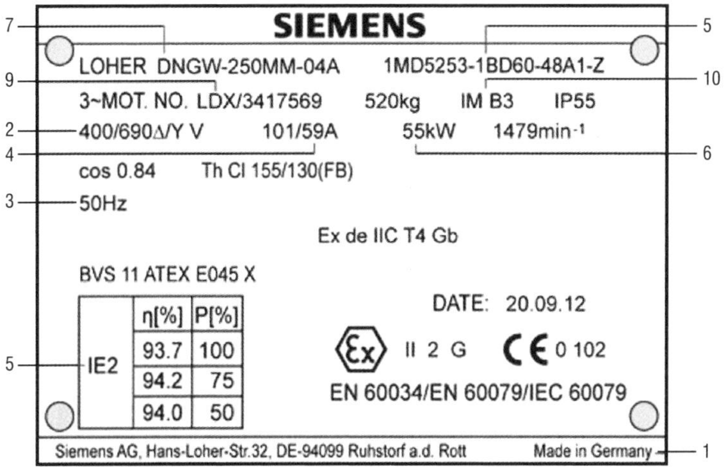


1 Herstellungsland
2 Bemessungsspannung
3 Frequenz
4 Bemessungsstrom
5 IE-Wirkungsgradklasse und Nennstrom-Wirkungsgrad bei 1/2-, 3/4- und 4/4-Last
6 Leistung
7 LOHER-Typ
8 Artikelnummer
9 Fertigungsstätten-ID/Seriennummer
10 Bauform

Quellen: Firma Siemens

**Bild A.1** Beispiel für Leistungsschild SIMOTICS S-1FG1

## Anhang 3.2 Leistungsschild eines Servogetriebemotors

In **Bild A.2** ist ein Drehstromgetriebemotor mit Gleichstrombremse (24 V DC und 19 Nm Haltedrehmoment) mit einem Bemessungsdrehmoment von 23,5 Nm dargestellt. Das Getriebe hat eine Übersetzung von $i$ = 10,5 und lässt kurzzeitig ein maximales Abtriebsdrehmoment von 445 Nm zu.

Die Drehzahlen bewegen sich zwischen der kurzzeitigen Abtriebsdrehzahl von 428 $\text{min}^{-1}$ und 4.500 $\text{min}^{-1}$ maximaler Eintriebsdrehzahl. Die Bemessungsdrehzahl des Motors liegt bei 3.000 $\text{min}^{-1}$, unabhängig vom Getriebe.

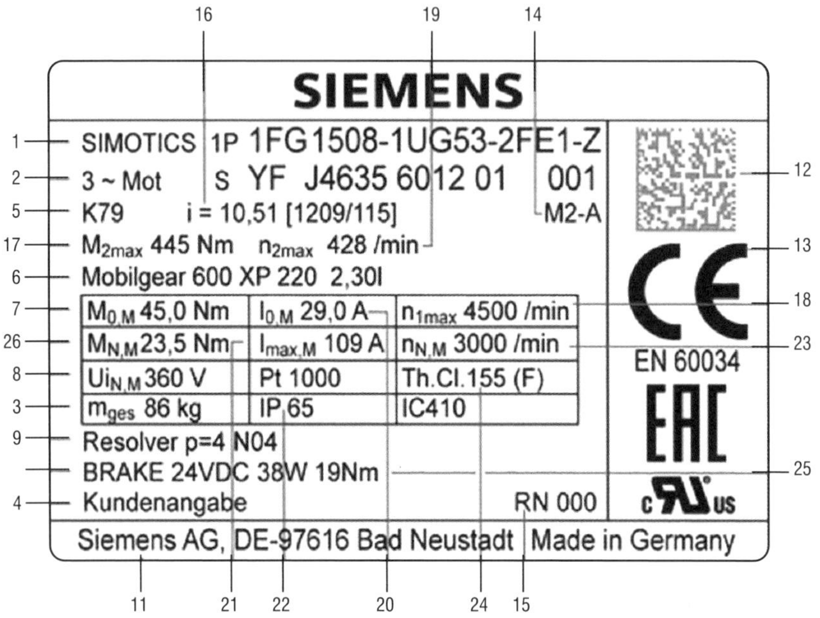


1 Produktname, Drehstrommotor, Artikel-Nr. (ohne Kurzangaben)
2 Fabriknummer (Ident.-Nr., Produktionsnummer)
3 Gesamtgewicht des Getriebemotors [kg]
4 Bestellerangabe zu Y84
5 Getriebetyp
6 Getriebeöl/Getriebeölmenge (l)
7 Stillstandsdrehmoment des Motors [Nm]
8 Induzierte Spannung bei Bemessungsdrehzahl des Motors [V]
9 Gebertyp
10 Bremsentyp
11 Herstelleranschrift, Herstellungsland
12 Barcode: Werknummer und Artikel-Nr. (ohne Kurzangaben)
13 Zertifizierungen; EN 60034/UUCEJEAC/CSA
14 Einbaulage des Getriebemotors
15 Revisionsnummer
16 Getriebeübersetzung, Zähnezahlverhältnis
17 Max., kurzzeitig zulässiges Abtriebsdrehmoment des Getriebemotors [Nm]
18 Max., kurzzeitig zulässige Eintriebsdrehzahl des Getriebes [r/min]
19 Max., kurzzeitig zulässige Abtriebsdrehzahl des Getriebes [r/min]
20 Stillstandsstrom des Motors bei $M_{0,M}$ [A]
21 Maximalstrom des Motors [A]
22 Schutzart des Motors
23 Bemessungsdrehzahl des Motors (unabhängig vom Getriebe) [r/min]
24 Wärmeklasse
25 Haltedrehmoment $M_{4Br}$ der Bremse (nur bei Federkraftbremse) [Nm]
26 Bemessungsdrehmoment des Motors

Quellen: Firma Siemens

**Bild A.2** Beispiel für Leistungsschild SIMOTICS S-1FG1

## Anhang 3.3 Auszug wichtiger Vorschriften für die elektrische Steuerungs- und Automatisierungstechnik

**Elementar wichtig für die Auslegung von elektrischen Steuerungsanlagen:**

DIN EN 60204-1 (VDE 0113-1) Elektrische Ausrüstung von Maschinen und Maschinenanlagen

DIN EN IEC 61439-1 (VDE 0660-600-1) Niederspannungs-Schaltgerätekombinationen

DIN EN IEC 60947-4-1 (VDE 0660-102) Elektromechanische Schütze und Motorstarter

DIN EN IEC 60947-5-1 (VDE 0660-200) Elektromechanische Steuergeräte und Schaltelemente

DIN EN 60073 (VDE 0199) Codierungsgrundsätze für Anzeigengeräte und Bedienteile

**Elementar wichtig für die Auslegung einer sicheren Maschine:**

EN IEC 62061 (VDE 0113-50) Sicherheit von Maschinen – Funktionale Sicherheit sicherheitsbezogener elektrischer, elektronischer und programmierbarer elektronischer Steuerungssysteme

EN ISO 13849 Sicherheit von Maschinen – Sicherheitsbezogene Teile von Steuerungen

DIN EN IEC 61496-1 Allgemeine Anforderungen für Gestaltung, Bau und Prüfung von berührungslos wirkenden Schutzeinrichtungen

DIN EN 60947-4-1 (VDE 0660-102) Schütze und Motorstarter

DIN EN 60947-5-5 (VDE 0660-210) Elektrische Not-Halt-Geräte

**Übergeordnete Normen und Vorschriften auf EU-Ebene:**

Maschinenrichtlinie 2006/42/EG (ab dem Jahr 2027 Maschinenverordnung)

EN ISO 12100 Sicherheit von Maschinen – Grundbegriffe und allgemeine Gestaltungsgrundsätze

**Basis für die Errichtung elektrischer Steuerungsanlagen:**

DIN VDE 0100 Planung, Errichtung und Prüfung von elektrischen Niederspannungsanlagen bis einschließlich 1.000 V AC Nennspannung

Hier insbesondere die Teile:

VDE 0100-410 Teil 4-41: Schutzmaßnahmen – Schutz gegen elektrischen Schlag

VDE 0100-510 Teil 5-51: Auswahl und Errichtung elektrischer Betriebsmittel – Allgemeine Bestimmungen

VDE 0100-540 Teil 5-54: Auswahl und Errichtung elektrischer Betriebsmittel – Erdungsanlagen und Schutzleiter

VDE 0100-600 Teil 6: Prüfungen

**Spezielle Vorschriften für speicherprogrammierbare Steuerungssysteme:**

EN IEC 61131-2 Betriebsmittelanforderungen und Prüfungen

EN IEC 61131-3 Programmiersprachen

EN IEC 61131-6 Funktionale Sicherheit von SPS-Systemen

# Quellenverzeichnis

## Verwendete Softwareprodukte

[1] Siemens TIA-Portal (Totally Integrated Automation) Version V17, Firma Siemens AG
[2] Siemens LOGO.Soft Comfort (programmierbare Kleinsteuerungen) Version V 8.2, Firma Siemens AG
[3] Virtuelle Anlagenmodelle, Ingenieurbüro Dr. Kahlert, Software Engineering und Automatisierungstechnik, Hamm (NRW) www.kahlert.com

## Literatur

[1] Elektrische Ausrüstung von Maschinen und Maschinenanlagen, VDE-Verlag, Band 26, 8. Auflage 2021, Erläuterungen zu DIN EN 60204-1 (VDE 0113-1)
[2] Industrielle Schalttechnik (Sicherheitstechnik, Sicherheitsschaltgeräte SIRIUS), Firma Siemens AG, Gerätehandbuch Ausgabe 05/2021
[3] Industrielle Schalttechnik (Sanftstarter und Halbleiterschaltgeräte SIRIUS), Firma Siemens AG, Gerätehandbuch Ausgabe 04/2022
[4] SIMATIC (S7-1500, ET 200SP, u. a.) Analogwertverarbeitung, Funktionshandbuch, Firma Siemens AG, 05/2014
[5] Diagnoseübersicht für SIMATIC S7-1200 und S7-1500, Firma Siemens AG, Broschüre Ausgabe 09/2018
[6] SIAMTIC S7-1500, Zyklus- und Reaktionszeiten, Funktionshandbuch, Firma Siemens AG, Broschüre Ausgabe 02/2014
[7] Zwangsgeführte Kontaktelemente von Hilfsschützen und Spiegelkontakte von Leistungsschützen, Firma Siemens AG, Broschüre Ausgabe 03/2020
[8] Europäische Maschinenrichtlinie, Funktionale Sicherheit von Maschinen und Anlagen, Firma Siemens, Broschüre Siemens AG
[9] SITOP Stromversorgung, Selektivität und schnelle Fehlerortung in 24-V-Abzweigen, Firma Siemens AG, Broschüre Ausgabe 04/2020
[10] Programmierleitfaden Safety für SIMATIC S7-1200/1500, Firma Siemens AG, Broschüre Ausgabe 10/2017

## Websites/Links

[1] Firma Schütze 24, Schalt- und Leistungsschütze für Elektromotoren, ohmsche Belastung, Trafos. www.schuetze24.com
[2] SIAMTIC Safety Integrated – Maschinensicherheit nahtlos integriert, Firma Siemens AG SIMATIC Safety Integrated – Siemens Germany
[3] Wikipedia – Die freie Enzyklopädie, „Analoges und digitales Signal“, www.wikipedia.org/wiki/Digitalsignal

[4] Firma „ifm electronic gmbh“ – Automatisierungstechnologien, Essen, www.ifm.com
[5] Firma KNUTH Werkzeugmaschinen GmbH, Wasbek, Schleswig-Holstein, www.knuth.com
[6] Firma Menzel Elektromotoren GmbH Berlin, www.menzel-motors.com
[7] Firma Blecher Motoren GmbH Maintal/Dörnigheim, www.blecher.de
[8] Firma SICK Vertriebs GmbH – Effiziente Sensorlösungen, Düsseldorf, www.sick.com
[9] Firma KMMP (Kurt Maier Motor Press GmbH) Elektromotorenbau und Antriebstechnik, Kalefeld, Niedersachsen, www.kmmp.de
[10] Firma Klinger & Born GmbH, Schalten mit System, Brensbach, www.klibo.de
[11] Firma ELTAKO GmbH, Fellbach, www.eltaco.com

## Normen, Vorschriften, Gesetze

[1] Verwendet in Stichworten oder in Auszügen, angepasst auf die Darstellungen des Autors laut Auflistung in Anhang 3.3 „Auszug wichtiger Vorschriften für die elektrische Steuerungs- und Automatisierungstechnik“.
[2] DIN EN 60204-1 (VDE 0113-1) 2019-06 Elektrische Ausrüstung von Maschinen und Maschinenanlagen; Drahtbruch, Funktionen der STOPP-Kategorien, Umsetzungsbeispiele Maschinenrichtlinie 2006/42/EG in die DIN EN 60204-1 (VDE 0113-1), PELV-Stromquelle, Pilzdrucktaster
[3] EN IEC 62061 (VDE 0113-50) Funktionale Sicherheit von elektrischen, elektronischen und speicherprogrammierbaren Steuerungen von Maschinen; Schutztürüberwachung, Sicherheitsintegrität; Vorgehensweise und Umsetzungsbeispiel zum Erreichen einer sicheren Maschine
[4] DIN EN IEC 60947-4-1 und 60947-5-1 (VDE 0660) Niederspannungsschaltgeräte (Schütze und Motorstarter) Aufbau, Kontaktbeschaffenheit, Belastbarkeit, Schaltvermögen, zwangsgeführte Kontakte
[5] DIN EN IEC 61439-1 (VDE 0660-600-1) Niederspannungsschaltgerätekombinationen, Schaltgerätekombinationen und IP-Schutzart, Belastbarkeit, Isolationseigenschaften und Betriebsbedingungen
[6] DIN EN 60073 (VDE 0199) Grund- und Sicherheitsregeln für die Mensch-Maschine-Schnittstelle (Kennzeichnung) Zuordnung der Farben zu den einzelnen Funktionen und Situationen
[7] DIN EN 60034-1 (VDE 0530) Drehende elektrische Maschinen, Betriebsarten elektrischer Maschinen mit Beispielen
[8] VDE 0100-600 Errichten von Niederspannungsanlagen (Prüfungen) Praktische Inbetriebnahme
[9] VDE 0100-737 Errichten von Niederspannungsanlagen (Feuchte und nasse Räume und Anlagen im Freien) Schutz vor Flüssigkeiten beim Betrieb elektrischer Betriebsmittel

# Stichwortverzeichnis